# CHEMICAL BIOLOGY

高 等 学 校 教 材

# 化学生物学

主编 袁荃 黄静 刘松 谈洁

中国教育出版传媒集团

高等教育出版社·北京

内容提要

全书包含七章,分别是化学生物学导论、化学生物学技术与方法、生物体系分子探针、生物分子的化学生物学、药物化学生物学、化学遗传学和化学合成生物学。各章后附参考文献和习题。

本书可作为高等学校本科化学生物学课程教材,也可作为相关专业研究生和研究人员的参考资料。

**图书在版编目(C I P)数据**

化学生物学 / 袁荃等主编. -- 北京 : 高等教育出版社,2023.12

ISBN 978-7-04-061345-2

Ⅰ.①化… Ⅱ.①袁… Ⅲ.①生物化学-高等学校-教材 Ⅳ.①Q5

中国国家版本馆 CIP 数据核字(2023)第 213753 号

HUAXUESHENGWUXUE

| | | | | | | | |
|---|---|---|---|---|---|---|---|
| 策划编辑 | 李 颖 | 责任编辑 | 李 颖 | 封面设计 | 李小璐 | 版式设计 | 徐艳妮 |
| 责任绘图 | 黄云燕 | 责任校对 | 刘娟娟 | 责任印制 | 沈心怡 | | |

| | | | |
|---|---|---|---|
| 出版发行 | 高等教育出版社 | 网　　址 | http://www.hep.edu.cn |
| 社　　址 | 北京市西城区德外大街 4 号 | | http://www.hep.com.cn |
| 邮政编码 | 100120 | 网上订购 | http://www.hepmall.com.cn |
| 印　　刷 | 辽宁虎驰科技传媒有限公司 | | http://www.hepmall.com |
| 开　　本 | 787mm×1092mm 1/16 | | http://www.hepmall.cn |
| 印　　张 | 20.5 | | |
| 字　　数 | 360 千字 | 版　　次 | 2023 年 12 月第 1 版 |
| 购书热线 | 010-58581118 | 印　　次 | 2023 年 12 月第 1 次印刷 |
| 咨询电话 | 400-810-0598 | 定　　价 | 58.00 元 |

# 序　1

化学生物学的研究已经融入生命科学的前沿领域,成为一门具有举足轻重作用的新兴交叉学科,是推动未来生命科学和生物医药发展的关键研究领域。化学生物学在近几十年的蓬勃发展过程中取得了多项重大的科研成就与突破。2022 年的诺贝尔化学奖授予点击化学和生物正交化学领域的三位科学家。近年来针对研究糖类、蛋白质、核酸、脂质等生物分子的正交化学工具开发和使用如火如荼,展示了化学生物学学科的飞速发展。

化学生物学专业人才的综合知识背景,有助于解决高新技术产业发展所面临的严重"源头"短缺问题。把控化学生物学的发展格局,不断提升化学生物学学科与人才队伍建设,激发更多研究人员从事该领域的研究对于我国化学生物学的快速发展尤为重要。鉴于化学生物学的蓬勃发展趋势,高等学校和研究所建立的化学生物学研究基地与平台显著提升了我国化学生物学的研究规模和水平。多所高校都设立了化学生物学本科专业,为化学生物学培养了后备人才。但遗憾的是,适用于高等学校高年级本科生的化学生物学教学参考书仍然相对缺乏。

我很欣喜地看到,湖南大学的一群青年教师编写了这样一本适用于化学生物学本科教学的教材。负责编写各章节的青年教师们长期活跃在化学生物学领域,对化学生物学领域十分熟悉,同时也具备丰富的化学生物学的教学经验。这本教材是湖南大学化学生物学系教师讲授化学生物学课程的教学实践的总结,从化学生物学的基本概念、发展历史、研究范畴等方面出发,深入浅出地阐述了化学生物学技术与方法,生物体系分子探针,生物分子化学生物学,药物化学生物学,化学遗传学和生物合成化学的概念、发展过程及趋势、基本原理或作用机制以及相关应用。这本教材最具特色的地方是,在每一个章节里均融入了与章节内容相关的"延伸阅读",丰富了教材内容。例如,在"化学生物学技术与方法"这一章中,延伸阅读模块介绍了核磁共振技术的发展。这些科普文字生动有趣、通俗易懂,可以让读者了解相关知识背后的历史和人物,能够激发学生对化学生物学相关知识的学习兴趣。

这本书内容丰富、涵盖面广,对从事化学生物学研究的科研工作者和高校师生而言,这本书的出版将有助于广大读者及时了解化学生物学新知识、新进展和新方法。这本书不仅可以作为高等学校高年级本科生和研究生的化学生物学教学参考书,同时可为相关研究领域专业人员提供重要参考,引导对化学生物学领域感兴趣的广大读者进行深入的学习和研究。我相信这本书的出版和发行对我国化学生物学的发展将起到积极的促进作用。

中国科学院院士

2023 年 1 月

化学生物学是 20 世纪 90 年代后期发展起来的前沿学科,也是 21 世纪发展最为迅速的前沿交叉学科之一。虽然在过去很长一段时间里,生命科学通过传统学科模式取得了长足进步,但由于不同学科的知识背景和研究目的的差异,生物分子机制及细胞、整体命运之间的研究仍然存在天然鸿沟。化学生物学的发展提出了一种新的研究模式,即以生命科学研究中的重要科学问题为中心,打破传统学科之间的壁垒,形成化学、生物学、药学等多学科合作融合的新型科研模式。作为一门前沿交叉学科,化学生物学以研究复杂生命体系为目标,通过发展新的化学反应、分子工具及探针、标记检测方法等手段系统地探索及阐明生命体系的分子过程及信号网络,并在分子层面上对生命体系进行精准修饰或调控,为生命科学的研究提供了全新的思路和理念。目前化学生物学研究已经深入多个生命科学前沿领域,如基因编辑及 RNA 干扰、表观遗传修饰、细胞信号通路、细胞分化及干细胞研究等。

21 世纪以来,《国家中长期科学和技术发展规划纲要》确立了"重大新药创制""人类健康与疾病的生物学基础""蛋白质科学"和"生命过程的定量研究和系统整合"等研究专项。国家自然科学基金委员会先后启动"基于化学小分子探针的信号转导过程研究""生物大分子动态修饰与化学干预"等重大研究计划。这些研究专项和计划均涉及化学和生物医学的交叉融合,对推动我国化学生物学的科学研究、人才培养和学科发展起到了巨大作用。为了紧密回应国家重大战略需求、紧跟时代科学前沿,我国高等学校与科研机构积极布局化学生物学学科发展。北京大学、清华大学、复旦大学、南京大学、武汉大学、南开大学、四川大学、厦门大学、湖南大学等高校相继成立了化学生物学系或设立研究生专业。这为化学生物学人才培养奠定了坚实的基础,使得化学生物学人才队伍日益壮大。这本书正是在这样的背景下,由湖南大学优秀的化学生物学青年学者们编著而成。

这本书是湖南大学的青年教师对化学生物学发展前沿的凝练概括和多年来课堂教学经验和实践的深刻总结,深入浅出地讲解了各类基本概念和研究方法的发展历程及未来展望,适合作为化学生物学专业本科生教材和研究生参考书目,同时也可为有关研究人员提供科研参考。我相信这本书的出版对读者了解和学习化学生物学知识、推动我国化学生物学人才培养和学科建设等方面都将起到积极的作用。

中国科学院院士

2023 年 3 月

# 前　言

作为化学与生命科学交叉融合的新兴学科,化学生物学在给医药发展带来新变革的同时,也给其他相关的学科带来了新的发展机遇。为适应化学生物学的迅猛发展,各大出版机构相继推出高水平的化学生物学专业学术杂志,如2006年美国化学会出版的《ACS化学生物学》(*ACS Chemical Biology*)、2020年英国皇家学会出版的《RSC化学生物学》(*RSC Chemical Biology*)。化学生物学相关的国际会议和论坛也相继涌现,为化学生物学工作者提供了交流的平台,如自然-化学生物学研讨会(Nature Symposium on Chemical Biology)和EMBL化学生物学会议(EMBL Chemical Biology Meeting)等,显示了化学生物学发展的速度及其重要性。鉴于全球范围内化学生物学研究的快速发展,这一领域已经引起各国政府和全球重要科研机构的高度重视。各大高校和研究所纷纷建立化学生物学研究基地与平台,化学生物学研究队伍不断壮大。化学生物学专业人才的综合知识背景,有助于解决高新技术产业发展所面临的严重"源头"短缺问题。

2004年,经国务院学位委员会批准,我国增列化学生物学硕士学位、博士学位授权点及博士后流动站。2011年,国务院学位委员会和教育部收录化学生物学作为二级学科,可以授予硕士和博士学位。2012年教育部颁布高校本科专业目录,特设专业中增加化学生物学。随着社会各界对化学生物学的重视,国内高校为高年级本科生和研究生开设了化学生物学课程,将化学生物学这一现代科学前沿介绍给学生,以期培养化学生物学的后备人才。与化学生物学的蓬勃发展相比,用于化学生物学教学的基础教材却十分有限。湖南大学作为较早开设化学生物学系的国内高校之一,同样面临着缺少适宜本科教材的问题。基于这种现实情况,我们组织撰写了本书,期望为从事化学生物学教学的教师提供参考资料,为学习化学生物学并有志于从事这一领域研究的本科生和研究生提供一本既重基础性,又兼顾学科前沿性的教材。

全书分为七章,分别是化学生物学导论、化学生物学技术与方法、生物体系分子探针、生物分子的化学生物学、药物化学生物学、化学遗传学和化学合成生物学。

为了帮助读者了解化学生物学的基本内容,我们在第一章化学生物学导论中介绍了化学生物学的定义及其学科特征、化学生物学的主要研究范畴、化学生物学的起源及其在国内外的发展历史等内容,加深读者对化学生物学的认识。

在化学生物学的发展过程中,涌现了许多基于化学和现代分子科学与分子工程的新技术和新方法,如组合化学和高通量筛选技术、基因组(芯片)技术、单分子和单细胞技术、化学探针、生物正交反应、基因遗传密码子拓展等,这些技术与方法为化学生物学的蓬勃发展注入新的内涵和驱动力,为化学与生物医药交叉的研究提供了新的机遇和挑战。第二章中,我们对这些代表性技术的概念、发展历史及趋势、具体分类及当前应用作简要介绍。

分子探针是一类能与其他分子或者细胞结构相结合,帮助获得重要生物大分子在细胞中的定位、定量信息或进行功能研究的分子工具,有助于人们在分子水平探索复杂生命体系中的生物过程和调控网络。光学探针主要包括吸光(显色或比色)、荧光及发光分析试剂,靶向生物分子的光学探针是监测生命体系中活性分子最有力的工具之一。第三章从光学传感分析的原理、光学探针的结构、光学探针的光信号响应模式,以及光学探针的设计策略出发,详细介绍了光学探针在生物小分子检测、生物大分子检测及细胞器定位和功能分析中的应用。

生物大分子如蛋白质、核酸、多糖等,作为生命功能的主要执行者,是化学生物学的重要研究对象。生物大分子的化学生物学以研究复杂生命体系中的生物大分子的功能为目标,通过发展新化学反应、分子工具及探针,系统研究生物大分子参与的生物学过程及信号网络,并在分子层面上对这些过程进行精准调控或干预。第四章分别从核酸、蛋白质与多肽、糖类、脂类等方面介绍了生物大分子的化学生物学。

药物化学生物学旨在阐明药物的构性、构效、构代关系,研究药物分子与生物体相互作用的规律,是一门建立在化学生物学基础上的综合性学科。第五章主要从药物的分类、发展历史、设计思路、开发过程和递送方式出发,详细介绍了各种化学小分子药物、生物药物和先进疗法在预防和治疗各类疾病过程中的独特优势、作用机制和显著效果。

化学生物学的本意就是运用化学的手段和方法来探究生命过程的发生及发展,而遗传作为生命过程中重要的一个环节,自然也成为化学生物学的研究重点。化学遗传学,又称为化学基因学,是一门运用化学工具探究生命过程的新兴研究领域。化学遗传学以遗传学原理为基础,以化学小分子为工具解决生物学问题,或通过干扰、调节正常的生理过程来解析蛋白质的功能。第六章分别从正向化学遗传与反向化学遗传的概念、历史发展趋势及其应用等方面介绍化学遗传学。

化学合成生物学是合成生物学的一个重要分支,主要研究自然界的遗传物质、蛋白质等的结构类似物,并利用这些非天然的分子部件去模拟自然生物过程。第七章化学合成生物学中,侧重从化学角度理解自然界原本不存在的合成分子或分子生物系统,集中讨论非天然核酸、蛋白质及与化学生物学研究密切联系的天然产物的合成。本章中,首先着重讨论和思考非天然核酸的性质和应用,包括对核酸类药物理化性质、靶向性、生物稳定性等性质的改善,及其在合成生物学中的应用。其次,探讨了人工合成蛋白质和多肽合成方法及相关应用。最后,介绍了高效、低成本、规模化的天然产物的合成进展,分别从植物、微生物及动物三个领域展开介绍。通过本章的学习,读者可了解化学合成生物学的众多方法及奇思妙想,以及其作为工具的巨大潜力,为后续功能研究奠定基石。

化学生物学是一门新兴的交叉学科,信息更新速度快,同时知识跨越范畴广,涉及生物学、化学、医学、药学等诸多领域。受限于书稿篇幅,本书主要介绍近年来化学生物学领域的代表性研究内容。化学生物学相关的基础知识,如核酸和蛋白质等生物分子间相互作用,是了解化学生物学的前提,对于这部分内容,目前已有教材进行十分细致的阐述,本书中不再赘述。本书可以作为化学生物学课程教材用于本科生教学,也可供化学生物学专业的研究生及相关研究人员参考使用。

本书由袁荃教授组织编写,刘巧玲编写第一章,郑晶编写第二章,崔然和周一歌编写第三章,黄静和赵子龙编写第四、六章,谈洁和彭天欢编写第五章,刘松编写第七章,全体编者对初稿进行了多次讨论和修改,最后袁荃教授对全部书稿进行了审阅,并最终定稿。

感谢关心本书出版并提出宝贵意见和建议的所有支持者。特别感谢谭蔚泓院士和周翔院士对本书进行了细致的审阅、提出了很多宝贵的建议,并为本书作序;感谢高等教育出版社李颖编辑对出版给予的大力支持和细致指导。

由于编者水平有限,书中欠妥甚至错误之处在所难免,敬请各位同仁和广大读者批评指正,并将具体意见反馈给我们,不胜感谢。

编　者

2023 年 7 月于湖南大学

# 目　录

**第五章**

**药物化学生物学** ····································

▼

第
一
章

化学生物学

导论

本章教学参考课件

# 1.1
# 化学生物学的定义及特征

## 1.1.1 化学生物学的定义和重要性

化学生物学(chemical biology)是一门利用外源的化学物质、方法或途径,在分子层面上对生命体系进行精准修饰、调控和阐释的学科[1]。化学生物学关注生命科学中重要分子事件,充分发挥化学科学的特点和创造性,聚焦化学本质工具的发展与运用,揭示生命过程及其本质规律,带动传统学科的跨界纵深发展,最终服务并满足生命健康和经济社会发展的需求。

进入 21 世纪以来,化学生物学这一新兴学科呈现出了蓬勃发展的态势,越来越多来自传统领域的科学家一起投入对这一新领域的探索当中,他们以解决生物学、医学相关的科学问题为主线,以发展研究工具为重点,极大地推动了人类对复杂生命体系和过程的认识。纵览近 30 年来的诺贝尔化学奖,化学生物学研究屡屡获得诺贝尔奖的青睐,展现了化学与生物学交叉的魅力,如发现 RNA(ribonucleic acid)的催化特性(1989 年)、以 DNA(deoxyribonucleic acid)为基础的化学研究方法(1993 年)、三磷酸腺苷(adenosine triphosphate, ATP)合成中的酶催化机制(1997 年)、生物大分子确认和结构分析方法(2002 年)、细胞膜水/离子通道结构和机理研究(2003 年)、泛素调节的蛋白质降解(2004 年)、真核转录的分子基础(2006 年)、发现和开发绿色荧光蛋白(green fluorescent protein, GFP)(2008 年)、核糖体结构和功能的研究(2009 年)、G 蛋白偶联受体的研究(2012 年)、DNA 修复的机制研究(2015 年)、高分辨率测定溶液中生物分子结构的低温电子显微镜(2017 年)、酶的定向演化及多肽和抗体的噬菌体展示技术(2018 年)、开发 CRISPR/Cas9 基因编辑方法(2020 年)。特别是 2002 年诺贝尔化学奖授予了发展生物大分子确认和结构分析方法的三位科学家,他们建立了生物大分子质谱电离技术及核磁共振三维结构测定方法,解决了"看清生物大分子是谁"和"看清生物大分子长什么样"这两个重要问题。瑞典皇家科学院称:这些研究使得"化学生物学"成为我们这一时代的一门"大科学",由此进一步确立了化学生物学在交叉科学领域中的重要前沿地位。

## 1.1.2 化学生物学的特征

化学生物学强调学科之间的相互联系与融合,主要借助化学研究的手段与方法,在分子层面上探寻生命进程中的奥秘并揭示其机理。化学生物学在化学与生物学的交叉融合中萌芽和兴起,经过多年发展,已经成为一门具有自身特点和内涵的学科。

化学生物学的显著特点之一是交叉性,在复杂生命活动的研究过程中,多学科的协作和融合成为必然。化学生物学充分发挥化学与生物学、医学交叉的优势,一是利用化学知识、方法和工具,挖掘生物分子的功能与作用机制,揭示传统生物学尚未发现的新规律,帮助人们理解生命过程;二是在认识的基础上,构建新的化学物质,在分子层面上,尝试对生命体系的生物学功能进行调控。这种基于化学科学研究生命科学的策略是对传统生物学研究方法的重要补充。随着化学生物学的发展,其与生物化学、分子生物学、结构生物学、细胞生物学等各学科的交叉合作愈加深入,由此极大地推动了这些学科领域的前沿探索研究,发展出多个具有重要意义的交叉研究方向[2],包括:(1)生物有机化学与细胞生物学的交叉融合。采用有机化学方法,通过设计合成多样化的分子探针,研究细胞信号转导过程的重要分子机理。(2)药物化学与医学的交叉融合。研究信号传导过程,发现新靶标,确认靶标功能并将其用于化合物筛选,实现"从功能基因到药物"的药物研发模式。(3)化学生物技术与生命科学问题的交叉融合。采用化学生物学技术手段,着重发展针对蛋白质、核酸等生物大分子的特异标记与操纵方法,以揭示参与生命活动的生物大分子的调控机制。(4)分析化学与生物学的交叉融合。采用化学分析方法,发展在分子水平、细胞水平或活体动物水平上获取生物学信息的新方法和新技术。

化学生物学的另一个特点是基础研究工作与实际应用的紧密结合[1]。化学生物学的基础研究结果具有实际应用潜力,如为人类疾病治疗提供的新策略和药物、针对能源及环境问题催生的基于生物科技的解决方法。具体来讲,化学生物学的研究目标之一是探索与人类健康和疾病相关的化学小分子。如果一个化学小分子能够在关键生命活动中与生物大分子相互作用,那么它可能不仅可作为探针研究生物大分子性质与功能,而且有可能进一步被开发为控制生物体行为和功能的活性物质。例如,早在 20 世纪初,在研究化学小分子对生物体的作用基础上,德国化学家 Paul Ehrlich(1854—1915)获得了一种治疗梅毒的化学小分子,从而奠定了现代药物学的基础。

经过多年发展,化学生物学逐渐成为一门独立的学科。从科学研究的角度来说,化学生物学与传统化学学科之间存在不同的研究思路和特点。化学生物学强调从分子层面上揭示生命过程的内在机制,并尝试利用外源化学分子或反应对生命体系进行调控和干预[3]。例如,为了找到更多化学小分子研究生物体系,化学家发展了多种合成策略,并构建丰富多样的化合物分子库。药物化学家利用这些化合物库发现药物先导化合物,而化学生物学家则用于发现小分子探针。药物化学对药物的成药性有较高的要求,而化学生物学研究中对小分子探针的生物活性和特异性有更高的要求。同时,对于与小分子探针相互作用的靶蛋白,不仅重视其作为药物靶标的可能性,而且也重视探索其在信号传导网络中的作用。化学生物学让生物现象和生物过程可视、可控、可创造。高灵敏的小分子探针不断被发现,成为解析复杂体系信号通路的重要工具。同时人们也发展了利用化学和生物方法标记、跟踪靶标生物大分子的方法,并且研究揭示其在信号传导网络中的作用。例如,2022 年诺贝尔化学奖得主 Carolyn R. Bertozzi 在 2003 年提出的生物正交反应被广泛应用于生物分子的成像与标记。这种化学标记过程大致分为两步:首先将特定的化学基团(如叠氮基团)引入目标分子上,然后使用带有官能团(如炔基)的探针与目标分子进行生物正交反应,使探针选择性地附着到目标分子上。利用探针的物理化学性质(如荧光)可以对活细胞中的目标分子进行监测和定量分析。此外,研究人员利用基因工程技术将相互作用的蛋白质标记不同的荧光蛋白标签,采用荧光共振能量转移技术对活细胞内蛋白质之间的相互作用进行研究,通过监测活细胞内荧光信号的变化情况可实现靶蛋白在复杂的信号通路中的作用关系研究。

化学生物学与传统生物学科之间存在不同的研究内容和范畴[4]。作为传统生物学科,生物化学和分子生物学是生命科学研究的重要组成部分。生物化学了解生命过程中的化学基础,注重研究生物体内的化学反应,以及构成生命的蛋白质、核酸等分子,是一门历史悠久的二级学科。人们通常使用生物化学指代蛋白质和小分子结构和活性的研究,用分子生物学指代基因表达和控制的研究,用化学生物学指代分子水平上的生物现象的研究。包括生物化学和分子生物学等在内的传统生物学,与化学生物学的最大不同在于：前者注重研究机制和通路，而后者着力于创造方法和设计新工具，其价值体现在与其他学科的交叉研究中展现的化学理念与技术。在化学生物学研究过程中，一方面，科学家们利用他们所擅长的化学合成策略、化学反应技术及化学小分子探针，对生物大分子及其所处的活体和动态环境进行标记、修饰及化学干预；另一方面，他们发展了更加灵敏、精准和实时的新一代分析探测技术，对未知生命体系进行了系统性的观察、检测和操控。上述两方面的研究工具相辅相成，互为补充，极大地丰富了科学家们的研究策略[5]。

# _1.2_
# 化学生物学的研究范畴

## 1.2.1 化学生物学的核心内容

作为化学和生物医学交叉的前沿研究领域，化学生物学是一门运用化学知识和化学手段，从分子水平论述生物学和医学主要变化的学科。一方面，以化学小分子为探针，探索生物体内的分子事件及其相互作用网络，在分子水平上研究复杂生命现象；另一方面，通过化学的方法和技术拓展生物学的研究范围。同时，通过研究化学在生物医学中的应用，进一步促进化学的发展。其中，发展化学工具和研究生物学重要问题并举是化学生物学的创新源泉。使用"外源化学"，即利用自然界的生物体内所不具有的外界化学物质或不存在的外界化学反应来调控和研究生命体系是化学生物学的核心思想。基于化学小分子或生物大分子的各类化学探针的开发及应用是化学生物学家研究、调控、探测生命现象的基本工具。在分子层面上不断地提高操控和阐述生命体系的精准度是化学生物学的核心任务。"揭示生命本质并服务于化学"是化学生物学的核心目标。充分利用化学的手段和思维来深入揭示生命本质的同时，化学生物学家也不断从生命体系研究中获得知识，并将其服务于化学，更好地发展化学，推动化学学科自身的创新[1]。

## 1.2.2 化学生物学的主要研究领域

随着化学生物学的快速发展,从事化学生物学研究的科技工作者不仅在已有的研究领域中继续深入挖掘,还拓展出更多具有探索性的研究方向,并开展了许多创新性的研究工作。这些研究领域主要有:

(1)化学生物学技术与方法,即利用化学物质、方法和原理,推动生命科学新技术的发展,建立新的理论和计算方法,用于研究生命过程中生物大分子(核酸、蛋白质及糖类等)的结构、功能和相互作用,并描述和解释功能生物分子及生物体系。

(2)生物体系分子探针,即当前各种应用于生物体系的光学探针的设计与合成,包括有机分子探针、各种含金属或非金属元素的无机分子探针等,这些生物体系分子探针广泛应用于生物大分子、小分子、细胞器的检测,并衍生出基于分子探针的组学技术,在生命活动和药物作用机制研究中起关键作用。

(3)生物分子的化学生物学,即在分子水平上研究核酸、蛋白质、糖类和脂类的作用及功能调控,蛋白质-蛋白质、蛋白质-核酸、蛋白质-多糖等的相互作用和对这些相互作用的调节,以及这些相互作用对细胞功能的影响机制。运用化学生物学方法与技术研究生物大分子的化学修饰和调控过程,促进了化学生物学方法与技术的运用与创新。

(4)药物化学生物学,即利用化学生物学工具研究各种新型药物,包括小分子药物、生物药物(包括核酸、蛋白质、细胞等),并基于生物分子的化学生物学机制,研究其在疾病中的作用。同时,研究与药物配套的递送系统,包括基于脂类、聚合物纳米粒子、无机纳米粒子等新型材料的药物递送系统。

(5)化学遗传学,包括发展合成方法学、建立与优化活性化合物库;基于活性分子的"正向"(从细胞和表型寻找靶标)化学遗传学研究;基于活性分子的"反向"(从小分子化合物与生物大分子的相互作用反推表型)化学遗传学研究;基于小分子化合物库的生物学基础研究;基于小分子化合物库的药物靶标筛选和先导化合物开发。

(6)化学合成生物学,包括设计和构筑生物合成或生物半合成的模块和反应体系;受生物启发的化学反应的开发与机理研究;生物合成或生物半合成反应方法的建立;功能性分子的生物合成或生物半合成及应用;生物合成化学路径的定向进化等。

(7)生物相容反应的发展及应用,包括发展各种金属或非金属催化、光激发及自催化等生物相容反应,并对其反应机理和规律进行研究;应用生物相容反应解决具体生物学问题。

（8）化学生物学的综合应用，包括生物标志物与疾病诊断的化学生物学，研究可以标记系统、器官、组织、细胞及亚细胞结构的生物标志物，以及与疾病发生、发展密切相关的各种细胞学、生物学、生物化学或分子指标；药物开发的化学生物学；复杂生命体系的化学组装与人工模拟，在超分子水平上研究生物活性分子间相互作用的本质和协同规律，并在此基础上实现对组装过程的调控，创造具有特定功能的自组装体系，探究如何装配无生命合成的蛋白质、核酸到有生物活性的生物大分子直到有生命的细胞；纳米技术的化学生物学，发展生命调控的纳米材料，提供生命研究的功能化纳米分子工具，解决与重大疾病的诊断和治疗相关的问题等。

# 1.3
# 化学生物学的起源和发展

## 1.3.1　化学生物学的起源

化学生物学的起源可以追溯到 18 世纪末英国化学家 Joseph Priestley（1733—1804）对一氧化氮（NO）的发现与研究[6]。Priestley 将小鼠分别置于他从空气中发现并分离的多种气体（包括氧气、一氧化氮等）环境中，观察小鼠的生理变化。这些实验结果于 1774 年以 "Experiments and Observations on Different Kinds of Air" 为题在 *London* 期刊上发表，随即引起极大的轰动。Priestley 当年所使用的朴素研究思维，即 "用特定的外源化学物质（分子或气体）处理小动物，观察它们有何反应"，奠定了当今化学生物学的思想基础。

随着分子生物学、细胞生物学及神经科学等相关生物学科的发展，特别是人类基因组计划的完成，人类已经发现并阐明许多基因及相应蛋白质的结构，并逐步了解了其相应的功能。人们对功能的研究也逐步由静态水平发展到动态水平，由对结果的研究发展到对过程的研究，由对个体现象的研究发展到对群体现象的研究。这些研究方向给化学家与生物学家们提供了新的机遇和挑战。同时，随着化学合成、分离纯化、结构表征和解析技术的发展,以及分子识别、分子间相互作用的理论和研究进展,人们对小分子化合物与生物大分子相互作用的认识也达到了前所未有的高度。化学家尝试用外源的活性小分子(包括天然化合物)作为探针,去探索生物体中的分子间相互作用、细胞发育与分化的调控作用及其所包含的分子机制。这些研究与蓬勃发展的生命科学相结合,促进了人类在分子水平上对生命过程的了解和调控,同时也催生了化学生物学这一交叉学科的出现,并逐渐被科学界所承认和接受。

## 1.3.2 化学生物学的发展历史

与其他传统学科相比,化学生物学是一门相对年轻的学科。这门新兴的交叉学科从诞生到现在不过几十年,却在这短短的时间内蓬勃发展并取得了诸多成就,对化学、生物学、材料科学等传统学科的发展都具有引领和示范作用。

化学生物学的萌芽与兴起可追溯到 20 世纪 80 年代生物有机化学的兴盛。这一时期,得益于分子生物学和遗传学的出现,生命科学进入了迅速发展阶段,化学与生命科学的交叉融合应势而起。20 世纪 90 年代,哈佛大学的 Stuart L. Schreiber 利用以化学小分子为主的外源活性物质研究生命体系,并提出化学生物学这一概念,与当时在美国加州大学伯克利分校的 Peter G. Schultz 博士分别在美国东、西海岸引领这个领域[6]。化学生物学学科出现的明显标志是:1996 年起,美国的一些大学相继成立化学生物学系或研究中心。例如,哈佛大学将化学系名称改为化学和化学生物学系(Department of Chemistry and Chemical Biology),成立了由多个学院组成的"化学与细胞生物学研究所"(Harvard Institute of Chemistry and Cell Biology),进行化学与生物医学交叉研究。耶鲁大学基因组和蛋白质组研究中心(Yale University Center for Genomics and Proteomics)专门成立了化学生物学研究小组,从事化学生物学新技术的开发,并将其用于功能基因组解析等方面的研究。一些以化学生物学为主要研究内容的研究机构相继成立。例如,美国 Scripps 研究所(Scripps Research,旧称 the Scripps Research Institute,缩写为 TSRI)成立了化学生物学专门研究机构——斯卡格化学生物学研究所(Skaggs Institute for Chemical Biology)。随后,化学生物学研究受到各国政府、科研机构和制药公司的高度重视,成为各国竞相资助和优先发展的领域之一,其研究规模和水平得到不断发展和进步。

　　我国的化学生物学研究与学术讨论始于 20 世纪 80 年代末。在发展初期,化学与生物学交叉研究主要集中在天然产物分离与构效关系,同时,开始出现少量关于靶向探针的研究工作。此时,我国化学与生物学交叉研究还处于初级阶段,生物学问题导向不明确,没有发展成集中的研究方向并带来足够的影响力。自 1991 年起,化学生物学的发展得到国家各个层面的关注和支持,发展势头迅猛。在"九五""十五"期间,国家自然科学基金委以重大项目、重点项目及重大国际合作等方式,加大对化学与生物学交叉研究的支持力度,研究领域涉及生物大分子合成、识别、功能与相互作用、靶向药物研究、活性物质研究、生物矿化、生物效应的化学基础等。

　　在国家的大力支持下,我国的科学家们在化学生物学领域逐渐开展了多项具有创新性的工作:(1) 将现代分析技术和方法应用于化学生物学研究。我国科学家发展了各种原位、实时、高灵敏、高选择、高通量的新方法和新技术。例如,在生物分子检测探针和生物传感器方面,研究人员发展了多种适用于实时检测活细胞中金属离子、自由基、活性氧等重要生物活性分子的光学探针、用于检测细胞表面糖基和聚糖等物质的原位传感器,以及基于化学抗体-核酸适体的蛋白质、核酸检测新方法,用于识别药物小分子配体与蛋白质复合物结构的质谱和光学检测新方法等。在单分子水平的分析检测方面,研究人员发展了能在活细胞中监测蛋白质动态行为的单分子荧光成像法、分析蛋白质聚集状态的单分子荧光光谱法,以及能在细胞上实时检测配体-受体的作用力和复合物稳定性的单分子力谱法。(2) 在时间与空间上对细胞内的分子过程与新陈代谢进行成像与控制。针对细胞代谢研究的技术瓶颈问题,我国科学家发明了一系列特异性检测核心代谢物烟酰胺腺嘌呤二核苷酸(nicotinamide adenine dinucleotide,NADH)的基因编码荧光探针,实现了在活细胞的各亚细胞结构中对细胞代谢的动态检测与成像,不仅可以为细胞等基础研究提供创新方法,而且为癌症和代谢类疾病的机制研究与创新药物开发提供了有力工具;在此基础上,又开发出由光调控的转录因子和含有目的基因的转录单元构成的基因表达系统,为发育生物学、神经生物学等领域复杂生物学问题解析提供了有力研究工具。(3) 将计算化学和计算生物学应用于化学生物学研究。科学家们以小分子为探针进行药物靶标,在对生物系统的研究中取得了创新性的研究结果,包括生物分子功能研究、生物分子模拟、生物网络和化学小分子对于生物系统的作用及蛋白质设计等。(4) 我国有丰富的中药和天然产物资源,从天然产物中发现有效的治疗药物和小分子探针一直是我国化学生物学研究的重要领域。利用结构多样的天然和合成产物,科学家们发展了各种分析方法,解析了很多信号传导分子通路。这些在合成生物活性小分子或生物大分子上所取得的成果极大地推动了我国化学生物学的发展。

在取得创新性成果的同时,我国化学生物学研究的影响力及国际地位得到极大提升[6]。2015 年,我国多位科学家受邀参与了《自然化学生物学》(*Nature Chemical Biology*)杂志创刊十周年的学术活动"化学生物学之声"(Voices of Chemical Biology),从研究意义、历史成就、学科建设、未来挑战等多个角度阐述他们对化学生物学这一交叉领域的观点,让世界同行听到了来自我国化学生物学家的声音。2019 年,在《自然方法》(*Nature Methods*)杂志创刊十五周年的学术活动"方法开发之声"(Voices in Methods Development)中,我国化学生物学家分享了他们在影响生物学发展的核心技术方面的想法与体会。此外,我国化学生物学领域学术带头人的研究工作普遍获得国际认可,不仅受邀在一些重要的国际会议作大会报告,被授予各类荣誉称号或奖励,还被一些化学生物学国际期刊聘请为杂志的副主编,如美国化学会的 *ACS Chemical Biology*、英国皇家化学会的 *RSC Chemical Biology* 等,这些进展都显示了我国化学生物学研究的快速发展和进步。

## 1.3.3 化学生物学的发展规律

化学生物学的研究需要从事化学和生物学等研究领域的科研人员从多角度全方位切入,发挥各自学科的特长,瞄准依赖传统方法难以取得突破的前沿科学问题,以科学问题为导向进行前沿探索,开展合作研究,发展、建立、并运用化学生物学理念和技术,解决涉及人类健康、环境保护、生物制造及其核心技术等领域的国家重大需求和重大问题。近年来,化学生物学的总体发展规律和态势可归纳如下[7]:

(1)化学生物学新方法、新技术的建立与运用为学科自身发展提供源动力。例如,生物正交(相容)反应证实生物体系内外源化学反应的重要功能;高时空分辨的活细胞成像技术实现生命活动的可视化;前沿分析技术和方法在化学生物学研究中发挥日益重要的作用。

(2)分子(化学)探针的发展与运用凸显化学生物学工具的化学本质。例如,源于天然产物的功能小分子逐渐成为具有广泛应用价值的分子探针;活性分子探针的多组学研究是化学生物学的代表性技术之一;化学探针的调控功能推动蛋白质研究,并助推创新药物的基础研究。

(3)生物合成化学推动从分子到复杂体系生物合成的链条式发展。例如,生物合成化学揭示生命过程中的诸多化学途径,师法自然,推动合成科学与技术的进步;蛋白质的化学合成到生命机器的人工智造也是化学生物学的活跃前沿课题。

(4)理论模型与计算化学生物学指导实验探索的发展方向。实验科学的趋势是发展高灵敏、高时空分辨的技术手段,在单分子水平建立生物结构的模型体系。理论模拟方法从另一侧面揭示生命体系动态运转规律,现在已经从微秒尺度逐渐发展成纳秒尺度,从简单模拟体系发展到多分子复杂模拟体系,使得生物大分子的动态机制可以得到诠释。

## 1.3.4　我国化学生物学未来的发展

化学生物学领域的"十四五"战略目标主要以国家需求和任务为驱动核心,面向世界科学前沿,鼓励源头探索创新,促进跨领域的交叉研究,同时强化学科发展规划,不断提升学科与人才队伍建设,把控发展格局,提高我国化学生物学的国际地位。"十四五"期间,我国化学生物学的高质量加速发展将在健康中国(诊疗与医药)、美丽中国(生态与环境)和智造中国(合成生物学与粮食农业安全)建设中贡献力量,形成特色,走向世界一流。展望未来,化学生物学将紧密围绕国家战略需求,面向人类生命健康,加速为生命科学基础研究、疾病精准诊断、创新药物发现等方向提供新策略与化学工具,也将针对能源及环境问题催生基于创新生物科技的解决方案,为经济社会发展服务。

在国家政策的支持下,我国化学生物学未来的发展方向布局如下[7]:

(1)有待加强的方向,包括① 分子探针及功能调控:巩固基于活性分子探针的多组学研究、化学探针推动蛋白质等生物大分子的功能(调控)研究、高时空分辨的原位和在体分析等方向的研究优势;② 天然产物化学生物学:加强新结构、新骨架、生物活性、新机制、探针化、药物先导发现及形成机制等研究;③ 生物正交(相容)反应:聚焦发展新反应、新方法,实现复杂体系下目标生物大分子的标记与示踪;④ 生物大分子合成与化学修饰:强化糖类、核酸、蛋白质、表观遗传与表观转录修饰、蛋白质合成与酶进化等方向上的持续研究投入;⑤ 药物化学生物学:强调药物发现化学生物学面向基础生物学和医学前沿领域的探索性研究,突出新靶标功能干预与成药性确证的早期研究,开发新药物载体材料,以及促进原创农药等的化学生物学研究。

(2)有待扶持的方向,包括① 金属化学生物学:瞄准金属酶、金属免疫、金属组学、金属生物学功能、金属的临床应用、金属的调控与组装等前沿领域内的关键科学问题,加强基础研究;② 脂质研究的化学生物学新方法:促进脂质合成、检测、代谢、脂质组学及蛋白质修饰等方向的研究投入与产出。

（3）鼓励的交叉方向,包括① 生物合成化学:鼓励在酶化学、定向进化、生物大分子设计与合成、纳米酶、天然产物形成机制等方向上的交叉探索性研究;② 内源性活性分子的化学生物学:主要研究对象包括天然产物、代谢物、激素、金属离子和配体等;③ 免疫化学生物学:重点鼓励小分子(包括金属元素及相关复合物体系)在免疫调控中的表型和作用机制研究;④ 神经化学生物学:聚焦化学生物学技术发展运用,促进脑科学和神经性疾病研究;⑤ 理论与计算化学生物学:紧紧围绕前沿热点关切的大数据、人工智能、生物信息学、化学信息学等设置资助项目。

（4）前沿研究方向,包括① 生物大分子自组装和相变:瞄准生物大分子自组装与相变的分子机制、生物学调控、化学干预,以及研究自组装和相变的理论与方法等前沿活跃方向开展项目布局;② 前沿分析技术和方法:发展并运用生物大分子的示踪和测量技术及方法,促进生理与病理过程的可视化及定量化研究;③ 肠道菌群化学生物学:促进次生代谢、化学通信等前沿交叉方向上的探索研究;④ 生物体不同层次之间的化学通信:关注外泌体、宿主病原菌互作、细胞因子、金属离子、多肽等因子在不同层次通信中的信号途径和分子机制及其功能干预。

放眼未来中长期发展,我国化学生物学将面向原创新药与诊疗技术、生态资源利用与绿色经济发展、纳米生物技术运用等领域,主导多学科融合交叉研究,助力前沿基础科学挑战的突破、核心制约技术的破解,以及有国际影响力的重大产品的产出。未来,化学生物学这一新兴学科将会在众多领域研究中发挥更大作用,取得更丰硕的成果。

## 本章参考文献

## 习 题

1. 描述化学生物学的定义和特征。

2. 化学生物学与传统生物学科的研究内容和范畴有什么不同？

3. 举例说明化学生物学的主要研究领域和研究方向。

4. 你认为化学生物学对其他学科的发展有哪些影响和作用？

5. 目前我国的化学生物学研究主要涉及哪些领域？你认为我国化学生物学未来的发展方向和趋势是什么？

# 第 二 章

# 化学生物学

# 技术与方法

本章教学参考课件

# 2.1
# 生物正交反应

生物正交反应是指在不干扰自身生化反应的前提下,在活体或组织中进行的化学反应。由于其简单、高效及高特异性的优势,生物正交反应已经成为近年来化学生物学领域中十分重要的研究工具,并对研究生命过程中生物大分子(核酸、蛋白质及糖类等)的结构、功能和相互作用起到十分关键的作用。

## 2.1.1　生物正交反应发展历史及趋势

斯坦福大学的 Carolyne R. Bertozzi 课题组在 2003 年首次提出生物正交反应(bioorthogonal reaction)的概念。随着对各类生物正交反应的研究日益增加,生物正交反应相关的技术不断发展,并在活细胞成像、生物组学分析、疾病诊断、药物开发及释放等研究领域中发挥重要作用,展现出巨大的应用潜力。

初期的生物正交反应主要是指偶联反应,如基于 Staudinger 还原反应开发出的 Staudinger 偶联反应,又称叠氮-膦基酯反应。叠氮-膦基酯反应已被成功应用于细胞表面的化学修饰。随着研究的深入,生物正交反应又发展出了基于化学键断裂的生物正交剪切反应。2013 年,Robillard 课题组发现,在生理条件下,四嗪分子可触发反式环辛烯基团的脱除从而释放出氨基基团,随后这一反应被用于前体药物的激活[1]。2014 年,北京大学陈鹏教授课题组利用逆电子需求的 Diels-Alder 反应实现了以蛋白质为代表的生物大分子的原位激活,并正式提出了"生物正交剪切反应"这一新概念[2]。目前,生物正交剪切反应已经广泛应用于药物释放、疾病治疗等多个研究领域。

尽管生物正交反应的研究与应用在不断拓展,但是其长期发展仍面临着巨大挑战。为了满足医学、生命科学及药学的研究与应用需求,未来的生物正交反应将朝着以下几个方面发展:

(1) 开发新型高效、相互正交的生物正交反应——完善和改进生物正交化学技术。

首先,深入研究现有生物正交反应,在反应性、稳定性等方面进行系统优化。其次,开发新型生物正交反应,尤其是起步较晚的剪切反应。此外,发展相互正交的化学工具有望为生物正交反应开辟新的应用场景。

（2）开发活体动物的生物正交反应——"遥控化学反应工具"的开发与应用。在医学和药学研究中,对可应用于活体实验的生物正交反应的需求逐渐增加,对这些反应的标准和要求也随之提高。目前,人们面临的一个重要挑战是如何实现对活体动物的生物正交反应进行精确控制。因此,开发"遥控化学反应工具"用于活体动物的生物正交反应是解决这类问题的重要途径之一。

（3）拓展生物正交反应的应用。生物正交反应已经成为解决生命科学、医药等领域中关键问题的一类重要化学工具。发挥生物正交的优势并拓展其应用范围是生物正交反应的另一个重要发展方向。例如,充分利用生物正交反应在分子水平上对生命机制进行深入系统研究,实现从小分子前药到蛋白质前药、从放化疗到免疫治疗的跨越,完成对新型靶向药物的研究与开发,最终实现"原位疫苗"等新型免疫治疗方法的开发等。

## 2.1.2　生物正交反应分类

迄今为止,已报道的生物正交反应可大致分为以下三类:金属催化的生物正交反应、无需催化剂的生物正交反应、光诱导的生物正交反应。

### 2.1.2.1　金属催化的生物正交反应

现有的金属催化的生物正交反应包括铜催化、铱催化、钯催化及银催化等几类典型的催化反应。

1. 铜催化的生物正交反应

铜催化的生物正交反应又称"点击化学"（click chemistry）,主要是指由一价铜离子催化的叠氮-炔基环加成反应［Cu（Ⅰ）-catalyzed azide-alkyne cycloaddition reaction,CuAAC］。具体的反应机理如图2-1所示。

CuAAC反应是目前生物正交反应中应用最广泛的一类反应,具有选择性高和反应速率快的特点。然而,CuAAC反应也存在一定的弊端,如铜离子会带来一定的毒副作用。

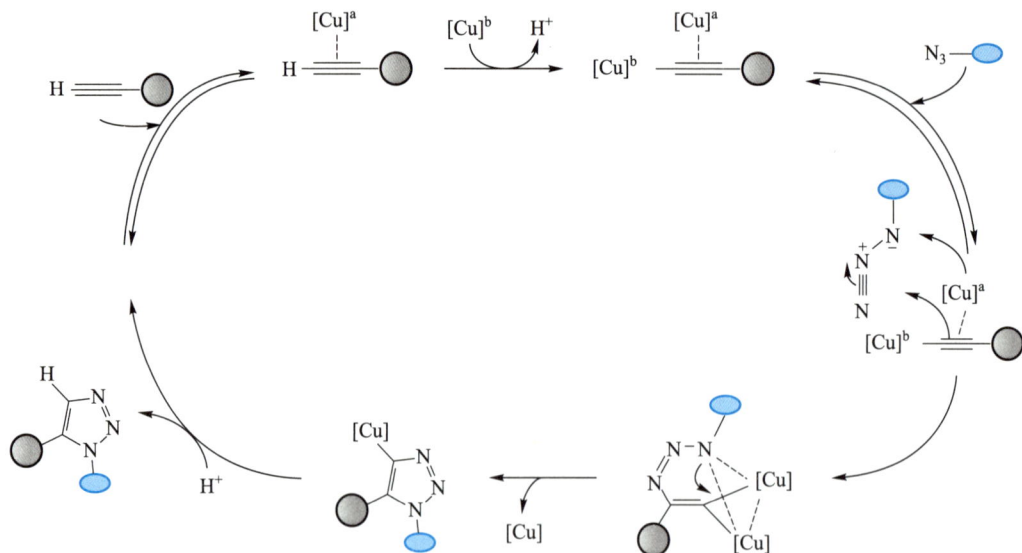

**图 2-1 一价铜离子催化的叠氮-炔基环加成反应的反应机理**

研究人员通过添加配体来减少毒副作用并提高反应速率，然而这使得反应体系变得更为复杂，同时也在一定范围内限制了 CuAAC 反应在某些特殊生物体系（如活体）中的进一步应用[3]。

2. 铱催化的生物正交反应

金属铱能够用于催化炔基叠氮的环加成反应，如图 2-2 所示。铱离子与炔胺有着强的配位能力，因此，铱催化的这一反应较传统的 CuAAC 反应具有更高的选择性，在复杂的生物介质中可以保持更高的稳定性。

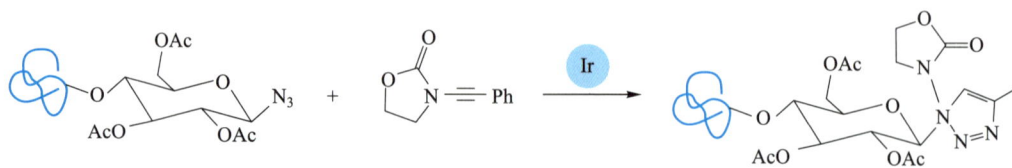

**图 2-2 铱介导叠氮/三苯基膦生物正交偶联反应**

3. 钯催化的生物正交反应

作为一种性能优良的催化剂，金属钯（Pd）在有机催化中广泛应用。基于 Sonogashira 偶联反应及 Suzuki-Miyaura 偶联反应，一些依赖钯催化的生物正交反应已被成功开发。如图 2-3 所示，在失活蛋白上偶联丙二烯基锁定组，利用活细胞内特定酶解码结合钯催化的生物正交反应可以实现蛋白质的激活[4]。这些反应为生物正交技术的发展提供了新的思路。

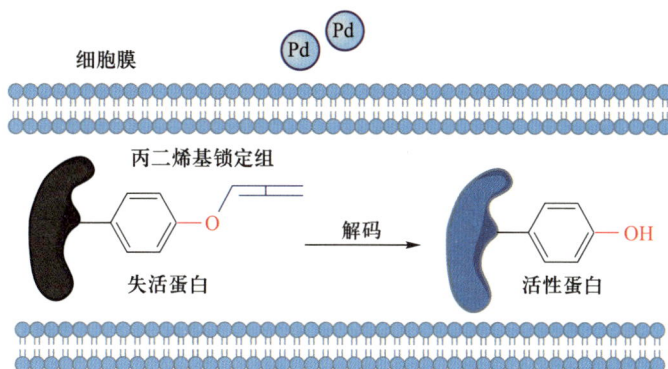

图 2-3　钯介导的细胞内活性蛋白解码的生物正交偶联反应

4. 银催化的生物正交反应

以银为催化剂的生物正交反应指的是利用二苯并氮杂环辛炔（dibenzocyclooctyne，DBCO）的点击化学反应活性，在银催化下，DBCO 发生重排酰化，实现基于蛋白质 $NH_2$ 基团的偶联反应（见图 2-4）。

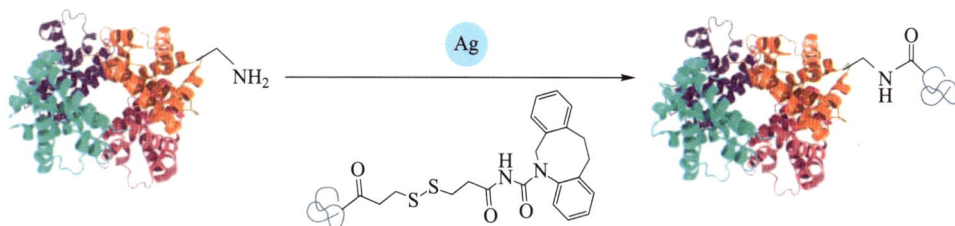

图 2-4　银介导的蛋白质偶联的生物正交偶联反应

5. 其他金属催化的生物正交反应

除了上述常见的金属催化的生物正交反应以外，一些其他金属催化的反应也随之被开发出来。例如，二聚醋酸铑 $[Rh_2(OAc)_4]$ 催化剂和重氮化物在盐酸羟胺存在的条件下可以生成铑卡宾，铑卡宾能够对蛋白质上的色氨酸残基进行特异性共价标记，标记效率达到 60% 以上。

### 2.1.2.2　无需催化剂的生物正交反应

金属催化的生物正交反应极大地推动了化学生物学的发展，但是由于金属离子存在一定的细胞毒性，限制了其在生物中的应用。基于此，科研工作者又开发出了一系列无需催化剂的生物正交反应。主要有以下几种。

1. 环张力诱导的环加成反应

通过改变炔基反应底物的结构,科研工作者开发出了一类无需铜离子催化的叠氮-炔基环加成反应(strain promoted azide-alkyne cycloaddition reaction,SPAAC),如图 2-5 所示。图 2-5(a)报道了一种基于应变促进的炔烃-硝基环加成(SPANC)的新型生物正交反应。具体是基于肽和蛋白质的位点特异性修饰以产生具有极快反应动力学的 $N$-烷基化异噁唑啉,该方法被用于一个三步合成方案,能够成功用于肽和蛋白质位点的特异性修饰[5]。在图 2-5(b)中,首先将环状硝酮修饰在人类乳腺癌细胞(MDA-MB-468)表面高表达的表皮生长因子受体(epidermal growth factor receptor,EGFR)上,该环状硝酮与生物素标记的环辛炔发生环加成反应,最终通过生物素与标记有荧光素酶的链霉亲和素结

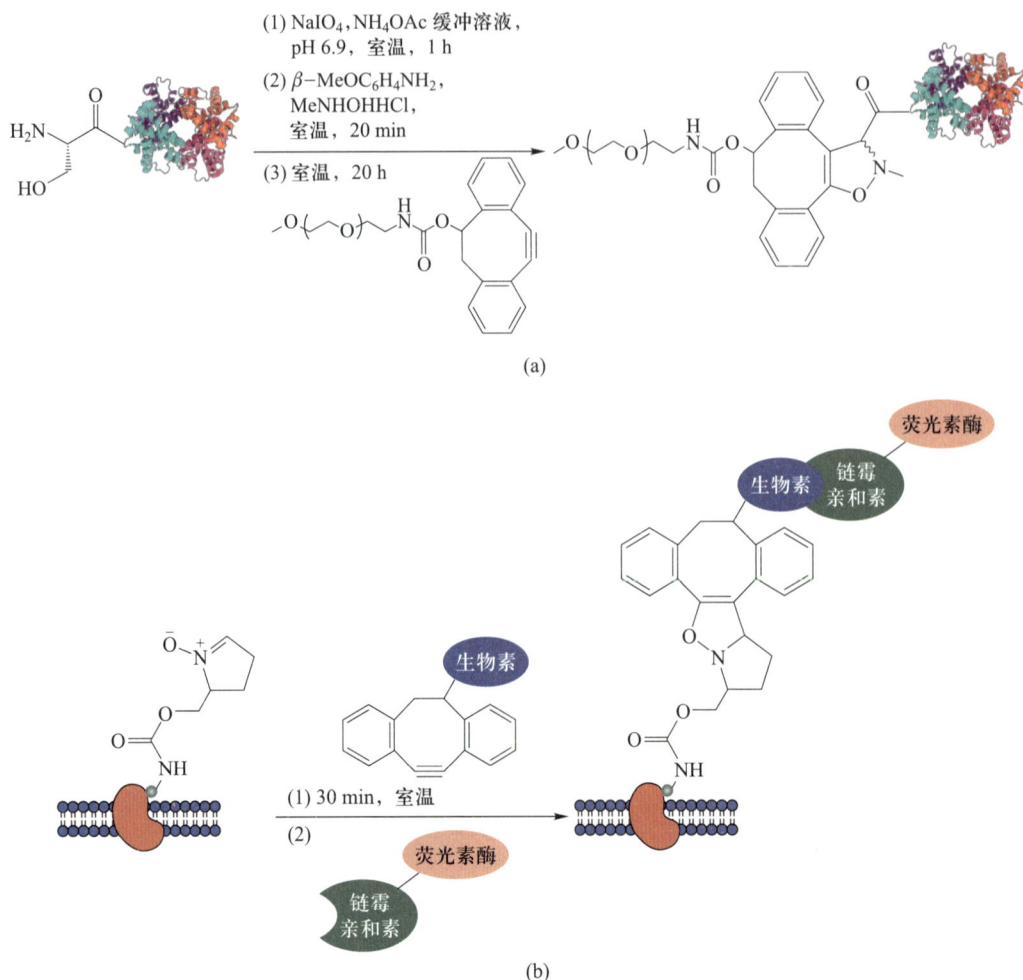

(a)

(b)

图 2-5 环张力诱导的炔基与硝酮的环加成反应

合实现受体 EGFR 的检测。这种环张力诱导的环加成反应不仅解决了铜离子毒副作用的问题,并且具有不需要配体参与、反应速率更快的优势。因此,该类反应目前被广泛应用在生物体内研究中。

**2. 逆电子需求的 Diels-Alder 反应**

四嗪基团可以在无需催化剂的前提下,与环烯烃或环炔烃高效地发生逆电子需求的 Diels-Alder 反应(inverse electron demand Diels-Alder reaction,IEDDA),并生成稳定的产物。此种基于四嗪类化合物的反应速率是目前生物正交反应中最快的。四嗪基团修饰到染料上后会淬灭该染料的荧光,随后,四嗪与环烯烃发生 IEDDA 反应,结构被破坏,染料的荧光能够重新恢复,最终实现了荧光“打开增强”的效果[6](见图 2-6)。IEDDA 不仅可以用于偶联,还可进行断键,实现生物正交剪切。

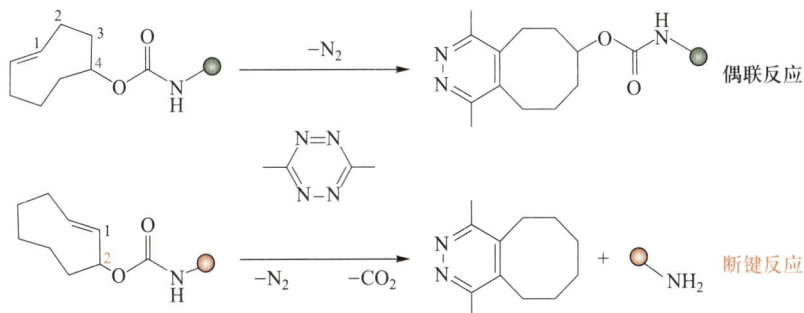

图 2-6 IEDDA 偶联反应与断键反应

**3. 醛/酮系胺缩合反应**

在酸性条件下,氨基化合物会进攻羰基的碳原子形成席夫碱。若氨基是活化的肼或者羟胺,则可反应生成腙或者肟。基于此,通过遗传表达,将醛(或者酮)特异性地引入蛋白质分子中,然后再通过该反应与酰肼或羟胺基团修饰的荧光染料连接,即可对目标生物大分子进行特异性标记。

### 2.1.2.3 光诱导的生物正交反应

光诱导的生物正交反应由于其可方便地利用外源光加以控制,因此在时间分辨等方面具有天然的优势。其中可见光催化的化学反应近年来得到了广泛的关注。目前已开发的光诱导的生物正交反应如图 2-7 所示[7]。图 2-7(a)为可见光诱导的脱硼炔基化反应,该反应是氧化还原中性的,可与伯、仲、叔烷基三氟硼酸盐或硼酸反应生成芳基、烷基和甲硅烷基取代的炔烃。图 2-7(b)所示为生物正交[4+2]环加成反应,基于 9,10-菲醌(PQ)基团的激发,在生物相容性的条件下,激发的 PQ* 与富电子乙烯醚(VE)基团快速且有选择性地反应,并生成具有菲咯二嗪(PDO)骨架的荧光[4+2]环加成化合物,该反应可以在生命体系中快速发生,且不会同体系中的其他亲核物种(如水等)发生副反应。同时光可诱导某些具有酰胺键的化合物和脂类化合物水解,分别生成醇类化合物和氨基化合物[见图 2-7(c)~(f)],这些可见光诱导的偶联反应为在活细胞内的应用提供了更多安全有效的策略。

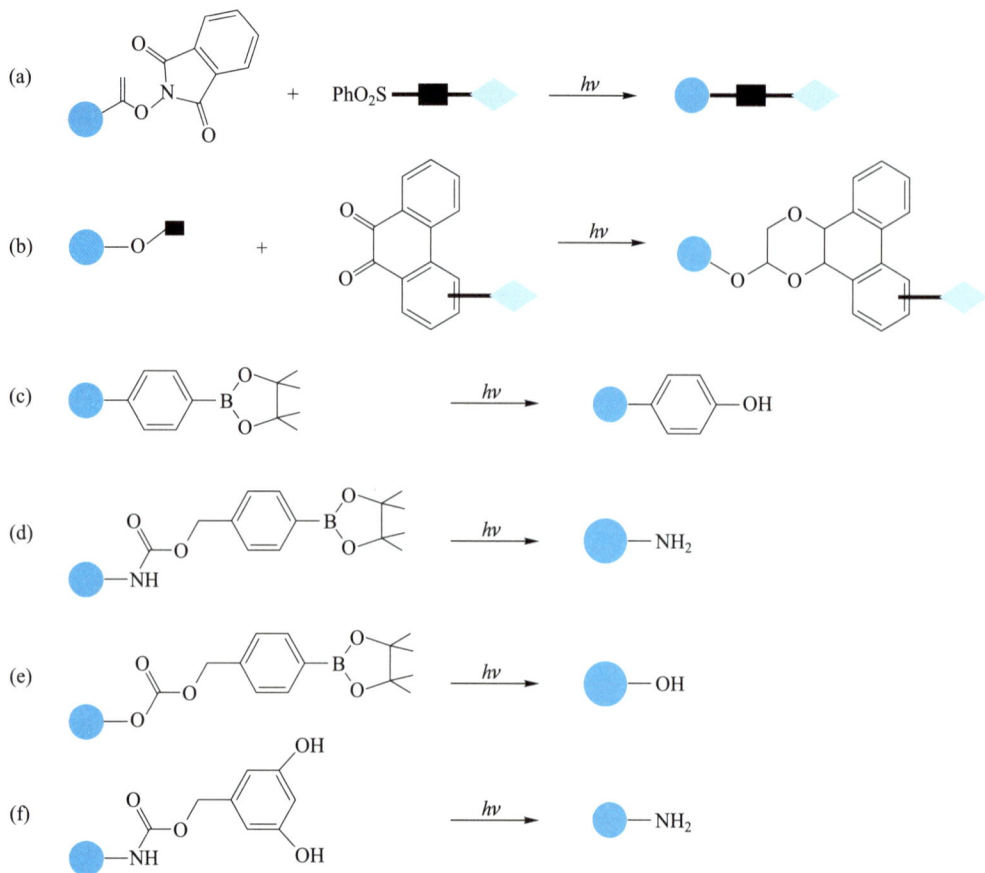

图 2-7 光诱导的生物正交反应

## 2.1.3 生物正交技术的应用

在不干扰机体正常生理过程的前提下,生物正交化学反应即使在复杂的生理条件下仍具有优良的选择性,并且反应过程简单快速、不受体内其他成分的影响、不产生毒副产物。因此,生物正交技术被广泛应用于生物成像、疾病检测、药物递送等领域。下面将从活体标记与成像、药物靶向递送等方面展开介绍。

### 2.1.3.1 活体标记与成像

#### 1. 细胞标记与成像

在活细胞中,许多生物活性分子(如核酸、蛋白质、糖类和脂质等)都可以通过修饰连接可发生生物正交反应的基团。因此,将生物正交基团通过化学合成的方法连接到细胞代谢类似物上,再利用生物代谢合成的过程将生物正交基团引入细胞,随后,通过反应与配对基团修饰的反应探针连接即可实现目标生物分子的标记或成像,最终实现细胞或目标生物分子的定位及功能分析。如图 2-8 所示,基于生物正交反应的标记技术可以实现多层次的成像(如细胞内线粒体、溶酶体等细胞器)。关于细胞标记与成像的内容,将在第三章中详细描述。

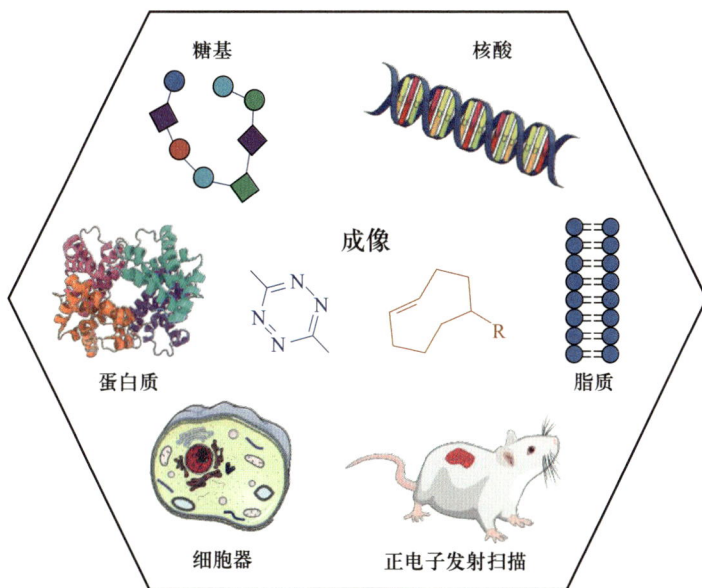

图 2-8 生物正交反应在标记与成像中的应用

#### 2. 病原微生物的标记与示踪

细菌和病毒等病原微生物与人类的生命健康息息相关。研究病原微生物在活体内的侵袭行为和相关机制非常重要。利用代谢工程和生物正交反应对病原微生物进行标记可以实现其活体示踪,最终有助于更好地研究其致病机制。

细菌多糖的独特结构与其致病机制相关,目前已经成为细菌研究的主要靶点。通过代谢工程和生物正交化学对细菌多糖进行标记,能够可视化地研究细菌在体内的侵袭行为。如图 2-9 所示,科研工作者设计了一种装载了叠氮化物(D-AzAla)的有机金属框架材料(D-AzAla@ MIL-100 纳米粒子)。该材料可以累积在小鼠被细菌感染的部位,随后在 $H_2O_2$ 炎症环境中迅速降解并释放 D-AzAla。释放的叠氮化物被细菌利用后会为其细胞壁引入 $N_3$ 基团,随后通过给小鼠注射 DBCO 标记的聚集诱导发光(aggregation-induced emission,AIE)纳米粒子,最终实现感染组织中细菌的特异性示踪[8]。

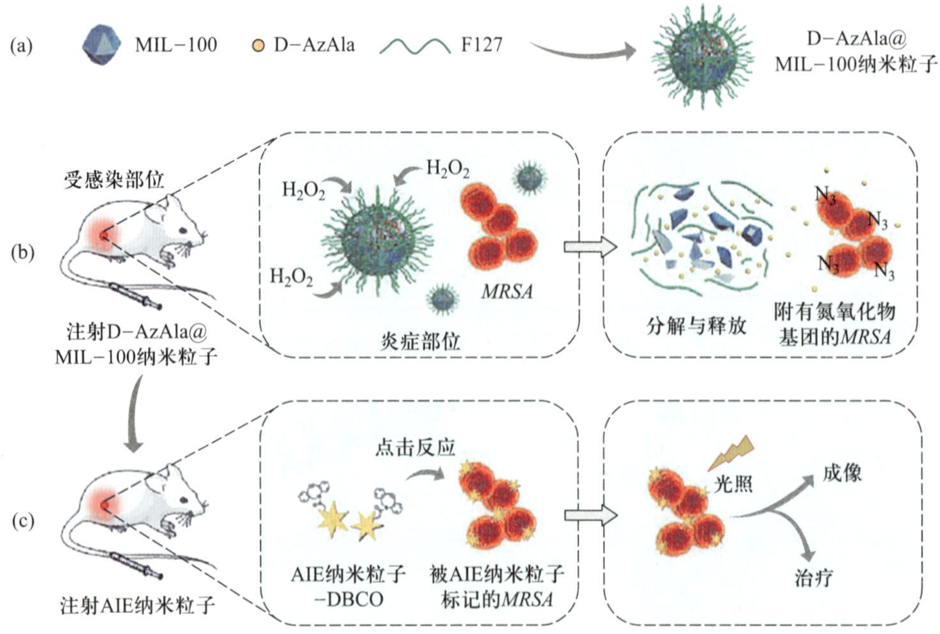

图 2-9 基于有机金属框架材料的生物正交技术用于细菌的示踪和治疗应用

病毒感染所导致的疾病是人类健康的另一重大威胁。目前通常使用基因工程技术使病毒表达荧光受体或使用荧光试剂化学偶联病毒,最终实现对病毒的成像。然而,这些标记技术易影响病毒的侵袭能力,不利于病毒入侵机制的研究。此外,病毒外部结构通常由糖类、蛋白质和脂质构成,这些成分主要来源于宿主细胞。因此,通过细胞的代谢过程可在病毒进行复制与组装时将携带功能基团的代谢衍生物嵌入病毒的衣壳、囊膜等结构中,最终实现对病毒的实时跟踪。利用生物正交反应的高效、抗干扰及对高特异性的优势,科研工作者还成功开发出了无损代谢的病毒生物正交标记技术。

### 2.1.3.2 药物靶向递送

**1. 抗肿瘤药物的靶向递送**

传统的靶向配体修饰策略(如抗体偶联药物)具有优良的肿瘤靶向效果。然而,基于抗体的药物递送系统仍存在一定的局限性,如肿瘤的异质性及由于长期化疗或药物暴露导致的癌细胞抗原下调。这些不足严重影响了抗肿瘤药物的靶向应用。科研工作者通过人工引入生物正交功能基团(如 $N_3$ 基团)作为化学受体,可以很好地实现生物正交标记、靶向识别和药物递送。

迄今为止,生物正交化学反应已被应用于成像剂和抗肿瘤药物的组织靶向递送,并且具有很好的体内示踪和肿瘤靶向效果。生物正交化学反应的可视化有利于肿瘤成像和诊断,而高效特异的药物传递可以提高治疗效果。例如,基于糖代谢的生物正交化学使得生物体内靶向的药物递送及肿瘤的诊断治疗获得进一步的改善。如图 2-10 所示,科研工作者将叠氮基团($N_3$)引入 T 细胞表面作为人工靶点,同时提取细胞膜包裹于纳米粒子表面。该研究利用 T 细胞膜的免疫识别功能,以及叠氮基团与环丙烷环辛炔基团(BCN)之间的生物正交反应,成功实现了肿瘤的高效靶向识别及光热治疗[9]。

**2. 免疫治疗中的靶向应用**

肿瘤免疫治疗是一种通过特异的免疫制剂动员、活化机体免疫细胞,协同、激发并增强机体免疫系统的抗肿瘤免疫应答,提高效应免疫细胞对肿瘤靶细胞杀伤效率,进而抑制肿瘤生长的治疗方法。目前已有的研究发现,生物正交化学反应可用于免疫刺激物的传递并在免疫治疗中发挥作用,具有很好的应用前景。如图 2-11 所示,科研工作者基于生物正交糖代谢构建了一类新型的非天然单糖类似物($Ac_4ManN-BCN$)应用于 T 细胞的免

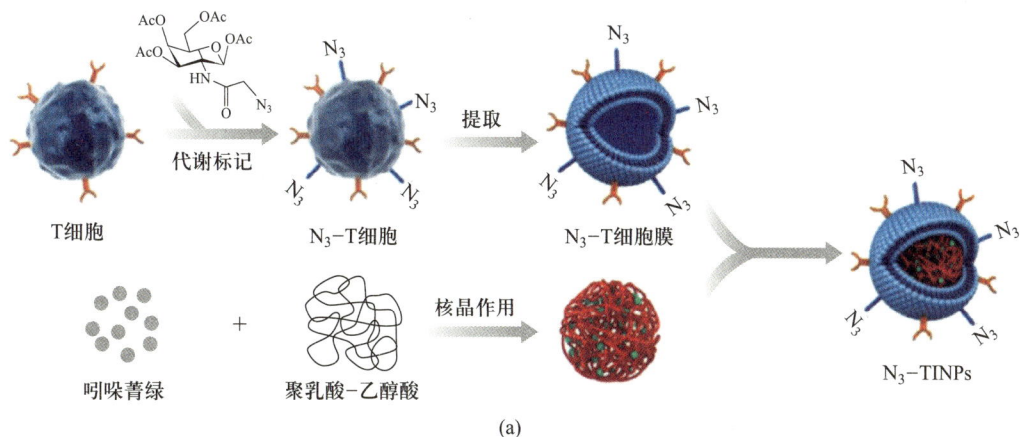

(a)

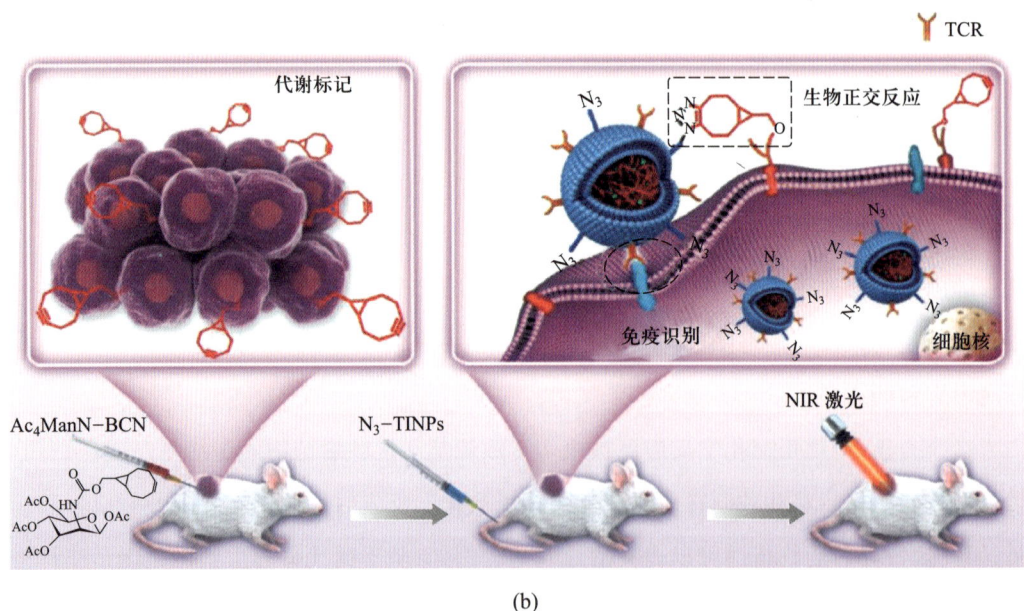

图 2-10 T 细胞糖代谢生物正交标记用于抗肿瘤药物的靶向递送

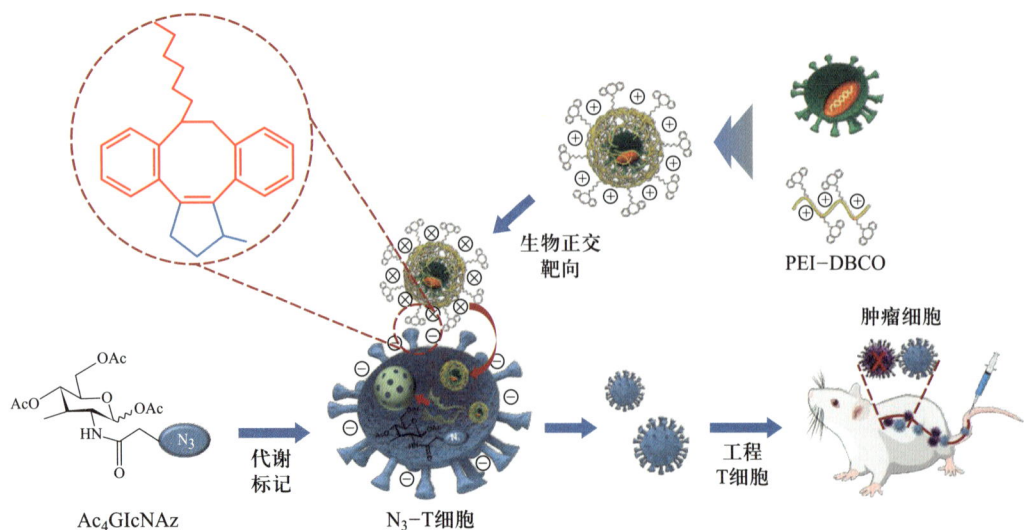

PEI-聚乙烯亚胺(polyethyleneimine);DBCO-二苯并氮杂环辛炔(dibenzocyclooctyne)

图 2-11 生物正交化学在 CAR-T 细胞生产和免疫治疗中的应用

疫治疗研究[10],如嵌合抗原受体 T 细胞免疫疗法(chimeric antigen receptor T-cell immu-notherapy,CAR-T)。该单糖类似物将报告基团 BCN 标记于肿瘤细胞表面形成肿瘤表面的人工靶点,在此基础上提出了人工 T 细胞-肿瘤靶向策略。该策略生物安全性好、标记效率高。叠氮基团修饰的 T 细胞(N₃-T 细胞)利用生物正交反应可快速地靶向 BCN 标记的肿瘤细胞,并促进 T 细胞的快速激活及其对肿瘤的识别杀伤作用。同时,病毒经纳米材料(PEI-DBCO)包裹后,病毒粒子表面的 DBCO 基团与上述 T 细胞人工受体-$N_3$ 发生高效、特异的生物正交反应。该反应能够促进病毒与 T 细胞的相互作用与基因转导,从而构建出安全、高效的 CAR-T 细胞,最终实现肿瘤的免疫治疗。

### 2.1.3.3 其他应用

生物正交技术除了在生物成像和药物递送及释放等领域得到广泛应用外,在其他化学生物学研究中也发挥着重要作用,如小分子前药的激活、蛋白质功能的调控、细胞表面工程化、遗传密码子拓展和基因编码等。

> 📖 **延伸阅读**
> ——新型生物正交反应的发展
>
> 近年来,北京大学陈鹏教授团队通过发展适用于活细胞及活体动物的新型生物正交反应(尤其是断键反应,即生物正交剪切反应),"在体"研究蛋白质的动态修饰及在细胞性状调控中的功能,并成功开发了基于蛋白质的靶向干预新途径。陈鹏教授的代表性研究内容和科学问题主要集中在以下三个方面:(1) 发展了生物正交剪切反应及相应的化学脱笼技术,用于在活细胞及活体动物内特异激活信号转导的关键调控酶(如磷酸激酶),高时空分辨地研究由信号转导蛋白的动态修饰介导的细胞性状调控。(2) 发展了可遗传编码的多功能光交联探针,成功捕捉了参与表观遗传调控的关键蛋白-蛋白相互作用(如组蛋白与修饰酶),发现了组蛋白动态修饰的新型催化酶及识别蛋白,深入解析了其调控细胞性状的分子机制。(3) 基于蛋白质和多肽的药物开发,发展了靶向干预细胞性状变化(如癌变)的蛋白质及多肽分子,解决这些潜在药物的靶向递送、原位释放(前药)等问题[11-13]。
>
> 此外,近来谭蔚泓院士、上海交通大学杨宇研究员和苏州大学刘庄教授提出了 DNA 逻辑计算介导的生物正交反应策略,实现了安全、精准且长久的免疫检查点阻断治疗[14]。具体是通过糖代谢工程在肿瘤细胞表面产生大量的叠氮糖标记的蛋白,包括叠氮糖标记的程序性死亡配体 1(programmed death-ligand 1,PD-L1)。其中,PD-L1 作为"天然受体"能够与抗 PD-L1 适体特异性识别并结合;而叠氮糖标记作为"化学受体"能够与抗

PD-L1 适体上标记的 DBCO 基团发生点击化学反应。当"天然受体"与"化学受体"共同存在时,DBCO 标记的抗 PD-L1 适体(DBCO-aPDL1)能够发生 DNA 逻辑计算介导的生物正交反应。在识别并结合"天然受体"PD-L1 的基础上进一步通过点击化学与"化学受体"叠氮糖标记共价偶联。鉴于 DNA 材料的生物安全性,安全、精准且长久的免疫检查点阻断(immune checkpoint blocking)便得以实现。该 DNA 逻辑计算介导的生物正交反应可以提高免疫检查点阻断治疗的精确性和稳定性。同时,该方法有望进一步拓展应用到光动力治疗和放射疗法等领域。

# 2.2
# 基因组学与蛋白质组学

## 2.2.1　基因组学概念

组学(omics)一词源于拉丁文后缀"ome",意指一个群或组,而生命科学领域中的组学技术指的是对组织或细胞内核酸、蛋白质或代谢中间产物等进行整体分析的技术和手段。按照研究内容分,组学技术目前包括基因组学、蛋白质组学及代谢组学等。

基因组学是以分子生物学技术、电子计算机技术和信息网络技术为手段,以生物体内基因组的全部基因为研究对象,从整体水平上探索全基因组在生命活动中的作用及其内在规律和内外环境影响机制的科学。基因组学从全基因组的整体水平研究生命、认识生命活动的规律,其研究结果更接近生物的本质和全貌。

## 2.2.2　基因组学发展历史及趋势

1986 年,美国科学家 Thomas Roderick 首次提出基因组学(genomics)这一概念。基因组学的本质是一门对所有基因进行基因组作图、核苷酸序列分析、基因定位和基因功能分析的科学。基因组学研究的主要内容包括：以全基因组测序为目标的结构基因组学（structural genomics）和以基因功能鉴定为目标的功能基因组学（functional genomics），后者往往又被称为后基因组学。

基因组学的神秘面纱随着测序技术的发展而渐渐被揭开。1980 年，Sanger 等人提出了 DNA 链终止测序方法并完成了 φ-X174 噬菌体基因组的测序。1995 年，Fleischmann 等人采用以链终止法为代表的第一代基因组测序技术完成了对流感嗜血杆菌（*Haemophilus influenzae* Rd KW20）全基因组的测序和组装。与此同时，20 世纪 90 年代开始实施的"人类基因组计划"（human genome project，HGP）及其他一些生物高新技术也开始迅猛发展。到 2000 年 6 月 26 日，中、美、英、日、德、法六国宣布人类基因组草图绘制完成。

测序技术经历了不断的革新和发展。第一代测序技术以链终止法为代表，第二代测序技术以焦磷酸测序技术、边合成边测序技术和连接酶法为代表，之后的第三代测序技术以实时单分子测序、合成法测序和纳米孔外切酶测序技术为代表。与此同时，测序片段长度和测序通量不断提高，而测序成本不断降低，如图 2-12 所示。

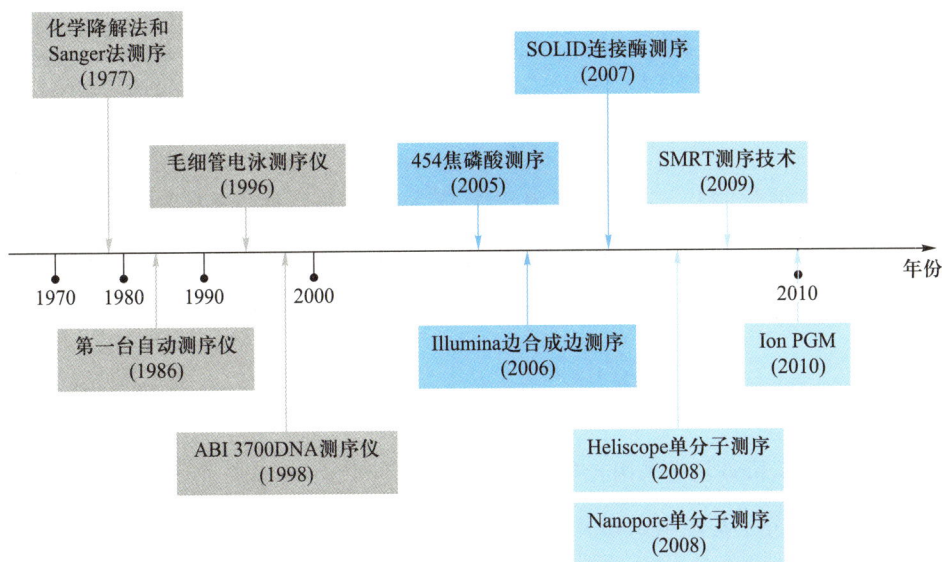

**图 2-12 基因测序技术的发展**

21 世纪，人类进入了后基因组学时代。新的科学知识、理论、技术都为基因组学的迅速发展提供了支持。基因组学的研究发展大致有以下几个方向：

（1）结构基因组学。一是完成人类基因组全序列图，即"完成工作图"；二是完成不同种族单核苷酸多态性（single nucleotide polymorphisms，SNP）图；三是基因序列的识别；四是结构信息学和结构—功能关系信息学的建立。

（2）医学基因组学。医学基因组学包括环境基因组学、药物基因组学、病理基因组学、生殖基因组学等多个分支的研究。

（3）基因调控。基因表达的调控是功能基因组学研究的主要内容之一。不同条件下基因表达谱的变化是基因调控的结果。很多模式生物基因组在长度上比人类的小，但所包含的基因数基本一致。由于一些非编码序列的缺少和在基因组中所处位置不同所带来的差异使得基因表达谱具有很大的差异。

（4）新技术新方法。针对基因组测序、医学基因组学研究、基因表达的调控研究等主要研究领域均需建立相应的技术方法平台。但是，当理论研究深入一定程度后，"技术"往往成为深入研究进程中的瓶颈。因此，技术发展在人类基因组学研究中成为了重点考虑的一个方面，其中包括 DNA 测序新技术、生物信息高效分析方法、突变检测新技术、cDNA 微阵列和基因芯片技术、微阵列和基因芯片技术、质谱新技术等。

## 2.2.3　主要的基因组学技术介绍

进入后基因组学时代，主要的基因组学技术有以下几种：（1）生物信息学技术；（2）生物芯片技术；（3）转基因和基因敲除技术；（4）RNA 干扰技术；（5）基因表达谱分析技术；（6）生物质谱技术，等等。下面将介绍其中几种技术及其应用。

### 2.2.3.1　生物芯片技术

生物芯片（biochip）是指采用光导原位合成或微量点样等方法，将大量生物大分子比如核酸片段、多肽分子甚至组织切片、细胞等生物样品有序地固化于支持物（如玻片、硅片、聚丙烯酰胺凝胶、尼龙膜等载体）的表面，组成密集二维分子排列。通过与已标记的待测生物样品中靶分子杂交，利用特定的仪器，如激光共聚焦扫描或电荷耦合摄影机（charge coupled device，CCD），对杂交信号的强度进行快速、并行、高效的检测分析，从而判断样品中靶分子的数量。此技术常用玻片或硅片作为固相支持物，且在制备过程模拟计算机芯片的制备技术，因此被称为生物芯片技术。

生物芯片又可分为基因芯片、蛋白芯片及芯片实验室。其中基因芯片是最重要的一种生物芯片,具体是指将大量探针分子固定于支持物上与标记的样品进行杂交,通过杂交信号的强弱判断靶分子的数量。基因芯片技术具有高度集约、大通量平行分析、高灵敏度、样品需要量小、技术操作简单、自动化程度高及应用范围广、成本相对较低的特点。

基因芯片的主要应用:(1) 单核苷酸多态性的鉴定;(2) 基因表达分析;(3) 寻找新基因;(4) 大规模 DNA 测序;(5) 疾病的诊断与治疗;(6) 个体化医疗;(7) 药物筛选及毒理学研究。

## 2.2.3.2 转基因和基因敲除技术

转基因技术是将人工分离和修饰过的基因或 DNA 导入生物体的细胞基因组中,从而保证生物体性状稳定地整合、表达和遗传的技术。依据转移的应用对象不同,转基因技术可分为动物转基因技术和植物转基因技术。下面将主要介绍动物转基因技术。

动物转基因技术包括原核显微注射法、逆转录病毒载体法、胚胎干细胞介导法及精子介导法。其中原核显微注射法又称 DNA 显微注射法,即通过显微操作仪将外源基因直接用注射器注入受精卵,利用外源基因整合到 DNA 中发育成转基因动物。其优点是外源基因的导入整合效率较高,不需要载体,可以直接获得纯系,因此实验周期短。但是此技术也存在多种缺陷,包括技术操作复杂、外源基因的整合位点和整合的拷贝数都无法精确控制等。

逆转录病毒载体法是将目的基因重组到逆转录病毒载体上,制成高浓度的病毒颗粒,人为感染着床前或着床后的胚胎,或者直接将胚胎与能释放逆转录病毒的单层培养细胞共孵育以达到感染的目的,并通过病毒将外源目的基因插入整合到宿主基因组 DNA 中的方法。逆转录病毒载体法的优点是不需要重排即可在整合点整合转移基因的单个拷贝,并且整合逆转录病毒的 DNA 胚胎效率高。其缺点是需要生产带有转基因的逆转录病毒,并且插入逆转录病毒的基因大小受限制,且对转基因的表达调控问题也尚未解决。

胚胎干细胞介导法是指将基因导入胚胎干细胞,然后将转基因的胚胎干细胞注射于动物囊胚后形成嵌合体直至达到种系嵌合。因此,早期胚胎的内细胞团经过体外培养可建立起多潜能的细胞系。在将胚胎干细胞植入胚胎前,可在体外选择一个特殊的基因型。然后用外源 DNA 转染以后胚胎干细胞可以被克隆,继而筛选出含有整合外源 DNA 的细胞用于干细胞融合。由此可以得到很多遗传上相同的转基因动物。但是此技术的缺点也很明显:许多嵌合体转基因动物生殖细胞内不含有转基因。

精子介导法是指将成熟的精子与外源 DNA 进行预培养,精子有能力携带外源 DNA 进入卵中使之受精,从而使外源 DNA 整合于染色体中。精子携带 DNA 主要是通过三种途径——将外源 DNA 与精子共孵育、电穿孔导入法和脂质体转染法。该技术简单、方便,依靠生理受精过程,避免了原核的损伤。

转基因技术的应用目前主要在以下几个方面:对基因的结构、功能及表达特异性进行研究;应用于动物抗病育种及动物生产;建立诊断和治疗人类疾病的动物模型(目前最为理想的转基因动物是猪,因其在器官大小、结构和功能上与人类较为相似)、生产药用蛋白,生产可用于人体器官移植的动物器官;改良植物品种。迄今为止,转基因技术应用仍难以广泛,这主要是因为:(1)转基因表达水平低且难以控制转基因在宿主基因组中的行为;(2)控制多数生理过程的基因未知,基因表达的发育控制和组织特异性控制的机制未知;(3)对传统伦理是一种挑战,对人类的生存有一定的负面作用等。

基因敲除(gene knockout)又称基因打靶(gene targeting),这项技术是通过外源 DNA 与染色体 DNA 之间的同源重组、精细定点修饰和改造基因 DNA 片段。基因敲除是在胚胎干细胞技术、转基因技术和同源重组技术基础上发展起来的,具有位点专一性强、打靶后目的片段可以与染色体 DNA 共同稳定遗传的特点。目前已成为一种理想的改造生物遗传物质的实验方法。

目前,基因敲除主要采用突变基因(mutate gene)敲除正常基因以产生定位突变(target mutation),主要是指发生在姐妹染色单体(sister chromatin)之间或同一染色体上含有同源序列的 DNA 分子之间或分子之内的重新组合。在基因敲除小鼠制作过程中,需要针对目的基因两端特异性片段设计带有相同片段的重组载体,将重组载体导入胚胎干细胞后外源的重组载体与胚胎干细胞中相同的片段会发生同源重组。针对某个序列已知但功能未知的序列,改变生物的遗传基因令特定的基因功能丧失作用,最终使其部分功能被屏蔽,并进一步对生物体造成影响,由此推测出该基因的生物学功能。其大致流程如图 2-13 所示。

与转基因技术类似,基因敲除技术在基因表达与功能、人类疾病研究等领域得到了应用,但是在消除背景基因干扰等方面仍存在一定的局限。

### 2.2.3.3 RNA 干扰技术

RNA 干扰(RNA interference,RNAi)是指外源和内源性双链 RNA(double-stranded RNA,dsRNA)在细胞内诱导同源序列的基因表达受抑的现象(见图 2-14)。

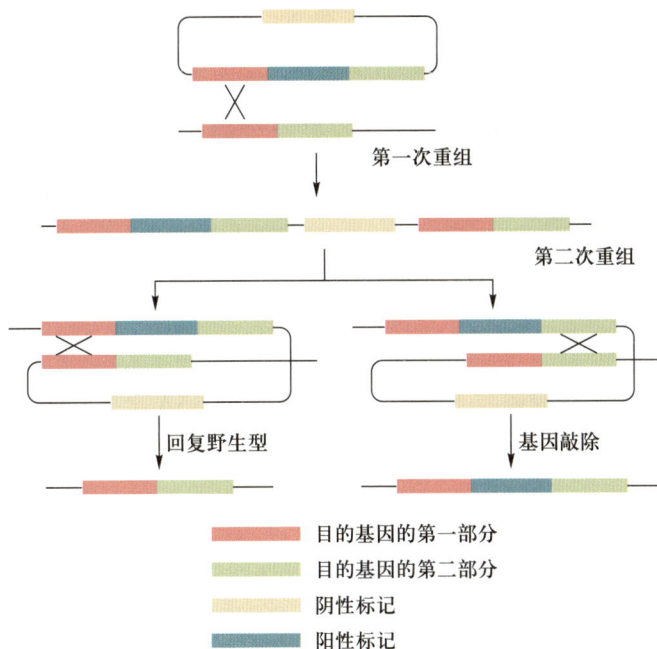

图 2-13 基因敲除流程

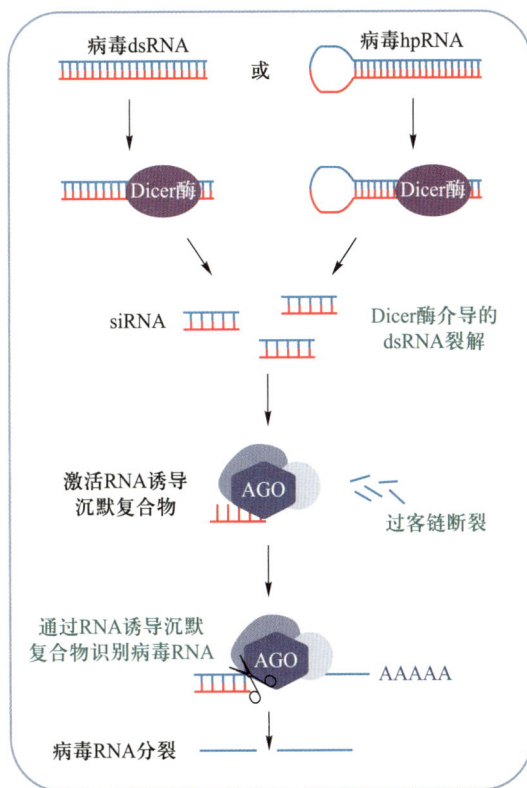

图 2-14 RNAi 形成和作用示意图

到目前,RNA 干扰作用的确切机制仍不清楚,目前普遍认可的是 Bass 假说,其认为 RNA 干扰作用具体可概括为三个阶段:起始阶段——小干扰 RNA(small interfering RNA, siRNA)的形成;引发阶段——RNA 诱导的沉默复合物(RNA induced silencing complex, RISC)的形成和效应阶段;循环放大阶段——即 RNA 依赖性 RNA 聚合酶(RNA-depended RNA polymerase,RdRP)的扩增阶段。RNA 干扰具有如下特性:

(1)共抑制性。RNA 干扰作用不仅使外源基因在转录后水平上失活,同时诱导与其同源的内源基因沉默。

(2)高效性。比基因敲除技术更为便捷,科学家称 RNA 干扰技术为靶基因或靶蛋白的"剔降"(knockdown)。

(3)高特异性。单个碱基的改变即可使 RNA 干扰失效,RNA 干扰能特异性降解 mRNA。针对同源基因共有序列的 RNA 干扰则可使同源基因全部失活。

(4)高穿透性。RNA 干扰具有很强的穿透能力,能在不同的细胞间长距离传递和维持。

(5)高稳定性。细胞中可能存在天然的稳定小干扰 RNA 的机制。此机制可能使小干扰 RNA 与某种保护性蛋白结合,从而使其具有一定的稳定性。

作为一种新兴基因组学技术,RNA 干扰技术目前主要应用在基因功能研究、抗肿瘤治疗、抗病毒治疗等领域。

## 2.2.4 基因组学技术应用实例

随着基因组学领域研究的不断成熟与完善,各种新技术新方法的出现越来越广泛地应用于各个研究领域,并产出了具有重大意义和推动作用的科研成果。下面将列举代表性基因组学技术的应用实例。

### 2.2.4.1 新药的发现

随着基因组学研究的深入,科研工作者们在对药物化学、基因组学、分子生物学等多领域进行深入研究后,期望构建出能用于揭示基因—靶点—疾病—药物—药效或毒性的关系,最终建立起基因到药物和药物到疾病的预测模型。通过科研工作者不断的努力及技术的提升,目前如基因芯片、转基因技术等基因组学技术在新药发现中的应用越来越广泛。代表性的例子为,研究者通过对基因组学数据的整合建立起基因与发现新药的联系。

例如,Mayer 等人通过荧光显微镜观察一万多种化合物处理细胞后微管、肌动蛋白和染色质的变化,最后筛选出有丝分裂驱动蛋白 Eg5 抑制剂单星素(monastrol)。他们发现单星素作用于驱动蛋白 Eg5,能够抑制 Eg5 驱动的微管运动,阻止细胞分裂,故此有望作为抗癌药物[15]。不仅如此,基因组学技术还有助于新药疗效的预测。例如,用抗抑郁药、抗精神病药和阿片受体抑制剂分别处理人的原代神经元细胞,通过基因芯片检测经药物处理后,细胞的基因表达谱,最后通过对基因表达谱数据进行分析,可确定这三种药物的基因标志物,并根据基因标志物实现了新药临床疗效的预测。

总而言之,在基因功能研究基础上,可利用生物芯片等技术进一步确立与某些疾病相关基因的表达变化情况,了解疾病发生机理,并由此进行药物筛选。同时根据病变组织和正常组织在某些药物刺激下发生的基因表达的变化快速判断药物作用效果,最终进行药物的高通量筛选并实现新药开发技术上的突破。

### 2.2.4.2 新基因的发现

寻找和发现新基因是生命科学、医学等的研究任务之一。基于传统分子生物学方法如差异显示 PCR 等设计策略可以有效地发现相关新基因。但这些方法大多局限于对单个或几个基因的分析,难以阐明生物过程中多基因的复杂调控关系,且容易遗漏低丰度的基因。基于基因组学技术如基因芯片技术能够实现高通量、高灵敏度、自动快速检测。

例如,肿瘤的发生往往是多基因参与、表达调控的复杂生物学过程。从如此复杂的生物学过程中寻找和发现基因的新功能,基因芯片技术便是科研工作者的首选。例如,Yao 等用基因芯片研究了乳腺癌进展中的基因变化,设计了包括 10 个导管原位癌、18 个浸润癌和 2 个淋巴结转移癌在内的乳腺癌比较基因组杂交阵列。经检测、分析和定量 PCR、原位杂交等实验证实,H2AFI、EPS8 为乳腺癌的 2 个致癌新基因[16]。不仅如此,彭桂福等通过提取人正常白细胞和 K562 肿瘤细胞基因组 DNA,构建了含有 426 个基因片段的 K562 细胞基因组 DNA 芯片。通过与 Cy3 标记的人正常白细胞酶切片段杂交共得到了 42 个差异表达的新基因。迄今为止,基因组学技术为新基因的发现贡献出了重要力量[17]。

### 2.2.4.3 疾病的诊断与治疗

人类疾病发病机制复杂,涉及的基因多且复杂。开发快速准确地诊断及治疗疾病的手段非常重要。现有的基因组学技术从基因的角度为疾病的诊断与治疗提供了借鉴。

首先,疾病的诊断可以借助基因芯片技术。从正常人的基因组中分离出的 DNA 与 DNA 芯片杂交可以得到标准图谱。从患者的基因组中分离出的 DNA 与 DNA 芯片杂交可以得到病变图谱。通过比较、分析这两种图谱,可以得出可能与病变相关的 DNA 信息。基因芯片诊断技术因其快速、高效、敏感、经济、平行化、自动化等特点,已经成为一项现代化诊断新技术。例如,美国昂飞(Affymetrix)公司把 p53 基因全长序列和已知突变的探针集成在芯片上制成 p53 基因芯片,这项技术在癌症早期诊断中发挥作用。目前,肝炎病毒检测诊断芯片、结核杆菌耐药性检测芯片、多种与恶性肿瘤相关的病毒的基因芯片等系列诊断芯片逐步开始进入市场。基因诊断将是基因芯片中最具有商业化价值的应用之一。

RNA 干扰技术、转基因技术及基因敲除技术在疾病治疗领域具有显著的优势。以转基因和基因敲除技术为例,目前已知人类疾病基因治疗通过调控目的基因的表达,抑制、替代或补偿缺陷基因,从而恢复受累细胞、组织或器官的生理功能,达到疾病治疗目的。转基因是通过向体细胞或组织器官注射外源基因及载体,通过外源基因的表达纠正体内缺陷基因。因此,通过基因敲除技术建立人类疾病的转基因动物模型,对揭示人类疾病的发病过程、机理及探索治疗途径,特别是遗传性疾病如恶性肿瘤等具有十分重要的意义。

## 2.2.5 蛋白质组学概念

蛋白质组(proteome)最早是指由基因组编码的全部蛋白质。因此,蛋白质组学(proteomics)是研究细胞内所有蛋白质及其动态变化规律的一门科学,其中包括对蛋白质的表达水平、翻译后的修饰、蛋白质与蛋白质相互作用、蛋白质水平上的疾病发生及细胞代谢等各方面、各层次的研究。相比于基因组,蛋白质组的组成与结构复杂多变,因此其研究十分具有挑战性。功能蛋白质组及功能蛋白质组学(functional proteome and functional proteomics)具体指的是研究在特定时间、特定环境和实验条件下基因组中活跃表达的蛋白质。

## 2.2.6 蛋白质组学发展历史

Marc Wilkins 于 1994 年首次提出了"蛋白质组"这一概念。蛋白质组学的研究范围不断拓展,对一个基因组表达的全部蛋白进行探究逐渐演变为对细胞或整个生物体在特定时空下所表达的全部蛋白质进行系统的动态研究。尽管目前已经发现了多种基因功能和疾病之间存在相关性,但实际上大部分疾病并不仅仅是基因改变所造成的。此外,基因组学的研究结果并不能很好地解释为什么同一个基因在不同条件下、不同时期可起到完全不同的作用。基于此,在进一步提出的"后基因组计划"中,对蛋白质的规模化研究也逐渐成为生命科学的核心研究内容之一。

蛋白质是生物体遗传信息的表达者和生命活动的主要承担者。受生物体内在状态和外在环境的影响,在不同组织、细胞中,甚至同一细胞内的不同亚细胞器中,蛋白质的表达水平总是处于高度动态的变化之中。在基因表达为蛋白质的过程中,RNA 的转录和翻译均会产生新的蛋白质变体,同时蛋白质往往还需要发生磷酸化、糖基化、甲基化等多种翻译后修饰。目前已知的翻译后修饰超过 300 种,各种因素都使得蛋白质的复杂程度大大提升。因此,要深入了解生命活动的规律,亟须对生物体内的所有蛋白质进行多维度的全面研究。

蛋白质组学的早期研究主要基于二维凝胶电泳技术(two-dimensional gel electrophoresis,2-DE)对复杂的蛋白质样品进行分离,同时通过埃德曼(Edman)降解测序技术实现蛋白质序列的鉴定。但是这两种技术存在灵敏度低、重现性差及检测速度慢等缺陷。随后又发展了两种软电离技术——电喷雾离子化(electrospray ionization,ESI)和基质辅助激光解析电离(matrix-assisted laser desorption ionization,MALDI)。ESI 和 MALDI 成功将质谱技术引入生物大分子分析领域。质谱技术作为实现高通量、高灵敏度和高精确度的检测方法,可准确获得蛋白质或多肽的分子量信息,最终实现蛋白质组学的大规模鉴定。随着质谱仪器的更新,蛋白质组学的研究得到了快速的发展。发展高通量、大队列一站式分析平台,开发标准化、多模式、自动化的样本制备方法,高通量、高质量和标准化的深度覆盖分析和质控方法及一站式数据处理方法,将进一步促进蛋白质组学研究取得新进展。随着研究技术的进步,未来蛋白质组学的研究范围将更加广泛,在疾病诊疗、药物开发等应用领域的研究也将更加深入。

## 2.2.7 蛋白质组学方法介绍

蛋白质组学的研究内容包括蛋白质鉴定、翻译后修饰(磷酸化、糖基化等)、蛋白质功能分析、药物靶点研究等。目前科研工作者已经开发了双向凝胶电泳技术、生物质谱技术、蛋白质芯片技术、基因敲除和反义技术分析等,以满足蛋白质组学研究的需要。下面将重点介绍其中几种技术。

### 2.2.7.1 双向凝胶电泳技术

双向凝胶电泳又称二维聚丙烯酰胺凝胶电泳,由意大利生物化学家 O'Farrell 等人于 1975 年创立。二维聚丙烯酰胺凝胶电泳的基本原理是根据蛋白质的等电点和分子质量大小不同进行两次电泳将其分离。双向电泳中的第一向指的是等电聚焦(isoelectric focusing,IEF),第二向指的是 SDS 聚丙烯酰胺凝胶电泳(SDS-PAGE),这向电泳一般采用垂直电泳或水平电泳的方式进行。

等电聚焦是一种利用具有 pH 梯度的介质分离等电点不同的蛋白质的电泳技术,主要依据蛋白质分子的静电荷或等电点差异进行分离。它又分为载体两性电解质 pH 梯度等电聚焦和固相化 pH 梯度等电聚焦。蛋白质分子在偏离其等电点的 pH 条件下带电荷,因此可以在电场中移动。当蛋白质迁移至其等电点位置时,其静电荷数为零,在电场中不再移动。据此可以实现蛋白质的分离。最初,在 pH 梯度等电聚焦电泳中,一般使用脂肪族多氨基多羧酸作为载体两性电解质,其可在电场中形成正极为酸性、负极为碱性的连续 pH 梯度。在等电聚焦中,蛋白质分子将在含这一连续而稳定的线性 pH 梯度中进行电泳。等电聚焦电泳技术随后又发展了目前常用的固相化 pH 梯度(immobolized pH gradients,IPG)凝胶电泳。由于采用了 IPG 胶条,避免了因载体两性电解质引起的聚焦时间延长、pH 梯度不稳定、阴极漂移等缺点。尽管 IPG 双向凝胶电泳的分辨率现在已经达到了一万多个蛋白质点,但仍存在一定的缺陷。例如:(1) 低拷贝数(<1000)

无法检出；（2）疏水性蛋白质（如膜蛋白）、高分子量（>200 kDa）和低分子量（<8 kDa）蛋白质无法检测；（3）极酸和极碱性蛋白质（pH<3 或 pH>10）易在电泳中发生漂移，因此也无法检测；（4）对试剂质量要求高；（5）样品复杂程度高时，灵敏度和分辨率较低；（6）自动化程度低。

针对以上缺陷，二维聚丙烯酰胺凝胶电泳技术经过改进后又发展了差异凝胶电泳（difference gel electrophoresis，DIGE）。这一技术是在蛋白质分离前，将荧光素标记后的多种蛋白样品等量混合在同一块凝胶内电泳分离后进行质谱分析。此方法能够对蛋白质的表达进行精确、可重复的定量分析，也能够分析正常组织和病理条件下蛋白质表达的差异。异凝胶电泳技术工作量相对较小，操作简便，效率、灵敏度高。近年来，还有一些常见的新技术，如二维液相色谱（two-dimensional liquid chromatography，2D-LC）、二维毛细管电泳（two-dimensional capillary electrophoresis，2D-CE）等，被研究人员开发出来，并应用于蛋白分析。

### 2.2.7.2　生物质谱技术

生物质谱技术是目前最重要的蛋白质组学鉴定技术，也是蛋白质组学研究的支撑技术之一。质谱技术的基本原理是带电荷粒子在磁场或电场中运动的轨迹和速度会随着粒子的质量与携带电荷比（质荷比 $m/z$）的不同而变化，从而可判断出粒子的质量和特性。如图 2-15 所示，质谱仪一般由进样系统、离子源、质量分析器、检测器及数据分析系统组成。

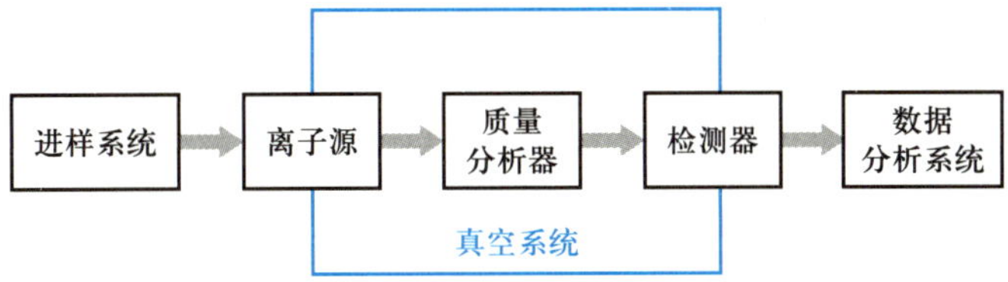

图 2-15　质谱仪的构成

目前应用于蛋白质组学研究的常用技术主要有两种：电喷雾离子化质谱技术（electrospray ionization-mass spectrometry，ESI-MS）和基质辅助激光解吸电离质谱技术（matrix-assisted laser desorption ionization-mass spectrometry，MALDI-MS）。ESI-MS 是指在喷射过程中，液相中的样品分子在强电场的作用下发生离子化，而后进入质量分析器，最终基于 $m/z$ 差异进行分离确定其分子质量。目前 ESI-MS 技术已应用到多种串联质谱中，如四级杆-飞行时间(quadrupole time-of-flight,Q-TOF)质谱、离子阱(ion-trap)质谱等。MAL-DI-MS 是指激光照射离子化的样品后在加速电场中飞行,通过检测不同的离子飞行时间(time-of-flight,TOF)来确定 $m/z$(TOF 和 $m/z$ 的平方根成正比)。其中,ESI-MS 与液相色谱联用可用于分析复杂样品,而 MALDI 适用于分析简单的肽混合物。这两种技术都能高效地电离大分子生物聚合物。同时结合肽质量指纹谱(peptide mass finger printing)、肽序列标签(peptide sequence tag)和肽阶梯序列(peptide ladder sequencing)及蛋白质数据库检索可实现蛋白质的快速鉴定和高通量筛选。

表面增强激光解吸电离飞行时间质谱(surface enhanced laser desorption ionization time-of-flight mass spectrometry,SEL DI-TOF-MS)是在基质辅助激光解吸电离飞行时间质谱(MALDI-TOF-MS)基础上改进的新方法。此方法可以直接检测粗提样品,用量少(0.5~5 μL)、灵敏度高,检测快速。生物质谱技术应用虽广泛,但也有其自身的局限,如仪器较昂贵、不能区别氨基酸的同分异构体、无法对某些多肽的固有序列进行测定、不能将带电荷和分子量相同的同分异构体进行区分等。因此,生物质谱常和其他仪器联用,以实现更优的生物分析,如 MALDI-MS 常和双向凝胶电泳联用,ESI-MS 常和液相色谱联用。

### 2.2.7.3 蛋白质芯片技术

酵母双杂交系统和蛋白质芯片技术是研究蛋白质之间相互作用的重要手段。下面主要介绍蛋白质芯片技术。

作为生物芯片技术的一种,蛋白质芯片(protein chip)技术又称蛋白质微阵列,是一种检测灵敏、高通量、微型化和自动化的蛋白质分析技术(见图 2-16)。蛋白质芯片不需要进行蛋白质分离,只通过利用抗体或其他类型亲和探针构成的芯片进行检测。蛋白质芯片技术可以同时检测几千种蛋白质,效率极高。

抗体蛋白芯片技术的原理是将有需要的抗体固定于各种载体上作为待检测的芯片,随后用标记了特定荧光素的抗体蛋白质或其他成分与芯片发生反应,最后漂洗去除未能与芯片上蛋白质互相结合的成分备用。利用荧光扫描仪或激光共聚焦扫描技术测定芯片上各点的荧光强度,通过荧光强度分析蛋白质之间相互作用的关系,由此达到测定各种蛋白质功能的目的。目前,比较普及的新一代抗体蛋白芯片产品和技术包括膜式和玻片式蛋白质芯片及成套的酶联免疫吸附试验(enzyme linked immunosorbent assay,ELISA)试剂。膜式蛋白质芯片可以使用免疫印迹蛋白质数据库分析技术相同的成像系统进行检

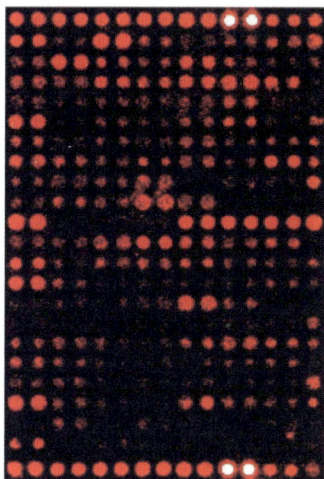

图 2-16　蛋白质芯片

测,极大地降低了蛋白质芯片的使用门槛。玻片式蛋白质芯片有可定量的类 ELISA 蛋白质芯片。该芯片能够在普通的激光可聚焦扫描仪上使用,极大地降低细胞因子的检测成本,适合于多指标(几十个到上百个指标)、小样本或中等样本的检测。

蛋白质芯片技术在蛋白质组学中多应用在筛选和确定肿瘤标志物方面。目前已在口腔癌、卵巢癌、前列腺癌、肝癌、乳腺癌、肺癌、头颈部肿瘤、脑胶质瘤等研究中成功找到多个新的肿瘤标志物,并由此建立了系列早期诊断恶性肿瘤的新方法。

#### 2.2.7.4　生物信息技术

生物信息学是随着人类基因组计划、计算机技术和互联网技术发展而逐渐形成的一门新兴交叉学科,也是蛋白组学研究的一个不可缺少的组成部分。在蛋白质组学研究中,生物信息学的主要作用是分析双向凝胶电泳图谱,搜索与构建蛋白质组数据库。生物信息技术研究蛋白质、核酸等生物大分子的方式是通过运用数学、计算机科学手段收集、存储、加工、分析并解释大量原始生物实验数据,获得具有生物学意义的信息,再通过查询、搜索、比较、分析相关生物信息获取基因编码、调控、蛋白质和核酸结构功能及相互关系等数据,最终寻找蛋白质家族保守序列预测蛋白质高级结构。

生物信息技术还建立了相关数据库,具体可以分为一级数据库和二级数据库。一级数据库的数据都直接来源于实验获得的原始数据,只经过简单的归类整理和注释;二级数据库是在一级数据库、实验数据和理论分析的基础上针对特定目标衍生而来的,是对生物学知识和信息的进一步整理。国际上一级核酸数据库有 Genbank 数据库、EMBL 核酸序列数据库和 DDBJ 数据库等;蛋白质序列数据库有 SWISS-PROT、PIR 等;蛋白质结构库有 PDB 等。国际上二级生物学数据库非常多,它们因针对不同的研究内容和需要而各具特色,如人类基因组图谱库 GDB、转录因子和结合位点库 TRANSFAC、蛋白质结构家族分类库 SCOP 等。其中 Genbank 数据库包含了所有已知的核酸序列和蛋白质序列,以及与它们相关的文献著作和生物学注释,其数据来源于约 55000 个物种,其中 56% 是人类的基因组序列(所有序列中的 34% 是人类的 EST 序列)。SWISS-PROT 是经过注释的蛋白质序列数据库,由欧洲生物信息学研究所(EBI)维护,是目前世界最大、种类最多的蛋白质序列数据库。而日内瓦大学建立的专业蛋白质分析系统(expert protein analysis system,EXPASY)服务器是著名的蛋白质数据库。

生物信息学技术通过开发与应用各种分析及检索软件,检索功能蛋白质组学 2-DE 图谱对应的蛋白质数据库,达到识别蛋白质、描述其理化性质、预测其可能的翻译后调节方式及三维结构与功能的目的,最终极大地提高蛋白质组学的研究效率。

## 2.2.8 蛋白质组学技术应用实例

蛋白质组学研究在蛋白质水平上,为发现生命活动的规律提供了物质基础,也为众多种疾病机理的阐明及攻克提供了解决的平台。通过对正常个体及病理个体间的蛋白质组比较分析可以找到某些疾病特异性的蛋白质分子。依赖蛋白质组学技术中的一种或者几种疾病特异性的蛋白质分子,科学家们在发现新蛋白、解析蛋白功能、疾病诊断与治疗和药物开发及后续的临床效果预期评价等领域都开展了深入的研究及广泛的应用。下面将介绍几个主要的应用方向。

### 2.2.8.1 蛋白质鉴定

作为生命活动的主要承担者,大规模获取生物体全部蛋白质的信息对生命科学的研究非常重要,同时也是探究生物体蛋白功能及蛋白质之间相互作用的基础及前提。

早期蛋白质的研究仅限于简单生物,所使用的手段也多是基于双向凝胶电泳分离结合质谱鉴定技术,如采用 2-DE 结合 MALDI-TOF/MS 进行肽质量分析。随着质谱技术的发展,蛋白质分析的准确度及鉴定通量不断提升,研究对象也由简单的模式生物逐渐转为复杂生物,如鼠及斑马鱼胚胎等。所使用的蛋白质组学技术也更加多样化,如基于多维液相色谱分离的蛋白质鉴定技术、自顶向下(top-down)分析策略及亚蛋白质组(sub-proteomics)分析策略等。

#### 2.2.8.2　人类疾病诊断

蛋白质组学研究在人类疾病的诊断与治疗、机理的发现等方面发挥着重要作用。由于蛋白质在翻译后的修饰种类多且复杂,若能准确识别这些差异就能为许多疾病找到相关标志,从而实现疾病的诊断。如前文提到的蛋白质芯片技术目前已经在口腔癌、卵巢癌、前列腺癌、肝癌、脑胶质瘤等许多癌症研究中成功找到多个新的肿瘤标志物,并由此建立了一些早期诊断恶性肿瘤的方法。

如图 2-17 所示,利用人类蛋白质芯片分析了阿尔茨海默病(Alzheimer's disease,AD)生物标志物 Aβ1-42 多肽及其寡聚体与蛋白质之间的相互作用,结果发现 Aβ1-42 多肽及其寡聚体与人糖原合成激酶存在较强的亲和作用并且能够刺激 GSK3α 对 Tou 蛋白的过度磷酸化,最终成功实现了神经系统退行性疾病的检测[18]。

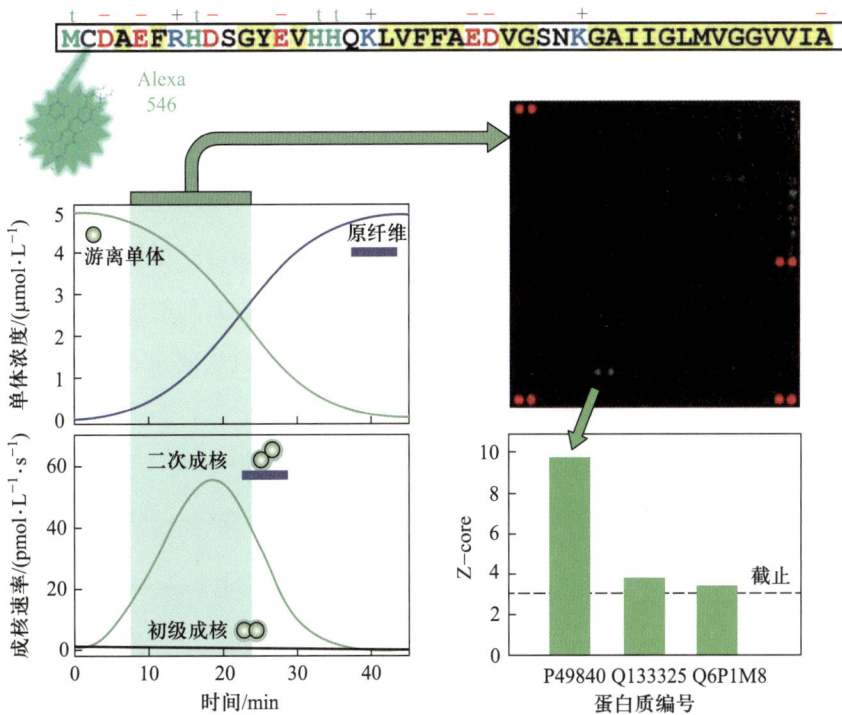

图 2-17　利用蛋白质芯片筛选信号通路中与阿尔茨海默病生物

标志物 Aβ1-42 寡聚物相互作用的生物分子

蛋白质的翻译后修饰,如磷酸化、糖基化、甲基化等,在肿瘤细胞内的异常表达与细胞的功能状态密切相关。外泌体是指包含复杂 RNA 和蛋白质的小膜泡,其广泛存在并分布于各种体液中,携带和传递重要的信号分子,形成了一种全新的细胞-细胞间信息传递系统。外泌体的异常表达会影响细胞的生理状态,并与多种疾病的发生与进程密切相关。外泌体具有脂质双分子层,能够阻止血液中蛋白酶对它内部蛋白质的降解。因此,外泌体蛋白质组学研究有助于区分肿瘤状态和健康状态。目前已有研究表明,外泌体中的糖基化蛋白和磷酸化蛋白浓度明显高于血液。基于此,潘等人通过数据非依赖性采集液相色谱-质谱(data independent acquisition liquid chromatograph-mass spectrometer)/质谱联用(DIA LC-MS/MS)研究发现,非小细胞肺癌患者与健康人血浆中的黏蛋白 1(MUC-1)水平无明显差异,而 MUC-1 由于糖基化可以在外泌体中选择性富集[19]。因此,非小细胞肺癌患者来源的外泌体中的糖基化 MUC-1 浓度较健康人上升约 1.5 倍。基于此可以有效地区分非小细胞癌患者与健康人。无独有偶,在胆管癌细胞的体外转移模型中利用非标记液相色谱-质谱/质谱(label-free LC-MS/MS)进行的另一研究发现,源自高侵袭性细胞株中 43 个外泌体蛋白的磷酸化浓度发生了明显变化[20]。其中磷酸化 HSP90 与胆管癌细胞的恶性程度成正相关,这就使其可以成为胆管癌转移与否的潜在标志物。对外泌体蛋白进行蛋白质组学分析,可以高效寻找疾病对应的蛋白标志物。

### 2.2.8.3    药物开发与筛选

人体内不同器官、组织及不同的生理病理状态差异变化均来自蛋白质。蛋白质组学技术使蛋白质分析更具准确性、特异性、高效性,也使药物靶向治疗更加精准化。因此,蛋白质组学对药物开发与治疗效果的监测至关重要。目前,借助系列的蛋白质组学技术,以特定蛋白为靶点开发高效药物的研究方兴未艾。人体的血液、尿液、唾液等各种样本都能成为蛋白质标志物的来源,并有助于药物的筛选与检测。

> 📖 **延伸阅读**
> **——人工智能+蛋白质组学,给生物医学带来崭新变化**
>
> 西湖大学蛋白质组学大数据实验室负责人郭天南教授长期从事蛋白质组学相关研究,并将其应用于临床样本的大队列(包括甲状腺癌、前列腺癌等),结合人工智能探索生物标志物,在国际上率先提出将蛋白质组大数据和人工智能相结合的研究策略。2020 年 5 月 27 日,郭天南教授团队和温州医科大学台州医院陈海啸团队等合作在 *Cell* 杂志上发表题为 Proteo-

mic and Metabolomic Characterization of COVID – 19 Patient Sera 的研究论文[21]。他们采用质谱检测技术和机器学习的方法,短时间内整合蛋白质组、临床、生物、代谢组、计算等多学科数据,反复筛选、分析、比对、验证,率先完成了 COVID-19 轻重症患者的血清蛋白质组与代谢组分析,为新冠重症患者血清中发现的独特的、当前尚不明确的分子病理改变提供了一个全景式的描述,并找到了一系列生物标志物,有望为预测轻症患者向重症发展的路径提供导向。成果发布后,美国国立卫生研究院院长 Francis Collins 在博客和美国国立卫生研究院网站上特别推荐了这一成果。

郭天南研究团队采用了机器学习的方法,从甲状腺结节原始质谱数据中选择出 2622 个有意义的候选特征蛋白质,并通过神经网络技术构建了一套适用于蛋白质组学数据的独特的算法,将 2622 个蛋白质组学数据输入了这个模型,进行了大约 $2 \times 10^{19}$ 次运算,找出了能够帮助医生辨别患者结节良恶性的 20 种关键蛋白质。临床试验显示,这种检测方法的综合准确率达到了 93%。

# 2.3
# 成像技术及其应用

成像是指对样本进行造影的一项技术,通常利用光学、声学、X 射线、γ 核磁共振等技术来实现对物质的组织结构尤其是微观结构的研究。

## 2.3.1 成像技术发展历史、现状及趋势

1985 年,伦琴发现了 X 射线,随后逐渐广泛地应用于人体的检测。20 世纪五六十年代,人们开发了超声成像技术和核素扫描成像技术。到了 20 世纪七八十年代,X 射线计

算机断层成像(X-ray computed tomography, X-CT)技术、磁共振成像(magnetic resonance imaging, MRI)技术、单光子发射计算机断层成像(single photon emission computed tomography, SPECT)技术等相继被发明。进入 21 世纪以来,光学成像、声学成像、核磁共振成像、放射成像等各种成像技术百花齐放,推动着人类科研事业的前进。未来将开发分辨率更高、成像速度更快、更无创的成像技术。

## 2.3.2 成像技术分类

下面将从成像原理的角度,对各种成像技术进行简单的分类和介绍。

### 2.3.2.1 荧光成像

荧光成像技术的信号源自荧光,而荧光由分子与光子之间发生相互作用而产生。如图 2-18 所示,常态下,大多数分子处于基态的最低振动能级,经外界能量的辐射后,原子核周围的电子从基态能级跃迁至高能量的激发态能级。由于分子在高能级不稳定,需要

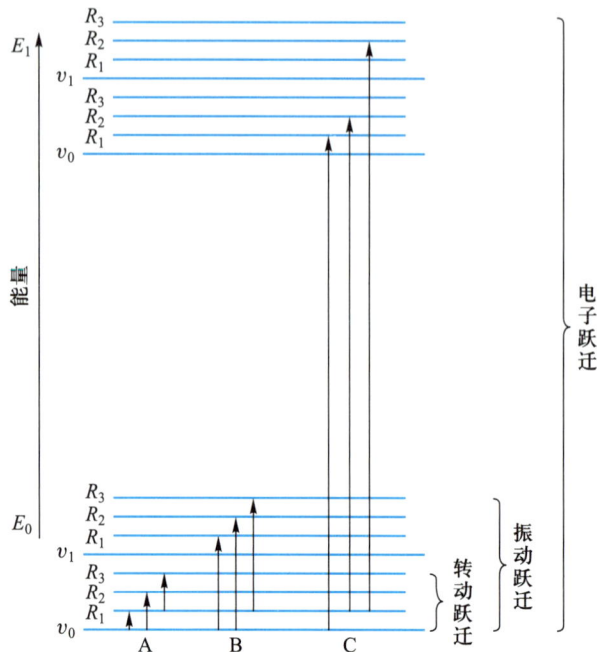

图 2-18  分子能级图

释放能量回到稳定的基态,其中一种途径是以释放热能等形式的非辐射跃迁,另一种途径是以光子的形式放出能量回到基态。在第二种途径中发射出来的光称为荧光。

荧光成像系统利用荧光信号与荧光物质之间存在的线性定量关系来实现生物组织的分析检测。荧光成像系统一般包括:激发系统(激发光源、光路传输组件)、荧光信号收集系统、信号检测及放大系统。目前应用较多的荧光成像技术有荧光显微成像、激光共聚焦成像等。相比较于其他成像技术,荧光成像技术具有灵敏度高、稳定性高、低毒性、成本低等优势。依据样品特点和成像技术的要求选择合适的标记方法,可以实现生物小分子、细胞、组织的成像检测。

### 2.3.2.2  超声成像

人类能够感觉的声音波动频率范围在 20～20000 Hz,当声波频率超过 20000 Hz 时人无法感受到,这种声波称为超声波。超声波具有波频高、波长短等特性,利用超声波在生物组织中产生声学信号,经过处理与放大,以波形、曲线、图像等形式反馈样本的信息,这样的成像方式叫超声成像。超声成像的设备成本较核磁共振成像低,并且可以获得生物器官的任意断面图像和实时活动图像。超声成像的显著优势是操作简单、成像速度快、成像即时性高、对受检者无痛苦和损伤,因此在临床应用上使用广泛。但由于超声波在传递过程中容易出现扩散/衍射等现象,因此超声成像存在成像的对比分辨率、空间分辨率和成像深度不足等缺点。

### 2.3.2.3  X 射线成像

X 射线又称伦琴射线,具有穿透物质的能力。由于人体不同组织的密度和厚度存在差异,因此对于 X 射线的敏感度不同。利用 X 射线透过人体各种组织结构时被吸收的程度不同,以致到达荧屏或胶片上的 X 射线量也存在差异,在荧屏上就可形成黑白对比不同的影像。X 射线成像技术又包括血管摄影技术、计算机断层成像技术(CT)等。其中血管摄影技术是用 X 射线照射人体内部,观察动脉血管、静脉血管及心房、心室等分布的情况。计算机断层成像技术的原理是:通过高电压作用于 X 射线管,其发出的 X 射线束对人体检查部位一定厚度的层面进行断面扫描,由探测器接收、测定透过该层面的 X 射线量。随后经放大并转换为电子流,再经模/数转换器(analog-digital converter,简称 A/D 转换器或 ADC)转换成数字,输入计算机存储和计算,得到该层面各单位容积(体素)I 的 X

射线吸收值并经转换器(digital-analog convert,D/A)转成 CT 图像,最后经过显示设备显示图像。

计算机断层成像技术克服了传统 X 射线影像把三维立体解剖结构摄成二维的平面图像,从而导致影像互相重叠,密度分辨率不高的不足。目前计算机断层成像具有的优势如下:(1) CT 图像能显示真正的断面图像,无组织结构重叠及结构重叠,解剖关系明确;(2) CT 图像清晰,密度分辨率高,而且由于照射范围局限,X 射线散射小,可显示 X 射线照片无法显示的器官和病变,因此病变检出率和诊断准确性高;(3) 可同时对器官和病变进行检查、检查过程方便、迅速而安全,无创伤,无痛。

X 射线成像技术的出现推动了各领域科学研究的发展,如同步辐射 X 射线,其曝光时间短,效率非常高,可在多种条件下成像,因而可用来观察分析多种微观物理、化学变化和微纳米结构。高分辨率 X 射线成像技术则弥补了光学显微镜和电镜等其他成像技术的不足,在纳米生物医学、纳米材料、环境科学和微电子等领域发挥着重要的作用。

#### 2.3.2.4 其他成像技术

除了以上几类成像技术,被普遍使用的还有 γ 射线成像技术、磁共振成像技术、红外/微波成像技术及多种信号复合的成像技术,如光声成像、光热成像等。

γ 射线成像又称核医学成像,通过测量放射性药物在体内放射出的 γ 射线来对生物组织进行分析。基于这一原理的成像技术又包括发射型计算机断层成像(emission computed tomography,ECT)、单光子发射计算机断层成像及正电子发射断层成像(positron emission tomography,PET)等。以上成像技术可以为全身提供三维和功能运作的图像,在肿瘤临床医学影像、癌症诊断与扩散治疗等领域已普遍使用。红外/微波成像的原理主要是通过测量生物体体表的红外信号和体内的微波信号来对组织结构进行造影成像。

光声成像是将光学成像和超声成像的优点结合起来的一种成像技术,如图 2-19 所示。生理组织中,超声信号的散射比光信号的散射低 2~3 个数量级,且光声图像中不同组织间的光学对比度较高。与传统医学影像技术相比,光声成像具有如下特点:(1) 高特异性光谱,能够实现功能成像;(2) 可突破光学成像深度"软"极限(约 1 mm),分辨率高,其图像分辨率可达到亚微米、微米量级,可以实现高分辨率的分子成像;(3) 非入侵、非电离、无损伤成像技术。因此,无损光声成像作为一种新兴的医学影像技术,具有足够高的分辨率和图像对比度。同时图像传递的信息量大,能够提供形态及功能信息,在生物医学应用领域具有广阔的应用前景。

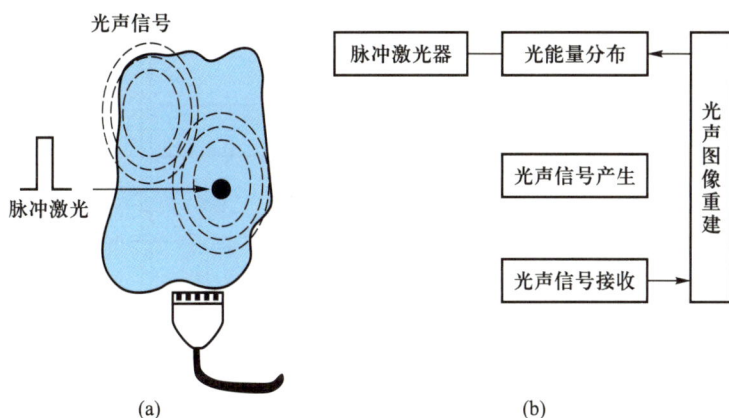

图 2-19 光声信号激发与探测(a)和光声成像实现过程示意图(b)

## 2.3.3 成像技术应用实例

成像技术是化学、生物学、医学的研究中不可或缺的重要手段。下面将从分子、细胞、活体三个维度介绍成像技术的具体应用。

### 2.3.3.1 分子成像

对特定的蛋白质分子、核酸分子、无机粒子等运用造影技术来分析其浓度及分布情况在化学生物学研究中非常重要。目前,荧光成像技术、光学成像技术、超声成像等技术已成功实现了分子成像,成像精度可达到单分子级别(见图 2-20)。

2001 年,科研工作者利用转盘式共聚焦显微术,通过荧光染料 TMR 标记驱动蛋白(kinesin)分子,用另一种荧光染料 IC5 标记固定在玻璃表面的微管(microtubule),实时记录了单个驱动蛋白分子沿着微管的二维滑行运动情况[22]。此外,还有科研人员使用吲哚菁绿(indocyanine green)标记的帕尼单抗对乳腺癌小鼠进行体内外成像,结合超声引导光声成像(photo-acoustic imaging,PAI)成功实现了表皮生长因子受体(epidermal growth factor receptor,EGFR)在 A431 和 MDA-MB-468 细胞内表达情况的监测[23]。

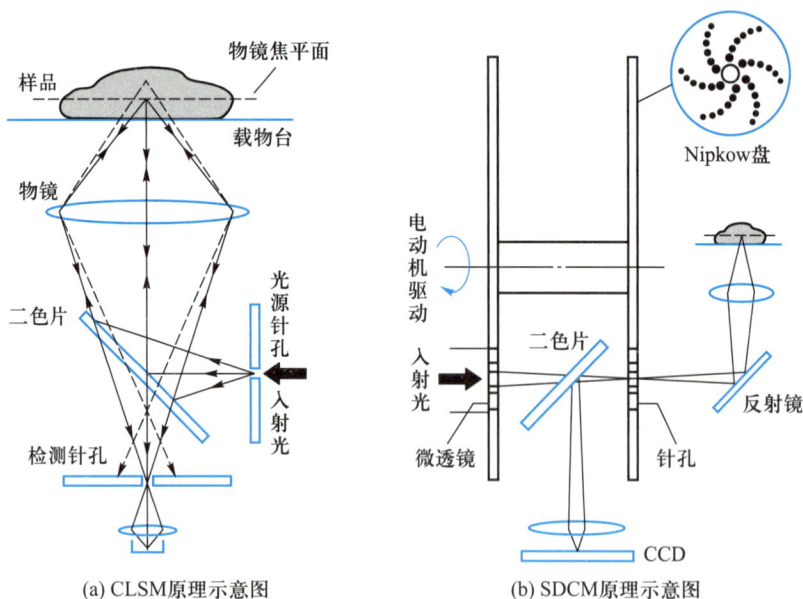

(a) CLSM原理示意图          (b) SDCM原理示意图

图 2-20    共聚焦激光显微术(confocal laser scanning microscopy,CLSM)和
转盘式共聚焦显微术(spinning disk confocal microscopy,SDCM)原理示意图

### 2.3.3.2  细胞成像

在复杂组织中以足够的灵敏度研究细胞水平的生物学特征仍然是目前科学界的一项重大挑战。为了解决这一问题,X 射线计算机断层扫描、正电子发射断层扫描、单光子发射计算机断层扫描、磁共振成像、超声、活体显微镜、荧光分子断层扫描、荧光寿命成像技术应运而生。

例如,Hoffman 等人培养了在细胞核中表达绿色荧光蛋白并在细胞质中表达红色荧光蛋白的双色 HT1080 人纤维肉瘤细胞,并将这些细胞移植到免疫缺陷小鼠的血管中。当皮瓣法与体内荧光显微镜Ⅳ100 活体激光扫描显微镜结合使用时,可以实时观察血管中癌细胞的运动[24]。该方法不仅可以实时监测癌细胞在血管中的运动,还可以实时监测原发肿瘤中癌细胞的内渗和转移病灶中癌细胞的外渗等复杂的转移过程,为癌症转移机制的研究提供了大量的参考信息。

### 2.3.3.3  活体成像

活体成像技术可以非侵入的方式,对生物体内发生的各种生物现象进行可视化和分析,为包括癌症在内的各种疾病的诊断和治疗作出了巨大贡献。X 射线计算机断层扫描、磁共振成像、B超、彩超等技术都是已经投入临床应用的活体成像技术。黄（Huang）等人报道了一种用于双峰肿瘤成像的双激活磁共振成像/超声引导光声成像（MRI/PAI）策略，该策略采用基于可降解 $MnO_2$ 纳米粒子（nanoparticles，NPs）和近红外（near-infrared，NIR）吸收聚合物 NPs 的智能平台。在天然形式中，由于 Mn 原子与水场隔离，$MnO_2$ NPs 几乎不能提供有效的质子横向或纵向弛豫[25]。由于该纳米粒子显示出高效的近红外吸收，因此可作为活体成像的光声（Photo-acoustic，PA）造影剂。因此利用 $MnO_2$ NPs 对 pH/$H_2O_2$ 的敏感响应行为，可以激活 T1 加权核磁共振成像信号，同时光声信号在肿瘤微环境（tumor micro environment，TME）中减弱。该双激活造影剂成功对 pH/$H_2O_2$ 显示出成比例的光声成像信号，并在肿瘤区域表现出明显的磁共振成像信号，为应用于小鼠活体成像的分子探针的开发提供了新借鉴。

📖 **延伸阅读**
——X 射线的发现

1895 年 11 月 8 日，德国科学家伦琴在试验阴极射线管时发现了 X 射线，并于当年 12 月 22 日拍摄了他夫人的手的第一张 X 射线照片。1895 年 12 月 28 日，伦琴向德国维尔兹堡物理学和医学学会递交了第一篇研究通讯《一种新射线——初步研究》。在通讯中伦琴把这一新射线称为 X 射线，因为他当时无法确定这一新射线的本质。1901 年 12 月 10 日，由于伦琴的杰出贡献，他被授予诺贝尔物理学奖，也成为第一位获得诺贝尔奖的物理学家。

# 2.4
# 核 磁 共 振

核磁共振（nuclear magnetic resonance，NMR）是指具有磁性的原子核在强磁场作用下，在某一射频照射时产生磁诱导效应的过程。NMR 研究的是原子核对射频辐射（radio-frequency radiation）的吸收，因此核磁共振波谱属于吸收光谱。利用核磁共振波谱，可以实现各种有机物和无机物的组成结构的定性分析及定量分析。

## 2.4.1 核磁共振基本原理

### 2.4.1.1 原子核的自旋

原子核和电子一样存在自旋,因此具有自旋角动量($P$)和自旋磁场 $H$。由于 $P$ 是量子化的,不能任意取值,可用自旋量子数($I$)来描述。

$$P = \sqrt{I(I+1)}\frac{h}{2\pi} \qquad (I = 0, 1/2, 1, 3/2, \cdots)$$

$I = 0, P = 0$ 时,原子核无自旋,不能产生自旋角动量,不会产生共振信号。自旋量子数 $I$ 不为零的核都具有磁矩。其中,$I$ = 半整数,原子核电荷分布均匀,有磁矩。$I = 1/2$ 的核是研究的主要对象,如 $^1H_1$,$^{13}C_6$ 等。$I$ = 整数,原子核电荷分布不均匀,研究应用较少。$I$ 的取值可用图 2-21 所示的关系判断。

| 质量数 | 电荷数 | 自旋量子数 $I$ | |
|---|---|---|---|
| 偶数 | 偶数 | 0 | $^{16}O_8, ^{12}C_8, ^{32}S_{16}$ |
| 偶数 | 奇数 | $1, 2, 3, \cdots$ | $^2H_1, ^{14}N_7$ |
| 奇数 | 奇数或偶数 | $1/2, 3/2, 5/2, \cdots$ | $^1H_1, ^{13}C_6, ^{19}F_9, ^{17}O_8$ |

**图 2-21 各原子核自旋量子数归纳图**

在没有外磁场时,自旋核的取向是任意的,并且自旋产生的磁场方向也是任意的。如果把原子核放在外磁场中,由于磁场间的相互作用,原子核的磁场方向会发生变化。其中,每一种取向都对应一个能级状态,因此对应一个磁量子数 $m$,$m$ 共有($2I+1$)种取值。如 $^1H$ 核(见图 2-22):$m$ 取值为 $-1/2$ 和 $+1/2$。

### 2.4.1.2 核磁共振

带正电荷且具有自旋量子数的核会产生磁场,当该自旋磁场与外加磁场发生相互作用将会产生回旋,称为拉莫尔进动。进动频率与自旋核角速度及外加磁场的关系可用拉莫尔(Larmor)方程表示:

$$\nu_0 = \frac{\gamma}{2\pi}B_0$$

其中,$\nu_0$ 是进动频率,$\gamma$ 为磁旋比,每种原子核具有固定值。例如,$^1H$:$\gamma = 26.752$;$^{13}C$:$\gamma =$

6.728,其单位为 $10^7 \text{ rad} \cdot \text{T}^{-1} \cdot \text{s}^{-1}$。

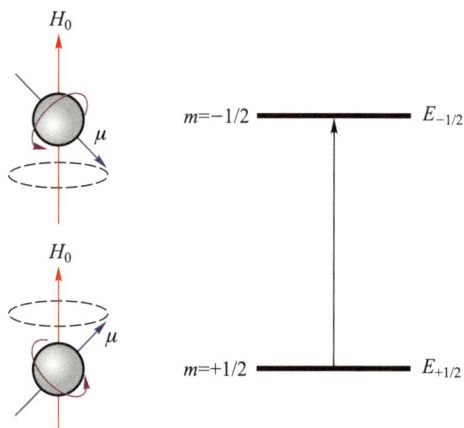

**图 2-22 $I=1/2$ 原子核的两种自旋取向及能级**

当外界提供的能量($h\nu$)等于不同取向原子核的能级差时,将发生核能级的跃迁并产生吸收,即发生核磁共振现象:

$$h\nu = \Delta E = \frac{\gamma h}{2\pi} H_0 = h\nu_0$$

其中,射频频率与磁场 $H_0$ 成正比,即磁场强度越高,发生核磁共振所需的射频频率也越高。核磁共振的两种操作方式:若固定磁场强度,则可求出共振所需的辐射频率——固定磁场强度扫频;若固定辐射频率,则可求出共振所需的磁场强度——固定辐射频率扫场。目前,常用的核磁共振仪频率有 60 MHz、90 MHz、100 MHz、400 MHz、600 MHz,频率越大,分辨率越高。

### 2.4.1.3 能级分布与弛豫过程

核能级分布:在一定温度且无外加射频辐射条件下,原子核处在高、低能级的数目达到热力学平衡,原子核在两种能级上的分布应满足 Boltzmann 分布:

$$\frac{N_H}{N_L} = e^{\frac{-\Delta E}{kT}} = e^{\frac{-h\nu}{kT}}$$

弛豫现象的发生使处于低能态的核数目总是维持多数,从而保证共振信号不会中止。弛豫指的是处于高能态的核通过非辐射途径释放能量而及时返回低能态的过程。弛豫可分为纵向弛豫和横向弛豫。

纵向弛豫又称自旋-晶格弛豫,是指处于高能级的核将其能量及时转移给周围分子骨架(晶格)中的其他核,从而使自己返回低能态的现象。其半衰期一般用 $T_1$ 表示。

横向弛豫又称自旋–自旋弛豫,是指当两个相邻的核处于不同能级,但进动频率相同时,高能级核与低能级核通过自旋状态的交换而实现能量转移所发生的弛豫现象。其半衰期一般用 $T_2$ 表示。

对于不同的样品,纵向弛豫和横向弛豫的时间往往有较大区别。对于固体样品: $T_1$ 大, $T_2$ 小,谱线宽;对于液体和气体样品: $T_1$, $T_2$ 均为 1 s 左右,谱线尖锐。

### 2.4.1.4 化学位移

理想化的、裸露的氢原子核应该产生单一的吸收峰。然而,分子中的原子是以化学键相连的,不可能单独存在且周围总有电子运动。因此,在外磁场作用下,这些电子会产生诱导电子流,从而产生一个诱导磁场,该磁场方向和外加磁场方向恰好相反。这样使氢核受到外加磁场的影响要比实际外加磁场强度小,这种效应叫屏蔽效应(见图 2-23)。

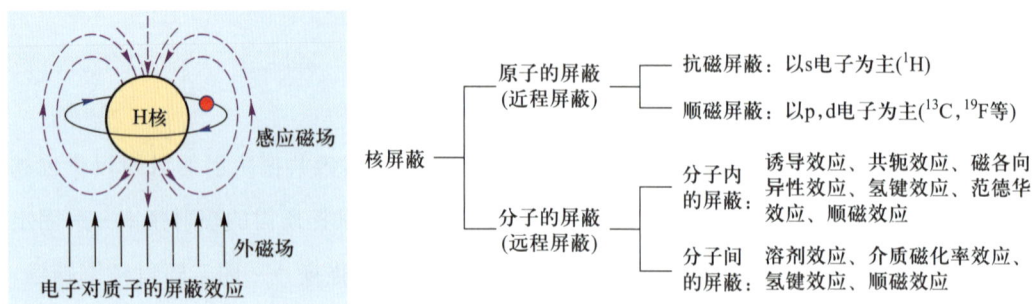

图 2-23 屏蔽效应示意图

设电子对原子核的屏蔽常数为 $\sigma$,则原子核实际感受到的磁场强度:

$$B_{实} = (1-\sigma) B_0$$

由于屏蔽效应的存在,原子核感受到的磁场强度比外加磁场要小,因此外加磁场强度必须略大于 $H_0$ 时才能发生共振。

此外,由于氢质子在分子中的环境不同,电子的屏蔽效应不同,因此它们的共振吸收位置出现在不同磁场强度,故用化学位移这个物理量来表示这种差别。通常将特定质子的吸收位置与标准质子的吸收位置之差称为该质子的化学位移,用 $\delta$ 表示,由于数字太小,所以乘以 $10^6$。

由于没有完全裸露的氢核,因此化学位移没有绝对的标准。常用的标准物质是四甲基硅烷(TMS),这是由于它:

（1）12 个氢处于完全相同的化学环境,只产生一个尖峰。

（2）屏蔽强烈(硅电负性低),位移最大;与有机化合物中的质子峰不重叠。

（3）化学惰性;易溶于有机溶剂;沸点低,易回收。

### 2.4.1.5 （$n+1$）规律

从核磁共振谱图上可以观察到,每类核的峰往往不呈现单峰,而是多峰的现象。这是由于相邻的原子核之间是存在相互干扰的。

通常,相邻两个氢核之间的相互干扰称为自旋耦合,由自旋耦合而引起的谱线增多的现象称自旋裂分。一般用耦合常数($J$)来衡量干扰作用的大小,用谱线分裂的裂距反映耦合常数的大小,单位为 Hz。

自旋裂分遵循一定的规律,这个规律称为($n+1$)规律。具体来说就是,某组环境相同的氢核,与 $n$ 个环境相同的氢核(或 $I=1/2$ 的核)耦合,则被裂分为($n+1$)条峰。若某组环境相同的氢核,分别与 $n$ 个和 $m$ 个环境不同的氢核(或 $I=1/2$ 的核)耦合,则被裂分为($n+1$)($m+1$)条峰(实际谱图可能出现谱峰部分重叠,小于计算值)。其裂分峰的强度比 $=(a+b)^n$ 展开后各项的系数比(这只适用于一级图谱)。

## 2.4.2 核磁共振在化学生物学中的应用实例

核磁共振已被广泛应用于生命科学、医学等领域,如对生命活动机制、生物体生理病理过程、药物治疗机理等生物学方面的研究。这些研究与人类息息相关,本章节将列举核磁共振在化学生物学中的应用实例。

### 2.4.2.1 蛋白质结构与功能分析

蛋白质等生物大分子是生命构成的重要物质基础,也是生命活动的主要承担者。在真核生物中,蛋白质功能受到蛋白质翻译后修饰的动态调控(如磷酸化、甲基化、脂肪酰化及泛素化等)的影响。同时,蛋白质是生物功能网络建立及多细胞生命体复杂性和多样性形成的重要分子基础,如跨膜信号识别和转导、离子和分子的跨膜转运、化学反应的催化、能量代谢等。研究发现,关键蛋白表达及功能的异常与肿瘤疾病等的发生和发展密切相关。因此,对于蛋白质结构与功能的研究一直是化学、生物学、医学等领域的重点之一。

自从 Wüthrich 教授领导的团队实现了利用核磁共振测定溶液中生物大分子的三维结构,核磁共振便成为了结构生物学领域强有力的工具之一。核磁共振不仅可以解析蛋白空间结构,还可以用来研究蛋白的构象转变和不同时间尺度下的动力学。现有的核磁共振技术还成功实现了在生物复杂环境中解析蛋白的应用。Shi 等人利用溶液核磁共振研究了 T 细胞受体的活化机制,发现 $Ca^{2+}$ 是通过与质膜间的电荷相互作用从而调控蛋白质与生物膜的结合[26]。如图 2-24 所示,科研工作者探索了通过不同方法将靶蛋白引入细胞中,通过同位素标记并分析了核磁共振线宽变化。这一系列实验证实了多种蛋白质在同一细胞内的有序表达、单个蛋白质的选择性标记及细胞内核磁共振方法的可行性,使得在细胞内研究蛋白质与蛋白质之间相互作用、蛋白质与小分子相互作用及解析蛋白质结构成为可能。

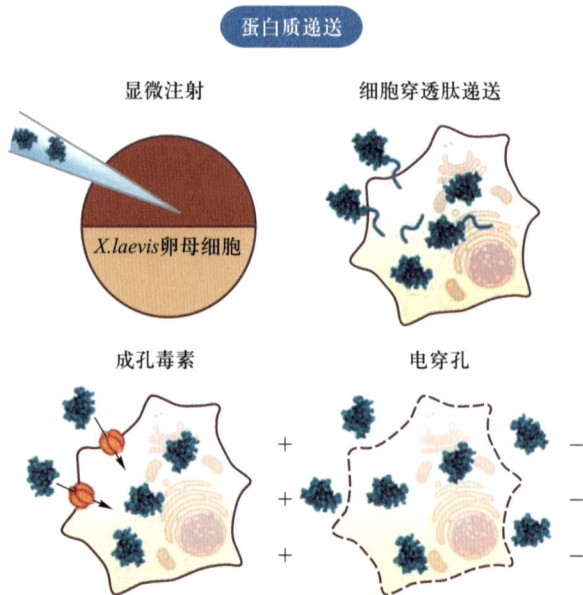

图 2-24 靶蛋白递送至细胞内的 NMR 研究

### 2.4.2.2 疾病的诊断

核磁共振成像是一种多参数、多核种的成像技术。鉴于其能够对特定的原子核及其化合物进行定量分析并显示组织代谢改变,核磁共振成像在外科手术、放射治疗、脑神经系统肿瘤、颅内感染性疾病和脑组织缺血等病变的检出、定性和定量诊断等方面发挥出更强的"虚拟活检"作用。

目前临床上使用的主要是氢核(质子)密度、弛豫时间 $T_1$、$T_2$ 的成像。其基本原理是利用一定频率的电磁波,向处于静磁场中的人体照射。人体各种不同组织的氢核在电磁波作用下会发生核磁共振。被吸收的电磁波能量,随后又发射电磁波,即发射所谓核磁共振信号。而核磁共振成像系统探测到这些来自人体中的氢核发射出来的电磁波信号之后,经计算机处理和图像重建得到人体的断层图像,从而获得形态学的图像并最终得到与病理有关的信息。

### 2.4.2.3 代谢组学药物研究分析

随着核磁共振技术的发展,基于核磁共振分析的代谢组学研究逐渐成为一项不可或缺的研究内容,尤其在药物研发和医疗领域发挥着重要作用。目前,已有研究应用 $^1$H-NMR 代谢组学方法分析了阿尔茨海默病中地黄饮子的作用机制,最终发现地黄饮子可以通过减轻胆碱系统损害、抗氧化和减少自由基、抑制神经细胞凋亡发挥对阿尔茨海默病的治疗作用[27]。如何准确、定量判断样品中各种物质的含量从而完成对药效的评价、毒性的研究和疾病的诊断也是代谢组学研究、医学诊断等应用中的重要研究内容之一。定量核磁共振(quantitative nuclear magnetic resonance,qNMR)主要通过质子峰面积和质子数量的比值来实现定量,常用定量方法包括相对定量和绝对定量。定量核磁共振具有如下优势:(1) 对样品是非破坏性的,无须对测试样品进行分离或衍生化,样品处理简单;(2) 可以同时全面分析检测代谢产物的组成和实时变化,并可通过对内源性小分子代谢物的定量来识别代谢标志物,为生物体的病理或生理状态判定提供信息。因此,定量核磁共振是代谢组学研究中一项重要检测分析手段。以血液样本为例,定量核磁共振还可以评估不同代谢内标物在检测分析中的优劣。

> 📖 **延伸阅读**
> ——核磁共振技术的发展
>
> 　　1924 年,Pauli W. 假设特定的原子核具有自旋和磁矩,放入磁场中会产生能级分裂。随后在 1930 年前后,美国科学家 Isidor Isaac Rabi 发现在磁场中的原子核会沿磁场方向呈正向或反向有序平行排列,而在施加无线电波之后,原子核的自旋方向发生翻转。这是人类关于原子核与磁场及外加射频场相互作用的最早认识。
>
> 　　1945 年 12 月,美国哈佛大学 E. Purcell 在石蜡样品中观察到质子的核磁共振吸收信号。1946 年 1 月,美国斯坦福大学 F. Bloch 在水样品中也观

察到质子的核感应信号,这意味着两人几乎同时在凝聚态物质中发现了核磁共振。后来,他们发展了 Stern 开创的分子束方法和 Rabi 的分子束磁共振方法,并精确地测定了核磁矩。

1946 年,Bloch 和 Purcell 发现,将具有奇数个核子(包括质子和中子)的原子核置于磁场中,再施加以特定频率的射频场,就会发生原子核吸收射频场能量的现象,即人们最初认识到的核磁共振现象。因此,他们两人获得了 1952 年诺贝尔物理学奖。

发现核磁共振之后,这一现象很快就产生了实际用途。例如,化学家利用分子结构对氢原子周围磁场产生的影响,发展出核磁共振氢谱来解析有机分子的结构。随着科学的进步,核磁共振谱技术从最初的一维氢谱发展到 $^{13}C$ 谱、二维核磁共振谱等高级谱图,核磁共振技术解析分子结构的能力越来越强。例如,瑞士科学家 R. R. Ernst 发明了傅里叶变换核磁共振分光法和二维核磁共振技术,发展了高分辨率核磁共振波谱学,于 1991 年获得诺贝尔化学奖。瑞士科学家 Kurt Wüthrich 发明了基于核磁共振技术测定溶液中生物大分子三维结构的方法,于 2002 年获得诺贝尔化学奖。

现在核磁共振技术已经具有三维、多维-核磁共振技术、生物分子结构解析等许多分支,成为对各种有机物和无机物的成分、结构进行定性分析的最强有力的工具之一。近年来,强磁场大科学装置的建立和发展更是协助人们开展对生命科学与物质科学的交叉研究、发展新的针对类似于生物体等复杂环境的核磁共振研究方法,完善各种复杂环境下磁共振谱学的研究体系。

## 本章参考文献

# 习 题

1. 简要概括生物正交技术的优劣势，并初步探讨其在微生物领域的应用思路。

2. 试讨论蛋白质组学和基因组学的区别与联系。

3. 荧光素酶的发光是否需要激发光？荧光素酶的发光特性如何？

4. 生物发光成像和小动物 CT 相比有什么特点和优势？

5. 核磁共振成像中的样品制备过程需要注意哪些事项？

6. 试结合现有的化学生物学技术和方法评价某抗肿瘤新药在活体水平上的药效学。

▼

第 三 章

# 生物体系
# 分子探针

本章教学参考课件

# 3.1
# 生物体系分子探针的定义及分类

## 3.1.1 光学探针与传感分析的发展历程

光学探针(spectroscopic probe)是指与目标物质(或环境因素)发生相互作用或反应(包括配位、包合和基团反应等)并引起光学(吸光、荧光或发光)性质的变化,利用这些光信号的变化对目标物质进行分析与测定的一类分析试剂[1-3]。光学探针主要包括吸光(显色或比色)、荧光及发光分析试剂,是现代分子光谱分析的核心内容之一。过去,通常对显色、荧光、发光试剂分别进行论述,但在当前研究中,大多数探针不仅产生荧光变化,而且会有颜色的改变,所以通常情况下推荐使用具有更广泛含义的术语——光学探针。

传感分析(sensing analysis)是利用传感装置或体系检测其周围环境中的事件或变化,进而提供相应的输出信号与信息的分析检测技术,涉及多学科的交叉和应用。由于光是人们借助其观察与认识微观世界的最便利工具之一,所以,利用光信号变化而开展的光传感分析深受人们的青睐,并广泛存在于自然界中。例如,萤火虫在夜间通过腹部发光可进行光语交流,并引诱异性;一些花朵、植物中色素的颜色变化可指示酸碱度等环境因素的改变(八仙花在碱性、酸性土壤中分别开粉红色和蓝色的花);在古代,"烽火台"的白天放烟、夜间举火早已作为边防报警的信号。类似地,人类发现和应用天然矿物、植物染料已有至少五千年的历史。

光学探针与传感分析是一个古老但又始终充满活力的研究领域。早在公元 1 世纪的古罗马,Pliny the Elder 用橡子的提取物(五倍子酸,化学名称为 3,4,5-三羟基苯甲酸)显色检验铁。进入 19 世纪,光学探针开始应用于定量分析,19 世纪中叶不仅诞生了第一代光度计,而且还出现了人工合成的非天然染料光学探针[4-7]。进入 20 世纪,随着光学探针与传感分析在理论和方法上的不断积累、发展和完善,性能优良的光学探针大量涌现,特别是对功能团(识别单元)概念的明确,对光学探针的设计与合成起到了指导作用,并促进了相关仪器的发展[8-10]。例如,1902 年,德国化学家 A. J. Schmitz 合成了鲁米诺

（luminol），其化学发光性质随后由 H. O. Albrecht 在 1928 年发现。随着光电倍增管的完善很快出现了各种商品化的分子光谱分析仪[4,8,11]。1978 年，Thomas Cremer 和 Christoph Cremer 借助光学探针标记技术推出了第一台实用的共聚焦激光扫描显微镜，并在 20 世纪 80 年代迅速普及[12]（见图 3-1）。

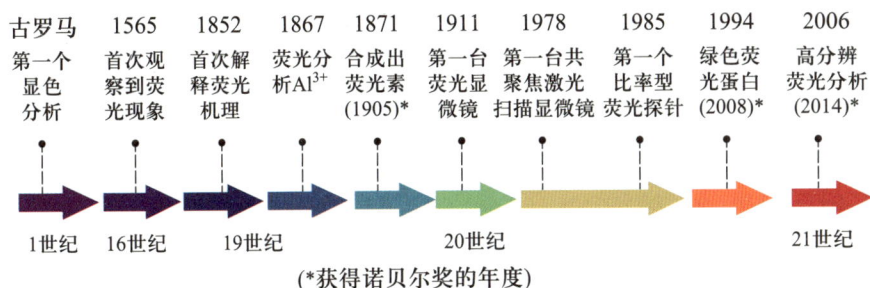

图 3-1　光学探针与传感分析的里程碑进展

　　由于其重要应用价值，光学探针与传感分析曾数次获得诺贝尔奖。德国科学家 Adolf von Baeyer 于 1871 年首次合成了非天然的荧光染料荧光素及酚酞等，获得 1905 年诺贝尔化学奖。2008 年，三位科学家 Osamu Shimomura（日本）、Roger Y. Tsien（钱永健，美国）和 Martin Chalfie（美国）因发现和改造绿色荧光蛋白（green fluorescent protein，GFP）的贡献而分享了该年度诺贝尔化学奖。利用不同的光学探针和标记技术，Stefan Hell、Eric Betzig 和 William Moerner 先后研制出了超分辨荧光显微镜，其分辨率突破了传统显微镜的光学衍射极限，一同获得了 2014 年度诺贝尔化学奖[13]。随着科学技术的快速发展及新需求的不断涌现，更优良的光学探针和超高分辨率的仪器应运而生。

## 3.1.2　光学探针的结构特征与设计

　　基于光学探针的传感分析主要涉及紫外、可见和近红外光谱区域的 200~1400 nm 的光。根据上述定义，光学传感分析的原理是：光学探针与周围的分析物/环境因素产生相互作用，从而产生光信号（如波长、强度、寿命等）的变化，对这一变化进行分析（如图 3-2 所示），这种光信号变化传到信号变换与放大器，再经计算机数据处理与显示，进而获取需要的信息。不难理解，优良的光学探针可与分析对象产生专一性的、大的、快的且最好是可逆的光信号响应(这实际上对应选择性、灵敏度及速度等问题),如何设计并制备这样的光学探针,便成为该领域的一个关键问题。

图 3-2 基于光学探针的传感分析原理

同时,人类目前对自身的健康与生存环境更加关注,所以,生物和环境物质成为光传感分析与研究的主要对象。这些样品基质较为复杂,通常含有多环芳烃及核酸、血红蛋白、氨基酸等生物分子。这些物种的吸收或发射波长一般小于 700 nm(见图 3-3),所以,发展近红外区(700~1700 nm)光学探针将有助于消除背景光信号的干扰,也是该领域的一个重要研究方向。

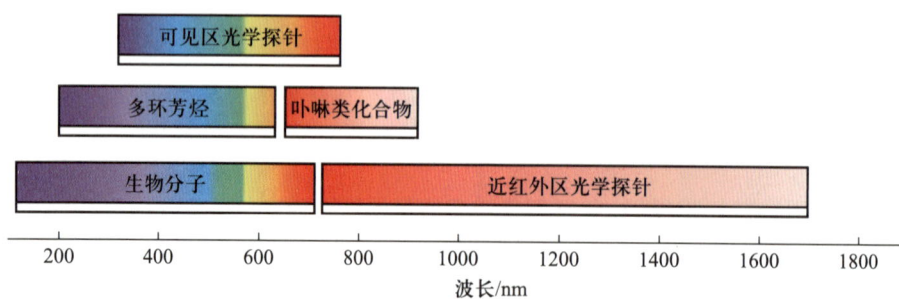

图 3-3 光学探针和一些化合物的光谱区

基于上述光学传感分析的原理,光学探针的结构通常包括信号响应单元(光学基团)、识别基团(反应/标记单元)和桥联键三部分。前两者通过适当的桥联键而连接在一起(在某些情况下,光学基团和识别基团直接集成为一体而无需桥联键)[14]。其中,识别单元决定对不同分析物的选择性,而信号响应单元则起着将反应信息转变为光信号的作用。因此,在进行光学探针设计时,不仅要考虑识别单元对分析物的反应选择性,使之尽可能地高,而且还必须考虑信号响应单元的特性,使目标物质产生尽可能大的光学响应,以获得高的灵敏度。图 3-4 给出了光学探针的结构特征和响应原理。

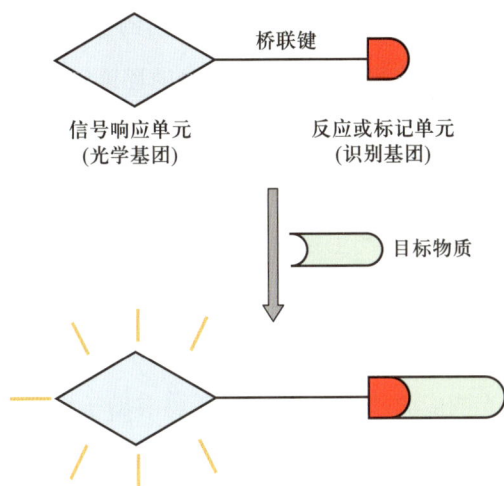

**图 3-4　光学探针的结构特征和相应原理**

　　光学探针的光信号响应有多种模式。常见的有:(1)光信号的强度改变,包括猝灭型(on-off/turn-off)和打开型(off-on/turn-on)两种,打开型也称增强型(enhancement)。(2)波长及相应的强度改变,如荧光共振能量转移(fluorescence resonance energy transfer,FRET)和比率型(ratiometric)探针。(3)寿命。这些响应模式都有各自的特点[3]。例如,猝灭型探针基于光信号由有到无、或由强变弱而进行分析;由于其具有高的背景信号,且造成光信号减弱的情况较多,很难排除干扰因素,故在分析检测领域(特别是在低浓度分析物检测时)优势不明显。打开型探针基于光信号由无到有、或由弱变强进行分析,由于其低的背景光信号,因而通常具有高的检测灵敏度;然而,这种基于荧光强度变化的检测易受探针浓度、测试环境、光程长度等因素的影响,因此当应用于复杂生物体系中时,更适用于定性而非定量分析。比率型荧光探针基于两个波长处的荧光强度比值变化进行检测,可以较好地消除上述多种因素的干扰,故较适用于分析物的准确定量测定;但比率型探针由于会产生波长的漂移,所以整个检测体系同样具有高的背景荧光,其检测灵敏度通常低于打开型探针,且分析操作较麻烦。鉴于此,在实际应用中根据具体的需要选择合适的探针。

　　根据研究目的与分析对象的不同,光学探针通常有两类设计策略[3,15]。一类基于不同的化学反应,主要包括如下五种化学反应:质子-脱质子化反应、配合反应、氧化还原反应、共价键的形成与切断、聚集与沉淀反应。另一类基于合适的物理环境因素(如极性、黏度、温度、压力等)。另外,还可借助超分子、体积匹配、共轭结构改变等作用来设计光学探针。特别是利用共轭结构改变的措施,可发展出分析性能较易预测的优良光学探针。

不同的研究目的与分析对象对光学探针有着不同的要求。在通常情况下,由于光学探针的最终目的是用于分析和检测,因此,其最重要的评价标准是光学探针是否具有优良的分析性能。这需要从三方面着手,即灵敏度、选择性和实用性[14,16]。

灵敏度取决于分析物与光学探针作用后对光学响应的改变程度。理想的探针是其本身无光学响应,与分析物作用后则产生强烈的光学信号。然而,许多探针含有光学基团,本身具有光学响应,这就需要设计识别单元或合适的桥联键,使探针与分析物作用后其波长和(或)强度产生变化。对此,使用光学响应强的基团,如吸光响应的偶氮基、荧光响应的罗丹明母体和化学发光响应的邻苯二甲酰肼等,将有助于提高波长发生变化的探针的分析灵敏度。

选择性的需求分两种,一种是分类或分组型的光学探针,其选择性主要取决于标记或识别基团。例如,色谱衍生化中,丹磺酰氯中的活性氯可用于标记各种氨基酸。另一种是检测单一物质的特异性光学探针,往往需要利用特殊的化学反应,或通过合理地引入辅助基团,或利用体积匹配因素、静电/氢键作用及实验条件的优化等才能实现。例如,在生物正交反应中涉及的点击化学,其最典型的就是通过 Cu(I)催化使炔基与叠氮基发生环加成反应,从而生成区域选择性的 1,4-二取代-1,2,3-三氮唑。

实用性则包括探针易于合成、制备,与分析物的反应快速、可逆且易于操作(用于生物体系时最好能在水介质中进行)等。这些评价探针优越性的标准,不仅适用于小分子、大分子、纳米等各类光学探针的设计,对基于其他(如电化学)信号响应原理的探针制备同样具有借鉴意义。

## 3.1.3 光学探针的分类

光学探针可以根据响应原理、光传感分析原理、分析对象、结构特征等进行不同分类。按响应原理,主要分为显色探针(chromogenic probe,也叫比色探针)和发光探针(luminescent/luminescence probe)两大类。根据光传感分析原理,主要分为荧光探针(fluorogenic/fluorescent/fluorescence probe)、磷光探针(phosphorescent/phosphorescence probe)和化学发光探针(chemiluminescent/chemiluminescence probe)等。按分析对象,主要分为检测离子的探针、检测小分子的探针、检测大分子(蛋白质、核酸等)的探针、环境敏感光学探针和亚细胞器光学探针等。按结构特征,主要分为纳米光学探针、大分子光学探针和小分子光学探针三类。下面将基于光学探针的结构特征分类分别进行介绍。

### 3.1.3.1　纳米光学探针

当材料处于纳米尺度(1~100 nm 的尺寸范围)时,纳米材料或纳米结构因纳米效应而具有与块体材料显著不同的独特性质,这些独特的光学和电学等特性使其成为生物检测中理想的候选标记材料。所谓的"纳米光学探针",是指基于具有特殊光学性能的纳米材料所建立的生物检测方法和技术。依据纳米材料组分的不同,这类探针可分为基于稀土金属、无机半导体量子点、二氧化硅、碳、贵金属等纳米材料光学探针。

稀土金属离子具有易辨识的线状荧光光谱、Stokes 位移较大、荧光寿命(微秒级别)长等优点。稀土金属离子的这些荧光特性,能有效地降低背景荧光的干扰,还可以通过时间分辨技术进一步提高荧光分析的灵敏度。同时,有些稀土金属离子掺杂在合适的无机纳米晶体中还具有上转换荧光的特性,即通过掺杂某些稀土金属离子,可以很容易将材料的荧光调节到近红外区域,实现对生物深层组织的荧光检测和荧光成像分析。

量子点最早是物理学中的概念,它是一种三维受限的无机半导体纳米粒子;而现代量子点技术要追溯到 20 世纪 70 年代中期,由于具有高的比表面积和适当的带隙宽度,量子点被认为是一种理想的光电转换材料,逐渐成为人们研究的热点。1998 年,Alivisatos 和 Nie(聂)两个研究小组分别在同一期的 *Science* 杂志上发表了具有突破性意义的研究论文,证实了量子点可以作为生物体中的荧光探针并适用于活细胞分析,开创了量子点研究的新领域[5,6]。量子点作为一种新型荧光试剂,已经成功应用到生物、药物及生物医学等领域,作为生物分子传感、细菌、动物细胞成像及动物活体分析等方面研究的重要工具。在过去的十几年里,人们已经发展了多种量子点表面修饰及偶联方法,可以将量子点与一种或几种小分子、多肽、抗体(抗原)、蛋白质及核酸等偶联,并用于生物医学领域的分子、细胞及在体内成像,如细胞结构的多色成像、细胞迁移和分化过程的示踪、标记细胞在体内的显像及淋巴结和血管成像等,初步显示了量子点在实时、长时、动态成像方面的独特优势[17,23]。

贵金属纳米材料因其在表面等离子体共振波长区域强烈吸收和散射光的特性,成为传感应用中最有价值的光学探针之一。局域表面等离子体共振(LSPR)是纳米结构的导带电子与入射磁场共振的集体振荡,通过改变纳米结构的大小、形状、介电常数等,能够调谐贵金属纳米材料的局域表面等离子体共振波长。局域表面等离子体共振的激发会产生三种效果:(1)纳米粒子表面局域电磁场的增强从而引起表面增强光谱,如表面增强拉曼散射、表面增强红外、表面增强荧光等;(2)波长选择性吸收;(3)共振瑞利散射。此外,部分贵金属纳米材料(如贵金属纳米簇等)还具有双光子激发特性。这些特性使得贵金属纳米粒子成为了现代生物医学分析检测领域中很有力的工具。

生命体系中的光学分析要求探针具有良好的水溶性,同时为了实现对目标分析物的特异性识别,往往还需要对探针进行功能化修饰。相对于有机分子来说,纳米材料的表面功能化修饰相对容易,通常不需要复杂的有机合成和提纯过程。其表面功能化修饰根据材料的亲疏水性的差异而有所不同。对于亲水性的纳米材料,通常在合成过程中选择具有功能化基团的配体作为保护剂,如具有氨基的聚乙烯亚胺(polyethyleneimine,PEI)、含有羧基的高分子聚丙烯酸(polyacrylic acid,PAA)。例如,2008年,研究者以聚乙烯亚胺为配体采用水热法一步合成了光谱可调的稀土上转换发光材料[24]。聚乙烯亚胺含有大量的氨基,不仅能够在材料的合成中与稀土金属离子配位从而控制材料的成核和生长,同时也能够在材料的表面引入功能化基团氨基,从而为其他生物分子的嫁接提供了很好的平台。他们所合成的材料具有良好的水溶性,能够分散到多种溶剂中,如水、乙醇、$N,N$-二甲基甲酰胺、二甲基亚砜等。另外,还可以用丙二酸为配体,利用水热方法一步合成了表面为羧基的 $NaYF_4:Yb/Er$ 上转换纳米粒子[25]。该纳米粒子可以进一步嫁接抗体,在生物检测方面具有潜在的应用价值。

虽然合成简单,但通过这种以亲水性配体为保护剂合成出来的纳米材料往往具有尺寸不均一、不可调和容易聚集等缺点。为了解决这些问题,研究者们更倾向于采用疏水性配体作为保护剂来合成疏水性的纳米粒子,通过优化配体的种类和剂量可实现对材料尺寸和形貌的调控。所合成的纳米材料的尺寸、形貌高度均一,且能够在有机溶剂中保持单分散性和高度的稳定性。在后续应用中,为了达到在水溶液介质中检测及在生命体系中分析的目的,必须再对这些疏水材料进行表面改性,使其由疏水性转变为亲水性。其通常会用到的基本策略主要包括以下几类:

一是亲水性配体交换。选择与金属离子具有强配位能力的亲水性配体,通过超声、搅拌等简单的操作过程将疏水性配体从纳米材料表面替换下来。这些分子主要包括巯基丙酸(3-mercaptopropionic acid,3-MPA)、聚乙烯吡咯烷酮(polyvinyl pyrrolidone,PVP)、含有磷酸根的聚乙二醇(polyethyleneglycol,PEG)、聚丙烯酸等[26-29]。然而通过配体交换后,纳米光学探针中的发光离子会与水直接接触,从而引起溶剂猝灭现象,进而导致纳米光学探针的荧光强度显著降低。

　　二是双亲性表面活性剂分子包覆。为了克服配体交换导致的纳米光学探针荧光强度降低的现象,研究者们将双亲性分子修饰在纳米光学探针表面。双亲性分子,顾名思义,在水溶液及有机溶剂中都可以溶解。这些分子一端含有疏水基团,能有效地与纳米发光材料外层的疏水基团通过疏水-疏水相互结合,而另外一端是亲水基团,能确保纳米发光材料在水中均匀分散,保持良好的稳定性。由于纳米光学探针表面有一层疏水性保护层,纳米材料与水并未直接接触,从而有效地避免了溶剂淬灭导致的荧光强度显著降低的现象。为了能在生命体系中应用,还必须考虑所用的双亲性分子的生物毒性问题,对于体外生物分子检测来说,对双亲性分子的生物毒性要求不高,而应用到细胞、组织或者活体时,就必须考察双亲性分子的生物毒性,要求其生物毒性越小越好,最好是体内可降解。

　　聚乙二醇修饰磷脂是一种具有低毒性、良好生物兼容性及在体内可降解的双亲性分子,由疏水性的磷脂和亲水性的聚乙二醇两部分构成。因此,这种双亲性分子经常被用作疏水性纳米发光材料的相转变材料。例如,利用溶剂热的方法可以合成出油酸保护的稀土上转换荧光纳米粒子,这种稀土上转换荧光纳米粒子是油溶性的,不能直接用于生命体系中,聚乙二醇修饰磷脂的疏水性磷脂基团能与稀土上转换荧光纳米粒子表面的油酸基团通过疏水-疏水相互作用结合,而聚乙二醇修饰磷脂的亲水性聚乙二醇基团确保其在水中能较好地分散。通过这种方式可有效地将油溶性的稀土纳米发光材料转化为亲水性的[30]。

　　除了磷脂聚乙二醇,其他一些两性分子,如油酸-乙二胺四乙酸复合物[31]、长链烷烃与壳聚糖反应生成的配合物[32],都可以通过类似的方法实现对疏水性纳米粒子的表面改性。

　　三是疏水性配体氧化断裂。在疏水性纳米材料的合成中,油酸、油胺常常被用作保护试剂。这两种分子具有一个共同的特点,即其分子内含有一个 —CH=CH— 双键。Lemieux-von Rudloff 氧化试剂或臭氧能够选择性地将—CH=CH—双键氧化断裂,生成以—COOH 或—CHO 结尾的分子,从而使疏水性纳米材料由疏水性的转变为亲水性的,同时材料表面的—COOH 和—CHO 能够进一步与其他生物分子反应实现纳米光学探针的生物学应用。例如,2008 年,Li(李)小组首次报道了利用 Lemieux-von Rudloff 氧化方法将油酸保护的稀土上转换纳米粒子成功地转化为水溶性的纳米粒子,同时该材料的荧光强度也没有发生明显的降低[33]。

　　纳米材料本身一般不具有特异性识别功能,根据光学探针的结构特点,在采用纳米材料作为光学探针的使用时,必须先将在得到亲水性的纳米材料的基础上,进一步将其与具有识别功能的生物分子偶联(见图 3-5)。目前偶联方法主要包括三类:一是基于生物素和亲和素之间的特异相互作用;二是采用偶联剂(如 EDC/NHS)将小分子抗体、蛋白质等偶联到量子点表面;三是通过吸附法或表面配体交换法将功能分子与量子点偶联[17,34,35]。

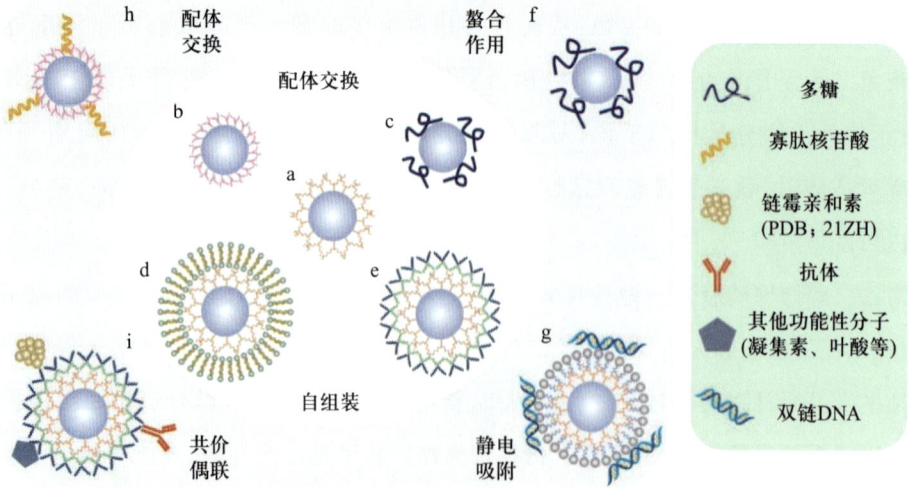

图 3-5 纳米材料的表面结构、水溶性化及其表面靶向分子的标记策略

与有机光学探针相比,纳米光学探针的优点主要是化学和光稳定性高、波长范围可调性强,尤其是较容易制备出具有近红外 Ⅱ 区特性(波长位于 1000~1700 nm)的纳米光学探针,因此,受到人们的广泛关注。但仍存在纳米材料的尺寸、表面修饰/性质或在样品(如细胞)中分布的非均一性等问题。

### 3.1.3.2 大分子光学探针

常见的大分子光学探针有水溶性高分子显色剂/荧光试剂、荧光共轭聚合物、核酸适配体探针和荧光蛋白等。

水溶性高分子显色剂最早于 1989 年由中国科学院化学研究所梁树权实验室提出[2,36,37]。其设计思想是,水溶性高分子连接光学基团,并利用高分子链的增效作用,使所制得的试剂兼具显色和增效等多种功能。据此,将不同的光学基团分别与主链非共轭的聚乙烯醇、聚 2-丙烯胺、壳聚糖等进行连接,制得了相应的高分子光学探针,并用于铝、镁、铟、铜、铁、氢离子的测定,获得了比相应小分子更好的效果。

荧光共轭聚合物主要是指主链为共轭结构并具有荧光性质的高分子化合物,目前已用于各种蛋白酶和 DNA 的检测[38]。上述大分子光学探针的缺点是提纯、表征较为困难，且久置易变质。

核酸适配体(aptamer)是利用体外筛选技术(systematic evolution of ligands by exponential enrichment, SELEX)从随机寡核苷酸文库中筛选获得的对目标物质具有高度特异性与亲和力的一段寡核苷酸片段，将不同光学基团连接到此类核酸结构，可制备出不同的新型核酸适配体光学探针，并用于光传感分析[39]。

荧光蛋白的出现革新了生命科学的研究。最早出现的是绿色荧光蛋白(green fluorescent protein, GFP)，它是由 Osamu Shimomura 等人在 1962 年从水母中发现的。GFP 是由 238 个氨基酸组成的单体蛋白质，分子量约为 27 kDa。在氧气存在下，GFP 分子内的三肽 Ser65-Tyr66-Gly67 经过自身催化环化、氧化，形成了对羟基苯亚甲基咪唑环酮生色团而发光，且荧光稳定、抗光漂白能力强。然而，绿色荧光蛋白的分析波长小于 500 nm，对生物体的穿透性能力受限。近年，俄罗斯科学家 Dmitriy Chudakov 研制出穿透性强的深红色荧光蛋白，显著提高了活体和组织成像的质量。在普通的实验室中，如何通过活细胞等方便地表达出性能优良的荧光蛋白，仍是该类探针获得更广泛应用的瓶颈问题。

### 3.1.3.3 小分子光学探针

根据结构特点，小分子光学探针可进一步细分为偶氮类、多环芳烃类、三苯甲烷类、氧杂蒽类、香豆素类、卟啉类、氟硼二吡咯化合物(4,4-difluoro-boradiazaindacene, BODIPY)类、萘酰亚胺类、联吡啶及邻菲啰啉类、花菁类、螺吡喃类、方酸菁类等。小分子光学探针种类繁多，用途广泛。对小分子荧光探针而言，一些光学团或母体，也可称为荧光体(fluorophore)或荧色体(fluorochrome)，及其衍生出的小分子光学探针，都有各自的适用场合，其中亮度(摩尔吸光系数和量子产率的乘积)是一个重要指标。荧色体越亮，表现出的信噪比越高，所需的试剂量越少和激发光强度越弱，对生物体系(如细胞)的干扰越小。

> 📖 **延伸阅读**
> ——2008 年诺贝尔化学奖：绿色荧光蛋白
>
> 漂亮的水母在水中自由地游动，光带随波摇曳，这样的美景让人不禁心驰神往，也激发了人们探索的欲望。在大自然中，有许多具有发光能力的生物为人们所熟知，如萤火虫、珊瑚、深海鱼类等。大多数的发光动物依靠荧光素和荧光素酶进行发光，那么发光水母究竟是依靠什么物质发光呢？

科学家 Osamu Shimomura 针对这一问题开展了研究。起初，Osamu Shimomura 希望能够找到学名叫维多利亚多管发光水母（*Aequorea victoria*）的荧光素酶。然而，科学探索总是困难重重，经过长期的努力，他并未找到预想中的物质。他想，这是不是意味着，这种水母并不是依靠人们熟悉的荧光素或荧光素酶原理来进行发光的？或许新的发现就在眼前。Osamu Shimomura 大胆地猜想，小心地求证，做了大量的实验，终于搞清楚了这种水母的特殊发光原理。原来，水母体内的水母素在与钙离子结合时会发出蓝光，这道蓝光随即被一种蛋白质吸收，进而发出绿色的荧光。这项研究中发现的可捕获蓝光并发出绿光的蛋白质，就是绿色荧光蛋白（green fluorescent protein，GFP）。这一项发现起初并未引起人们的关注，大多数人还未发现绿色荧光蛋白在生命科学研究方面的巨大价值。直到 Douglas C. Prasher 和 Martin Chalfie 完成了绿色荧光蛋白从发现到应用的转化。Prasher 认为绿色荧光蛋白具有成为研究生物体内的组织和细胞举动的示踪物质的潜力，他花费了五年的时间，解读了绿色荧光蛋白的遗传基因。此后的研究交到了 Chalfie 的手中，他成功地将被克隆的绿色荧光蛋白基因植入大肠杆菌和秀丽隐杆线虫中，证实了绿色荧光蛋白作为示踪物质的作用。自此项研究成果发表之后，绿色荧光蛋白便声名大噪，针对其的研究也越来越多。科学家钱永健（Roger Yonchien Tsien）通过改良绿色荧光蛋白的氨基酸序列，不仅提高了荧光强度，同时也开发得到了能够发出不同颜色的光的变异型绿色荧光蛋白。利用这些性能优异的多色荧光蛋白，生物体中微小而复杂的相互作用被更加清晰地展现在人们眼前。

1974 年，Osamu Shimomura 首次发现了绿色荧光蛋白。1994 年，Chalfie 首次将绿色荧光蛋白用作生物体内的示踪物质，将其应用于生命科学领域。1998 年，钱永健开发了多种能发出不同颜色的光的变异型绿色荧光蛋白，为其在生命科学领域的应用开启了新的里程碑。2008 年，诺贝尔化学奖被授予美籍日裔科学家 Osamu Shimomura、美国科学家 Martin Chalfie 和美籍华裔科学家钱永健，以表彰他们发现和发展了绿色荧光蛋白技术。科学的魅力就在于其将不断地发展与传承，绿色荧光蛋白的故事应不止于此，世界各地的科学家们正在努力探索发现，科学的"纸"上将会有更多的"色彩"出现。

# 3.2
# 生物小分子的检测

## 3.2.1 氨基酸探针

氨基酸作为蛋白质的基本组成单元,是最重要的生物分子之一,在许多生理过程中扮演着不可或缺的角色。例如,赖氨酸(Lys)与Krebs-Henseleit循环(又称尿素循环)密切相关[40];组氨酸(His)对肌肉组织和神经组织的生长至关重要[41];而半胱氨酸(Cys)的缺乏则会导致生长缓慢、肝损伤、肌肉和脂肪减少等[42]。检测氨基酸最常用的方法是经典的茚三酮显色反应,但是这种方法实际上是对总的胺类物质的分析,缺乏选择性。因此,近年来用于氨基酸特异性检测的光学探针受到了越来越多的关注。目前,氨基酸光学探针主要有两大类:一类是依靠氨基酸与过渡金属离子配位作用的探针;另一类则是基于氨基酸与特定官能团反应引起的共价键生成或断裂的探针。

### 3.2.1.1 基于金属配合物反应

在一些特定的设计中,信号分子占据受体内目标分析物的结合位点,当分析物存在时会与信号分子在结合位点产生竞争性置换并发生信号传导。这一概念与经典的酶联免疫吸附法(enzyme-linked immunosorbent assay,ELISA)原理相似,是利用抗体之间的竞争性反应进行目标分析物的检测。基于这一原理,以金属中心作为氨基酸的结合位点,金属配合荧光团作为信号分子,将有望利用金属配位反应实现对氨基酸的灵敏检测。例如,以钙黄绿素为信号响应单元,设计了可对氨基酸进行快速响应的荧光探针[43]。钙黄绿素与$Cu^{2+}$配位后,荧光猝灭效率可达约90%。然而氨基酸与$Cu^{2+}$的竞争性配位作用可使钙黄绿素从配合物中解离出来,实现荧光信号的恢复。该探针可在$10^{-3}$ mol/L的浓度范围内对大部分氨基酸给出荧光增强响应,其中,当Cys与$Cu^{2+}$在摩尔比1:1的浓度条件下实现钙黄绿素荧光的完全恢复。该探针已用于检测牛血清白蛋白在不同蛋白酶作用下所产生的氨基酸,从而评估这些酶的水解活性。

pH 指示剂在溶液中游离,或是与目标分析物通过离子/氢键相互作用时,往往呈现出不同的质子化状态和颜色。进一步地,利用金属离子与指示剂的配位作用,不仅可以改变指示剂的解离状态,还会产生金属/配体的可视变化,为检测提供更加灵敏的信号。例如,基于锌($Zn^{2+}$)配合的天冬氨酸(Asp)比色探针(见图 3-6),其中配位中心 $Zn^{2+}$ 可为氨基酸或指示剂邻苯二酚紫提供结合位点,两个胍基则可与天冬氨酸的侧链羧基形成氢键以提供选择性。邻苯二酚紫与该探针结合后,最大吸收波长为 647 nm,溶液呈深蓝色;而氨基酸的加入可将邻苯二酚紫从配合物上置换出来,最大吸收波长位移到 445 nm,溶液也从深蓝色变成黄色。该探针对大多数氨基酸的结合常数均在 $1×10^4$ L/mol 量级,而与 Asp 的结合常数可达 $1.5×10^5$ L/mol,因此,可用于 Asp 的选择性检测[44]。

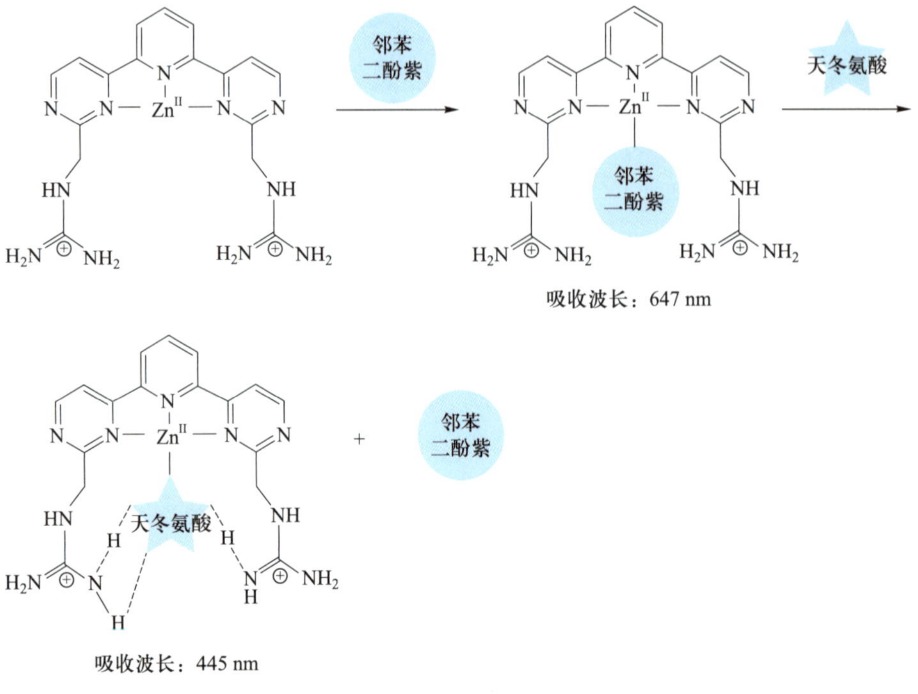

图 3-6  基于锌配合物的天冬氨酸比色探针工作原理

### 3.2.1.2  基于共价键生成/断裂反应

与金属配合物类光学探针相比,利用氨基酸和特定官能团反应,引起共价键生成或断裂的光学探针,可为氨基酸分析与检测提供更高的选择性。Ma(马)等以 2,3-环氧丙基为反应识别基团,酸性偶氮红为信号单元,并利用咪唑与环氧化合物的加成反应,设计了 His 荧光探针[45]。该探针自身在 470 nm 处有较强的荧光发射,而在与 His 反应后,荧光逐渐减弱,可实现 His 的猝灭型检测。进一步,以荧光素为荧光信号单元,设计了 His 探针[46]。

荧光光度法在氨基酸检测方面展现出高灵敏度和高选择性,并开发出不同类型的荧光传感器。其中,比率型荧光探针吸引了众多关注,因为它们能够通过两个发射波段的自校准来消除大部分信号干扰,为氨基酸的准确检测提供保障。有研究者以香豆素为信号单元,乙酰基为识别基团,设计了赖氨酸(Lys)比率型荧光探针。在乙酰基保护的状态下,信号单元香豆素的荧光发射峰位于 388 nm 处;然而,在碱性的赖氨酸作用下,该探针可发生脱乙酰化,释放出香豆素荧光母体,荧光发射峰红移至 471 nm 处,可对赖氨酸进行比率型荧光检测。在水溶液中,该检测方法会受到另一个碱性氨基酸——精氨酸(Arg)的明显干扰,而在碱性缓冲液(pH 9.0~9.8)中则可不受干扰[47]。

### 3.2.1.3 基于其他原理的氨基酸检测方法

对氨基酸的某些位点进行特异性修饰,使其呈现出特殊的光学性质,是检测氨基酸的另一种有效手段。Ma 等利用甲酸在盐酸存在时对色氨酸(Trp)的甲酰化作用,发展了一种色氨酸特异性显色分析方法[48]。在 18% 甲酸溶液和 6 mol/L 盐酸溶液中,色氨酸经加热可生成在 560 nm 处产生吸收峰的蓝紫色产物,而其他氨基酸则无此特性。该方法对色氨酸的选择性很高,不仅可用于游离色氨酸的显色,也可用于肽链中色氨酸残基的显色检测,因此可以作为一种快速判断多肽或蛋白质中是否含有色氨酸残基的重要方法。

## 3.2.2 活性氧物种探针

活性氧物种(reactive oxygen species,ROS)是指一系列具有高反应活性的含氧物种,主要包括过氧化氢($H_2O_2$)、次氯酸根($ClO^-$)、过氧亚硝基($ONOO^-$)、超氧阴离子($O_2^{\cdot-}$)、羟基自由基($\cdot OH$)、一氧化氮(NO)、单线态氧($^1O_2$)、臭氧($O_3$)等[49-53]。活性氧物种在细胞信号传导、对抗病原体入侵及维持细胞氧化还原平衡等过程中扮演着重要角色[49,50]。然而,异常水平的活性氧物种累积则会损伤蛋白质、DNA、脂类等重要生物分子,甚至引发疾病[51]。因此,对活性氧物种的检测尤为重要。这里,将以对过氧化氢、羟基自由基和单线态氧的检测为例,介绍目前活性氧物种的检测策略。

### 3.2.2.1 过氧化氢检测

在生物体内几乎所有的氧化酶都会产生过氧化氢。最近的研究表明,哺乳动物细胞通常会产生过氧化氢来调控细胞的增殖、分化和迁移。然而,过氧化氢具有强的氧化性,会对遗传物质 DNA 产生损害,同时也会损伤细胞中其他成分。另外,人体内的过氧化氢代谢失调往往与血管增生、衰老和癌症有关。因此,研究过氧化氢在生物体内的分布具有重要的生理意义。

通过合理的设计,稀土纳米材料可实现对细胞内过氧化氢的检测。2009 年,Casanova 等报道了一种基于铕离子($Eu^{3+}$)的荧光纳米粒子用于检测细胞中的过氧化氢。与以前文献报道不同的是,这种探针利用了过氧化氢强的氧化还原能力。采用粒径为 20~40 nm、二氧化硅包覆的 $Y_{0.6}Eu_{0.4}VO_4$ 纳米粒子作为探针,其中 $Eu^{3+}$ 的荧光激发光为 466 nm,最大荧光发射峰为 617 nm。因为 $Eu^{3+}$ 很容易被还原成 $Eu^{2+}$ [ $Eu^{3+}$ 与 $Eu^{2+}$ 之间的还原电势:$E(Eu^{3+}/Eu^{2+}) = 0.35 V$],通过简单的光还原方法可以将 $Y_{0.6}Eu_{0.4}VO_4$ 纳米粒子中的 $Eu^{3+}$ 还原成 $Eu^{2+}$,而 $Eu^{2+}$ 的荧光激发光谱位于 330~430 nm。光还原后,$Y_{0.6}Eu_{0.4}VO_4$ 纳米粒子位于 617 nm 处的特征荧光减弱。一旦体系中存在过氧化氢,过氧化氢能有效地将 $Y_{0.6}Eu_{0.4}VO_4$ 纳米粒子中的 $Eu^{2+}$ 氧化成 $Eu^{3+}$,从而导致位于 617 nm 处的 $Eu^{3+}$ 特征荧光得到恢复。通过这种方式能有效地检测细胞内的过氧化氢,在 30 s 内能检测出浓度为 1~45 mmol/L 的过氧化氢[54]。

小分子探针在过氧化氢的检测方面具有独特的优势。通过 Baeyer-Villiger 反应,苯偶酰可被 $H_2O_2$ 氧化成苯甲酸酐中间体,接着再经水解作用转换成苯甲酸,引起光学信号单元的性质改变。基于此原理,Nagano 等设计了一个选择性的过氧化氢荧光探针[55],该探针与过氧化氢反应后,识别基团苯偶酰脱落,释放出具有较高荧光量子产率的产物 5-羧基荧光素,从而实现荧光打开响应。由于该探针具有较高的分析灵敏度和选择性,可应用于 RAW264.7 和 A431 细胞内的过氧化氢成像分析。此外,Tang(唐)等借助依布硒啉(ebselen)在谷胱甘肽(glutathione,GSH)和过氧化氢作用下独特的开环/关环响应,设计了可逆的近红外过氧化氢荧光探针,用以检测细胞内的 $GSH/H_2O_2$ 相对水平变化[56]。在该探针中,富电子的硒醇可通过光诱导电子转移(photoinduced electron transfer,PET)过程,有效猝灭信号单元菁染料的荧光,因此探针自身的荧光较弱。然而,和过氧化氢反应后,由于 Se—N 键和五元环结构的形成,抑制了光诱导电子转移过程,探针在 794 nm 处的荧光明显增强。另外,探针氧化产物的五元环结构可在谷胱甘肽的还原作用下被打开,再次导致荧光猝灭。该探针具有良好的可逆性,可以进行至少 4 个氧化还原循环。

### 3.2.2.2 羟基自由基检测

羟基自由基($\cdot$OH)是反应活性最高的活性氧物种,对 DNA、蛋白质及脂类等生物分子的破坏性极强[57,58]。目前对羟基自由基的检测主要是依赖于其氧化反应、脱氢反应及羟基化反应。比率型探针是检测羟基自由基的一个重要设计思路。依靠羟基自由基的脱氢能力,Yuan(袁)等以香豆素和还原态的菁染料为母体,利用菁染料的加氢还原破坏了其自身的共轭结构的策略构建了 495 nm/651 nm 比率型探针[59]。该探针在 495 nm 处表现出典型的香豆素荧光发射;与羟基自由基反应脱氢之后,探针的共轭体系扩大,发射光谱位移到 651 nm 的近红外区域,由此实现羟基自由基的比率荧光分析。该探针具有较高的选择性,可用于检测 Hela 细胞中的羟基自由基。

与其他活性氧物种相比,羟基自由基拥有一个独特的反应性质,即与芳香化合物发生羟基化反应。该性质可避免其他活性氧物种的氧化性干扰,极大地提高检测选择性。马会民等利用这一特性,发展了针对羟基自由基的特异性光学探针[60]。该探针以菁染料为信号单元,拥有两个对称的短 $\pi$-共轭体系,荧光发射光谱位于波长较长的区域(515 nm)。在与羟基自由基反应之后,位于探针中苯环 4 位的羟基化可形成一个酚中间体,再经结构重排,最终形成了具有更长 $\pi$-共轭体系的产物。这种从探针到产物的 $\pi$-共轭体系扩展,引起了极大的光谱红移及近红外荧光(653 nm)打开响应,同时有利于降低探针自身的背景荧光,提高检测灵敏度。此外,由于羟基自由基与芳香化合物的反应为亲电取代反应,供电子基团甲氧基的引入可以提高探针对捕获羟基自由基的能力,进一步提高检测灵敏度。该探针对羟基自由基的选择性和灵敏度高,能够检测其他方法(如电子自旋共振光谱法)无法检测的铁自氧化过程中的痕量羟基自由基。另外,该探针自身具有正电性,可靶向线粒体。该探针已用于活细胞内铁自氧化及不同刺激条件下羟基自由基的荧光成像分析。

### 3.2.2.3 单线态氧检测

单线态氧是一种处于最低激发态的氧分子,对各种生物分子都具有很高的反应性,常用于光动力治疗研究[61,62]。对 $^{1}O_{2}$ 的检测主要是基于 $^{1}O_{2}$ 与蒽的特异性化学反应。马会民等基于此原理提出了一个高选择性、高灵敏度的 $^{1}O_{2}$ 化学发光探针[63],该探针是将富含电子的四硫富瓦烯结构与 $^1O_2$ 的选择性反应基团蒽相连而制得的,其对 $^1O_2$ 有较强的化学发光响应,而且不受 $H_2O_2$、$ClO^-$、$\cdot OH$ 等其他 ROS 的干扰。此外,对该探针响应机理的研究表明,在蒽的 9 位或 10 位引入富电子基团,可以大大提高对 $^1O_2$ 的捕获能力。

### 3.2.3 谷胱甘肽探针

含有巯基的氨基酸(如半胱氨酸)和多肽链在许多生物学功能中起着至关重要的作用,如修复因自由基造成的细胞损伤、解毒作用及参与代谢过程。人体内含巯基氨基酸的含量过低会导致造血能力减弱、生长迟缓、白发增多、肝损伤及癌症等。而在人体内半胱氨酸的含量过高可能会导致阿尔茨海默病、血栓形成、骨质疏松等。因此,对含巯基的氨基酸和多肽链进行分析是当前科学研究的一个热点问题[64-67]。

在所有包含巯基的氨基酸和多肽链中,谷胱甘肽在细胞中含量最多,其含量约占整个含巯基的氨基酸和多肽链总量的 90%[68,69]。谷胱甘肽能有效地保护细胞免受过氧化氢、单线态氧等高化学活性物质的破坏。当前有大量的分析方法用于谷胱甘肽的分析,如高效液相色谱、紫外吸收光谱、毛细管电泳等。在这些方法中,荧光方法由于具有操作简便、灵敏度高等优点而显示出独特的优势,与传统的荧光方法相比,采用基于镧系金属离子发光的荧光探针能更准确地探测谷胱甘肽的浓度。

镧系金属离子掺杂的上转换发光材料能在红外光激发下发出可见光,这一特性为谷胱甘肽的检测提供了一种新的方法。有研究者在 2011 年发现在上转换纳米粒子溶液中形成的二氧化锰纳米片可以有效猝灭上转换发光,但在少量谷胱甘肽存在下发光即可恢复。基于这个新的探针,可以检测到细胞中低水平的谷胱甘肽[70]。这种探针由两部分组成,第一部分为具有核壳结构的稀土上转换纳米材料 $NaYF_4$:Yb,Tm@ $NaYF_4$,核为 $NaYF_4$:Yb,Tm,能发出铥离子( $Tm^{3+}$ )的特征荧光峰,其颜色为蓝色,而壳为 $NaYF_4$,能够有效地屏蔽周围环境对荧光产生的猝灭作用,同时也能减少核中的晶格缺陷,使得 $NaYF_4$:Yb,Tm@ $NaYF_4$ 具有非常强的上转换荧光;第二部分为二氧化锰。二氧化锰覆盖在这种纳米粒子上,能有效地吸收能量,显著猝灭 $NaYF_4$:Yb,Tm@ $NaYF_4$ 的上转换荧光。当待测溶液中存在谷胱甘肽时,谷胱甘肽能有效地将探针表面的二氧化锰还原成二价锰离子,从而导致 $NaYF_4$:Yb,Tm@ $NaYF_4$ 的荧光恢复。通过这种方式,以高灵敏度和选择性对谷胱甘肽进行检测,最低检测限达 0.9 μmol/L,能有效地检测细胞中的谷胱甘肽。

## 3.2.4 pH 探针

人体的酸碱平衡影响人类的健康,一般来说,不同体液的 pH 是不同的,如正常血液的 pH 为 7.35~7.45。pH 低于正常水平,一般说明人体处于亚健康或病理状态。在临床诊断中,经常通过检测唾液、血液、尿液等样品的 pH 来判断病情。除此之外,恶性肿瘤附近的 pH 要显著低于正常健康组织的 pH,因此也可以根据 pH 的差异来区分健康组织和恶性肿瘤,达到检测癌症的目的。因此,检测生物体内的 pH 具有非常重要的意义。

由于上转换发光材料具有较大的反斯托克斯位移,使样品自身荧光大大降低,信噪比升高,基于上转换纳米材料的化学传感器已经在检测 pH、氨和二氧化碳等方面得到应用。通过将上转换纳米材料与合适的识别指标相结合可实现多种物质的监测。例如,基于稀土上转换荧光纳米探针可用于 pH 的检测,通过将稀土上转换荧光纳米棒 NaYF$_4$:Er,Yb 和 pH 敏感的 chromoionophore ETH 5418 染料包覆在聚氯乙烯(Polyvinyl chloride,PVC)中(见图 3-7)。Chromoionophore ETH 5418 染料的吸收光谱在其质子化时位于绿色区域(542 nm)的吸收减弱,而在红色区域(656 nm)的吸收增强。去质子化时,其绿色区域的吸收增强,而在红色区域的紫外吸收减弱。稀土上转换荧光纳米棒 NaYF$_4$:Er,Yb 的荧光分别在绿色区域和红色区域。Chromoionophore ETH 5418 染料可与稀土上转换荧光纳米棒 NaYF$_4$:Er,Yb 产生内滤效应。当 pH 增加时,稀土上转换荧光纳米棒 NaYF$_4$:Er,Yb 的绿色荧光减弱,而位于红色区域的荧光增强。通过这种方式能有效地检测体系中的 pH,可检测的 pH 范围为 6~11[71]。

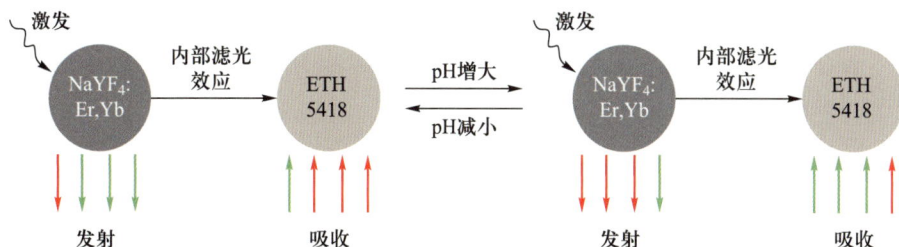

图 3-7　基于稀土上转换荧光纳米探针的 pH 检测工作原理

## 📖 延伸阅读
### ——解读 2014 年诺贝尔化学奖

自 1590 年发现第一台显微镜开始，显微镜的空间分辨率随着技术的发展逐渐提高。德国物理学家 Ernst Abbe 提出，根据物理学定律，可见光无法区分尺寸在 200 nm 左右的物体。光的衍射使荧光显微镜的空间分辨率受限，这也成为超高分辨率荧光分析的瓶颈所在。Stefan Hell、Eric Betzig、William Esco Moerner 等科学家通过不懈努力共同突破了这个瓶颈。他们的工作帮助开辟了超高分辨率成像领域，该领域首次实现了使用可见光对细胞内的纳米级结构进行可视化。

从 20 世纪 80 年代开始，Stefan Hell 就致力于如何突破阿贝光学衍射极限，直到多年后他的工作才有所突破。他从一本量子光学的书中受到启发并提出受激发射损耗显微技术（stimulated emission depletion，STED）。其原理是用两束激光，一束激光负责激发荧光分子使其发光，另一束则负责抵消荧光分子发出的大部分荧光，只留下一块纳米大小体积的荧光区域。通过扫描就能获得尺寸小于 200 nm 的超高分辨率图像。从 2000 年开始，Stefan Hell 不断改进 STED 技术。2006 年，STED 技术成功在绿色荧光蛋白上得以应用。另一项工作来自 William Esco Moerner 和 Eric Betzig，他们各自的工作奠定了单分子显微镜的基础。William Esco Moerner 发现蛋白发出的荧光可被随意开关。1989 年，他通过光控制每次仅使离散的单个荧光分子发光，首次实现了单个荧光分子的光吸收的测量，这一重大突破为单分子显微技术的发展铺平了道路。受到其工作的启发，2006 年 Eric Betzig 开发了光激活定位显微镜（photoactivable localization microscopy，PALM），其基本思路是可以将单个分子的荧光打开或关闭，反复对同一区域进行成像，每次只允许少数分散的几个分子发光。通过多次测量并进行图像叠加将样品中所有分子信息绘成图像，即可生成高分辨率图像。2014 年诺贝尔化学奖授予 Stefan Hell、Eric Betzig 和 William Esco Moerner 三人以表彰他们在超高分辨率荧光显微镜领域所做的贡献。人们对于先进技术的追求是无止境的，越来越多的科学家致力于开发能够展示微观视野的先进仪器。例如，哈佛大学庄小威教授也开发了类似的超分辨率显微镜（随机光学重建显微镜，stochastic optical reconstruction microscopy，STORM）。相信通过科学家们的不懈努力，会有更多更高分辨率的技术和仪器应运而生。

# 3.3
# 生物大分子的检测

生物大分子是指生物体内存在的蛋白质、核酸、脂质等大分子。它们一般含有几千到几十万个原子,分子量从几万道尔顿到几百万道尔顿不等。生物大分子往往拥有自己复杂而独特的空间结构,如蛋白质具有一级到四级结构,这些结构赋予蛋白质在生命活动中的各种生理作用或功能,在生命活动或生物体新陈代谢中表现出独特的活性和作用。各种生物大分子是构成生命的重要物质。对生物大分子进行实时、快速、专一的检测是帮助人们了解生物体生命活动的重要基础。

## 3.3.1 基于纳米材料的生物大分子探针及其构建策略

生物探针中常用的靶向单元有小分子、核酸、多肽和抗体等。此外,也可以直接使用表面带有靶向识别分子的病毒和细胞等生物体作为靶向单元构建生物探针[72]。这些靶向单元虽然可与目标生物大分子相互作用,但是通常不包括示踪信号单元,因此不能被跟踪和辨别。基于荧光纳米材料标记的生物探针构建是指将荧光纳米材料标记到这些具有靶向性的生物分子上,从而得到兼具靶向识别功能和信号示踪功能的复合体。如何在不损失靶向单元识别功能和纳米材料示踪功能的前提下,将二者结合起来,是构建基于纳米材料标记的生物探针的关键。下面将分别介绍常用的生物靶向性材料及其相应的标记策略。

### 3.3.1.1 氨基酸、多肽和蛋白质的性质及其标记策略

抗体和多肽是肿瘤探针中最常用的靶向单元。抗体和多肽都是由氨基酸组成。其标记主要是通过氨基酸侧链的功能基团进行化学偶联实现的[72]。在 20 种天然氨基酸中,通常只有侧链上具有活性功能基团的氨基酸可以被标记(蛋白质或肽链的 C 端羧基和 N 端氨基也可以用于标记)。天冬氨酸、谷氨酸、赖氨酸、精氨酸、组氨酸和酪氨酸是常见的

具有可标记侧链的天然氨基酸[72]。这些氨基酸的侧链具有反应活性较高的功能基团,可以方便地对其进行标记。普通氨基酸和多肽的标记,需针对末端氨基与羧基及氨基酸侧链的其他功能基团进行化学偶联,同样可获得较好的标记效率。但是蛋白质通常具有特定的三维结构,氨基酸侧链的功能基团往往会被埋到蛋白质内部,因此蛋白质的标记相对复杂,往往要考虑待标记基团所处的空间环境,避免空间位阻过大而影响标记效率,具体可参考氨基酸侧链的溶剂可接触面积(solvent exposed area,SEA)。

表 3-1 给出了通过分析由美国 Brookhaven 国家实验室建立的蛋白质结构数据库中 55 种蛋白质的结构数据得到的不同氨基酸侧链的 SEA 分布[73]。其中 SEA>30 Å$^2$ 的氨基酸为易亲近氨基酸,10 Å$^2 \leqslant$ SEA $\leqslant$ 30 Å$^2$ 的氨基酸为中度可亲近氨基酸,而 SEA<10 Å$^2$ 的氨基酸为不可亲近氨基酸。如表 3-1 所示,极性氨基酸通常具有较大的 SEA,而非极性氨基酸往往具有较小的 SEA;赖氨酸和谷氨酸是最易暴露的氨基酸,而半胱氨酸最易在蛋白质的内部形成二硫键。因此,蛋白质的标记中常常以赖氨酸上的氨基和谷氨酸上的羧基作为标记的活性位点。

表 3-1 不同氨基酸侧链的溶剂可接触面积分布[73]

| 氨基酸 | 溶剂可接触面积 | | |
| --- | --- | --- | --- |
| | >30 Å$^2$ | <10 Å$^2$ | 10~30 Å$^2$ |
| 甘氨酸(glycine,Gly) | 51% | 36% | 13% |
| 组氨酸(histidine,His) | 66% | 19% | 15% |
| 异亮氨酸(isoleucine,Ile) | 39% | 47% | 14% |
| 亮氨酸(leucine,Leu) | 41% | 49% | 10% |
| 赖氨酸(lysine,Lys) | 93% | 2% | 5% |
| 甲硫氨酸(methionine,Met) | 44% | 20% | 36% |
| 苯丙氨酸(phenylalanine,Phe) | 42% | 42% | 16% |
| 脯氨酸(proline,Pro) | 78% | 13% | 9% |
| 丝氨酸(serine,Ser) | 70% | 20% | 10% |
| 苏氨酸(threonine,Thr) | 71% | 16% | 13% |
| 色氨酸(tryptophan,Trp) | 49% | 44% | 7% |
| 酪氨酸(tyrosine,Tyr) | 67% | 20% | 13% |
| 缬氨酸(valine,Val) | 40% | 50% | 10% |
| 丙氨酸(alanine,Ala) | 48% | 35% | 17% |
| 精氨酸(arginine,Arg) | 84% | 5% | 11% |
| 天冬氨酸(aspartic acid,Asp) | 81% | 9% | 10% |

续表

| 氨基酸 | 溶剂可接触面积 | | |
|---|---|---|---|
| | >30 Å$^2$ | <10 Å$^2$ | 10~30 Å$^2$ |
| 天冬酰胺(asparagine,Asn) | 82% | 10% | 8% |
| 半胱氨酸(cysteine,Cys) | 32% | 54% | 14% |
| 谷氨酸(glutamic acid,Glu) | 93% | 4% | 3% |
| 丙氨酰胺(glutamine,Gln) | 81% | 10% | 9% |

天然蛋白质中可供标记的氨基酸的数量和种类有限,因此可通过基因工程技术对蛋白质的二级结构进行有目的性的改造,增加可用于偶联的氨基酸数量,甚至引入非天然氨基酸,方便蛋白质的偶联。也可以将荧光蛋白(如 GFP 和 YFP)的核酸序列整合到目标蛋白质的基因上,通过表达系统的表达得到融合有荧光蛋白的目标蛋白。所得的融合蛋白既具有靶向性,又具有荧光示踪功能,可直接作为生物探针使用。但该方法难度大,融合表达容易导致靶向蛋白失活,实验操作也较为复杂,在实际应用中存在一定的局限性。

### 3.3.1.2 核酸的性质及其标记策略

关于核酸的研究迄今为止已有 150 余年的历史。首次发现是在 1869 年,发现者是瑞士的医学家、生物学家 Friedrich Miescher。核酸作为遗传物质的载体,与一切生命活动和代谢都密切相关,是生命维持和延续的关键,也一直以来是生命科学研究的重点之一。核酸是由多个核苷酸聚合而成的重要生物大分子,也是遗传物质储存、复制和传递的基本载体。核苷酸由含氮碱基、五碳糖和磷酸三部分组成,根据五碳糖的结构不同又分为核糖核苷酸和脱氧核糖核苷酸两种,它们分别构成了核糖核酸(简称 RNA)和脱氧核糖核酸(简称 DNA)。含氮碱基是决定核苷酸功能的基本结构单元,包括腺嘌呤(adenine,缩写为 A)、鸟嘌呤(guanine,缩写为 G)、胸腺嘧啶(thymine,缩写为 T)、胞嘧啶(cytosine,缩写为 C)和尿嘧啶(uracil,缩写为 U)五种。而且,含氮碱基之间会发生互补配对,形成稳定的双链结构,遵循碱基之间氢键数目固定、双键距离恒定的互补配对原则。简单来说,U 是 RNA 特有的碱基,T 是 DNA 特有的碱基,它们功能相仿,且均能与 A 互补配对;而 C 与 G 互补配对。这种明确的互补配对方式对于保持核酸分子在遗传和转录过程中的稳定性具有重要意义,也是核酸分子作为遗传物质载体的必要条件。在结构上,DNA 具有由脱氧戊糖构成的双螺旋结构,外层包裹亲水性的磷酸根,空腔聚集着疏水性的嘌呤和嘧啶碱基。而 RNA 具有单链结构,并由于单链结构的灵活性更高而具有更复杂的构型,但与 DNA 相同的是,RNA 的外层也包裹亲水性的磷酸根,空腔内聚集着疏水性的嘌呤和嘧啶碱基[74,76]。

近年来,关于核酸与生命健康之间的联系吸引了越来越多科学家的关注,多种遗传性疾病都被发现与 DNA 的结构相关,并且还发现核酸分子与肿瘤的发生、病毒的感染等有重要的联系。开发实时、灵敏的核酸检测方法,是研究核酸如何参与各项生命活动的重要基础,并对相关疾病的预防和治疗都具有重要意义。

核酸的靶向性主要来源于两方面:一是碱基互补配对能力;二是三级结构产生的特异性,如核酸适配体(aptamer)——利用三维空间结构特异结合靶物质(蛋白质和核酸等)的寡聚核苷酸。相对于蛋白质,核酸具有合成简便、廉价和稳定性好(主要指 DNA)等优点,因此,基于核酸的探针在检测和诊断等领域具有很大的应用潜力。各种基于核酸的分析方法和传感器已被广泛开发和应用[77-79]。

考虑到 DNA 是一种由脱氧核苷酸通过磷酸二酯键相连组成的长链聚合物。目前核酸的标记有以下 3 种方法:非共价键合法、碱基修饰法和末端标记法[72]。非共价键合法主要指染料分子通过静电和嵌入等相互作用实现对核酸的标记。静电相互作用主要是利用核酸分子骨架上磷酸的负电荷直接与带正电荷的分子相互作用;嵌入相互作用则是将具有疏水平面结构的染料分子嵌插到 DNA 碱基对之间的疏水区域,实现对 DNA 的标记。例如,溴化乙锭(ethidium bromide,EB),这是一种具有平面结构的荧光染料,可以嵌入核酸双链配对的碱基对之间,在紫外光激发下发出红色荧光。碱基修饰法通过在核酸的合成过程中引入带有功能基团或染料的人造碱基实现对核酸的标记。例如,设计合成的吸收波长在 300 nm、发射波长在约 520 nm 处的胸苷类似物,通过碱基互补配对将其掺入 DNA 链,可以实现对 DNA 的荧光标记并能够较好地保持其荧光强度。末端标记法是在核酸固相合成的过程中在核酸的 5′端或 3′端引入染料或者可供偶联的功能基团[72]。例如,在单链 DNA 的合成过程中,向体系中引入 6-羧基荧光素(FAM)、羧基-四甲基-罗丹明(TAMRA)和羧基-X-罗丹明(ROX)等基团,可以实现对核酸的 5′端或 3′端的荧光标记。综上所述,非共价键合法通常都是非特异性的标记,应用范围有限,碱基修饰法又会影响核酸的配对能力,因此核酸纳米生物探针构建中常采用末端标记法。由于固相核酸合成技术的成熟,目前已经可以很容易购得末端带各种功能基团的商品化多聚核苷酸。根据末端的功能基团,选择合适的化学偶联试剂,可将多聚核苷酸偶联到纳米材料表面。

## 3.3.2 基于有机分子的生物大分子探针及其构建策略

基于有机分子的生物大分子探针的一个突出的特点是,可以向无光学响应或低光学响应的物质提供光学基团,使原先难以进行的光学分析变得可能。这不仅改善了分析测试的灵敏度,而且能大幅度提高对样品的时空分辨能力[80-84]。这里将着重讨论有机光学探针用于蛋白酶、核酸等生物大分子传感分析中的应用。

### 3.3.2.1 蛋白酶荧光探针

蛋白酶(proteases)是生物大分子中常见的一类,也是通过水解方式切断蛋白质肽键的一类酶的总称。蛋白酶广泛存在于生物体内各种组织和细胞中,并在生命活动中起着十分重要的作用。例如,丝氨酸蛋白酶在消化、凝血等方面扮演着重要角色。又如,金属蛋白酶中的基质金属蛋白酶(matrix metalloproteinase,MMPs)在肿瘤侵袭转移中起关键性作用,其中 MMP-2、MMP-9 等近年来受到广泛关注[85]。另一个重要的例子为半胱天冬酶(caspases),此类酶属于半胱氨酸蛋白酶,其中最常见的是 caspase-2 和 caspase-3,且 caspase-3 被认为是一种细胞凋亡因子[86-88]。除此之外,蛋白酶亦被广泛用于人们的日常生活中,如焙烤工业广泛使用蛋白酶降解面粉中的氨基酸为酵母提供碳源,促进发酵[89]。

鉴于蛋白酶的各种重要作用,发展实时、快速、专一、高效、灵敏的蛋白酶检测技术则非常重要。由于蛋白酶属于蛋白质,因此目前许多针对蛋白质检测的经典生物学或医学上常用的方法也可用于蛋白酶的检测,例如,蛋白免疫印迹(Western blot)、免疫组织化学(immunohistochemistry)、酶联免疫吸附法(enzyme-linked immunosorbent assay,ELISA)和光学检测方法等。其中,蛋白免疫印迹利用特定抗体能够专一地结合抗原蛋白的原理来对样品进行着色,通过分析着色的位置和深度获得特定蛋白在所分析的细胞或组织中的表达信息[90],已成为目前较经典的一种方法;但该方法一般会使用较为昂贵的抗体,且操作烦琐,并不能实现蛋白酶的原位检测或成像。免疫组织化学是一种半定量检测蛋白酶的方法,此法是指在抗体上结合荧光或可显色的化学物质,利用免疫学原理中抗原和蛋白酶之间特异性的结合反应,检测细胞或者组织中是否有目标蛋白酶的存在[91]。该方法亦可用于蛋白酶的成像与定位,但与蛋白免疫印迹相同也会使用抗体,不能实现蛋白酶的原位成像。ELISA 利用抗体抗原之间的特异性结合,对分析物进行检测[92]。ELISA 可作为一种经典的蛋白酶的定量检测方法,但不能实现原位检测与成像。光学检测方法主要包括紫外-可见吸收光谱法和荧光光谱法。其中,紫外-可见吸收光谱法利用一种具有特征吸收峰的显色探针或试剂与蛋白酶作用,检测反应前后吸光度的变化进行分析。该方法也是一种定量方法,如布拉德福蛋白定量法(Bradford protein assay)即是一个很好的例子[93]。荧光光谱法是近些年发展较快的一类蛋白酶检测方法[94-96]。与紫外-可见吸收光谱法相比,荧光法具有更高的灵敏度,因此,此方法成为检测痕量蛋白酶的重要方法。下面主要介绍一些代表性的蛋白酶荧光探针及其分析应用。

氨基肽酶(aminopeptidases)简称为氨肽酶,是一个庞大的家族,如前所述,它主要指可使氨基酸从多肽链的 N 末端水解、游离出来的一类酶。氨肽酶存在于众多生物体中(包括动、植物乃至细菌),并且具有重要的作用。氨肽酶探针的设计,主要是在荧光团的氨基处通过酰胺化反应引入相应的氨基酸(片段),使得荧光团的荧光猝灭,从而得到氨肽酶探针;探针与氨肽酶发生水解反应,切断形成的酰胺键,释放荧光团并产生荧光,实现对氨肽酶的检测(见图 3-8)。人们将这类探针所处的状态叫关闭(off)状态,而将释放的荧光团所处的状态叫打开(on)状态,因此这类探针又称 off-on 型探针,但也存在非 off-on 型的氨肽酶(甚至是蛋白酶)探针。

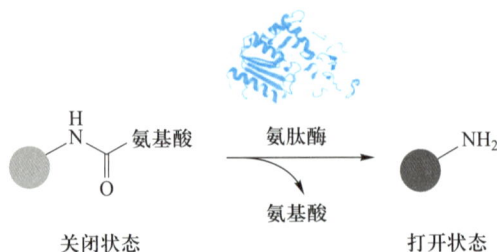

图 3-8 典型的 off-on 型氨肽酶探针的检测原理

亮氨酸氨肽酶(leucine aminopeptidase, LAP)是比较典型的一类氨肽酶,在体内分布较广且具有多种生理学功能[30-37]。亮氨酸氨肽酶可特异性切割蛋白质(多肽链)的 N 末端与亮氨酸之间相连的肽键,因此,其光学探针大多以亮氨酸作识别基团,并与不同的荧光体连接而构筑[38,43,98,99]。早期的这些探针能较好地检测亮氨酸氨肽酶,但也存在一些问题:荧光团本身具有不稳定性,荧光可受 pH 影响或发生光漂白;灵敏度相对较低[98-101]。这些问题可能会限制探针的进一步应用,如细胞成像等。基于此,后期的研究者们开发了一系列具有良好性能的亮氨酸氨肽酶荧光探针。龚秋雨等利用甲酚紫作为荧光团,发展了一种具有长波长、高灵敏度的亮氨酸氨肽酶荧光探针[102],该探针发射波长为 625 nm,检测限达到了 0.42 ng/mL。探针可用于检测肝微粒体中亮氨酸氨肽酶的微小变化,并用于细胞成像,并且揭示了亮氨酸氨肽酶可能对癌细胞的固有抗药性具有一定的贡献。在上述工作的基础上,贺新元等进一步以半菁作为荧光团,发展了一种近红外亮氨酸氨肽酶荧光探针[103]。该探针对亮氨酸氨肽酶具有良好的线性关系,可用于区分亮氨酸氨肽酶低表达的正常细胞和高表达的癌细胞,并且在乙酰氨基酚作用下,可对小鼠肝的内源性亮氨酸胺肽酶进行成像。该探针是第一个用于检测小鼠体内亮氨酸氨肽酶的近红外荧光探针,为后续更多亮氨酸氨肽酶探针的发展提供了重要的借鉴。此外,国内外研究者还发展了一系列亮氨酸氨肽酶荧光探针[104-106],这些探针可用于体外亮氨酸氨肽酶的超灵敏检测,有的尚可实现细胞、斑马鱼及小鼠的内源性亮氨酸氨肽酶成像。综上所述,亮氨酸氨肽酶荧光探针的发展遵循从单一的荧光检测/细胞成像方式到多模态检测/活体成像方式及前药开发的规律,不仅丰富了亮氨酸氨肽酶的检测/成像模式,而且对其他氨肽酶甚至蛋白酶荧光探针的开发提供了很好的示范作用。未来亮氨酸氨肽酶荧光探针的发展应尽可能满足生物及临床应用的需求,如发展结构更稳定、抗干扰性更强、信噪比更高的荧光探针是今后的主要研究方向之一。

半胱天冬酶(caspases)是一类在进化中非常保守的蛋白酶,在生物体的许多生理活动(如细胞凋亡、炎症、细胞分化等)中起到重要的作用[107,108]。半胱天冬酶有许多亚型,最常见的有 caspase-2、caspase-3 和 caspase-7 等。由于半胱天冬酶底物的多样性与重要性,国内外研究者已发展了大量的荧光探针,并用于半胱天冬酶的检测与成像分析[109,110]。饶江红等发展了一种基于分子内正交反应的探针,用于体内外 caspase-3/7 的检测与成像分析。探针与 caspase-3/7 反应后,分子内发生点击化学反应(Click chemistry),并可发生自组装,形成可发光的荧光纳米结构。该探针可用于细胞或体内 caspase-3/7 的精确成像定位分析及细胞凋亡监测。此外,由于生物发光探针的独特优势,发展此类探针亦十分重要。Wood 等曾报道了生物发光探针[11]。该探针与 caspase-3 具有较好的亲和性,可用于其抑制剂的筛选工作,为后期该类探针的发展提供了借鉴。

基质金属蛋白酶(matrix metalloproteinases,MMPs)是一个大家族,因为在作用过程中需要 $Ca^{2+}$、$Zn^{2+}$ 等金属离子的辅助而得名,其家族成员具有相似的结构,酶催化活性区具有高度保守性。迄今,基质金属蛋白酶家族已分离鉴别出 26 个成员,编号分别为 MMP-1~MMP-26。基质金属蛋白酶之间有一定的底物特异性,但并不绝对。基质金属蛋白酶能降解细胞外基质中的各种蛋白成分,在组织重塑过程中具有重要作用。近年来,基质金属蛋白酶还被认为在肿瘤侵袭、浸润转移中扮演着一定角色。因此,荧光方法区分检测

MMPs 具有极大的意义。Lee(李)等开发了一种用于检测血浆与中性粒细胞中 MMP-3 的荧光探针[112]。该探针可用于类风湿性关节炎的预测,具有临床应用前景。

### 3.3.2.2 核酸类有机荧光探针

核酸的性质比较特殊,相比于蛋白酶及其他生物大分子,它本身并没有催化活性或者明显的反应活性(少部分 RNA 除外)。因此,基于分子活性设计的有机小分子荧光探针并不适用于核酸的检测。目前,主要是根据核酸的结构特点及核苷酸序列来发展基于分子间弱相互作用(氢键、静电、配位等)的核酸荧光探针,并用于不同生物样品分析。根据其设计思路的不同,大致可以分为阳离子染料、有机碱染料、金属配合物和核酸荧光探针等。

阳离子染料的主要特点是呈电正性,而核酸是阴离子聚电解质,因此染料会在静电力作用下迅速向核酸分子靠近,并在核酸分子表面"富集"。然后,当染料进入核酸分子内部并进一步与其相互作用,就会被捕获并产生相应的荧光变化,这就是人们对核酸分子进行检测、分析的根本依据。一方面,磷酸分子包裹在核酸分子表面,形成了保护层,是染料与核酸分子相互作用所需突破的第一层堡垒;另一方面,可以通过引入氮正离子的方式方便获得各类阳离子染料,因此,设计基于静电力相互作用的阳离子染料用于核酸的检测具有简单、易行的特点。前面已经介绍过,溴化乙锭可通过静电相互作用与 DNA 结合。作为一种含六元环的阳离子荧光染料,溴化乙锭在 1966 年由 Peco 和 Paoletti 首次报道[113],其发光波长为 590 nm。虽然在这之前,已经有文章报道过 DNA 的荧光检测方法,但均是基于脱氧核糖[114]、胸腺嘧啶[115]的衍生化产物的荧光性质而进行的,且操作复杂。因此,溴化乙锭是第一种 DNA 特异性荧光探针,其自身荧光很弱,在加入 DNA 后体系荧光明显增强,产生荧光打开信号,从而可用于 DNA 的灵敏检测,检测限为 0.01 μg/mL。而且,溴化乙锭在 DNA 检测中还表现出良好的抗干扰能力,不受盐和其他生物物质的干扰。此外,溴化乙锭也是第一种能用于 RNA 检测的荧光探针,只是在相同条件下检测 DNA 的工作曲线斜率是 RNA 的 2.5 倍,这可能是由于 DNA 分子的双链结构能更好地与溴化乙锭结合。总之,溴化乙锭开启了核酸荧光探针设计的先河,对于后续的研究具有重要的指导意义。不过由于溴化乙锭毒性大,很大程度上也限制了其应用范围。关于核酸检测的阳离子染料的报道还有很多,如含有六元环阳离子的尼罗蓝[116]和吖啶橙[117],含有五元环阳离子的染料[118,119],以及含有季铵盐阳离子的染料等[120]。这些探针合成方便,且在核酸分子检测中性能良好,因此备受欢迎。但美中不足的是,大多数阳离子染料的吸附性一般比较强,容易与蛋白质等生物大分子相互作用而产生干扰。

有机碱染料利用其碱性基团与含氮碱基在结构、性质上的相似性,促进分子间的相互作用,特别是分子间氢键的形成,从而让染料与核酸分子之间能紧密结合。同时,这些有机碱染料又很容易发生质子化,与阳离子染料性质相似,即通过静电相互作用突破核酸分子的磷酸保护层,获得与核酸分子近距离接触的机会。简而言之,有机碱染料的设计兼顾了"富集"和"捕获"两个过程,在双重作用机制的调控下,这些染料作为荧光探针在核酸检测中有许多优异的性能。

根据结构的不同,碱性小分子可以分为嘌呤、咪唑、哌嗪、偶氮、吡啶、脒、胺等。目前,已报道的核酸荧光探针通常会含有多个碱性小分子基团,一方面,这样有利于染料在生理条件下的质子化,从而产生足够强的静电作用力以推动染料在核酸分子周围快速富集;另一方面,还可以增强染料与核酸分子间的结合力,以形成更多、更复杂的氢键网络,从而提高捕获效率。Hochest 33258 是一种含有两个咪唑和一个哌嗪基团的有机碱染料,Cesarone 等在 1979 年详细研究了其在核酸检测中的应用[121]。Hochest 33258 具有较强的碱性,中性条件下极易质子化,所以检测中使用的是其三盐酸化合物。当 Hochest 33258 与 DNA 混合后,溶液中会出现明显的荧光增强现象,而与 RNA 混合后则溶液荧光几乎不变,说明 Hochest 33258 不受 RNA 的干扰,从而实现对 DNA 的选择性检测。研究表明,这是由于 Hochest 33258 与 DNA 的作用位点是 A-T 碱基对,而 A-T 碱基对为 DNA 分子所特有[122],这就为开发 DNA 和 RNA 区分检测的荧光探针提供了思路。此外,该探针还具有良好的选择性和较高的灵敏度,可以不受多种无机盐、表面活性剂或蛋白质的干扰,实现对 DNA 的灵敏检测。目前,已经发展了一系列 Hochest 商用染料(见图 3-9),如 Hochest 33342、Hochest 34580 等,它们被广泛应用于 DNA 检测及细胞核染色中,展现了很好的应用前景。相对于阳离子染料,有机碱染料的吸附性有所降低,蛋白质等生物大分

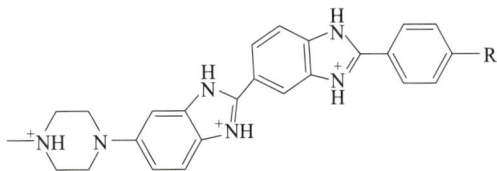

Hochest 33258：R = OH
Hochest 33342：R = —CH₂CH₃
Hochest 34580：R = —N(CH₃)₂

**图 3-9 Hochest 染料的化学结构**

子的干扰作用明显减弱;同时,分子间氢键的形成提高了染料与核酸复合物的稳定性,也提高了体系的灵敏度。

金属配合物体系比较复杂,一般需要过渡金属离子参与配合物的形成,所以也被称为过渡金属配合物。简单来说,检测体系由过渡金属离子和对应的小分子化合物按照特定的比例组成。在加入核酸分子后,三者之间相互作用并最终形成稳定的配合物,从而引起光信号的改变,达到核酸分子检测的目的。慈云祥等在 1991 年报道,邻二氮杂菲与铽离子($Tb^{3+}$)形成 2:1 的配合物体系[123]。当加入核酸分子后,溶液中会观察到明显的荧光增强现象,其荧光发射峰在 492 nm 处。该体系可用于 DNA 或 RNA 检测,灵敏度较高,检测限可达微克每毫升量级。然而,由于过渡金属离子的配位作用容易受到 pH 的影响,也使得该体系的应用范围受限。另一个过渡金属配合物体系由四环素和铕离子($Eu^{3+}$)构成[124],其中,铕离子($Eu^{3+}$)与四环素的摩尔比为 1:2。在加入核酸分子后,溶液中观察到明显的荧光打开信号,其荧光发射峰在 615 nm。该体系的灵敏度较高,对于 DNA 的检测限低至 0.01 μg/mL,具有良好的应用前景。然而,该体系同样容易受到溶液 pH 的影响,只能在偏碱性条件下(pH 8.0~9.7)使用。但有趣的是,该体系能用于 DNA 的选择性检测而不受 RNA 的干扰,这在过渡金属配合物体系中是非常少见的,深入研究其机理可能为设计 DNA 和 RNA 的区分检测探针提供思路。

核酸荧光探针是指核酸分子本身参与构建的荧光探针。碱基互补配对原则反映了不同碱基之间作用力的强弱,因此单链核酸分子与其互补的核酸分子链之间存在很强的结合力,可以选择性结合并形成非常稳定的双链结构。然而,当两条单链分子之间出现错误配对时,就会由于空间位置不匹配而产生位阻,并影响到分子间的氢键网络,从而使形成的双链结构的稳定性大大降低。所以,一部分核酸荧光探针就是利用单链核酸分子与其互补核酸分子链之间的特异性相互作用,实现对含特定碱基序列的单链核酸分子的高特异性、高灵敏检测。

也有一些特殊的情况,如质子化的胞嘧啶碱基(C)能和 G-C 碱基对中的鸟嘌呤碱基(G)配对形成氢键,胸腺嘧啶(T)能和 A-T 对的腺嘌呤碱基(A)配对形成氢键,这就是 Hoogsteen 氢键。它是单链 DNA 能与双链 DNA 相互作用,并形成三链 DNA 结构的主要原因。通常,当单链 DNA 和双链 DNA 在某一段碱基序列上都满足形成 Hoogsteen 氢键的条件时,其间就会形成稳定的三链 DNA 结构。因此,也可以利用这一特殊的现象,对一些含特定碱基序列的核酸分子进行检测。当然,除了含特定碱基序列的核酸分子,合适的荧光响应机制对于核酸荧光探针而言也同样重要。目前,常用的策略是在核酸分子的两端分别修饰荧光分子和猝灭材料。由于核酸分子在结合互补的靶标核酸分子后会发生扭曲或解吸附等现象,从而引起荧光分子与猝灭材料之间距离的改变,进一步影响到荧光分子与荧光猝灭材料之间的荧光共振能量转移(fluorescence resonance energy transfer,FRET)过程,并最终导致体系荧光信号的改变。

基于金纳米粒子的核酸荧光探针也用于微小核糖核酸(microRNA,miRNA)的检测[125]。例如,靶标核酸分子是miR-122,碱基序列为5′-UGG AGU GUG ACA AUG GUG UUU GU-3′;探针DNA的碱基序列为5′-GCT CGA <u>CAA ACA CCA TTG TCA CAC TCC</u> ACG AGC T10-3′,其中,下划线标出的部分是miR-122的互补链。通过在探针DNA的3′-端修饰含巯基的直链烷基,将其与金纳米粒子(荧光猝灭材料)相连;同时在探针DNA的5′-端修饰上异硫氰酸荧光素(FITC),就得到了核酸探针分子(见图3-10)。由于探针DNA分子中碱基序列为GACAA的片段能与碱基序列为TTGTC的片段在折叠后发生互补配对,从而使探针中核酸分子的头尾相接。因此,金纳米粒子靠近异硫氰酸荧光素分子并能有效地猝灭其荧光信号,使溶液荧光较弱。而加入miR-122分子后,由于miR-122能更有效地与探针DNA发生碱基互补配对,从而迫使探针DNA打开成直链,并与miR-122结合形成新的双链结构。此时,由于异硫氰酸荧光素与金纳米粒子之间的距离变大,荧光共振能量转移过程受阻,体系的荧光信号打开。实验结果表明,该体系对miR-122表现出很高的选择性,当miR-122的一个碱基被替换掉时,体系的荧光值就下降了60%以上,而随着被替换的碱基数目的增多(2~3个),体系的荧光会进一步被抑制,甚至消失。此外,该检测体系灵敏度高,对miR-122的检测限可降低至$0.01 \text{ pmol} \cdot \text{L}^{-1}$。

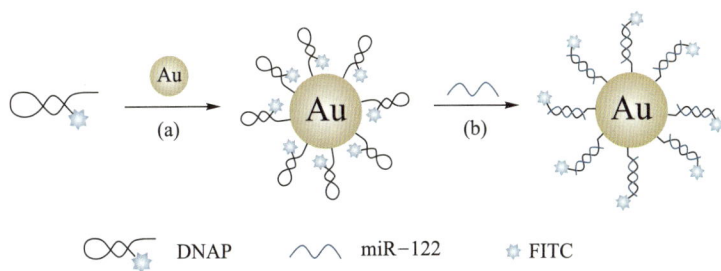

图3-10 基于金纳米粒子的核酸荧光探针用于 **miR-122** 检测示意图

📖 **延伸阅读**
——聚集诱导发光

在20世纪的光物理学研究中,聚集导致荧光猝灭(aggregation-caused

quenching 或 concentration quenching,ACQ)犹如悬挂在荧光材料之上的达摩克利斯之剑,这一时期的研究学者发现,大部分的有机生色团在高浓度或聚集态时都会发生荧光猝灭,而这一痼疾严重阻碍它们作为发光材料的实际应用。2001,唐本忠院士团队发现,1,2,3,4,5-五苯基噻咯在其单分散溶液中几乎没有荧光,而在聚集态时表现出强烈的荧光发射,该团队将这一反常现象命名为聚集诱导发光(aggregation-induced emission,AIE)。正是这一偶然发现为光物理领域打开了一扇亮窗,赋予了发光材料新的生命和活力。

在 AIE 发展的过程中,AIE 的机理被不断完善并逐渐形成了以分子内运动受限(restriction of intramolecular motion,RIM)为核心,其他机理为辅助的理论模型。同时,AIE 研究也衍生出诸多自成体系的新分支,如簇集发光(clusterization-triggered emission,CTE)、空间共轭(through-space conjugation,TSC),基于固态分子运动的光热和光声效应和聚集诱导产生活性氧物种(aggregation-induced generation of reactive oxygen species,AIG-ROS)等。而这些新领域的出现极大地加快了 AIE 研究向实际应用转化的步伐,尤其是在临床前的诊断和治疗方向具有巨大的应用前景。20 年的发展使 AIE 具有广泛的国际影响力,目前有超过 80 个国家的 1600 多个研究团队在从事 AIE 方向的研究。

# _3.4_
# 细胞器的检测

细胞是生物体结构和功能的基本单位,具有独立生命形式,并进行生命活动,而细胞器是细胞发挥功能不可或缺的部分[126,127]。真核细胞中存在各种细胞器,常见的有细胞膜、线粒体、溶酶体、内质网、高尔基体和细胞核。每个细胞器都通过独立或协同方式发挥各自的作用,维持着细胞的正常生理功能及生命活动。细胞内的各种化学反应是细胞生命活动的基础。细胞内的生物分子,如金属离子、阴离子、活性氧/活性氮、含硫生物小分子和生物大分子(如酶)等[128],通过信号通路或应激反应的方式参与细胞生理和病理过程[129]。生物分子在细胞内的生理作用不仅与浓度相关,而且与在细胞内的位置密切相关[126]。细胞内生物分子的异常分布可能会影响细胞的正常功能。例如,线粒体中的过氧化氢和一氧化氮作为信号分子,广泛参与生物体内各种信号转导过程[130,131],但溶酶体中产生的过量活性氧却会引发溶酶体功能障碍,导致细胞凋亡[132]。因此,在细胞内对不同细胞器中各种生物分子实现高时空分辨率的检测,有助于人类了解细胞基本功能,并促进相关疾病研究工作的开展。

以有机荧光染料为基础的生物分子标记和分子光学探针具有操作简便、重现性好等优点,可用于细胞内生物分子的原位、实时无损伤检测及其生化过程的追踪[133,134]。与目标物质(或环境因素)相互作用或发生反应后,荧光探针的光学性质会发生显著变化(如荧光强度、发射波长或寿命等),因此,可实现细胞内生物分子的可视化检测。然而,大部分荧光探针缺乏细胞器靶向功能,导致该类探针进入细胞后在细胞质中随机扩散,无法实现特定细胞器中生物分子(或细胞器微环境)的检测。而具有细胞器定位能力的荧光探针,可以弥补这一缺陷,实现相关分析物的精准检测,因而具有更好的应用前景[135,136]。理想的细胞器靶向荧光探针应具备以下特性:① 探针能快速跨过细胞膜和细胞器膜,靶向特定细胞器;② 探针在到达细胞器前具有化学惰性;③ 探针与目标物质(或环境因素)发生特异性相互作用或高效反应后停留在特定细胞器内,荧光信号发生显著变化;④ 探针不会损伤细胞器或影响其生物学功能,没有或只有很低的细胞毒性;⑤ 探针合成简单且化学性质稳定。然而,用于细胞器中生物分子(或细胞器微环境)分析的靶向荧光探针并不能完全满足上述所有要求。

目前,细胞器靶向光学探针的设计策略主要有两种:化学分子标记法和融合蛋白标签法。其中,化学分子标记法是设计细胞器靶向光学探针最常用的策略(见图3-11)。随着对细胞器的深入了解,一些化合物(细胞器靶向单元),如天然肽、合成肽及一些小分子化合物等(如线粒体靶向基团——三苯基磷盐)均具有细胞器定位能力[137,138]。研究者最早将这些小分子连接在药物分子上,发展了具有细胞器定位功能的药物分子,因此,细胞器靶向药物的开发也促进了靶向光学探针的发展[139]。化学分子标记靶向探针设计思路比较简单:将荧光探针与合适的细胞器靶向单元共价连接,靶向单元带动探针进入特定细胞器[140,141](见图3-8)。探针分子的性质,如亲脂性、亲水性、$pK_a$ 及电荷密度等,均为影响细胞渗透性和靶向能力的关键因素[142]。因此,设计细胞器靶向探针时必须综合考虑以上各种因素[143-145]。

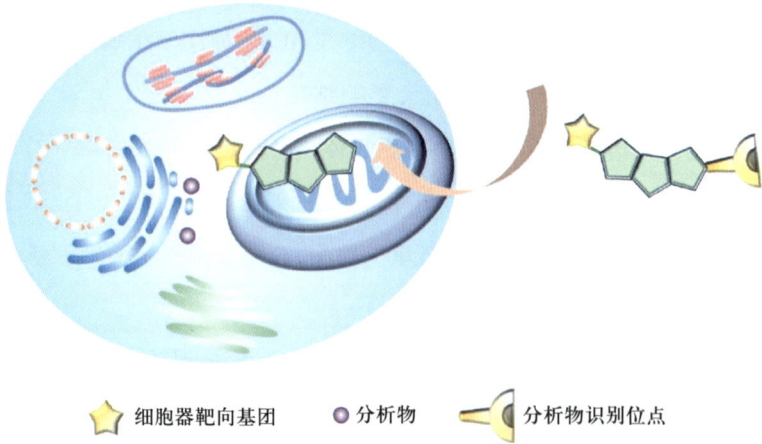

图 3-11 化学分子标记靶向探针设计思路

融合蛋白标签法也是设计细胞器靶向荧光探针常用的策略:第一步,通过基因工程将标签蛋白与特定细胞器中的目标蛋白融合表达;第二步,加入带有标签蛋白靶向单元的光学探针,使之与标签蛋白反应,从而选择性地将光学探针标记在目标细胞器内[146,147](见图 3-12)。融合蛋白标记技术主要包括 Snap-tag、Clip-tag、HaloTag、ACP-tag、PYP-tagP、TMP-tag 等蛋白标签。例如,Snap-tag 是 Johnson 课题组在 2003 年发展的一种融合蛋白标签技术[146,147],其基本原理是通过基因工程技术,将靶细胞器内的蛋白与 O6-烷基鸟嘌呤-DNA 烷基转移酶(hAGT)融合,再与带有苯甲基鸟嘌呤底物的光学探针反应并释放鸟嘌呤基,最终使探针通过共价键稳定在靶细胞器内。

图 3-12 融合蛋白标签法探针设计思路

## 3.4.1 细胞膜探针

细胞膜位于细胞外层,是将细胞内环境与外环境分开的双分子层,由外层亲水性的磷酸酯和内层亲脂性的脂肪酸链通过甘油连接构成。其主要成分为脂质和蛋白质。脂质主要包括磷脂、糖脂和胆固醇[148]。动物膜脂种类多达九种,膜蛋白种类则更多,根据不同功能分布在膜表面、嵌入膜内或跨膜两侧。通常膜表面蛋白与膜结合力较弱,嵌入或跨膜的蛋白则与膜的结合力较强。膜脂和膜蛋白都具有流动性。细胞膜的结构和性质为其行使生理功能提供了基础,除了为细胞器提供稳定环境,同时可以保证细胞与外部环境物质与信息交流。细胞膜上水溶性小分子和气体通过被动扩散维持细胞内、外环境平衡。营养物质和生物分子则通过各种跨膜通道和转运蛋白来运输并维持细胞活动。另外,膜上共价蛋白受体和酶,大多存在于脂筏中(高度糖基化的脂质和蛋白质微区),参与细胞信号传导和蛋白质转运。

基于细胞膜的脂质双分子层结构,细胞膜靶向探针的设计方法主要有两种:一是将膜靶向基团(常为亲脂性烷基链,例如脂肪酸、胆固醇等)通过连接体整合到荧光探针中,使其具有较好的脂溶性。目前利用该方法设计出了多种膜靶向探针,商业化的细胞膜定位试剂 DiI 和 DiO 是亲脂性膜染料,可与磷脂双层膜结合靶向细胞膜。二是利用细胞膜上特定组分(如受体)作为探针设计靶标[149]。该类探针特异性结合细胞膜上组分,从而靶向于细胞膜。

设计膜靶向的荧光探针时,研究者开展了一系列工作。细胞中与生命相关的金属离子($Ca^{2+}$、$Zn^{2+}$、$K^+$ 和 $Mg^{2+}$)通过自由扩散或跨膜通道出入细胞,作为信号元件或酶辅因子发挥作用。例如,$Ca^{2+}$ 浓度变化可作为许多细胞过程的信号,有研究表明,细胞膜附近的 $Ca^{2+}$ 浓度高于细胞质基质。因此,开发膜靶向探针监测质膜附近的 $Ca^{2+}$ 含量波动具有重要意义。20 世纪 90 年代初,研究者将亲脂性烷基链与 $Ca^{2+}$ 探针连接,开发了一系列膜靶向 $Ca^{2+}$ 荧光探针[150]。除此之外,胆固醇也可作为细胞膜靶向基团。例如,Taki 等将胆固醇通过三聚乙二醇链与 $Zn^{2+}$ 探针共价结合,设计了基于荧光素平台的胆固醇缀合的 $Zn^{2+}$ 荧光探针[151]。由于从 $Zn^{2+}$ 螯合部位到荧光素的光诱导电子转移作用,自由探针基本上无荧光,当探针与 $Zn^{2+}$ 螯合,光诱导电子转移过程受到抑制,探针荧光显著增强。此外,由于锌螯合部位的高度亲水性,该探针主要定位在细胞膜,可用于可视化监测细胞内的 $Zn^{2+}$ 摄入及细胞内 $Zn^{2+}$ 释放等过程。

在针对细胞膜上特定组分(如受体)作为探针设计靶标方面,研究者利用可切换的双光子膜组合示踪剂,可以实现对膜相关受体型蛋白酪氨酸磷酸酶(receptor-type protein tyrosine phosphatase,RPTP)活性的成像[152]。受体型蛋白酪氨酸磷酸酶负责维持细胞膜附近大多数蛋白质的磷酸酶活性,其失调与多种疾病相关。该组合示踪剂由两种化合物构成,其中一种化合物 A 中的季铵盐基团可以特异性地靶向细胞膜并发出强的双光子荧光,而另一种化合物 B 的结构中包含荧光猝灭基团和光控保护基团。当将化合物 B 加入化合物 A 染色的细胞中时,化合物 B 中的磷酸盐与化合物 A 中的季铵盐发生静电相互作用,从而导致化合物 A 的荧光通过荧光共振能量转移效应猝灭。当用紫外光照射细胞时,2-硝基苄基保护基团脱去,暴露出的磷酸部分进一步被受体型蛋白酪氨酸磷酸酶水解,从而使化合物 A 与猝灭剂分开,荧光恢复。这种组合式的荧光共振能量转移体系能够在无物理分离质膜的情况下,成功量化各种哺乳动物细胞中内源性受体型蛋白酪氨酸磷酸酶活性水平。但该组合示踪剂对其他内源性非蛋白酪氨酸磷酸酶(protein tyrosine phosphatase,PTP)的选择性有待改善。

虽然目前已有一系列针对细胞膜的光学探针,但细胞膜靶向探针的设计与应用仍需要考虑以下问题:一是探针的扩散。许多膜靶向探针由于水溶性的限制,随着反应时间延长,会扩散到细胞内,产生信号误差影响实验结果,无法满足长时间成像。因此,探针的烃链长度水溶性就显得尤为重要。二是探针与细胞膜的关键要素(如蛋白通道、酶和脂筏活动)的相互作用,尚未进行充分研究。三是大多数报道的膜探针靶向在脂质双分子层内,导致荧光团局部累积,影响其光学性质,因此可以设计比率型荧光探针进行校准。此外,仍需进一步提高探针的吸收与发射波长,减少膜内生物大分子的自发荧光干扰。

## 3.4.2 线粒体探针

线粒体呈粒状或杆状,直径为 $0.5 \sim 1.0 \ \mu m$,长为 $1.5 \sim 3.0 \ \mu m$。线粒体的主要功能是进行能量转化,为糖类、脂肪和氨基酸的最终氧化释放能量提供场所调控细胞增殖与细胞代谢。在不同的真核细胞中,线粒体的形态和数目存在差异。真核细胞中线粒体的数量及分布是由需求的能量决定的。同一细胞中,线粒体在细胞质中沿着微管向功能旺盛、能量需求量高的部位移动,从而满足细胞的能量需求。

线粒体是一种具有双膜结构的细胞器(见图 3-13),根据物质和功能的不同,可以将线粒体分为四个部分:外膜、膜间隙、内膜和基质[153]。外膜将线粒体与细胞基质隔离开来,是一种通透性较高的膜结构,表面具有孔蛋白,开放时可以允许小于 6 kDa 的分子通过,使得细胞质和线粒体之间可以快速进行化学交换[154]。内膜向内侧弯曲成嵴,是一种通透性极低的膜结构,限制了分子和离子的透过,膜上富含多种蛋白质,包括载体蛋白、氧化还原酶、电子转移酶和合成生物分子的合成酶。两层通透性不同的膜将线粒体内环境分为膜间隙和基质。其中,膜间隙位于两层膜之间,具有与细胞质相似的化学环境,其特征酶是腺苷酸激酶。基质位于内膜内,具有一定的渗透压,是线粒体完成大部分功能的场所,其特征酶是苹果酸脱氢酶。作为真核细胞内关键细胞器,线粒体内的各种活性物质,如金属离子($Ca^{2+}$、$Fe^{2+/3+}$、$Zn^{2+}$、$Cu^+$)、活性氧/活性氮/活性硫等,参与细胞代谢、信号转导和凋亡等重要生物过程[155]。研究表明,线粒体内活性物质的浓度和时空分布与细胞乃至生物体的功能密切相关,精确检测线粒体内活性物质有助于理解细胞和生物体生命活动规律以及活性物质与疾病之间的关系。

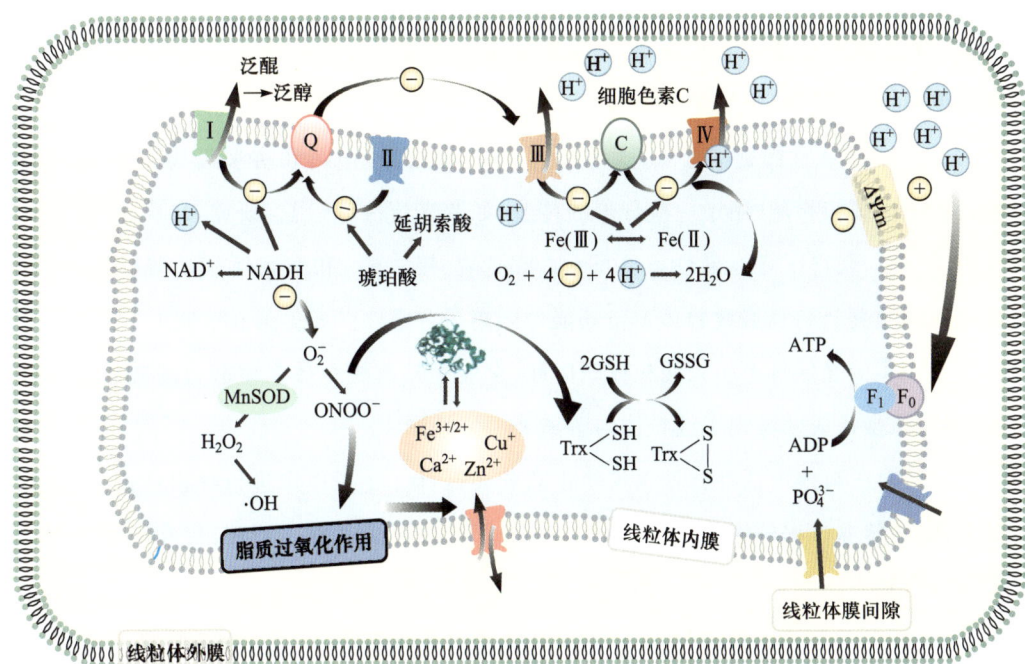

图 3-13 线粒体构成及线粒体内发生的一些生化反应过程

线粒体靶向荧光探针的设计思路主要包括三个方面。

一是针对线粒体较大的跨膜电位,利用亲脂性阳离子设计线粒体靶向探针。由于质子泵的作用,线粒体基质内会产生 180~200 mV 的强负膜电位。基于这一特性,亲脂性的阳离子能够快速穿过线粒体膜,在线粒体基质内以高于 10∶1 的比例积累[156]。因此许多带有正电荷的亲脂性染料对线粒体都具有很强的靶向性,如商品化荧光染料 Mito-Tracker 系列(罗丹明和花菁衍生物)。根据这一特点,在设计线粒体靶向荧光探针时,可以选用具备上述特征的荧光染料作为探针荧光团部分。除一些自身带正电荷的亲脂性荧光染料外,大多数荧光染料(如荧光素、香豆素等)都是中性甚至带负电荷的荧光染料。这些荧光染料具有良好的光物理性质,但不能选择性地靶向线粒体,在线粒体靶向探针的设计中受到限制。在这些探针的合适位置修饰亲脂性阳离子定位基团(带正电荷),不仅能改善探针的水溶性和膜通透性,也能使探针准确定位到线粒体中[157,158]。三苯基膦盐(triphenyl phosphine,TPP)、季铵盐和 MKT‐077 衍生物均为高效的线粒体定位基团[136,159]。其中,三苯基膦盐是一种大分子的有机阳离子盐,由一个磷原子连接 3 个亲脂性的苯基构成,磷原子带正电荷,可以快速穿过线粒体膜,在线粒体基质中发生数百倍的富集。最初,三苯基膦盐用于线粒体药物输送,由于易于与线粒体结合且适用性强,因此成为线粒体靶向荧光探针中最常用的定位基团。

二是利用线粒体蛋白导入机制,采用靶向肽进行线粒体探针设计。另一种用于设计线粒体靶向探针的策略是线粒体蛋白导入机制。典型的线粒体靶向蛋白是 N 端有 20~40 个氨基酸的两亲性螺旋信号肽,这些肽中含有大量的正电荷和疏水残基,可以特异性识别线粒体内膜转移酶,用于一些分子的传递,如荧光蛋白等[160]。研究者进一步对长链多肽进行分解,获得了含有碱性氨基酸(如精氨酸、赖氨酸)和亲脂性氨基酸(如苯丙氨酸、环己氨酸)并具有良好线粒体定位功能的阳离子合成肽。如美国麻省理工学院的 Lippard 等在 $Zn^{2+}$ 荧光探针上引入线粒体靶向肽,发展了具有线粒体定位能力的 $Zn^{2+}$ 荧光探针,并利用该探针成功实现了线粒体内游离 $Zn^{2+}$ 的检测[161]。

三是针对线粒体中活性物种含量变化的荧光探针。线粒体中进行呼吸作用,大多数情况下,电子传递过程精密准确,但仍会发生电子泄漏现象。由于泄漏,氧和电子作用产生超氧自由基[162],继而会产生一系列的活性氧、活性氮和活性硫等。这些活性物质导致脂质过氧化,阻断分子通路,刺激凋亡蛋白酶激活因子的释放,从而导致细胞凋亡,因此检测线粒体中活性物种的含量变化对研究线粒体功能具有重要意义。例如,2017 年,研究者成功实研制了可被线粒体中过氧亚硝基阴离子($ONOO^-$,peroxynitrite anion)选择性降解的比率型荧光探针,在此基础上,引入对 $ONOO^-$ 稳定的染料作为能量供体,可开发出基于荧光共振能量转移的高选择性双光子 $ONOO^-$ 比率型荧光探针[163],避免了生物体内其他活性物质的干扰。该探针具有选择性好、灵敏度高、生物相容性好及线粒体靶向等优点。利用此探针,研究者不仅实现了细胞、组织水平的 ONOO⁻ 含量变化的检测,也成功实现了炎症损伤模型中 ONOO⁻ 含量微小变化的检测。

线粒体靶向荧光探针的设计与应用取得了很大进展,但仍存在许多挑战。首先,利用线粒体较大跨膜电位的特点已经发展了大量的线粒体靶向荧光探针,但这种设计方法也存在很多问题:线粒体膜电位的变化可能导致亲脂性阳离子探针从线粒体中逃逸;经典的线粒体定位基团三苯基膦盐等的引入导致探针结构复杂、分子量增大,并且线粒体中阳离子的大量富集也可能进一步影响膜电位(线粒体膜电位去极化),进而影响线粒体功能;季铵盐等线粒体定位基团容易与线粒体中带负电荷物质发生作用,影响探针性能和线粒体功能。其次,线粒体内大部分活性物质的浓度都非常低(纳摩尔级以下),线粒体靶向探针的灵敏度需要进一步改善;线粒体内分析物随时间动态变化,但目前的大部分探针都是测量线粒体内相关物质的累积浓度,发展靶向探针并实现线粒体内分析物的可逆动态监测仍然是难点问题。另外,大多数报道中,线粒体靶向荧光探针都基于荧光强度的变化,这类探针会受到很多因素的干扰,成像中所获信号可能并非真实信号。因此,如何确保这些信号的准确性值得研究者思考。

# 3.4.3 溶酶体探针

溶酶体具有由单层膜包被的囊状结构,直径为 $0.2 \sim 0.8~\mu m$,内含 60 余种水解酶,其中酸性磷酸酶(acid phosphatase, ACP)是溶酶体的常用标志酶,最适 pH 为 5.0 左右。溶酶体膜与其他生物膜不同:① 膜上质子泵利用 ATP 水解释放的能量将 $H^+$ 泵入溶酶体内,使溶酶体中 $H^+$ 浓度高于细胞质中浓度 100 倍以上来形成和维持溶酶体的酸性内环境;② 含多种载体蛋白用于各种水解产物向外转运;③ 膜蛋白高度糖基化,可防止自身膜蛋白的降解,以保持溶酶体稳定。溶酶体作为细胞内的"消化器官",参与细胞一系列代谢和生物活动。

溶酶体内的各类生物活性分子(如 $H^+$、金属离子等)参与多种生化反应,其浓度与分布影响细胞的各种生理过程。因此,对溶酶体内生物活性分子进行研究,有助于深入了解溶酶体相关生命活动,并改善溶酶体相关疾病的诊断与治疗。溶酶体靶向荧光探针的设计方法主要是基于溶酶体中独特的 pH。一般的溶酶体靶向探针都具有弱碱性基团,即亲脂胺,如最常见的吗啡啉基团、二甲氨基基团。当溶酶体靶向探针进入溶酶体,探针中的胺基被质子化,带正电荷的光学探针由于无法穿过溶酶体膜而被束缚在溶酶体中,从而达到靶向溶酶体的目的[164]。例如,商业化的 Lyso-Tracker 系列就是基于二甲氨基基团实现溶酶体定位(见图 3-14)。在光学探针的合适位置,通过共价连接溶酶体靶向单元(弱碱性基团或其他酸性细胞器锚定剂)是设计溶酶体靶向探针最常用的方法。当探针中的识别单元与目标分析物之间发生特异性反应,会导致信号单元(荧光团)产生相应的光学信号变化,从而实现目标分析物的选择性检测。事实上,大多数溶酶体靶向探针都是"AND"逻辑门探针,这些探针仅在质子(H$^+$)和目标分析物共存时才发出荧光信号变化。

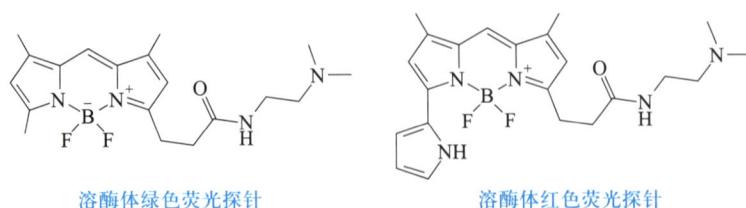

溶酶体绿色荧光探针　　　　　　　溶酶体红色荧光探针

**图 3-14　溶酶体定位试剂 Lyso-Tracker 的结构**

溶酶体 pH 是维持溶酶体正常消化功能的重要参数,大多数溶酶体酶只有在酸性条件下才能正常工作,各种原因导致的溶酶体 pH 改变可能会影响溶酶体蛋白酶的多种生理过程,进而影响细胞的正常功能[165]。因此,实时监测溶酶体 pH 的变化有重要意义。2014 年,马会民等报道了一例基于氧杂蒽的近红外比率型 pH 荧光探针[166],该探针以典型的吗啡啉基团为溶酶体靶向基团。随着 pH 升高,该探针分子上的酚羟基发生去质子化反应,分子内电荷转移(intramolecular charge transfer,ICT)效应增强,从而使得其发射波长延长,同时荧光增强。当细胞中 pH 为 4~6 时,探针具有良好的溶酶体靶向能力及对 pH 的比率线性关系。

溶酶体参与金属代谢的各个方面,同时金属也参与溶酶体酶的传递和激活。在生物系统中,锌(Ⅱ)金属硫蛋白是维持细胞内锌(Ⅱ)稳态的主要细胞质蛋白。在氧化应激过程中,过氧化氢的快速进入会使锌(Ⅱ)金属硫蛋白中的半胱氨酸残基氧化为二硫化物,继而释放锌(Ⅱ),迅速聚积在溶酶体中,改变溶酶体膜的渗透性[167]。因此,监测溶酶体内锌离子水平有助于了解溶酶体病理过程。2016 年,Kyo Han Ahn(京汉安)等[168]在萘酰亚胺上引入溶酶体靶向单元吗啡啉和锌(Ⅱ)识别单元 N,N-二(2-吡啶基)乙二胺,构建了一种基于光诱导电子转移机理的溶酶体靶向锌(Ⅱ)荧光探针。该探针与锌(Ⅱ)在

pH 7.4左右结合后荧光依然很低,但在质子(pH 4.5~5.5)和锌(Ⅱ)共同存在下荧光显著增强。研究者利用该探针成功实现了活细胞溶酶体内锌(Ⅱ)的可视化检测。

虽然在溶酶体靶向荧光探针设计与开发方面,研究者已取得了一些进展和突破,但仍存在如下挑战:首先,大多数报道的溶酶体靶向荧光探针是基于亲脂碱性靶向基团定位溶酶体。然而长期的细胞培养中,这些分子会引起溶酶体pH升高,导致细胞凋亡。其次,基于亲脂碱性靶向基团发展的溶酶体靶向荧光探针的定位是相对性的,而不是特异性的。由于该溶酶体探针分子也可以与其他酸性细胞器作用,因此,该探针仍难以区分其他酸性环境的细胞器或亚细胞器(如核内体等)。此外,以往的研究表明,溶酶体中大量的水解酶容易降解荧光探针,导致假性信号产生。另外,目前大多数报道的检测金属离子的溶酶体靶向荧光探针都是基于光诱导电子转移机理,虽然这是一种成熟且实用的方法,但光诱导电子转移探针中的识别基团也可与溶酶体中质子作用,产生背景荧光,导致假阳性信号。

## 3.4.4　细胞核探针

细胞核是高度专一化的亚细胞器,是细胞的信息处理和管理中心,由核膜、核纤层、染色质、核仁及核体等组成[169]。细胞核是遗传信息的储存场所,参与和细胞遗传及代谢密切相关的基因复制、转录和转录初级产物的加工过程。细胞核的核膜由含蛋白质和磷脂分子的双层膜组成,其上有大量的核孔,是生物大分子的通道。核纤层主要成分是核纤层蛋白,整体呈球形,是细胞核内层核膜下高电子密度的纤维蛋白壳层。染色质是遗传物质在细胞内的存在形式,主要成分是DNA和组蛋白。在细胞有丝分裂期,由染色质螺旋化后形成的短棒状小体结构为染色体,是细胞分裂期遗传物质存在的特定形式。核仁主要由蛋白质和RNA组成,占据细胞核的中心,产生核糖体,随后被运送到内质网进行蛋白质合成[170]。细胞内各种生命活动的进行都离不开细胞核。细胞核是细胞生命活动的调控枢纽,也是存储和控制遗传信息的中心。

细胞核靶向探针的设计方法主要是针对细胞核内含有大量负电荷的DNA,可与亲水性较好的阳离子荧光染料通过静电作用紧密结合,由此可得到许多细胞核靶向探针[171]。这些探针的结构一般含有疏水链短、较小尺寸的平面芳香阳离子,其lg$P$一般在0~4。这些性质使探针与蛋白质和脂类的结合能力较弱,从而能够快速进入细胞核,并与双链

DNA 相结合。常用的细胞核靶向荧光染料（Hoechst 和 DAPI 等）能在 AT 序列富集区域的小沟处与双链 DNA 选择性结合[172]。2014 年，研究人员报道了一种细胞核靶向荧光探针的通用设计策略——利用 DNA 小槽黏合剂双苯甲酰亚胺（Hoechst）作为细胞核靶向基团，通过在其羟基位置引入一条柔性长链与其他长波长荧光探针相结合，从而制备可发出不同荧光的细胞核靶向探针[173]（见图 3-15）。此外，富含精氨酸、赖氨酸等碱性氨基酸的"核蛋白定位信号"（nuclear localization signal，NLS）类短肽能与核孔复合物发生强相互作用，也能高效地将荧光探针等外源性物质导入细胞核[172]。

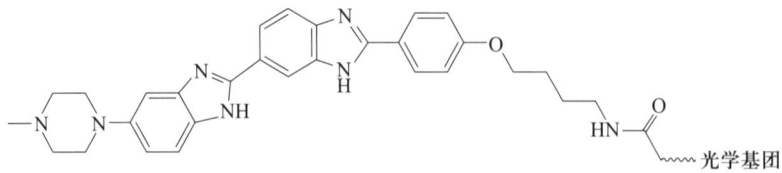

图 3-15　常用的细胞核靶向荧光探针设计策略

随后，研究者在细胞核靶向荧光探针 Hoechst 的基础上，将硅罗丹明与细胞核靶向试剂 Hoechst 通过柔性的碳链连接，开发了一种可用于活细胞内 DNA 超分辨成像的远红光荧光探针 11（SiR-Hoechst）[174]。SiR-Hoechst 须先结合 DNA 螺旋上的小沟才能诱导硅罗丹明开环，发出明亮的红色荧光，具有很好的信背比。与传统细胞核荧光探针相比，SiR-Hoechst 的激发和发射光谱均在远红光区域，可避免短波长激发光导致的光毒性及生物样品自发荧光干扰。利用该探针，研究者实现了活细胞中 DNA 的超高分辨率成像。另外，细胞核氧化应激产生的过量活性氧会引起 DNA 碱基的氧化修饰或单/双链断裂，其与衰老、癌症和神经退行性疾病等密切相关[175]。在此基础上，研究人员还开发了一系列针对细胞核内小分子物质（如过氧化氢等）的荧光探针[176,177]。

与其他细胞器靶向荧光探针相比，细胞核靶向荧光探针在细胞核内的选择性仍面临挑战。事实上，许多研究表明，细胞核靶向荧光探针结构的微小变化可能完全改变它们的选择性，导致其核靶向效果变差。实验和定量结构-活性（quantitative structure-activity relationship，QSAR）模型均得出，阳离子数、疏水链长短、平面芳香体系大小和分子维数都是影响分子探针靶向效果的重要因素[178]。因此，开发出良好的细胞核靶向荧光探针，需综合考虑上述问题。

综上，生物分子光学探针已成为监测生命体系中生物活性分子最有力的工具之一。在本章中，我们简要介绍了其发展历程、结构特征和设计思路，并分别介绍了其在生物小分子、生物大分子及细胞器中的成像及检测研究。目前的研究才仅仅迈开该领域的一小步，还有很多问题等待解决。未来，通过研究者的努力，会涌现更多更高性能的、针对生物体系的分子探针，为推动化学、生物学、医学等学科的蓬勃发展贡献力量。

## 📖 延伸阅读
### ——柔性传感器

　　传感器是现代智能生活的基础，手机、可穿戴装备、电动车、智能家居……几乎所有智能设备都离不开传感器。这其中有一种柔性传感器起着关键性的作用。柔性传感器是指采用柔性材料制成的传感器，具有良好的柔韧性、延展性、可自由弯曲甚至折叠，而且结构形式灵活多样，可根据测量条件的要求任意布置，能够非常方便地对测量物进行检测。柔性传感器种类较多，分类方式也多样化。按照用途分类，柔性传感器包括柔性压力传感器、柔性气体传感器、柔性湿度传感器、柔性温度传感器、柔性应变传感器、柔性磁阻抗传感器和柔性热流量传感器等。按照感知机理分类，柔性传感器包括柔性电阻式传感器、柔性电容式传感器、柔性压磁式传感器和柔性电感式传感器等。

　　柔性传感器的优势使其具有良好的应用前景，包括在医疗电子、环境监测和可穿戴装备等领域。例如，在环境监测领域，科学家将柔性传感器置于设备中，可监测台风和暴雨的等级；在可穿戴装备方面，柔性的电子产品更易于测试皮肤的相关参数，因为可与人的身体更加贴合。根据第三方市场研究机构 IDTechEx 预测，2018 年到 2028 年，全球柔性电子产品市场整体规模将达到千亿，预计年复合增长率达 20.4%，未来柔性传感器将有广阔的应用空间。

# 本章参考文献

## 习 题

1. 光学探针的结构通常包括哪三部分，分别发挥什么作用？

2. "猝灭型"和"打开型"光学探针的响应机制有什么区别？分别有什么优缺点？

3. 试列举三种生物小分子检测探针并介绍其优点。

4. 设计基于核酸的探针时，核酸的靶向性来源于哪两个方面？该类探针有哪些优势？

5. 理想的细胞器靶向荧光探针应具备哪些特性？

# 生物分子的
# 化学生物学

本章教学参考课件

# 4.1
# 核酸的化学生物学

## 4.1.1　核酸的化学修饰

核酸是生物体内重要的生物大分子,主要负责遗传信息的传递和表达。核酸又称多聚核苷酸,由戊糖、磷酸基团和碱基所组成。核酸中碱基分为嘧啶碱和嘌呤碱两类,常见的嘧啶碱有胞嘧啶(cytosine,缩写为 C)、尿嘧啶(uracil,缩写为 U)和胸腺嘧啶(thymine,缩写为 T);嘌呤碱有腺嘌呤(adenine,缩写为 A)和鸟嘌呤(guanine,缩写为 G)。根据所含戊糖种类的不同,核酸可以分为脱氧核糖核酸(deoxyribonucleic acid,DNA)和核糖核酸(ribonucleic acid,RNA)。DNA 通常为双链螺旋结构,含有 D-2-脱氧核糖,碱基包含 A、T、G、C 四种;RNA 通常为单链结构,含有 D-2-核糖,碱基包含 A、U、G、C 四种。

生物通过 DNA 复制可以将其储存的遗传信息传递给子代,而后通过转录形成 RNA,RNA 翻译成蛋白质,使遗传信息得到表达,从而承担机体的生命活动,这就是人们熟知的"中心法则"。

核酸是由核苷酸线性聚合而成的生物大分子,核酸中的核苷酸以磷酸二酯键彼此相连;核苷由戊糖和碱基缩合而成,糖和碱基之间以糖苷键相连接(见图 4-1)。所有这些糖苷键和磷酸酯键都能被酸、碱和酶水解。高温、强酸强碱、化学试剂等可以破坏维持核酸双螺旋结构的作用力,从而使核酸的构象和性质发生改变,称为核酸变性。在适当条件下变性核酸,两条分开的链彼此重新缔合,恢复为双螺旋结构,这个过程称为核酸复性。这些性质均为科学家进行核酸调控研究提供了思路和方法。

核酸的化学修饰是指在 DNA 或 RNA 分子上引入额外的化学基团,在不改变基因序列的前提下编码遗传信息和调控基因表达。有机化学的知识告诉我们,在对有机物进行化学修饰的时候,如苯环或杂环一类的 π 电子体系要比顽固的碳链更加"友好"。核酸中的含氮碱基承载关键遗传信息,为核酸化学修饰反应提供大量的优良位点,碱基上的修饰又反过来为核酸"扩大信息容量"提供了切实的路径[1]。常见的核酸化学修饰包括甲基

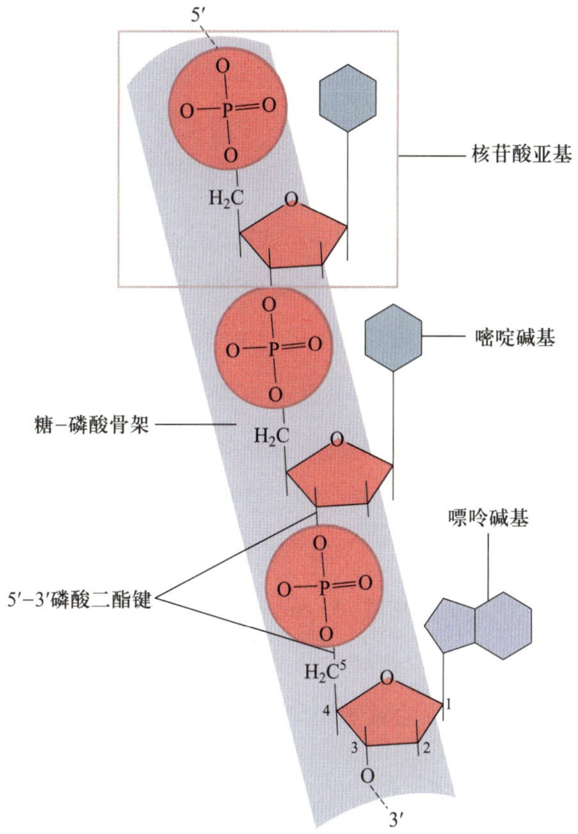

**图 4-1 多聚线形核苷酸的结构示意图**

(图源 Lewin's Genes Ⅻ Figure 1.9)

化、羟甲基化、磷酸化和糖基化等。它们发生在 DNA 或 RNA 不同的位置，形成不同的核酸化学修饰。以下介绍几种常见的 DNA 和 RNA 的化学修饰。

### 4.1.1.1 DNA 的化学修饰

甲基化修饰是核酸最主要的化学修饰之一，这在 DNA 中表现得更加明显。DNA 上发生的化学修饰主要是胞嘧啶的 5-甲基化（5-methylcytosine，5mC）[2]和腺嘌呤的 N6-甲基化（N6-methyladenine，6mA）[3]。

1. DNA 的 5mC 修饰

DNA 的 5mC 修饰作为哺乳动物细胞中最常见的核酸修饰，发生频率可达到约每百碱基一次[2]，并且可在众多基因的位点上广泛发生[4,5]。值得一提的是，5mC 发生的位置和其最终表现出的功能有着一定关联。通常来说 5mC 会使得相关基因的表达受到抑制[6-8]，这可能是通过干扰转录因子和相关基因之间的结合或是招募某些抑制因子来实现的[9-11]。但近期的研究表明,位于基因主体上的某些 5mC 反而可能促进基因的表达[12-14],而这可能是通过影响转录延伸过程,调节 RNA 剪接或者是影响核小体分布而实现的[15-17]。总而言之,5mC 可通过多种不同的通路调节相关基因的表达,并进一步在胚胎发育、代谢调节和许多疾病发展中扮演重要的角色[18]。

作为重要的表观遗传标志物,DNA 上的 5mC 水平受到许多蛋白质的严密调控(见图4-2)。5mC 的发生主要由一系列甲基转移酶(DNA methyltransferase,DNMT)完成,具体包括 DNMT1[4],DNMT3a/3b[19,20] 和共同作用的 DNMT3L[21]。与之相对,5mC 的去甲基化则是一个较为复杂的过程,而其中最为关键的步骤是由 TET(ten-eleven translocation)蛋白家族介导的甲基分级氧化。该家族三个成员 TET1/2/3 均具有双加氧酶活性,可将5mC 的取代甲基氧化为羟甲基或更高氧化态,从而产生羟甲基取代的 5-羟甲基胞嘧啶(5-hydroxymethylcytosine,5hmC)[22-24],醛基取代的 5-甲酰基胞嘧啶(5-formylcytosine,5fC)乃至于羧基取代的 5-羧基胞嘧啶(5-carboxylcytosine,5caC)[25-27]。当甲基处于醛基及更高氧化态时,整个胞嘧啶可以被胸腺嘧啶 DNA 糖基化酶(thymine DNA glycosylase,TDG)识别并切除,继而由细胞中的碱基切除修复(base excision repair,BER)机制将切除的胞嘧啶填补为正常的胞嘧啶[25,28]。

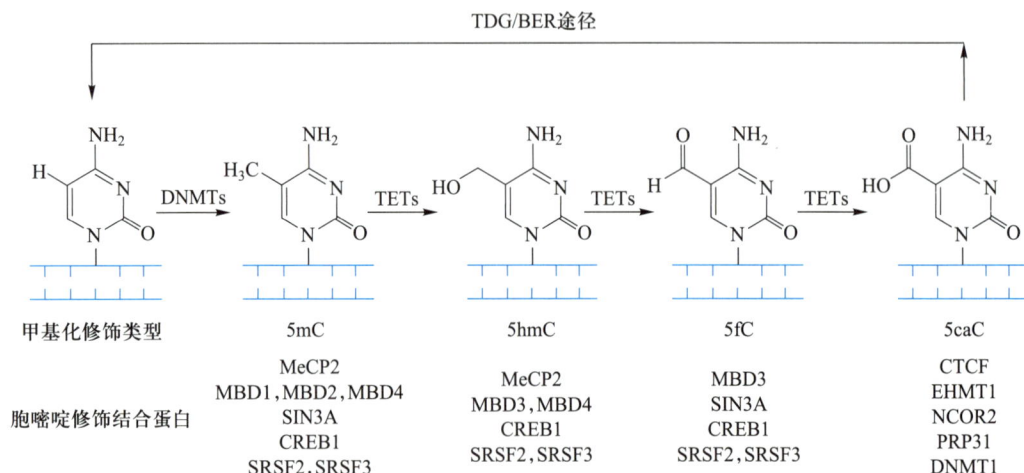

图 4-2 DNA 上 5 mC 甲基化的来源去向及胞内与其互作蛋白质概览[29]

2. DNA 的 6mA 修饰

6mA 是 DNA 中另一种主要的甲基化修饰。根据细胞的类型不同,6mA 和 5mC 之间发生频率和主要功能存在着巨大的差别。6mA 是限制修饰系统(restriction-modification system,R-M system)的重要组成部分[30-32]。在细菌和其他原核生物中,存在可保护机体免受外来遗传物质入侵的系统,称为限制修饰系统。它们是由甲基转移酶、核酸内切酶等组成的修饰系统。当外来核酸入侵时,细菌可通过对自身 DNA 进行大量 6mA 修饰[33]和限制核酸酶降解外来入侵核酸,来保护自己的 DNA 不被"误伤"。然而在真核细胞中限制修饰系统并不存在,6mA 丰度也随之发生了锐减[34]。在此基础之上,学术界关于 6mA 在高等生物,尤其是哺乳动物细胞中的功能仍有许多争论。虽然我们可以确定在细菌中6mA 主要由限制修饰系统识别外源核酸并进行切割[35,36],但真核生物中是否确定存在具有类似功能的酶,仍有待进一步研究证实。

#### 4.1.1.2　RNA 的化学修饰

因在细胞中承担了重要的功能,DNA 的一系列化学修饰受到了广泛的重视。一个随之产生的问题是 RNA 上是否存在类似的化学修饰现象。这个问题的答案是肯定的,发生在 RNA 位点上的化学修饰种类甚至更加繁多(见表 4-1),但其中最主要的是和 DNA 上6mA 修饰类似的,发生在 RNA 中的腺嘌呤上的 N6-甲基化( N6-methyladenosine,$m^6A$)[3]。除此之外,RNA 还具备独有的发生在核糖上的 2-氧甲基化(2-O-methylation,Nm)[37]和非甲基化的假尿嘧啶化(pseudouridine,$\Psi$)修饰等[38]。

表 4-1　RNA 上的部分化学修饰[29]

| RNA 化学修饰 | 结构示意图 | RNA 类型 |
|---|---|---|
| $\Psi$ | | tRNA<br>rRNA<br>mRNA<br>snRNA |
| $m^6A$ | | tRNA<br>rRNA<br>mRNA |
| $m^5C$ | | tRNA<br>rRNA<br>mRNA |
| $m^1A$ | | tRNA<br>rRNA |

| RNA 化学修饰 | 结构示意图 | RNA 类型 |
|---|---|---|
| $m^1G$ | | tRNA<br>rRNA |
| $m^7G$ | | tRNA<br>rRNA<br>mRNA |
| $m_2^6A$ | | rRNA |
| $m_2^2G$ | | tRNA<br>rRNA |
| Nm | | tRNA<br>rRNA<br>mRNA<br>snRNA |

1. RNA 的 $m^6A$ 修饰

$m^6A$ 修饰普遍发生在 mRNA 上,平均每个 mRNA 分子就会携带约 3 个 $m^6A$[39]。这样高的修饰频率依赖于细胞中高效的 $m^6A$ 甲基转移复合体,该复合体由甲基转移酶样蛋白 3(methyltransferase-like 3,METTL3)、甲基转移酶样蛋白 14(methyltransferase-like 14,METTL14)和 WTAP(Wilms′ tumor 1-associating protein)组成[40-42](见图 4-3)。在人类细胞核中,mRNA 上的修饰可以被 AlkB 家族的 ALKBH5 蛋白和肥胖相关(fat mass and obesity associated,FTO)蛋白清除[43-45]。这样的调节机制为 $m^6A$ 生物学功能的稳定执行提供了基础。而在细胞质中,$m^6A$ 修饰的调控表达主要由 YTHDF1/2 两种蛋白完成,它们下游的信号通路可影响 mRNA 的翻译效率和寿命[46,47]。除了 $m^6A$,一些研究表明 RNA 也可以发生 $m^5C$ 甲基化修饰(见表 4-1),类似于 DNA 中的 5mC[48,49]。

2. RNA 的 Nm 修饰

同样是甲基化,发生在核糖上的 2-氧甲基化(Nm)修饰更多地出现在一些非编码 RNA 中,即不编码蛋白质的 RNA,如植物细胞中由 HEN1 蛋白介导的非编码小分子 RNA

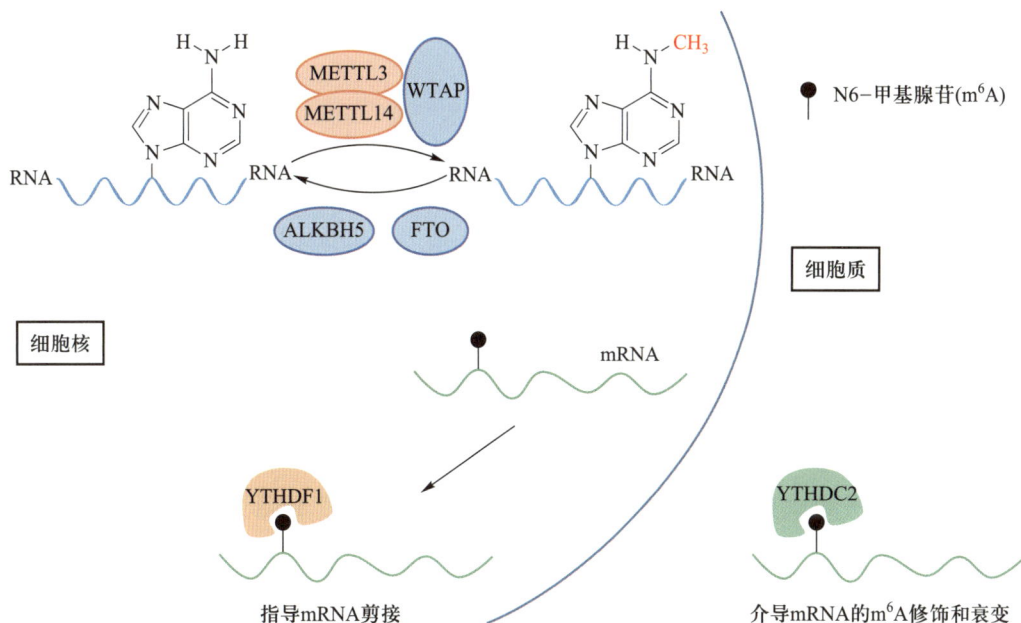

图 4-3　mRNA 上的 m⁶A 修饰的产生、清除及其生物学功能[29]

（microRNA，miRNA）的 Nm 修饰。miRNA 是真核生物中的一类内源性的具有调节基因表达功能的非编码 RNA，被 Nm 修饰的 miRNA 可免于被降解或尿苷化。植物通过这种方式在细胞中维持一定的 miRNA 水平从而调节对应基因的表达水平[37,50]。在动物细胞中，有证据表明 HEN1 蛋白和其同源物也可通过 Nm 修饰调节基因转录的水平[51-53]，但具体的生物学机制仍有待进一步确认。

3. RNA 的 Ψ 修饰

非甲基化的假尿嘧啶化（pseudouridine，Ψ）修饰与甲基化修饰截然不同，假尿嘧啶化修饰是由假尿嘧啶合成酶（pseudouridine synthases，PUS）催化尿嘧啶发生结构改变的修饰手段[38]。Ψ 修饰是细胞中最为丰富的 RNA 修饰[54]，可作用于 tRNA、rRNA、mRNA 和 snRNA。Ψ 修饰广泛分布在许多非编码 RNA 中[55-57]。研究发现，假尿嘧啶修饰最重要的功能之一是提高 RNA 的稳定性。细胞在环境胁迫下有可能通过提高 mRNA 假尿嘧啶修饰水平来维持 mRNA 代谢水平的稳定[58-60]。

## 4.1.2　核酸的化学调控

上述各类核酸化学修饰展示了核酸化学修饰在生物体内的重要性。核酸化学生物学研究通过化学小分子对核酸进行识别和调控,给相关药物的设计、疾病的诊断和早期治疗提供有效的工具。

### 4.1.2.1　小分子调控 CRISPR/Cas9 系统

CRISPR/Cas9 是第三代基因编辑技术,是现有基因编辑技术中效率最高、最简便、成本最低的技术之一,它逐渐成为当今最主流的基因编辑技术。CRISPR/CAS 系统是原核生物的自然免疫系统。在被病毒入侵后,它可以将病毒基因的一小段储存在一个被称为 CRISPR 的存储空间里。当病毒再次入侵时,细菌可以根据储存的片段识别病毒,切断病毒的 DNA,使其失效。CRISPR/Cas9 基因编辑技术是通过人工设计的小向导 RNA(small guide RNA,sgRNA)识别目的基因,引导 Cas9 蛋白酶有效切割 DNA 双链,经损伤修复过程敲除或敲入基因,最终达到编辑基因组 DNA 的目的。

通过小分子修饰 gRNA,使 gRNA 不能被 Cas 蛋白识别而失去活性,在通过化学修饰反应恢复后可以重新被 Cas 蛋白识别而恢复活性,这种小分子调控 CRISPR/Cas9 系统可用于调节活细胞中的核酸切割和基因编辑。由于其简单性和高效性,可以为化学生物学的快速发展提供工具。

### 4.1.2.2　双螺旋核酸化学调控

天然的双链 DNA 多表现为右手螺旋,即 B 型构象。除右手螺旋外,1979 年在人工合成的 DNA 片段中发现了左手螺旋结构,而后又在天然 DNA 中发现了左手螺旋 DNA 结构,称为 Z 型构象。Z-DNA 是一种瞬态构象,在生理条件下不能稳定存在。在关注 Z-DNA 的形成序列以及能够诱导形成 Z-DNA 的分子的同时,关于 DNA 的 B-Z 异构互变的研究也越来越多。人们发现 DNA 双螺旋构型可以对不同的环境因素做出响应,如离子浓度调控、pH 调控、温度调控、光调控等。其中前两者利用 DNA 分子与离子或质子间的结合能,后两者利用外界供给的热能和光能,最终都实现了 DNA 不同构型间的转换。此外,引入化学分子实现 DNA 构型的转换展示了其在调控 DNA 结构中的巨大潜力。

研究人员合成了一种金属钌配合物 Ru(dip)2dppz$^{2+}$2Cl$^-$,并发现在低浓度盐溶液中,这种金属钌配合物可以将多数序列的 DNA 双螺旋结构从 B 型构象转变为 Z 型构象,包括全 CG 序列、全 TA 序列、非嘧啶嘌呤交替序列以及基因组序列等。金属钌配合物诱导形成 Z-DNA 打破了原有的序列限制,在接近生理条件下成功观测到了多种序列的稳定的具有生物活性的左手螺旋 DNA 结构。金属钌配合物能够在活细胞中诱导形成 Z-DNA，这些优势有助于研究 Z-DNA 在活细胞中的功能。

### 4.1.2.3　G-四链体核酸的分子识别和调控

G-四链体（G-quadruplex，G4）是由富含鸟嘌呤（G）的序列在一定条件下先通过 Hoogsteen 氢键配对成单层 G-四分体（G-quartet）[61]，然后通过多层四分体 π-π 堆叠形成折叠的二级结构，如图 4-4 所示。G-四链体是核酸的非经典二级结构，在包含连续鸟嘌呤重复序列内自我折叠形成。研究显示 G-四链体结构在调控基因表达和转录、蛋白质翻译和水解、DNA 修复，维持染色体末端稳定性和表观遗传调控中均具有重要作用。端粒中存在 G-四链体 DNA，通过小分子对端粒中 G-四链体结构进行调控，可影响染色体末端稳定性，干预细胞的衰老与增殖等过程。

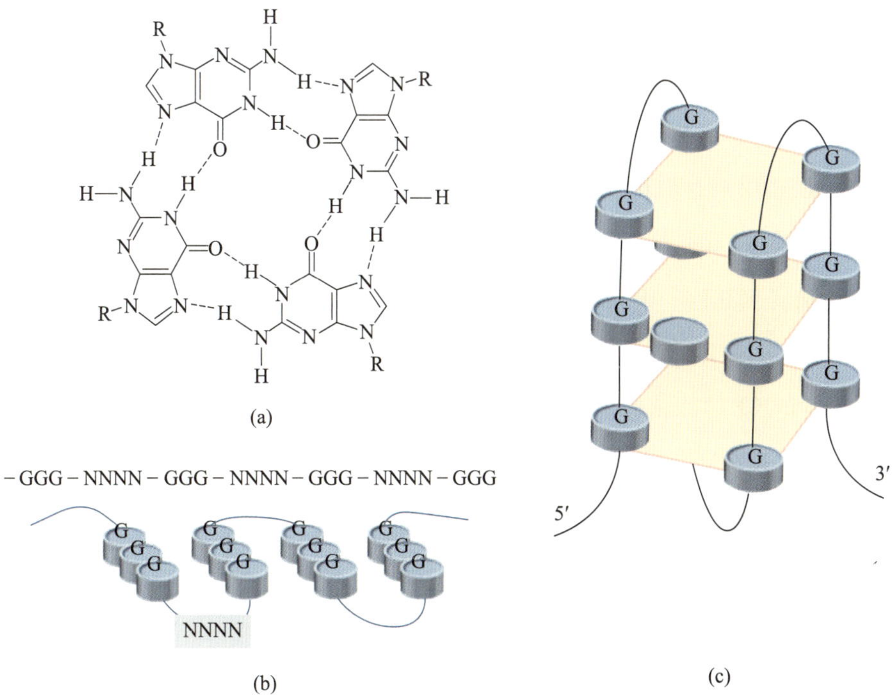

(a)

− GGG − NNNN − GGG − NNNN − GGG − NNNN − GGG

NNNN

(b)

(c)

**图 4-4　G-四链体的结构示意图**[62]

G-四链体不仅存在于 DNA 中，还存在于 RNA 中。例如，在丙肝病毒和新冠病毒中就存在 RNA 的 G-四链体，通过小分子干预 RNA 的 G-四链体，可抑制病毒的复制。因此，G-四链体可以成为潜在的抗癌、抗病毒的分子靶标。

# 4.1.3    核酸的损伤及其修复机制

自发现 DNA 结构以来,保存 DNA 编码的遗传信息并保证其代代相传的机制一直是科学家们广泛研究的主题。在活细胞中,DNA 会受到一些内源性或外源性的损伤,影响着基因组的稳定性。不同类型的 DNA 损伤,都会干扰 DNA 的复制和转录,产生细胞毒性或基因突变[63]。为了保持基因组的完整性,细胞必须保护 DNA 免受损害[64]。

DNA 损伤主要来自两个方面:(1) 内源性损伤(自发损伤),自发的 DNA 损伤可能是由 DNA 复制过程中的碱基错配、脱氨作用引起的 DNA 碱基的转换、DNA 脱嘌呤作用后 DNA 碱基的丢失等。此外,正常细胞代谢产生的活性氧也可产生 DNA 碱基氧化和 DNA 链断裂。总而言之,据估计每个细胞每天会经历多达 $10^5$ 个自发的 DNA 损伤[64];(2) 外源性损伤(环境因素),环境中造成 DNA 的损伤可由物理或化学因素引起。物理遗传毒剂有电离辐射和紫外光等。电离辐射(如使用 X 射线或放疗的医学治疗)可诱导 DNA 碱基氧化,并产生单链和双链 DNA 断裂。化学因素引起的 DNA 损伤中,以化疗药物导致的 DNA 损伤最常见,如烷基化药剂甲基甲磺酸(methyl methanesulfonate,MMS)和替莫唑胺(temozolomide,TMZ),它们将烷基基团连接到 DNA 碱基上,诱导发生 DNA 损伤。DNA 交联剂如丝裂霉素 C(mitomycin C,MMC)、顺铂、补骨脂素、氮芥等,也是常见的 DNA 损伤药剂。DNA 交联剂在同一 DNA 链或不同 DNA 链的碱基之间发生共价连接产生交联,造成 DNA 断裂损伤,阻断 DNA 的复制与转录。而其他化学试剂,如拓扑异构酶抑制剂喜树碱(camptothecin,CPT)和依托泊苷(etoposide),分别抑制拓扑异构酶 Ⅰ 或 Ⅱ,通过捕获拓扑异构酶-DNA 共价复合物,诱导单链或双链 DNA 断裂的形成[64]。

为了对抗各种因素造成的 DNA 损伤威胁,细胞进化出一系列 DNA 损伤修复通路。细胞依靠多种 DNA 损伤修复通路来维持基因的稳定性,其主要修复通路包括碱基切除修复(base excision repair,BER)、核苷酸切除修复(nucleotide excision repair,NER)、错配修复(mismatch repair,MMR)、同源重组修复(homologous recombination repair,HRR)和非同源末端连接(non-homologous end joining,NHEJ)。一旦主要修复途径出现缺陷问题,就容易诱发重大遗传疾病等[65]。

## 4.1.3.1    碱基切除修复

碱基切除修复(base excision repair,BER)负责纠正碱基的脱氨基化、氧化、甲基化和修复单链 DNA 断裂引起的非大面积损伤[66]。

DNA 糖基化酶是 BER 修复途径中一类重要的修复酶。DNA 糖基化酶在不消耗能量的情况下不断扫描 DNA,识别非正常的碱基[67,68],并切除受损的 DNA 碱基,如图 4-5 所示。根据所需修复碱基数目的不同,BER 分为两种途径:短补丁(修复单核苷酸)和长补丁(修复多于一个核苷酸)。在短补丁 BER 中,DNA 糖基化酶通过识别、破坏 DNA 受损碱基和糖苷磷酸骨架之间的氮糖苷键,去除受损碱基并产生无嘌呤/嘧啶位点(apurinic-apyrimidinic site;AP site)[66]。随后,由 AP 核酸内切酶 1(AP endonucleases 1,APE1)处理 AP 位点,并在 DNA 主链上产生缺口,该缺口在 3′ 端含有羟基残基,在 5′ 端含有脱氧核糖磷酸(5′-DRp)[69]。接下来,由辅助因子多聚 ADP 核糖聚合酶 1(poly ADP-ribose polymerase 1,PARP-1)和 XRCC1(X-ray repair cross-complementing 1,XRCC1)与缺口 DNA 连接完成进一步修复,招募 DNA 聚合酶 β 或 DNA 聚合酶 λ(Pol β 或 Pol λ),切除 5′ 端的脱氧核糖核苷酸并将正确的核苷酸掺入修复位点[70]。最后,通过 DNA 连接酶 Ⅰ 或 Ⅲ 连接单核苷酸缺口[67]。在长补丁碱基切除修复途径中,Pol β 对 5′-DRp 底物识别性减弱[66]。在这种条件下,Pol β 或其他聚合酶通过依赖增殖细胞核抗原(proliferating cell nuclear antigen,PCNA)启动置换 DNA 链的合成,并产生多核苷酸修复侧翼[67]。侧翼核酸内切酶-1(flap endo-nuclease 1,FEN-1)识别并分离产生的 5′ 侧翼结构,为 DNA 连接酶 Ⅰ 或 Ⅲ 的连接提供基础[71]。

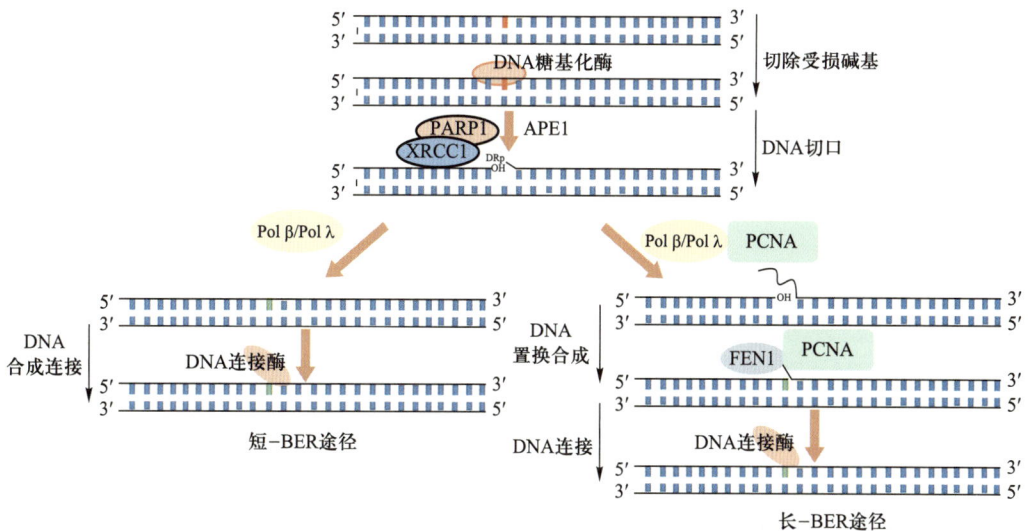

图 4-5　哺乳动物碱基切除修复机制[66]

### 4.1.3.2 核苷酸切除修复

核苷酸切除修复（nucleotide excision repair，NER）主要负责修复由紫外光照射、亲电化学诱变剂、化疗药物及内源性代谢物（活性氧和活性氮）等因素形成的共价加合物、环嘧啶二聚体等[72,73]。机体若未能消除这些损伤就会威胁基因组的完整性，并导致癌变、发育异常和过早衰老等[74]。

核苷酸切除修复是通过两条途径完成：转录偶联核苷酸切除修复（transcription-coupled NER，TC-NER）和全基因组核苷酸切除修复（global genome NER，GG-NER）。这两种途径仅在早期的 DNA 损伤识别上有所不同。TC-NER 负责修复转录过程中的 DNA 损伤，而 GG-NER 负责修复全基因组中的 DNA 损伤[66]，见图 4-6。

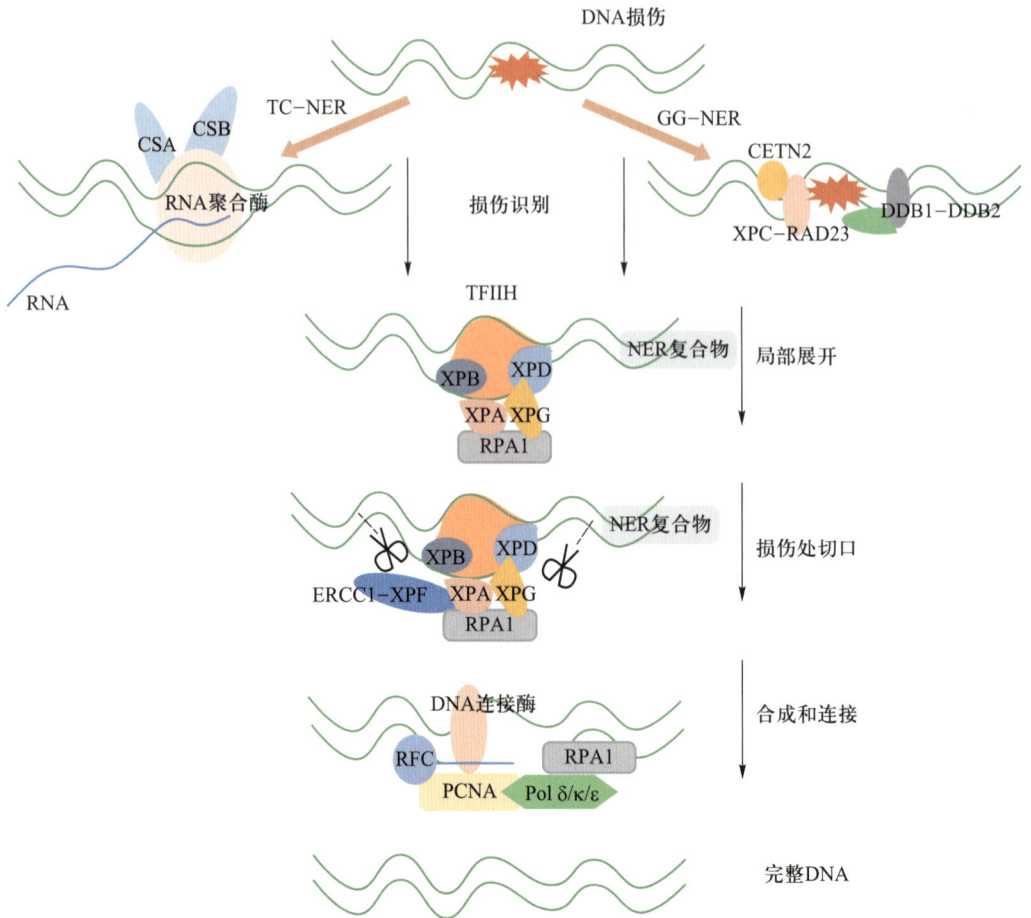

**图 4-6 哺乳动物核苷酸切除修复机制[66]**

在 TC-NER 中，RNA 聚合酶在 TC-NER 特异性因子——Cockayne 综合征蛋白 A

（Cockayne syndrome type A，CSA，又称 ERCC8）和 Cockayne 综合征蛋白 B（Cockayne syndrome type B，CSB，又称 ERCC6）的帮助下识别 DNA 损伤[75]。在 GG-NER 中，XPC、RAD23B 和 CETN2 蛋白识别异常的螺旋扭曲损伤，对于轻度扭曲损伤，也可由 DDB1 和 DDB2 识别。除了早期识别蛋白的不同，TC-NER 和 GG-NER 接下来的修复步骤相似。转录因子 IIH（transcription factors IIH，TFIIH）中的两个重要的亚基 XPB（xeroderma pigmentosum protein B，XPB）和 XPD（xeroderma pigmentosum protein D，XPD），被招募到损伤部位，发挥解旋酶活性展开双螺旋。为了完成切口前复合体组装，损伤部位进一步招募 XPA（xeroderma pigmentosum protein A，XPA）、RPA1（replication protein A，RPA1）和 XPG（xeroderma pigmentosum protein G，XPG）等蛋白。XPA 识别 DNA 损伤，并将 RPA1 连接到单链 DNA。在切除步骤中，ERCC1（excision repair cross-complementation group 1，ERCC1）和 XPF（xeroderma pigmentosum protein F，XPF）被募集，与 XPG 一起完成 5′ 和 3′ 端切口[75]。DNA 合成由 DNA 聚合酶 δ/κ/ε（DNA polymerase delta/kappa/epsilon，Pol δ/κ/ε）在增殖细胞核抗原（proliferating cell nuclear antigen，PCNA）、RFC（replication factor C，RFC）和 RPA1 因素的帮助下进行，最后通过 DNA 连接酶 I 或 III 进行连接，完成 DNA 修复[76]。

### 4.1.3.3　DNA 错配修复

碱基错配是基因突变的主要原因之一。为避免 DNA 错配，生物体进化出了多种保障机制。例如：DNA 复制过程中的所需的 DNA 聚合酶具有核酸外切酶活性，可消除复制错误。除此以外，为进一步避免碱基错配，细胞还会使用 DNA 错配修复（mismatch repair，MMR）来纠正错配并保持基因组的稳定性[66]。

如图 4-7 所示，哺乳动物中的 DNA 错配修复系统主要由三种蛋白组成，即 MutS、MutL 和 MutH[77]。其中 MutS 负责识别错配并与之结合；随后 MutL 蛋白与 MutS-DNA 形成复合体，增强其稳定性，并激活 MutH 的内切酶活性，协同解旋酶和单链结合蛋白将错配序列切除[78,79]。随后增殖细胞核抗原 PCNA 定位于 DNA 复制叉，在促进错误位点识别中起着至关重要的作用[80]。此外，外切酶 1（exonuclease 1，Exo1）的激活需要 PCNA 和复制因子 C（replication factor C，RFC）来激活 MutL 核酸内切酶活性。在 MutS 存在的情况下，Exo1 以 5′→3′ 方向切割核苷酸去除错配。最后通过 DNA 聚合酶 δ/ε（DNA polymerase delta/epsilon，Pol δ/ε）和 DNA 连接酶 I（DNA ligase I，Lig1）重新合成切除的 DNA 部分[66]。

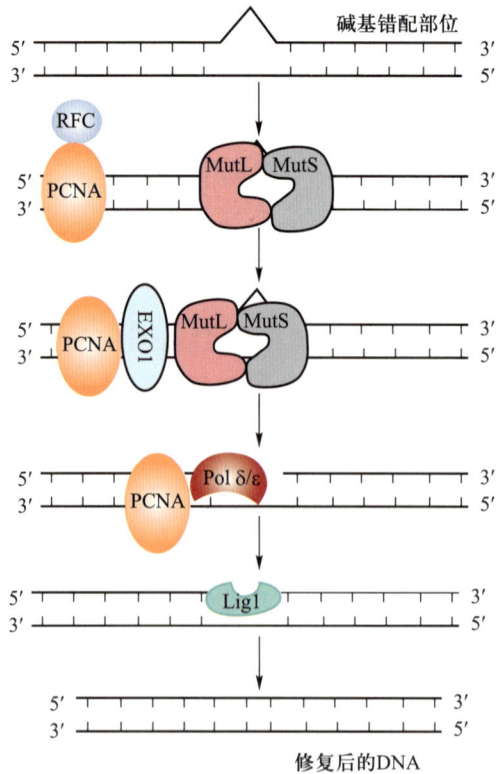

图 4-7 哺乳动物错配修复机制[66]

### 4.1.3.4 同源重组修复

同源重组修复(homologous recombination repair,HRR)主要发生在细胞周期的 S 和 G2 期,以未受损伤的姐妹染色单体的同源序列作为修复模板,是双链 DNA 断裂(double-strand breaks,DSB)修复的关键途径。在该修复途径中起作用的主要是 MRN 复合物 (MRE11-RAD50-NBS1),包括 MRE11(meiotic recombination 11 homolog)、RAD50 和 NBS1(nijmegen breakage syndrome protein 1)[81,82]。MRN 复合物首先结合受损的 DNA,继而招募共济失调-毛细血管扩张症突变(ataxia telangiectasia-mutated gene,ATM)激酶到损伤部位,ATM 具有丝氨酸/苏氨酸蛋白激酶活性,磷酸化 $H_2AX$ 等数百种其他含丝氨酸/苏氨酸残基蛋白底物。MRN 复合物与 CtIP 蛋白的相互作用导致 DNA 末端的 5′→3′切除,末端形成单链 DNA(single-stranded DNA,ssDNA)[83,84]。再由其他核酸酶(如 Exo1 或 DNA2)解旋酶/核酸外切酶进行 5′→3′的进一步切除,以产生长的单链 3′突出末端。末端切除后,招募复制蛋白 A(replication protein A,RPA)来稳定单链 DNA 结构并保护其免受核酸酶的攻击。

随后,乳腺癌易感蛋白 1(breast cancer type 1 susceptibility protein,BRCA1)和乳腺癌易感蛋白 2(breast cancer type 2 susceptibility protein,BRCA2)被招募到 DSBs,BRCA2 作为中间蛋白促进 ssDNA 末端的 DNA 重组酶 RAD51 对 RPA 进行置换。下一步,RAD51 旁系同源物(RAD51B、RAD51C、RAD51D、XRCC2 和 XRCC3)、RAD52、RAD54 和 BRCA2 共同作用介导 RAD51-ssDNA 的形成[82,85]。一旦 RAD51 稳定地结合到 3′突出端上,其可侵入姐妹染色单体形成 D-环状结构(D-loop),并且通过 DNA 聚合酶从被结合链的 3′末端开始进行 DNA 合成,最后,由 DNA 连接酶连接完成修复,见图 4-8。

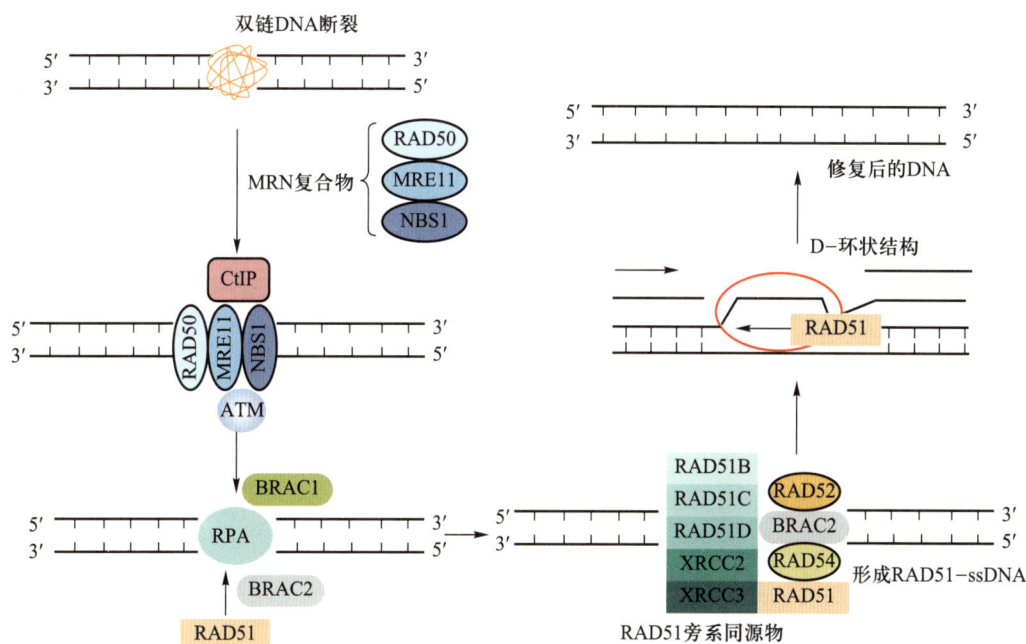

图 4-8　哺乳动物同源重组修复机制[66]

### 4.1.3.5　非同源末端连接

除了同源重组修复,双链 DNA 断裂(double-strand breaks,DSB)还可通过经典的非同源末端连接(classical non-homologous end joining,C-NHEJ)进行修复。修复过程中,这两种修复途径需激活不同的修复蛋白质组进行[86]。C-NHEJ 是一种容易出错的修复机制,因为它重新连接断裂末端时,不是由互补链的同源 DNA 片段指导合成的,容易发生错配等。C-NHEJ 主要在细胞周期的 G1 期起作用,但是它也可以在整个细胞周期中发挥作用[87]。

　　如图 4-9 所示,双链 DNA 断裂后,Ku70/Ku80 异二聚体识别 DNA 末端启动 C-NHEJ。随后,DNA 依赖性蛋白激酶催化亚基(DNA-dependent protein kinase catalytic subunit,DNA-PKcs)被募集到损伤部位并磷酸化其自身和其他下游蛋白质,DNA 依赖性蛋白激酶催化亚基(DNA-PKcs)的靶蛋白之一是 Artemis 核酸内切酶,它被磷酸化后被募集到 DSB。它依赖 DNA PKcs 通过核酸内切酶活性处理断裂末端[88-90]。最后在 DNA 聚合酶 μ 和 λ(Pol μ 和 Pol λ)上结合核苷酸并填补缺口,Lig Ⅳ-XRCC4-XLF 复合物被募集到切口并连接剩余切口[91-94]。

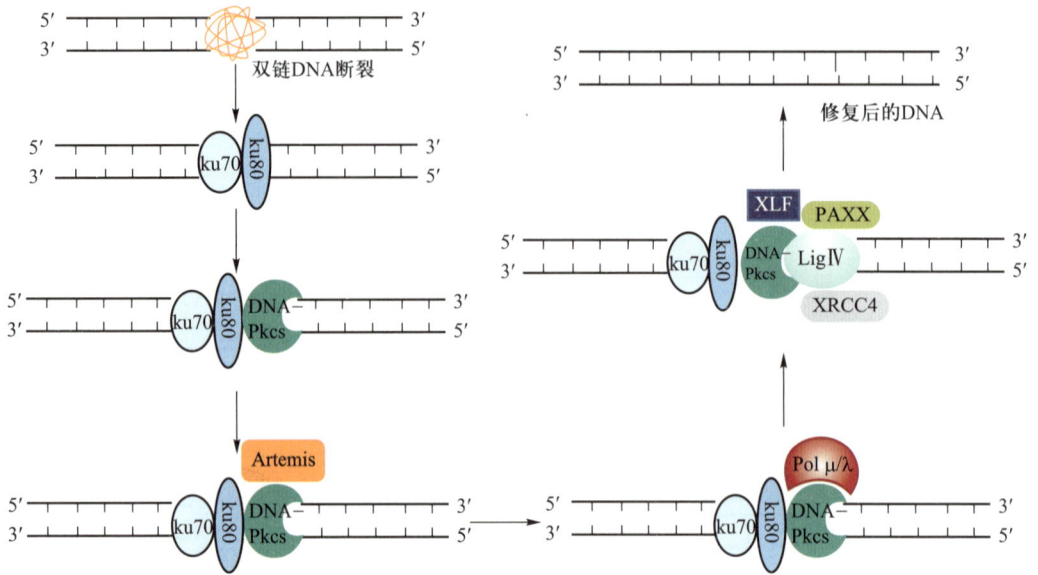

图 4-9　哺乳动物非同源末端连接机制[66]

### 4.1.3.6　替代性非同源末端连接

　　除了经典的非同源末端连接和同源重组修复,还有一种替代性非同源末端连接通路(alternative non-homologous end joining,alt-NHEJ)。alt-NHEJ 使用短的微同源性序列参与对断裂的双链 DNA 进行修复。虽然有充分证据表明 C-NHEJ 和 HR 是正常细胞中的主要双链 DNA 断裂修复途径;但癌细胞中 alt-NHEJ 相关蛋白的稳态水平明显增加[95,96],alt-NHEJ 修复也是肿瘤细胞中 DNA 双链断裂损伤修复的一种重复补充。与替代性非同源末端连接修复通路相关的 DNA 修复蛋白包括 DNA 聚合酶 θ(Pol θ)、DNA 连接酶Ⅲ α(DNA ligase Ⅲ,Lig Ⅲ α)、XRCC1、多聚 ADP 核糖聚合酶 1(poly ADP-ribose polymerase

1,PARP-1)、MRN 复合物、Werner 综合征解旋酶(Werner syndrome helicase,WRN)和
CtIP[99,100]。如图 4-10 所示,CtIP 磷酸化激活 MRN 复合物的核酸内切酶,参与双链 DNA
区域的 5′→3′切除,并在 DNA 末端生成单链 DNA 片段。判断替代性非同源末端连接是
否启动是很复杂的。多项研究表明,双链 DNA 断裂时 Ku70/80 的存在与否决定了修复是通
过经典非同源末端连接还是替代性非同源末端连接进行[98-100]。当缺乏 Ku70/80 或 DNA 连
接酶复合物时不利于经典途径,此时替代性途径可能会被激活。PARP-1 除了在碱基切
除修复通路中起作用外,还参与促进替代性非同源末端连接通路[97]。有研究工作发现,
PARP-1 可结合 DNA 末端与 Ku70/80 直接竞争并启动替代性非同源末端连接过程[100]。

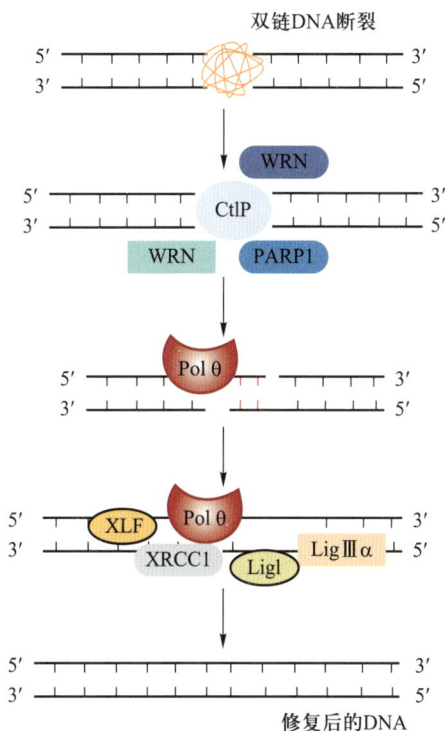

图 4-10　哺乳动物替代性非同源末端连接机制[66]

### 延伸阅读
——2015 年诺贝尔化学奖:DNA 修复机制的分子机理

　　遗传信息在体内一代又一代的传递是生命繁衍的基础。作为遗传信
息的载体 DNA,它不断接收到来自环境因素的攻击,例如紫外线辐射、自由
基和其他致癌物质。除了这些外来因素的侵袭,DNA 分子自身也不稳定。
细胞的基因组每天都会自发发生数千次变化。每天体内 DNA 都会发生损

伤。虽然有这么多的影响因素,但是体内的 DNA 仍然有序排列并稳定遗传到子代,这得益于一系列的修复机制。2015 年诺贝尔化学奖,就是颁给了在分子层面上解释 DNA 修复机制的三位顶尖科学家:瑞典科学家 Tomas Lindahl、美国科学家 Paul Modrich 及土耳其/美国科学家 Aziz Sancar。

20 世纪 70 年代,科学界曾认为基因是非常稳定的分子,但 Tomas Lindahl 推断若基因果真如此稳定,则基因的自然衰变速度就不足以支撑地球生命的发展。从这一观点出发,Tomas Lindahl 最终发现了能不断抵消基因衰变的“碱基切除修复机制”的分子机理。因此,Tomas Lindahl 成为三位 DNA 损伤修复领域的诺奖获得者之一。Aziz Sancar 是最先发现了核苷酸切除修复机制的科学家。该机制是细胞修复紫外光造成的 DNA 损伤的主要途径。Paul Modrich 的贡献是发现在细胞分裂的过程中,细胞如何纠正基因复制时的偶发错误,这种机制被称为错配修复。它可以减少 DNA 复制过程中出现的错误,可以矫正 DNA 重组和复制过程中产生的碱基错配而保持基因组的稳定性。

细胞中的基因损伤是不可避免的生理过程,必须对其进行修复;因此基因修复领域的研究至关重要。虽然基因损伤修复研究已经有了百年历史,但仍有很多未解之谜等待着科研工作者去探索。

# 4.2
# 蛋白质的化学生物学

## 4.2.1 蛋白质的翻译后修饰

真核生物蛋白质组比基因组的编码能力高出 2~3 个数量级。真核生物基因组编码过程中可通过两种途径拓展蛋白质多样性。实现蛋白质多样化的第一条途径是在转录水平上剪接 mRNA,包括组织特异性交替剪接[101]。第二条途径是在一个或多个位点进行蛋白质共价修饰或翻译后修饰(protein translational modification,PTM)[102]。下面主要围绕第二条途径展开介绍蛋白质的修饰。

在核糖体上合成的多肽链模板不会立即转变为功能齐全的蛋白质,其必须在核糖体外进行一定的化学修饰。这些修饰通常是由特定的酶驱动的,位于蛋白质的侧链或骨架,并且发生在模板 RNA 提供的所有信息都被读取之后,也就是在 mRNA 翻译之后,因此被称为翻译后修饰[103]。这种修饰使蛋白质组多样化在真核细胞中更为广泛。这些修饰的化学性质和功能是多种多样的,且每种类型的修饰都与氨基酸残基本身的特征相关。

蛋白质的翻译后修饰通常为共底物的亲电片段被酶共价修饰到亲核的氨基酸侧链上[102]。PTM 主要有三种分类方式:第一类是通过蛋白质侧链识别的修饰。20 种常见蛋白质氨基酸大部分经侧链修饰实现多样化,如丝氨酸、苏氨酸、酪氨酸、组氨酸和天冬氨酸的磷酸化,酪氨酸、精氨酸和谷氨酸的甲基化,半胱氨酸的 S-羟基化、二硫键形成、S-异戊二烯化,还有丝氨酸、苏氨酸和天冬氨酸的糖基化等。第二类是根据与蛋白质酶偶联的底物或辅酶的片段及伴随的化学性质进行分类,如 S-腺苷甲硫氨酸(S-adenosyl-methionine,SAM)依赖性甲基化、ATP 依赖性磷酸化、乙酰辅酶 A 依赖性乙酰化、烟酰胺腺嘌呤二核苷酸(nicotinamide adenine dinucleotide,NAD)依赖性 ADP 核糖基化、辅酶 A(coenzyme A,CoA)依赖性磷酸泛酰巯基乙胺化,以及磷酸腺苷磷酸(phosphoadenylyl phosphosulfate,PAPS)依赖性硫酸化等。第三类是根据共价修饰的功能分类,包括连接不同的基团,如生物素基团、硫辛酰基和磷酸泛酰巯基乙胺基团,伴随着相关酶催化功能的增加,经过各种脂质化修饰,可以改变附着的蛋白质亚细胞环境,如泛素化的蛋白对水解酶体系统的破坏等。

总体来说,蛋白质的修饰最常见的类型分别是磷酸化、乙酰化、烷基化、糖基化和氧化等,它们由特异的翻译后修饰酶催化。以上述方式获得的蛋白质产物构成了生物体蛋白质组的子集:磷酸蛋白质组、酰基蛋白质组、烷基蛋白质组、糖蛋白质组和氧化蛋白质组。

#### 4.2.1.1　蛋白质磷酸化

蛋白质磷酸化是指将三磷酸腺苷(adenosine triphosphate,ATP)末位(γ 位)的磷酸转移到基质蛋白质的特定氨基上实现共价修饰的一类反应的总和。蛋白质磷酸化通常发生在哺乳动物的丝氨酸、苏氨酸和酪氨酸上,组氨酸和天冬氨酸上也可以发生少量修饰(见

图 4-11)。

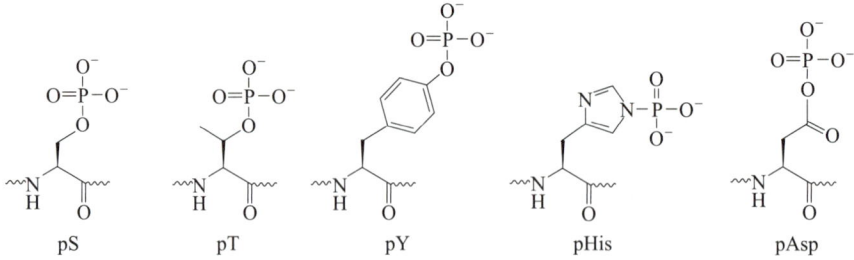

**图 4-11** 蛋白质中氨基酸侧链的磷酸化形式,磷酸化丝氨酸(phosphoSer,pS),磷酸化

苏氨酸(phosphoThr,pT),磷酸化酪氨酸(phosphopTyr,pY),磷酸化组氨酸(phosphoHis,pHis)

和磷酸化天冬氨酸(phosphoAsp,pAsp)

蛋白质磷酸化修饰是生物界最普遍、最重要的一种蛋白质翻译后修饰。这个过程主要依赖于蛋白激酶家族,如在真核生物中的丝裂原活化蛋白激酶(mitogen-activated protein kinase,MAPK)途径及在自磷酸化过程中的许多膜受体酪氨酸激酶。蛋白质磷酸化修饰引入带电的双阴离子四面体磷酸基团,导致局部蛋白质微环境构象发生改变[104]。这种蛋白质结构域的局部重组为信号启动创造结构动力。

### 4.2.1.2 蛋白质乙酰化

蛋白质乙酰化是指在乙酰基转移酶的作用下,在蛋白质赖氨酸残基上添加乙酰基的过程,是细胞控制基因表达、蛋白质活性和生理过程的一种机制。在蛋白质翻译后修饰中,发现的最常见的酰基链是 C2(如组蛋白尾部乙酰化)[105]、C14(如甘氨酸 N 末端的肉豆蔻酰化)[106]和 C16(如棕榈酰化-S-半胱氨酸残基)[107]。小蛋白泛素[108]和同源物类泛素蛋白修饰分子(small ubiquitin-like modifier,SUMO)的 8 kDa 链通过泛素连接酶作为酰基部分被酶促转移,也同样属于蛋白质乙酰化修饰。

赖氨酸(Lys)侧链上的乙酰基将潜在的阳离子侧链转化为非极性基团,从而改变电荷分布。N-乙酰基赖氨酸基团被离散的蛋白质结构域——溴结构域特异性识别,并嵌入转录因子和相关蛋白中。因此,组蛋白尾部的乙酰化状态可以调节转录因子的募集,这些调节机制控制染色质区域中基因转录的起始[109]。目前已经报道了多达 13 个乙酰化的酵母组蛋白[109],这几乎囊括 50% 的翻译后修饰。组蛋白 N 端尾部或 p53 转录因子的 C端存在多个赖氨酸残基,其乙酰化可以调节基因转录。在这一修饰过程中乙酰基供体主要是乙酰辅酶 A,乙酰化可阻止 Lys 侧链泛素化并延长 p53 蛋白分子的半衰期。

#### 4.2.1.3 N-肉豆蔻酰化和 S-棕榈酰化

蛋白质的 N-肉豆蔻酰化[图 4-12(a)]是不可逆的蛋白质修饰反应,真核蛋白质在 N 端甘氨酸残基处的肉豆蔻酰化由蛋白 N-肉豆蔻酰转移酶催化进行翻译后修饰,这一过程以 C14 肉豆蔻酰辅酶 A(CoA)作为供体底物[110]。由于蛋白质合成由 N 端的蛋氨酸残基启动,因此蛋氨酸氨肽酶对蛋氨酸-甘氨酸键的共翻译水解是豆蔻酰化的先决条件。N 端甘氨酸新生成的游离氨基是酰化反应中的亲核试剂,引入的疏水性 C14 脂肪酰基是将蛋白质移动到生物膜的膜导向基团[106]。此外,肉豆蔻酰基尾部可以从被埋在蛋白质内裂缝中的状态转变为另一种可以插入膜的构象状态[111]。

蛋白质的 S-棕榈酰化[图 4-12(b)]需要 C16 脂肪酰基辅酶 A 作为翻译后修饰酰基转移酶的供体,但酰基通常转移到半胱氨酸残基的巯基侧链而不是蛋白质的 N 末端[107]。研究最多的例子是蛋白质 C 末端区域中半胱氨酸的 S-棕榈酰化,如 Ras 小 G 蛋白家族中唯一能够形成二聚体的小 G 蛋白(Ras GTPase),在 Ras 的成熟和膜锚定过程中经历一系列可逆的翻译后 S-棕榈酰化修饰,并通过亲核硫醇盐侧链的脂化将其从细胞质转移到生物膜界面以与其信号蛋白相遇[106]。

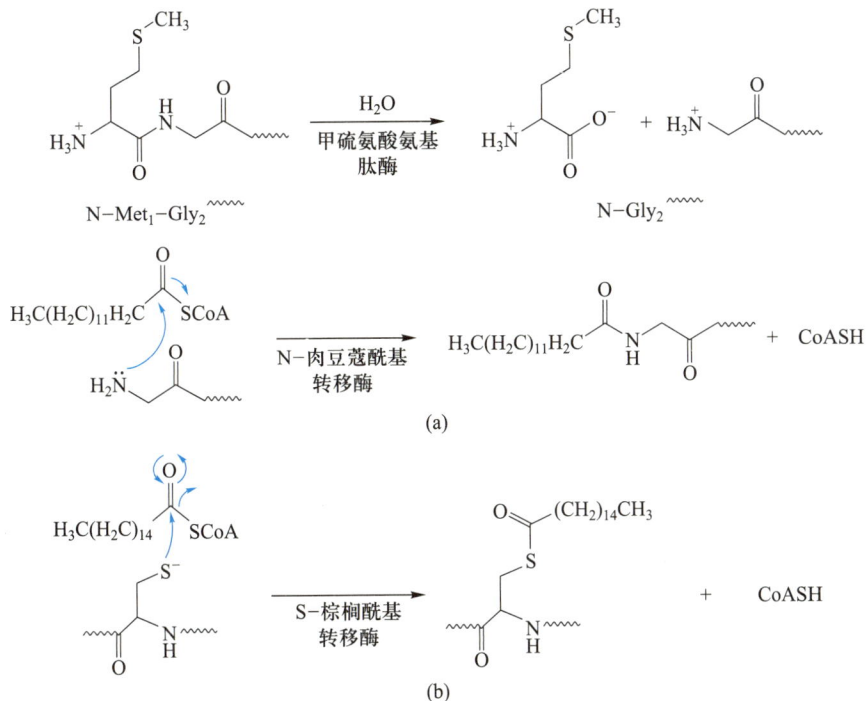

图 4-12 蛋白质的 N-肉豆蔻酰化(a)和 S-棕榈酰化(b)

#### 4.2.1.4 蛋白质的单泛素化和多泛素化

泛素化是指泛素(ubiquitin,Ub)分子在一系列特殊的酶作用下,将细胞内的蛋白质进行分类,从中选出靶蛋白分子,并对靶蛋白分子进行特异性修饰的过程。低分子量(C2、C14 和 C16)酰基链的蛋白质翻译后修饰,是通过赖氨酸 $\varepsilon$-氨基被 8 kDa 蛋白质泛素的羧基末端酰化实现的。76 个氨基酸 C 端羧基的泛素化必须预先激活后才能进行酰基转移。酶促激活机制涉及泛素激活酶 E1 和泛素结合酶 E2,它们提供活性位点将泛素基团捕获。此外还需要第三组蛋白质,统称为泛素连接酶 E3,将催化激活的泛素蛋白标签转移至目标蛋白的赖氨酸(Lys)侧链[112]。E3 中有一些是多组分催化剂,具有多达四个亚基,可为目标蛋白靶标提供选择性[113]。高等真核生物中有数百种泛素连接酶 E3 的异构体,可对不同目标蛋白的泛素化进行细微区分[114]。

根据添加泛素的数量,可以区分两种类型的蛋白质泛素化:单泛素化和多泛素化[115],如图 4-13 所示。单泛素化只有一个泛素单体的参与。多泛素化特指泛素具有多个赖氨酸(Lys,简称 K)提供残基位点以连接另一个泛素单体的 C 末端第 76 位甘氨酸(Gly 76),最常通过泛素的第 48 位的赖氨酸(Lys 48)和第 63 位的赖氨酸(Lys 63)连接。

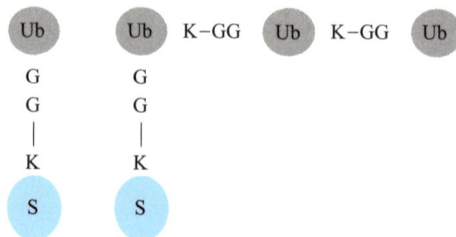

**图 4-13　单泛素化和多泛素化示意图**

单泛素化和多泛素化蛋白质在蛋白质水解过程中最常见。通过 E3 泛素连接酶在 Lys-$\varepsilon$-NH$_2$ 基团进行的蛋白质单泛素化可以启动跨膜受体蛋白的重新定位,使其从质膜转移到高尔基体网络。共价 Ub 标签可以招募各种伴侣蛋白,这些蛋白通常包含一种或多种 Ub 结合域。伴侣蛋白可以作为泛素化受体的分子伴侣转运到溶酶体,溶酶体中的蛋白酶就可以引起蛋白质水解[116]。这些途径可以调节质膜受体密度和寿命稳态。

#### 4.2.1.5 蛋白质烷基化

烷基化修饰是指烷基取代基通过翻译后修饰特异性地连接到蛋白质上。三个常见烷基是甲基(C1)、C15 和 C20 异戊二烯基(见图 4-14),如在赖氨酸(Lys)和精氨酸(Arg)侧链的组蛋白甲基化。

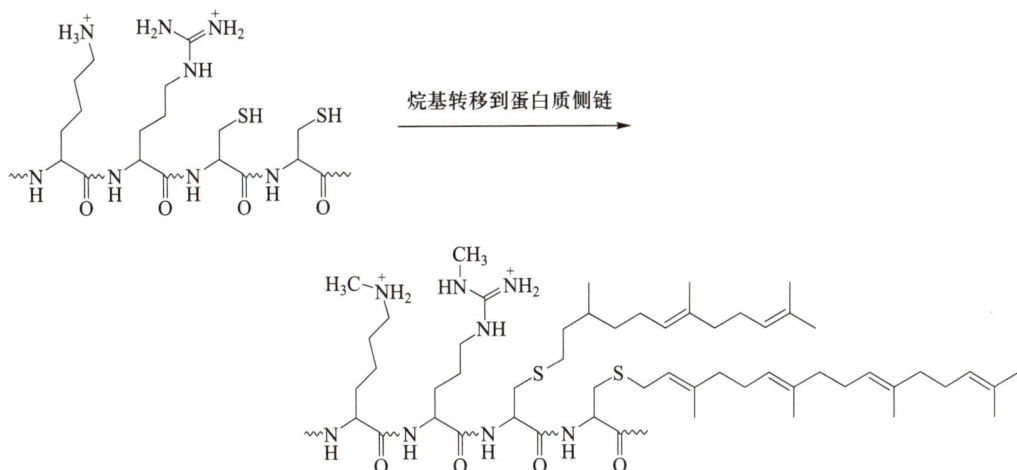

图 4-14　烷基转移到蛋白质侧链

　　目前最受关注的是赖氨酸和精氨酸侧链的 N-甲基化,尤其是在组蛋白的尾端发生的甲基化。研究表明组蛋白尾部侧链的 N-乙酰化和 N-甲基化会对基因转录沉默和激活产生相反的影响。

　　C5 异戊二烯基二磷酸初级代谢物通过 C—C 键形成酶的作用,进行迭代烷基延伸、构建得到 C15 法尼基和 C20 香叶基脂质基团。法尼基和香叶基-PP 分子可用于进一步的异戊二烯延伸(如在胆固醇生物合成途径中将 C15 二聚化为角鲨烯),用作翻译后蛋白质异戊二烯化中的亲电烷基供体。Ras GTPase 超家族的一些成员可以在半胱氨酸硫醇盐侧链上被异戊二烯化,连接上 C15 和 C20 异戊二烯链。通常,在 C 末端具有 CaaX 序列的 Ras 家族蛋白是法尼基化(X 为丙氨酸或丝氨酸;当 X 是亮氨酸时,如 Rac 和 RhoA GTP 酶,半胱氨酸残基则是香叶基脂质化)。GTPase 的 Rab 亚家族在 C 末端或附近具有两个半胱氨酸残基。两个半胱氨酸基团都经历翻译后的香叶基脂质化,从而引入两个 C20 脂质锚。此外一些蛋白质同时经历 N-和 S-酰化及多个 S-异戊二烯化的组合。所有这些脂质锚都将修饰的蛋白质更多地分配到膜上,从而控制亚细胞定位。

#### 4.2.1.6　蛋白质糖基化

　　蛋白质糖基化是指在糖基转移酶的作用下将糖转移至蛋白质,并在蛋白质的氨基酸残基上形成糖苷键的过程。糖基化是对蛋白的重要修饰作用,有调节蛋白质功能的作用。

糖基化主要分为 N-糖基化、O-糖基化、糖基磷脂酰肌醇(glycosylphosphatidylinositol,GPI)。下面主要介绍前面两种糖基化修饰。

N-糖基化是对新合成蛋白进行糖基化修饰的方式之一。糖通过与蛋白质的天冬酰胺(Asn)的自由 $NH_2$ 基团连接,所以称为 N-糖基化。与真核生物中的 O-糖基化相比,N-糖基化更常见且通常更复杂。

N-糖蛋白中的分支聚糖单元通过内质网中的一系列膜相关糖基转移酶预组装在脂质二磷酸支架上[65]。作为多亚基寡糖基转移酶底物——组装的 N-聚糖单元是十四糖基-PP-多醇底物。在 N-糖蛋白生物合成中,被修饰的侧链原子是天冬酰胺基团的羧酰胺氮原子,其几乎总是在序列 Ser/Thr-X-Asn 中。天冬酰胺的 $CONH_2$ 的低亲核性通过与 Ser/Thr-OH 侧链的氢键键合来增强,但目前为止,人们对最初的聚糖转移步骤仍然知之甚少。

蛋白质中,多个天冬酰胺侧链可以被糖基化,并且每个残基处的聚糖链在通过内质网和高尔基体间隔期间,可与至少 10 种剪切和重组酶相互作用,随机发生变化[117]。据估计,进入真核细胞分泌途径的所有蛋白质中,约有三分之一可能是 N-糖基化的,因此,可能有数以万计的糖蛋白变体共存于真核细胞中。例如,已经报道了朊病毒蛋白有 52 种不同糖基化形式[118]。糖基化循环是分泌到内质网的蛋白质质量控制系统的一部分,如含有葡萄糖的寡糖链可以被伴侣蛋白钙网蛋白和钙连接蛋白识别,以帮助已被糖基化共价翻译后挤压到内质网腔中的新生 N-糖蛋白重新折叠。

O-糖基化是将糖链转移到多肽链的丝氨酸、苏氨酸或酪氨酸的羟基氧原子上,这一过程是由不同的糖基转移酶催化的,真核蛋白质中的 O-糖基化通常比 N-糖基化更短且更简单。O-糖基化是 Notch 信号通路通过分泌途径到达细胞表面过程中成熟的关键部分。短的 O-连接糖链在各种功能环境中都很重要,从调节转录因子活性[119],充当细胞表面 Notch 信号传递中必不可少的识别元件[120]。许多蛋白质都含有的单糖,如 N-乙酰葡糖胺(GlcNAc)[121],它由特定的氧连接的 N-乙酰葡糖胺(O-GlcNAc)转移酶修饰并被相应的水解酶去除。其他蛋白质,如信号蛋白 Notch,在表皮细胞生长因子(epidermal growth factor,EGF)重复结构域中含有三糖和四糖[122],这些都有 O-糖基化的参与。

### 4.2.1.7　S—S 双硫键的形成

双硫键可用于共价交联蛋白质或蛋白质的一部分。到目前为止,最常见的是来自半胱氨酰残基硫醇盐侧链氧化形成的二硫键[123]。谷胱甘肽以两种状态存在,即还原态

（GSH）和氧化态（GSSG）。在还原谷胱甘肽（GSH）与氧化谷胱甘肽（GSSG）状态中，具有氧化还原活性的三肽谷胱甘肽的比例为 $100:1^{[124]}$。高还原率由高水平的 NAD(P)H 和酶维持，如谷胱甘肽还原酶和硫氧还蛋白还原酶，它们利用 NAD(P)H 的还原电位重新还原已被氧化的蛋白质中的二硫化物（见图 4-15）。当蛋白质通过真核细胞的分泌途径时，总谷胱甘肽和还原型烟酰胺辅酶的总含量减少，细胞器的环境趋于氧化，二硫键占主导地位。当蛋白质到达细胞外表面或被细胞外排时，二硫键可以稳定蛋白质结构。以酶原形式存在的胰蛋白酶可被包装成酶原颗粒进入氧化微环境，在这一酶原形式中二硫键的形成便是一个典型的例子。

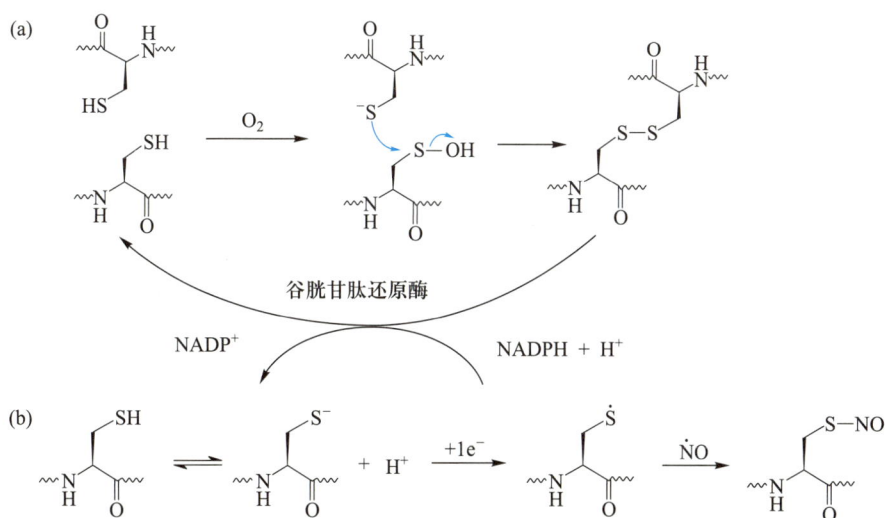

图 4-15　半胱氨酸残基的硫醇侧链的氧化：（a）二硫醇氧化成二硫化物和通过谷胱甘肽还原酶作用可逆还原成二硫醇；（b）半胱氨酸-S-侧链通过一氧化氮（NO）氧化至侧链 S-亚硝酰基-半胱氨酸

蛋白质二硫醇氧化成二硫化物的机制通常涉及 Cys 残基的富电子硫醇侧链的氧化。单电子氧化会产生可二聚化为二硫化物的硫自由基。或者，硫醇盐侧链可以被各种氧化剂（过氧化物、羟基自由基）氧化以生成次磺酸态（—SOH）侧链。相邻的 Cys-S 捕获次磺酸盐会产生二硫化物。硫醇-二硫化物交换介导二硫醇形式的再生，其可使用还原型谷胱甘肽或低分子量的二硫醇蛋白（TSH）。氧化的 GSSG 或氧化的二硫醇蛋白（TSST）因 NADPH 被硫氧还蛋白还原酶和谷胱甘肽还原酶氧化而被回收。

富电子的硫醇盐和硫自由基可以被其他氧化剂和自由基捕获。半胱氨酸残基的硫醇盐侧链 S-亚硝基化在许多蛋白质中被一氧化氮衍生的自由基物种所记录。目前报道已经提出,这些 S-亚硝基半胱氨酸(S-nitrosocysteine,Cys-SNO)广泛存在于氧化信号反应中[125]。

### 4.2.1.8 其他修饰

综上所述,翻译后修饰类型在细胞中非常丰富且修饰特征明显,但还有许多其他类别的蛋白质酶促修饰可扩展生物体的代谢和信号传递能力,如蛋白的羟基化、蛋白质硫转移。除此之外,还有 ADP 核糖基化、葡萄糖基化和宿主靶蛋白脱酰胺的翻译后修饰等[101]。

## 4.2.2 蛋白质修饰的功能调控

### 4.2.2.1 泛素化修饰的功能调控

泛素化、去泛素化和泛素结合蛋白的共同作用决定了被修饰蛋白的命运。泛素化的功能取决于链的拓扑结构和其他因素,如反应的时间和可逆性、酶或底物的定位及泛素连接酶 E3 与效应蛋白之间的相互作用。蛋白质组学分析发现,几乎所有信号通路中都有蛋白质被泛素化修饰[126,127]。

1. 蛋白酶体降解的调控

众所周知,泛素化的多肽链可以将蛋白质靶向于 26S 蛋白酶体,该蛋白酶体是所有真核生物细胞分裂所需的蛋白酶[128]。在酵母中 Lys48 是唯一被泛素的位点,蛋白酶体靶向的作用通过 Lys48 泛素化来实现[129]。许多泛素连接酶 E3 通过合成 Lys48 泛素链来触发底物周转[130-131]。当蛋白酶体被抑制时,Lys48 泛素化水平迅速上升[132-135]。然而,早期的实验表明,蛋白酶体也可以识别其他泛素连接[136,137]。这些非典型的连接在蛋白酶体抑制时积累,表明其也有助于蛋白质的降解[138]。

2. 溶酶体降解的调节

质膜蛋白的降解发生在溶酶体中,底物通过单泛素化或 Lys63 连接链靶向到这个蛋白水解区间[139]。泛素化可以在细胞膜上启动并导致内吞作用,正如作为酵母 HECT E3 泛素连接酶 Rsp5 底物的膜受体一样[140]。或者,泛素化可以在内吞体膜发生,从而控制内化后的定位。泛素化位点的突变并不会阻断内吞作用,但会强烈影响其靶向溶酶体的路径[141,142]。因此,泛素特异性肽酶8(ubiquitin specific peptidase 8,USP8)或去泛素化酶 AMSH 的去泛素化可导致表皮生长因子受体(epidermal growth factor receptor,EGFR)经蛋白转运再循环到质膜[143,144]。

**3. 蛋白质相互作用的调节**

单个泛素的附着通常足以招募结合蛋白,增殖细胞核抗原是 DNA 聚合酶的一个加工因子[145,146]。为了响应 DNA 损伤,PCNA 发生单泛素化[145-147],招募 Y 家族 DNA 聚合酶[148,149]。这些聚合酶通过 PCNA 相互作用基序和泛素结合结构域识别 PCNA,从而产生高亲和力的相互作用,进而使 PCNA 和复制聚合酶相互作用。通过这种方式,PCNA 的单泛素化有助于依赖泛素的聚合酶转换,从而挽救停滞的复制叉崩溃。在受损 DNA 成功修复后,Y 家族聚合酶的招募信号被泛素特异性肽酶1(ubiquitin specific peptidase 1,USP1)依赖的去泛素化关闭,使复制机制恢复到其正常状态[150]。类似地,范可尼贫血通路中,FANCD2 和 FANCI 蛋白发生单泛素化,参与 DNA 修复的蛋白招募相关 FAN1 核酸酶,这一单泛素化修饰也被 USP1 关闭[151-154]。因此,单泛素化是一种能可逆地将相关蛋白招募到特定位点的修饰工具。

**4. 蛋白质活性调节**

泛素化通过不同的方式影响蛋白质的活性。代表性例子为,核因子 κB(nuclear factor-κB,NF-κB)转录因子的抑制剂 IκBα 被 SCFβTrCP32-33[155,156] 用 Lys48 连接链修饰后降解。蛋白酶体也可以通过切割有抑制作用的结构域来激活蛋白质,如蛋白酶体切割 NF-κB 前体[157]。在芽殖酵母中也观察到类似的反应,其中转录因子 SPT23 的蛋白酶体处理是其从内质网膜释放的先决条件[158]。在裂变酵母中,膜结合转录因子 SREBP 的激活需要依赖泛素的裂解[159]。蛋白酶体加工可能涉及异型连接,因为 NF-κB 的裂解可能重新需要多泛素化修饰[160],而 Spt23 加工是由 Rsp5 引起的,这是一种催化单泛素化或 Lys63 连接链形成的 E3 泛素连接酶。这些底物还必须通过蛋白酶体 ATP 酶展开,这再次强调了泛素化的结果是由修饰的序列上下游决定的[161]。

**5. 蛋白质定位的调控**

泛素编码具有多种功能,一个代表性的例子就是泛素化在调节定位中的作用。泛素依赖性的定位变化最初是在酵母中观察到的,其中质膜蛋白的内化可以通过单泛素化引起[162,163]。E2 Ube2 E3/UbcM2 只有在被硫酯联泛素带电荷时才被运输到细胞核中[164]。装载泛素的 Ube2 E3 与输入蛋白家族的一个转运因子结合,但这些输入蛋白是否以不依赖泛素的方式与其他物质相互作用则尚未确定。

#### 4.2.2.2    磷酸化修饰的功能调控

蛋白质磷酸化是一种重要的细胞调节机制,因为许多酶和受体可以通过激酶的磷酸化或磷酸酶的去磷酸化事件激活或失活。值得注意的是,蛋白激酶负责细胞信号转导,它们的过度活跃、功能障碍或过度表达常见于肿瘤等多种疾病。因此,激酶或磷酸酶抑制剂的使用对癌症的治疗具有重要意义。

1. 蛋白质活性的调节

磷酸化和去磷酸化活性可以充当分子开关,如蛋白激酶 B 仅在其丝氨酸和苏氨酸残基磷酸化后才被激活,因此能够用于调节细胞存活[165]。另外,当原癌基因酪氨酸蛋白激酶(c-Src)去磷酸化时,它会关闭,从而阻碍细胞生长[166]。

2. 蛋白质相互作用的调节

另一种磷酸化模式是暂时的蛋白质-蛋白质相互作用,它可以调节许多信号通路[167,168]。一个代表性例子是肾小球足细胞蛋白(nephrin 1,Neph1),该蛋白质一旦被 Src 激酶 Fyn 磷酸化就会和通信衔接蛋白 Grb2 作用,从而调节信号转导过程。

3. 蛋白质定位的调控

蛋白质的磷酸化可以调节信号转导过程,因为它能够触发由机体本身磷酸化蛋白质控制的亚细胞易位。例如,死亡相关蛋白(death-associated protein,DAP)的丝氨酸/苏氨酸蛋白激酶(Ser350)残基的磷酸化导致凋亡诱导激酶 2(death-associated protein related apoptotic kinase 2,DRAK2)从细胞质易位到细胞核,从而能够诱导淋巴细胞 T 细胞和 B 细胞凋亡[169]。另一个例子是突触体相关蛋白 SNAP25 的膜易位。SNAP25 被磷酸化后,对神经元特异性抗原 HPC-1(syntaxin-1A)的结合亲和力降低,从而发生蛋白质的亚细胞易位[170,171]。

#### 4.2.2.3    脂酰修饰的功能调控

脂酰修饰发生在许多蛋白质上,并可以调节生理学的许多方面。蛋白质脂化对细胞功能的影响是通过调节蛋白质与生物膜的相互作用、蛋白质与蛋白质的相互作用以及蛋白质稳定性和酶活性来实现的。

1. 细胞的定位和膜的附着

例如,N-甘氨酸豆蔻酰化介导修饰蛋白靶向到不同的生物膜位置(如质膜、内质网、高尔基体复合物、线粒体膜和核膜)。然而,甘氨酸豆蔻酰化不足以进行膜靶向,通常需要另一个信号。该信号包括其他近端脂质修饰(如半胱氨酸棕榈酰化或半胱氨酸丙烯基化)和带正电荷的氨基酸簇[172]。NADH-细胞色素 b5 还原酶(b5R)是一种完整的膜蛋白,双重靶向线粒体外膜和内质网。b5R 的肉豆蔻酰化对于靶向线粒体外膜是必不可少的,而非豆蔻酰化的突变体定位于内质网[173]。研究表明,b5R 的肉豆蔻酰化干扰了信号识别分子对新生肽的识别,从而阻止了其向内质网的靶向[174]。

2. 蛋白质相互作用的调节

N-甘氨酸豆蔻酰化可通过介导蛋白质相互作用使其靶向纤毛。该过程由两种蛋白质介导,Unc119a 和 Unc119b[175]。这些蛋白质与 PDE6δ 同源,Unc119b 与异戊二烯化蛋白质结合。值得注意的是,Unc119a 和 Unc119b 仅识别豆蔻酰化蛋白,而 PDE6δ 仅识别异戊二烯化蛋白[176]。Unc119a 和 Unc119b 与酰化肽复合的结构表明,这些蛋白质对豆蔻酰化肽的识别类似于 PDE6δ 对异戊二烯化肽的识别[177,178]。同时 ADP 核糖基化因子样 2 和 3 分别以 GTP 依赖性方式从 PDE6δ 和 Unc119a 和 Unc119b 复合物上释放结合的异戊二烯化和肉豆蔻酰化蛋白[175-178]。

3. 蛋白质稳定性的调节

棕榈酰化修饰能够调节蛋白质的稳定性。例如,酵母中的 Tlg1,它在调节内体和高尔基体之间的蛋白质循环中起关键作用。Tlg1 受 PAT Swf1 棕榈酰化修饰,使其保留在高尔基体和内体膜上并抑制其降解。而 Tlg1 棕榈酰化位点突变后或 Swf1 失活后导致 Tlg1 被泛素化和降解,该过程由 Tlg1 E3 连接酶 Tul1 介导。这种情况下,棕榈酰化修饰的功能就是防止蛋白质泛素化,从而增加蛋白质 Tlg1 的半衰期和稳定性[179,180]。

4. 内质网未折叠蛋白反应的调节

棕榈酰化修饰还在内质网产生未折叠蛋白的反应中起重要作用。低密度脂蛋白受体相关蛋白 6(low density lipoprotein receptor-related protein 6,LRP6)是单通道 I 型膜蛋白。它是 Wnt 的共同受体,是启动 Wnt/β 连环蛋白信号传导途径所必需的。LRP6 棕榈酰化位点是 Cys1394 和 Cys1399,棕榈酰化修饰对将 LRP6 转运出内质网是必要的。若棕榈酰化受到影响,则不能运出内质网,那么 LRP6 长跨膜区域由于疏水性强可能引发内质网中形成一些未折叠的蛋白[181]。同样,酵母几丁质合成酶 Chs3 运出内质网也必须依赖棕榈酰化修饰[182]。淀粉样前体蛋白(amyloid precursor protein,APP)的研究表明,棕榈酰化的阻断导致其几乎完全保留在内质网内。这表明淀粉样前体蛋白的棕榈酰化是输出内质网所必需的[183]。

5. 酶活性的调节

通过豆蔻酰化调节酶活性的代表性例子是负调节 c-Abl 酪氨酸激酶活性的豆蔻酰开关。c-Abl 是蛋白酪氨酸激酶 Src 家族的成员,与豆蔻酰化的形式相比,未肉豆蔻酰化的 c-Abl 更活跃,通常在静息条件下以非活性状态存在,直到通过信号通路被激活[184]。

📖 **延伸阅读**
——细胞内"死亡之吻":泛素

2004 年诺贝尔化学奖颁发给了以色列的 Aaron Ciechanover、Avram Hershko 和美国的 Irwin Rose 三位科学家,以表彰他们发现了一种新的蛋白质死亡机理——泛素调节的蛋白质降解。

对所有的生物体来说,死亡是一个无法避免的过程。蛋白质作为构成一切生物体的基础,在很长一段时间内生物学家都是围绕其生成展开研究的,蛋白质降解相关的研究却是一个冷门领域。

事实上,早在 20 世纪 50 年代就出现了早期的蛋白质分子降解现象,科学家们在实验结果中发现绝大多数蛋白质分解过程都不需要借助外来能量,但在细胞内发生的蛋白质的自身降解却需要消耗能量。这个阶段科学家们一直把研究方向瞄准三磷酸腺苷的作用,Avram Hershko 就是这一批探索者之一。

20 世纪 70 年代,科学家们从小牛的胰中发现了一种仅由 76 个氨基酸组成的小分子蛋白质。随后,科学家们陆续在真菌、酵母菌、蛙类及人类的所有组织中发现了这种蛋白质,科学家们给这种无处不在的蛋白质起名为泛素。但当时对泛素的功能一无所知。

直到 20 世纪 70 年代晚期,Avram Hershko 和 Irwin Rose 在一次会议中相遇,相互交谈中才了解到他们正从事同一个问题的研究,这时 Aaron Ciechanover 还是 Avram Hershko 的研究生。他们获得诺贝尔化学奖的主要工作——发现泛素调节蛋白质降解,就是从这个时期开始的。在合作期间,他们联名发表了一系列论文,揭示了泛素调节的蛋白质降解机理,指明了蛋白质降解研究的方向,由此奠定了他们获得诺贝尔奖的基础。

泛素是一种分子标签,可以贴于要降解的蛋白质上,这一过程需要消耗能量,因此被形象地称为"死亡之吻"。这一突破性发现解决了早期一直困扰科学家的问题,就是为什么细胞内蛋白质的降解需要消耗能量。贴上标签的蛋白质会被送往细胞中名为蛋白质酶体的"垃圾桶"中,并在那里被切碎、分解,然后进入循环,合成新的蛋白质。

大量研究证实,泛素调节的蛋白质降解过程在生物体中的作用非常重要。泛素广泛参与各种生理过程,包括细胞增殖、凋亡、自噬、内吞、DNA 损伤修复及免疫应答,泛素化失调在疾病中也发挥重要作用,如癌症、神经退行性病变、肌肉营养不良、免疫疾病及代谢综合征等,尤其对于肿瘤及神经退行性病变,针对泛素化通路的调控已被认为是一种治疗肿瘤及神经退行性病变的重要策略。

# 4.3
# 糖的化学生物学

## 4.3.1　糖的合成

糖是指多羟基醛或多羟基酮的缩聚物和衍生物。糖是功能性和结构性生物分子,包含单糖、寡糖、多糖和糖缀合物等。它们有的作为纯糖类化合物天然存在,有的附着在脂质和蛋白质上形成糖缀合物。糖类化合物是在细胞生物过程中起重要作用的天然分子,可以作为能量来源和结构材料。与蛋白质和核酸不同,糖类化合物不是模板驱动生物合成的产物,而是直接依赖于糖基转移酶的表达、特异性底物及相应糖核苷酸。不同的单糖元件和糖苷键中不同的立体化学、区域化学导致了糖类化合物线性和分支结构的复杂性。糖类化合物糖基化后修饰亦增加了天然糖类化合物的复杂性。为了探索糖类化合物"编码"的重要功能,获得足够量的纯糖类化合物是必要的。目前,化学合成仍是获得特定糖和糖缀合物的最佳策略,但其纯化过程具有挑战性。将相关酶引入糖类化合物合成方案中使得糖类化合物生物合成的可行性增加。化学衍生的灵活性与酶催化反应相结合的化学酶策略已经发展强大。本书内容将介绍化学合成糖的方法：化学、酶法或化学-酶法来获取这些高度复杂的糖类生物大分子。

### 4.3.1.1 单糖的合成

寡糖和糖缀合物的合成需要大量不同功能化的单糖构件。除了传统的"一锅法"策略，即从相应的未受保护的糖类化合物中获取构建模块之外，从头合成是大规模制备糖类化合物构建模块的好方法。从头合成是利用碳碳键形成反应，从较小的底物开始合成糖类化合物。已有研究证明从头合成对于单糖构件生成的有效性（见图 4-16），已经建立了一种非对映选择性（domino nitro-Michael/Henry）反应，包括 $\alpha,\beta$-羟基醛和硝基烯烃，以提供完全官能化的 D-氨基葡萄糖构件[185]。同时，也可以通过 Evans 羟醛反应从头合成 $\alpha$-D-半乳糖醛酸硫代糖苷[186]。

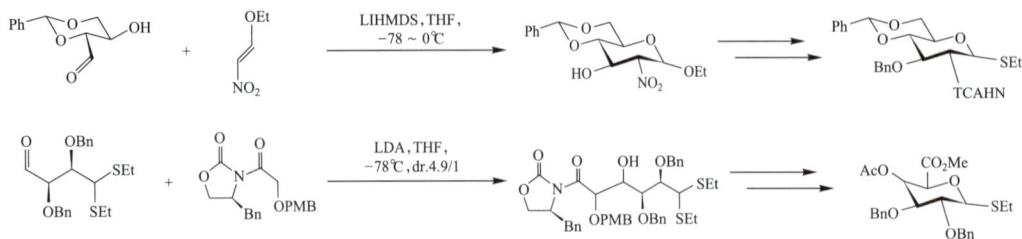

图 4-16　单糖的从头合成

### 4.3.1.2 寡糖的合成

糖基化反应中，区域选择性和立体选择性的控制是寡糖化学合成的两大难题。目前已经建立了各种策略来解决这些困难，包括各种保护基团、离去基团、反应条件和糖基化启动子，以获得具有所需结构和修饰的寡糖。区域选择性的控制主要通过使用保护基团来掩盖糖基受体和供体中不需要的羟基进行。但是，糖基化过程中的区域选择性也可以由受体中羟基的反应性来获得。相反，新糖苷键中正确立体化学的形成是通过使用参与中间体空间和电子稳定的保护基团或通过改变反应条件（如温度、溶剂和添加剂）来控制的。寡糖合成的效率取决于目标结构、选择的组装方法及结构中单糖的多样性。当寡糖含有大量单糖，且需连接可变性时，其组装是一个耗时且昂贵的过程，需要合成多个构件。因此，设计和开发大规模单糖构件是一个关键过程。

根据寡糖糖苷键的形成位置和合成策略,单糖构件包括接头、保护基团或离去基团。单糖的还原性末端通常含有连接基或正交保护基。常用的接头是短链烷基,一端含有羟基,另一端含有炔烃或受保护的氨基或硫醇基团。这些正交组合主要用于连接聚合策略中的寡糖构件。组装寡糖的线性或收敛方法包括顺序去保护和糖基化步骤。单糖通过线性策略的连续延伸循环得到寡糖。每个延伸周期包括糖基化和临时保护基团的去除,直到所需寡糖结构的完成。在收敛法中,大而复杂的片段由单糖合成,然后组装成寡糖。这两种策略各有利弊,其适用性取决于目标结构和单糖的可行性。液相合成的主要缺点,特别是在线性策略中,是在每个反应步骤后需要纯化且伴随着原料和产品的损失。在大量寡糖的合成中,纯化过程的高数量和高难度意味着宝贵的高级中间体的损失。因此,出现了使用固相方法和一锅多步骤组装法来合成不同寡糖,以减少纯化步骤的数量和中间体的损失[187]。

由于耗时的后处理和纯化步骤,传统的在溶液中合成寡糖通常是一项烦琐的任务,于是,人们发展出寡糖自动化固相合成方法[188]。从技术上讲,自动化固相合成的核心概念为不断增长的寡糖链与树脂等固体支持物间的共价连接[189]。因此,可以在每个循环开始时,将所有试剂加入合成器中,然后固体支持物将与糖基受体反应,或进行修饰以暴露下一个循环所需的新的亲核羟基(见图4-17)。过量的试剂可确保糖基化反应的完成,从而提供所需产物的良好产率。残留在溶液中的未反应原料或副产物可以通过简单的过滤和洗涤容易地除去。由于在糖部分和树脂之间安装了可切割的接头,最终产物可以从固体支持物上切割下来。这种方法的主要优点是一旦最终产品从树脂中取出,只需要一个简单的纯化步骤。目前,寡糖的自动合成可以在非常低的温度下进行糖基化[190],并且能通过自动合成,实现具有挑战性的1,2-顺式连接,如$\alpha$-半乳糖苷连接[191]或$\beta$-甘露糖苷连接[192]。

### 4.3.1.3 多糖的合成

自然界中的多糖是具有重要生物活性的大分子,广泛分布于所有的生物体内。这些多糖在多种正常生理和病理过程中起重要作用,如细胞转移、信号转导、细胞间黏附、炎症和免疫反应。然而,多糖的异质性使结构与活性之间的关系研究复杂化,导致人们对其作用机制的不完全理解,并阻碍其进一步的应用。因此,合成结构上均一或接近均一的多糖对于开发基于糖类化合物的药物具有重要意义。

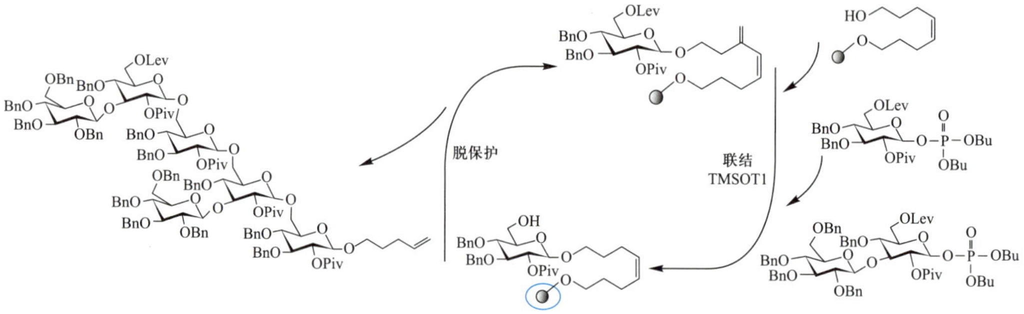

图 4-17　寡糖的自动固相合成

多糖通常有两个与其均质性相关的特性。结构均匀性是指单个重复单元的存在,而分子量均匀性是指多分散指数为 1.0。大多数天然存在的多糖通常在结构上不均匀,来源有限,且生产成本高。例如,动物源性肝素是一种广泛使用的多分散抗凝药物,但其详细的结构活性关系增加了研究过程的复杂性,从而阻碍了其应用[193]。通常,可以使用三种策略合成均质多糖:(1) 降解法;(2) 化学合成法;(3) 酶或化学-酶合成法。这些合成方法分别具有各自的特点和应用范围,见表 4-2。

表 4-2　合成均质多糖的一般方法的比较

| 方法 | 策略 | 代表性条件 | 说明 |
|---|---|---|---|
| 降解法 | 化学降解 | 酸、碱、高碘酸 | 随机,难控制,容易导致产生更小分子量的糖 |
| | 细胞内降解 | 裂解酶 | 难控制、复杂的纯化操作 |
| 化学合成法 | 化学糖基化 | 使用糖苷卤酰化合物,硫代糖苷或旋糖苷供体 | 生成特定结构的多糖,单一的合成和纯化步骤,总收益率低 |
| 酶或化学-酶合成法 | 酶和化学酶组装 | 糖转移酶 | 灵敏的反应,大量的酶 |
| | "一锅法"组装 | 氨基葡萄糖酯酶,游离缩聚 | 简化操作,降低成本,难控制 |

通过化学或酶促反应降解天然多糖也可获得均质寡糖和多糖。在酸性、碱性或氧化条件下,在不同位置破坏多糖并提供一定分子量的寡糖或多糖,这种方法常用于制备更均质的产品。然而,这种降解方法是随机的,很难控制,容易导致产生更小分子量的糖类化合物,如单糖和二糖。酶促降解可以利用裂解酶或水解酶在温和条件下催化多糖的解聚。尽管酶促降解方法可以降低多糖的分子量并提供分子量分布相对较窄的寡糖,但很难使用降解酶精确控制寡糖的大小,故得到的是多分散混合物,必须随后进行复杂的纯化操作以获得均一的多糖或寡糖。

与化学合成相比,酶促合成具有自身的优势,包括精细的立体选择性和区域选择性[194,195]。特别是化学酶促合成,它将化学方法的灵活性与酶催化反应的特异性相结合,因此,在合成均质多糖或特定寡糖时表现出更好前景。在该策略中,化学方法用于制备天然或非天然的酶底物、供体或受体,然后糖基转移酶和酶分别负责糖链延伸和骨架修饰。然而,酶促或化学酶促合成仍然是逐步的,需要相对长的反应步骤和大量的酶。此外,酶的大规模表达目前仍具有挑战性,并且酶的成本通常较高,难以满足工业需求[196]。

与上述方法不同,构建糖链需要许多合成步骤,一锅聚合无疑是生产均质多糖或特定寡糖的最快方法[197]。此外,涉及化学或酶促糖基化的一锅策略可以将糖基供体依次添加到反应容器中,以获得所需的目标多糖[198]。在这个反应体系中,前一个反应的产物可以是下一个反应的底物。无须分离或纯化中间体即可制备目标多糖,大大简化了操作步骤并降低了成本。然而,一锅聚合很难控制,通常以随机方式进行。尽管传统的化学方法仍是制备均质多糖的主要方法,但是诸如冗长的步骤、复杂的纯化操作和有限的产品分子量等问题仍然存在。一锅法虽然大大简化了操作程序,降低了制备均质多糖的成本,但在这一领域仍然存在许多挑战,离千克数量级的合成还很远。

### 4.3.1.4　糖缀合物的合成

糖与脂质或蛋白质结合,形成糖缀合物,如糖脂、糖蛋白和蛋白聚糖等[199,200]。这些糖缀合物在生命过程中发挥着关键作用,包括病毒和细菌感染、细胞信号传导、细胞增殖和分化、血管生成和转移、免疫反应和神经退行性疾病的发生和发展等[201]。最近有报道称新型冠状病毒感染就依赖于糖缀合物硫酸乙酰肝素(heparan sulfate,HS)和血管紧张素转换酶2(angiotensin-converting enzyme 2,ACE2)[202]。

化学酶法促进了特定糖缀合物的合成(见图4-18)。近年来,肝素和硫酸乙酰肝素的化学酶法合成取得了很大进展。硫酸乙酰肝素由氨基葡萄糖和葡糖醛酸/伊糖醛酸重复二糖组成,具有各种硫酸化作用。肝素也属于糖胺聚糖多糖家族,是肝素和硫酸乙酰肝素的前体。多杀性巴氏杆菌肝素酶合成酶(PmHS1和PmHS2)被用于化学酶法合成天然和非天然肝素多糖[203]。化学酶促合成为制备具有新的生物或化学性质的糖缀合物提供有用的工具。

除了酶法合成糖缀合物,化学合成法仍是糖缀合物合成的主要方式。在此介绍三种简单的化学方法来快速合成糖缀合物:点击化学、烯烃复分解和多组分反应。

点击化学通常指的是Cu(Ⅰ)催化的叠氮化物与末端炔烃的1,3-偶极环加成反应,

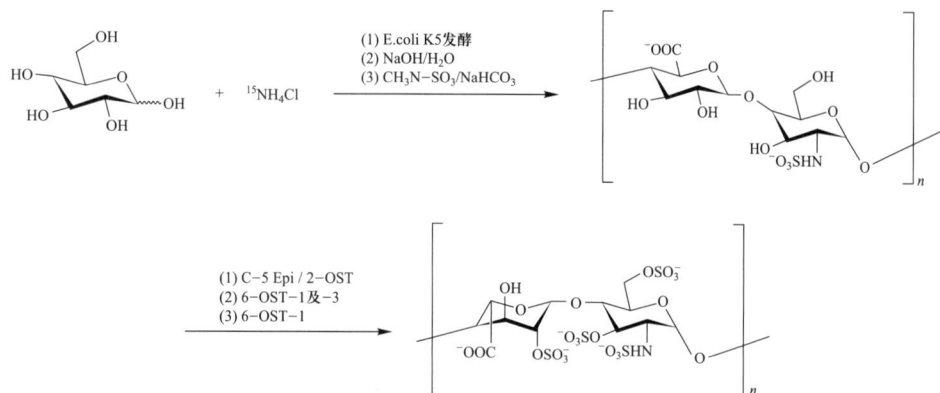

图 4-18 化学酶法合成糖缀合物

以获得区域特异性的 1,4-二取代的 1,2,3-三唑。这一策略为构建各种糖类化合物提供了一条便捷的途径[204]。在最近的一项研究中,点击化学被用于合成糖二聚体,这些糖二聚体在水溶液中通过超声作用吸附到单壁碳纳米管上[205]。在另一项研究中,报道了一种使用叠氮-炔烃"点击"环加成反应获得凝集素拮抗剂糖/β-内酰胺杂化肽模拟物的简单实用的方法[206]。Bertozzi 实验室采用不含铜的点击化学,对体内的聚糖链蛋白进行成像[207]。叠氮修饰的糖可用于叠氮标记斑马鱼胚胎的代谢细胞表面聚糖[208]。叠氮化合物与二氟化环辛烯试剂的无铜点击反应还可实现活体发育斑马鱼中的聚糖成像。

钌催化的烯烃复分解通过形成新的碳碳双键将两个亚烷基片段相互连接起来。自从发现以来,烯烃复分解反应由于副产物少和易于操作而在有机化学中得到广泛应用[209]。最近,烯烃复分解已经被应用于以立体定向方式合成甘油磷脂酰胆碱的混合缩醛链段[210]。Danishefsky 实验室采用烯烃复分解法,通过连接寡糖和多肽结构域来全面合成双作用候选疫苗[211]。

多组分反应目前在组合化学中起着核心作用[212]。自从 1921 年第一个多组分反应被发现以来,越来越多的多组分反应被开发出来。例如,Biginelli 反应(Bucherer-Bergs 反应)、Strecker 反应或 Pauson-Khand 反应,以及四组分反应(如 Ugi 反应和 Asinger 反应)。2008 年,Ugi 型多组分大环化合物构建了一个小型平行的含有天然产物衍生侧链的类肽大环化合物库。在一锅法中,氨基酸和糖部分等不同的外环元素被引入含类肽的大环骨架中[213]。

在过去的几年中,科研工作者已经建立了大量的方法,通过分子生物学、化学合成或两种方法的结合来获得糖缀合物。但目前仍然缺乏合适的和通用的方法来合成各种糖缀合物。

## 4.3.2 糖的化学修饰

糖的化学修饰是指通过化学手段对糖的结构进行修饰，获得具有更高或新的生物活性的糖衍生物。糖的化学修饰可以通过改变官能团或其结构和构象性质来改变其生物活性。常见的化学修饰有硫酸化、羧甲基化、乙酰化、磷酸化、甲基化、羟丙基化、硒化和醚化等。

### 4.3.2.1 糖的硫酸化修饰

硫酸软骨素（chondroitin sulfate，CS）是一种生物活性多糖。硫酸软骨素是一种带有硫酸基团的糖胺聚糖，由 N-乙酰半乳糖胺与葡萄糖醛酸聚合而成（见图4-19）。硫酸软骨素是结缔组织中细胞外基质的组成成分之一，在生物过程中发挥着重要作用。硫酸软骨素大量存在于人类、其他哺乳动物和无脊椎动物中，在皮肤、骨、肌腱及韧带等中都有存在。硫酸软骨素可以在体内发挥不同的功能，如硫酸软骨素能为软骨提供抵抗机械压缩的能力，也能在神经系统的信号传导过程中发挥作用。除此之外，已经有文献报道硫酸软骨素能够阻断细胞信号转导途径，从而影响软骨细胞中促炎转录因子的分泌。目前，硫酸软骨素已经被批准用于治疗关节软骨骨关节炎。

除了糖的硫酸化修饰，羧甲基化、磷酸化、乙酰化和甲基化等各种糖修饰在医药领域引起了广泛的关注。

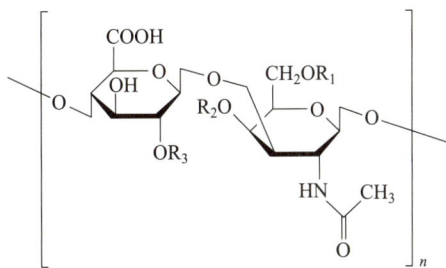

图4-19 硫酸软骨素的结构示意图

### 4.3.2.2 糖的羧甲基化修饰

多糖的羧甲基化修饰是指多糖残基上的羧甲基取代羟基，一般在碱性条件下将多糖与氯乙酸反应得到羧甲基化多糖（见图4-20）。在多糖结构修饰中，羧甲基化以其制备工艺简单、试剂成本低、产品无毒等优点成为常见的糖类衍生修饰。羧甲基的引入可以增大多糖的溶解度,有利于改善多糖的生物功能。目前,已经发现多糖的羧甲基化修饰对免疫活性有很大的影响。它主要通过增强机体的抗氧化酶活性,促进淋巴细胞和巨噬细胞的增殖、细胞因子分泌等途径发挥免疫调节功能。

图 4-20　糖的羧甲基化修饰的化学合成

### 4.3.2.3　糖的磷酸化修饰

天然存在的磷酸化多糖是有限的。因此,在过去的几年里,多糖的磷酸化已成为多糖结构修饰的重要途径。磷酸化取代位置通常是多糖链的羟基(见图 4-21)。磷酸化修饰是改变多糖性质和生物活性的有效途径,可以导致多糖生物活性的增强。磷酸化多糖因其抗氧化、抗肿瘤、抗病毒、免疫调节和护肝作用而受到越来越多的关注。

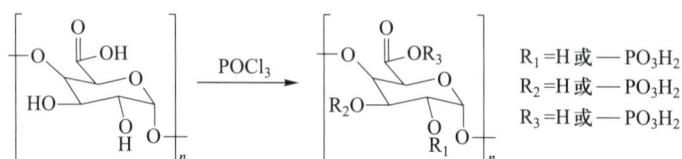

图 4-21　糖的磷酸化修饰的化学合成

### 4.3.2.4　糖的乙酰化修饰

糖的乙酰化主要修饰在多糖的支链结构。多糖单元的羟基在乙酰化反应中通过酯化转化为乙酰基(见图 4-22)。乙酰基可以使多糖分支伸展,改变多糖链的空间排列,进一步暴露多糖的羟基,从而可以增大多糖在水中的溶解度,有利于发挥其生物活性[214]。乙酰化通常使用乙酸和乙酸酐作为酰化剂,反应经常在甲酰胺等有机溶剂中进行[215]。近年来的研究表明,多糖的乙酰化修饰可以提高其抗氧化、抗肿瘤、免疫调节等生物活性。例如,有研究发现,从灵芝中提取的多糖成分在经过乙酰化修饰之后,其抗氧化和免疫调节活性增强[216]。

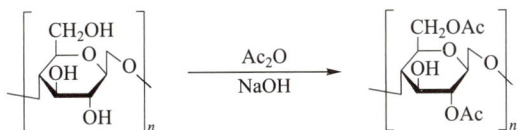

**图 4-22 糖的乙酰化修饰的化学合成**

#### 4.3.2.5 糖化学修饰的应用

除了上述的修饰外,糖分子还有其他化学修饰,如甲基化、硬脂化、羧乙基化、棕榈酰化、磺酰化、碘化和氨化等。在糖分子修饰的研究中有很多应用。

多糖分子经修饰后,可得到具有多种结构和生物活性的衍生物,为分析多糖结构与功能之间的关系奠定了基础。此外,多糖结构与功能的关系直接指导多糖分子修饰的方向,为未来多糖药物的设计、研发提供理论依据。目前,多糖的分子修饰已经取得了一些成果,但同时我们也应该清楚地认识到,多糖分子经修饰后,其空间构象和生物活性的变化仍缺乏深入的研究。开展多糖分子修饰和生物活性研究,开发稳定的分子修饰技术,证明多糖化学修饰在体内作用机制,是未来多糖在医药领域研究中的一个重要方向。

## 4.3.3 糖的信号转导

糖是生物体三大营养物质之一,为生命提供能量,参与代谢水平的调节,对大多数生物学过程有很大的影响。糖也是重要的信号分子,参与许多复杂的网络,具体概括起来有"感知"和"信号转导"两种。其中,感知包括直接感应和信号传递,主要通过具有广泛亲和力和特异性的糖结合传感器触发。信号转导则通过调节信号蛋白直接或间接传递糖。下面主要介绍糖的信号转导。

#### 4.3.3.1 植物系统中糖的信号转导

在植物系统中,糖为有机化合物提供骨架、为化学反应储存能量、影响细胞中大多数生理过程。植物光合作用产生的糖在支持和调控细胞内外信号中起着核心作用,推动了植物从胚胎发生到衰老的多种生物学过程。过去对糖的研究主要集中在植物如何生产、运输、代谢、储存和感知糖信号方面,现在逐渐开始探讨糖作为信号分子介导的信号转导途径及其分子机制。

糖是与与细胞代谢、生物/非生物胁迫反应相关的关键信号分子,下面将具体介绍植物系统中出现的糖信号,以及糖作为信号分子如何在植物体内参与信号转导。

植物代谢和调节途径的复杂性造成了糖信号的多样性。Simone Ferrari 在一篇关于低聚半乳糖醛酸(oligogalacturonides,OGs)的综述文章中介绍了糖既是代谢物又是信号分子的例子。低聚半乳糖醛酸由 $\alpha$-1,4-连接的半乳糖醛酸残基组成,是细胞壁的重要组成部分。在生物胁迫下,低聚半乳糖醛酸可以通过由真菌生长激活的水解酶或由食草动物造成的机械损伤从细胞壁中释放出来。释放的低聚半乳糖醛酸可以作为信号分子,在植物细胞和周围组织中诱导防御反应。糖作为信号分子可以介导细胞网络中的信号通路,与其他关键的细胞信号系统的相互作用,如生物钟、植物激素、控制防御反应等。糖信号作为调节分子的另一个例子来自雷帕霉素(target of rapamycin,TOR)激酶复合物。TOR 及 TOR 复合物与其他伴侣蛋白相关联,从而广泛地影响和整合细胞反应,包括代谢、mRNA 加工和细胞自噬等。据报道,葡萄糖是 TOR 激酶活性的正调节因子,可以影响多种生物学过程,包括与应激相关的糖的生物合成、糖酵解及蔗糖和淀粉的生物合成。

己糖激酶(hexokinase,HXK)是第一种被发现的植物细胞内葡萄糖传感器 190。植物基因组编码多个己糖激酶和己糖激酶样蛋白(hexokinase like protein,HKL),这些蛋白在信号和代谢方面起着不同的作用。已知在拟南芥中,HXK 1 在信号和代谢过程中起着双重作用,HXK 1 的第 177 位点丝氨酸变成丙氨酸(S177A)突变可以解除 HXK 1 信号和代谢的耦合,S177A 突变还可以消除葡萄糖磷酸化活性。最近的一项结构研究表明,HXK 1 和 S177A 在单个葡萄糖结合口袋中与葡萄糖形成共晶体,并引起类似的构象变化。这一发现支持 HXK 1/S177A 在不发生葡萄糖磷酸化的情况下具有完整的传感器功能的观点。

除葡萄糖外,大量证据表明,蔗糖也是一种独特的糖信号。在控制开花、种子和储存器官的发育、分枝和色素沉着方面,蔗糖信号发挥了重要的作用,且这些方面蔗糖信号不能被葡萄糖或果糖所取代。代表性例子是甜菜叶的蔗糖特异性抑制。BvSUT 1 编码糖原-蔗糖共生体的基因,通过 5′UTR 上游开放阅读框(upstream open reading frame,UORF)翻译 bZIP 11 蛋白 193,194。MYB 75 基因表达并合成花青素,花青素抑制细胞增殖,而葡萄糖和蔗糖都能激活生长素的生物合成和细胞增殖,其中包括 HXK 1 和 PIF 转录因子的复杂作用。与生长素控制根尖优势的理论不同,人工增加蔗糖水平反而会抑制植物的表达。值得注意的是,蔗糖能激活钙信号和钙依赖性蛋白激酶。总之,植物系统中存在大量的蛋白质和酶,具有保守的糖结合结构域,在蔗糖的运输和代谢中起着关键作用。

还有研究表明,内源性蔗糖与海藻糖-6-磷酸(trehalose-6-phosphate phosphatase,T6P)之间存在着密切的联系,推测海藻糖-6-磷酸可能具有蔗糖信号类似的效应。在拟南芥、烟草和玉米等植物中,通过对海藻糖代谢酶的广泛遗传和转基因操作发现,许多代谢和发育表型与海藻糖-6-磷酸、海藻糖合酶或海藻糖-6-磷酸磷酸酶水平的改变有关,包括基因表达、代谢、种子发育、茎的膨大和开花等。基于遗传、生化和基因组研究的新进展,海藻糖-6-磷酸通过未知的蛋白质调节物抑制进化保守的能量传感器复合物 SNRK 1(sucrose non-fermenting1-relatedkinase 1)的活性。编码 TPS 和 TPP 蛋白的植物基因家族,缺乏显著的酶活性,仍有可能作为 T6P 的调节因子或传感器调节 SNRK 1 的活性。

除胞内糖信号外,G 蛋白信号转导调节蛋白(regulators of Gprotein signaling 1,RGS 1)作为细胞膜上的一种七次跨膜结构域蛋白,在植物体内发挥着外界葡萄糖传感器的作用。作为 G 蛋白信号的主要调节因子,RGS 1 通常通过一种叫作 GAP 活性的现象来抑制 G 蛋白信号,这种现象依赖于一个叫作 RGS-box 的分子域。研究者发现 RGS 1 突变体减少了几个葡萄糖应答基因的调控。作为 RGS 1 特异性标记基因,RGS 1 被 D-葡萄糖、D-果糖和蔗糖强烈激活。因此,RGS 1 可能是一种质膜传感器并且能够对多种胞外糖变化给出反应信号。

糖信号在植物胚胎发生、育苗、生长、代谢、开花、衰老等方面具有重要的生物学功能。应用分子、细胞、遗传、基因组、磷蛋白组学和系统分析技术,有助于在介导糖信号传递的各种机制中发现新的调节因子和分子链。总之,人们现在对糖信号参与的化学生物学过程知之甚少,未来仍需要继续挖掘和探索。

### 4.3.3.2 动物系统中糖的信号转导

在动物系统中,糖是携带最大信息量的生物分子。首先,糖可以作为结构物质,参与细胞膜、血浆、黏液、细胞间质的组成。其次,不仅大多数内在膜蛋白是糖蛋白,从细胞内分泌到胞外体液中的蛋白质大多也是糖蛋白,如细胞膜中的免疫球蛋白、病毒和激素的膜受体等都是糖蛋白。最后,在细胞表面的糖肩负着细胞间的识别、黏附及信息传递的任务,尤其是细胞表面的聚糖在细胞的功能和命运中起着关键的作用。下面将介绍动物系统中的糖信号、糖信号对细胞和个体代谢水平的调节,以及它们对代谢过程的影响。

　　细胞识别实际上就是细胞表面分子的相互识别。人体所有细胞的细胞膜上都有一种叫作主要组织相容性复合体(major histocompatibility complex,MHC)的分子标志,作为一种特殊的糖蛋白,其能够参与对抗原处理的过程、约束免疫细胞间的相互作用、参与对免疫应答的遗传控制、诱导自身或同种淋巴细胞反应、参与 T 细胞分化过程等。此外,糖信号参与的细胞识别还发生在受精作用中。哺乳动物的卵细胞外层有一层透明的糖蛋白外衣,称为透明带,由三种糖蛋白组成,糖链能被精子表面的受体识别。精卵识别引发精子头部释放蛋白酶和透明质酸酶,使透明带水解、精子和卵细胞的细胞膜融合,精子核进入卵细胞内。

　　细胞膜表面的糖蛋白可作为细胞表面标志或表面抗原,一个重要的例子就是人的血型。人的 ABO 血型系统中,三种血型抗原的差别就在于糖链末端残基的不同。首先,基因并不能直接编码糖链的结构,而是先编码糖基转移酶,再由糖基转移酶合成糖苷键,从而形成多种多样的糖。A 型抗原糖链末端为 N-乙酰半乳糖,而 B 型抗原糖链末端为半乳糖,而 O 型抗原的相应位置没有糖基。如果用半乳糖苷酶作用于 B 型红细胞,切去糖链末端的半乳糖可以使 B 型转变成 O 型。常见的输血反应就是自身血浆中的血型抗体对异种红细胞表面血型抗原的反应。

　　目前,已知所有活细胞都通过糖基化机制在其表面组装各种聚糖结构。细胞表面糖基化和糖凝集素信号在调节多个细胞过程中发挥关键作用,如免疫功能和细胞间相互作用。最近的重要进展证实,一些病毒感染可以改变受感染细胞的细胞表面糖基化。Colomb 等人对治疗期间感染艾滋病毒感染细胞的细胞表面糖组进行了表征分析,发现 CD4+T 细胞表面含有高水平的聚焦糖配体,如细胞外渗介质 Sialyl-LelisX(SLeX),这些高水平的 SLeX 在体外由 HIV 转录诱导,并在体内治疗后得到维持。因此尽管 CD4+T 细胞转录艾滋病病毒,但仍对病毒有抑制性的治疗。具有高 SLeX 的细胞富含与艾滋病病毒易感性相关的标记物、驱动艾滋病病毒转录的信号通路、参与白细胞外渗的通路。因此,艾滋病病毒感染转录活性细胞的糖组学特征,不仅使其与具有转录活性的细胞区分,而且还可能影响它们的运输能力。

　　在生物体内,糖不仅是能量来源和结构物质,还可以作为信号分子参与众多代谢过程并调节代谢水平。作为信号分子,糖参与分子识别和细胞识别。细胞膜表面的糖蛋白还可作为细胞表面标志或表面抗原。细胞表面糖基化信号在调节多个细胞过程中发挥关键作用。总之,糖在生命周期中具有重要的作用,糖信号的研究未来仍将是一个重要的前沿领域。

📖 **延伸阅读**
——惠斯勒糖化学奖

惠斯勒糖化学奖,由国际碳水化合物组织(International Carbohydrate Organization)于1984年设立,每两年授予1~2位从事糖化学和糖生物化学研究的科学家,以表彰他们在糖化学领域作出的杰出贡献。该奖项是为致敬美国糖化学先驱 Roy L. Whistler 而设,是国际糖化学领域的最高奖项。

国际碳水化合物组织正式宣布2022年惠斯勒糖化学奖授予中国科学院上海有机化学研究所俞飚研究员。俞飚成为第一位获得该奖项的中国学者。俞飚长期专注于糖的化学合成和生物活性的研究。过去,人们主要用酸催化来合成糖分子,俞飚课题组创造性地以糖基邻炔基苯甲酸酯为给体,通过金催化糖苷化方法实现了其他方法不能实现的特殊糖苷键的构建,被称为俞氏糖苷化反应。该团队发明的以糖基三氟乙酰亚胺酯作为给体的糖苷化方法是目前复杂聚糖和糖缀合物合成的通用方法,已被全球近百家实验室成功应用,被称为催化糖苷化的三个里程碑之一。

# 4.4
# 脂质的化学生物学

脂质是脂肪和类脂的总称。脂肪即甘油三酯(triglyceride),也称三酰甘油(triacylglycerol)。类脂包括固醇及其酯、磷脂和糖脂等。脂质是细胞的基本组成部分,在信号传递、能量储存和膜形成中起着关键作用。在细胞内脂质的生成、识别和运输是由许多酶、结合蛋白和受体共同作用而完成的[217]。脂质的组成元素主要为碳、氢、氧;有些脂质还含有氮、磷、硫。当前,脂质已被大致定义为不溶于水但溶于非极性溶剂的生物有机大分子,如脂肪酸、磷脂、甾醇、鞘脂、萜烯等[218]。

脂质大体可分为三类,即简单脂质、复合脂质与衍生脂质。简单脂质是指水解后最多产生两种不同产物的脂质,含有脂肪酸和甘油或长链醇,如甾醇和酰基甘油。复杂脂质则是指水解后产生三种或三种以上产物的脂质,除含有脂肪酸和醇外,尚有所谓的非脂质分子成分,如甘油磷脂和鞘糖脂。衍生脂质可视为前面两类脂质衍生而来并具有脂质一般性质的物质,如脂肪酸和类固醇。脂质更具体的分类系统可基于两个基团——酮酰基和异戊二烯基来进行。通过这两个基团,脂质可被定义为疏水性或两亲性分子,其全部或部分来源于酮酰基硫酯的碳阴离子缩合或异戊二烯单元的碳阳离子缩合。根据其化学主干,脂质可被分为八类:脂肪酰基、甘油酯、甘油磷脂、鞘脂、糖脂类、聚酮类(来源于酮酰亚基的缩合),以及甾醇脂质和戊烯醇脂质(来源于异戊二烯亚基的缩合)[219]。脂肪酰基是通过乙酰辅酶 A 与丙二酰辅酶 A 基团的链伸长合成的。值得注意的是,这一类别不仅包含脂肪酸,还包含其他几种功能变体,如醇、醛、胺和酯。具有甘油基结构的脂质由两种不同的类别表示:甘油酯(glyceride),包括酰基甘油、烷基和烯基变体甘油,以及甘油磷脂(glycerophosphophatide)。甘油磷脂是第一大类膜脂。甾醇脂质(sterol lipids)和异戊烯基脂质均是通过焦磷酸二甲基烯丙基酯/焦磷酸异戊烯基酯的聚合而成的,具有共同的生物合成途径,但在最终结构和功能方面存在重大差异。特别是甾醇,具有独特的稠环结构,使其区别于环三萜类。鞘脂(sphingolipid)的核心结构为长链含氮碱。糖脂(glycolipid)定义为分子的脂肪酰基部分中以糖苷键形式存在的脂质。最后一类是聚酮化合物(polyketone compound),是来自动物、植物和微生物的多种代谢物[220]。

脂质作为一类广泛存在的化合物,由于其可变链长、大量氧化、还原、取代和成环的生化转化,以及糖残基和其他不同生物合成来源的官能团的修饰使其具有显著的结构多样性,并且它们在不同生物体中的分布也不同,使得脂质具有许多重要的生物学功能。脂质可形成许多的不溶于水的分子,包括三酰甘油、磷脂、甾醇和鞘脂等,它们在细胞和组织水平上发挥着信号传递、能量储存和膜结构的形成等关键作用。例如,生物主要用于储能的三酰甘油的主要组成部分是脂肪酸。磷脂、甾醇和鞘脂是生物膜的主要结构成分,有些脂质在信号传递中也有重要作用,起着第二信使和激素的作用[221]。虽然脂质形成膜结构,其同时也是能量储存的基本单位,但目前人们并不了解不同脂质种类的确切的生物学作用。下面将从脂质的生物合成、化学修饰、化学代谢及信号传导几个方面介绍脂质。

## 4.4.1  脂质的生物合成

脂质在细胞和组织水平上发挥着膜结构的形成、能量供应和信号传导的功能。内质网是脂质合成的主要场所。了解脂质的生物合成,有利于揭示脂质的生物学功能和生理学意义,深入认知动植物的多种生命过程。

### 4.4.1.1　甘油磷脂的生物合成

甘油磷脂一般简称为磷脂,是含有磷酸的脂类,包含数十或数百种不同的分子种类,其烷基链组成各不相同。单个细胞可能含有数千种不同的磷脂分子。甘油磷脂是细胞膜的主要脂质成分。真核细胞可以合成数千种不同的脂质分子,这些分子一部分被掺入它们的细胞膜中。甘油磷脂的合成以甘油-3-磷酸或磷酸二羟基丙酮为起始,脂酰转移酶将甘油-3-磷酸催化为磷脂酸,而磷酸二羟基丙酮经过酰化反应并同样被还原为磷脂酸;磷脂酸通过将不同的亲水性基团连接到主链上而得到进一步修饰[222]。

### 4.4.1.2　甘油三酯的生物合成

人体可利用甘油、糖、脂肪酸和甘油一酯为原料,经过甘油一酯途径和甘油二酯合成甘油三酯。甘油一酯途径以甘油一酯为起始物,与脂酰 CoA 共同在脂酰转移酶作用下酯化生成甘油三酯。甘油二酯途径也称为磷脂酸途径,磷脂酸是合成含甘油酯类的共同前体。游离的甘油也可经甘油激酶催化,生成甘油-3-磷酸,其在脂酰转移酶作用下生成磷脂酸[223]。此外,糖酵解的中间产物磷酸二羟丙酮也可酰化后,经还原合成磷脂酸。磷脂酸在磷脂酸磷酸酶的作用下释放磷酸基团生成甘油二酯,甘油二酯在酶的作用下加上一分子的乙酰基团最终生成甘油三酯。

### 4.4.1.3　胆固醇的生物合成

胆固醇是存在于动物组织中的主要甾醇,该分子是两亲性的,具有疏水环烷烃和亲水羟基。在哺乳动物中,胆固醇在生命中起着至关重要的作用,是细胞正常运作的重要组成部分。细胞膜是非常复杂的系统,它将细胞的胞质溶胶与外部介质隔开或将细胞各隔室的介质(溶酶体膜)隔开,同时仍允许物质进行内外转移。细胞膜通常是双层磷脂,胆固醇通常存在于膜中,主要参与膜的流动性和吞吐作用等。除了作为膜的结构成分外,胆固醇还充当多种化合物生物合成的前体,如胆汁酸、维生素 D 及类固醇激素[224]。

体内存在的所有胆固醇都来自两个不同的来源。它可以在人体细胞内从头合成,也可以通过摄入某些食物获得。胆固醇的合成大体可以分为五步,每一步都是非常复杂的反应[225]。胆固醇合成的第一步是从两个乙酰辅酶 A 分子经酶催化缩合形成乙酰辅酶 A 开始。接下来,HMG-CoA 合酶催化乙酰辅酶 A 与另一乙酰辅酶 A 之间反应形成 HMG-CoA,再经由 HMG-CoA 还原酶完成甲羟戊酸的合成。之后,甲羟戊酸转化为两种活化的异戊二烯衍生物。在一系列连续活化反应之后形成了角鲨烯分子,角鲨烯是所有类固醇的前体分子。角鲨烯首先转化为羊毛甾醇,最终转化为胆固醇[224]。

## 4.4.2　脂质的化学修饰

　　脂质的化学修饰主要是指蛋白质脂质化,这是一种重要的翻译后修饰,其中脂质部分共价连接到蛋白质上。脂质化显著增加蛋白质的疏水性,导致其构象、稳定性、膜结合、定位、运输及与其辅助因子的结合亲和力发生变化。各种脂质和脂质代谢产物均为蛋白质脂质化的一部分,脂质化通过增加靶蛋白与生物膜的结合亲和力、快速改变其亚细胞定位、影响折叠和稳定性,以及通过与其他蛋白质的结合来调节靶蛋白的功能。这些脂质及其衍生物的细胞内浓度受到细胞代谢的严格调节。因此,蛋白质脂质化可影响细胞代谢与蛋白质功能。重要的是,蛋白质脂质化的调节与各种疾病有关,包括神经系统疾病、代谢疾病和癌症等[226]。

　　蛋白质可以被至少六种类型的脂质共价修饰,包括脂肪酸、类异戊二烯、甾醇、磷脂、糖基磷脂酰肌醇和脂质衍生的亲电试剂。其中,脂肪酸修饰较为常见,如饱和或不饱和脂肪酸可以附着在蛋白质的半胱氨酸、丝氨酸或赖氨酸残基上,这一过程称为脂肪酰化。再如,肉豆蔻酸基团可以连接到蛋白质的 N-末端甘氨酸上,由 N-肉豆蔻酰转移酶(N-myristoyl transferase,NMT)催化修饰到蛋白质上。最近的化学蛋白质组学研究表明,人类细胞中有 100 多种蛋白质是肉豆蔻酰化的。肉豆蔻酰化可增强靶蛋白正确定位,从而影响蛋白质功能[227]。

　　其他种类的脂修饰也有很多,如类异戊二烯对蛋白质的修饰被称为异戊二烯酰化,大多数异戊二烯基化蛋白质在其 C 端含有 CAAX 基序。还有很多 Ras 家族的蛋白质都是异戊二烯基化蛋白质[228]。蛋白质磷脂修饰在细胞内也具有非常重要的作用,因为磷脂也在膜形成和信号转导中起着关键作用。例如,自噬相关蛋白 Atg8/LC3 是由磷脂酰乙醇胺修饰的。这种修饰是通过多步接合过程介导的,并且对于自噬体的双膜形成至关重要[229]。

糖基磷脂酰肌醇是一类特殊的复杂糖脂,可以作为翻译后修饰共价连接到蛋白质的 C 末端,可将其锚定在细胞膜上。GPI 是通过依次向磷脂酰肌醇中添加单糖、酰基和磷酸乙醇胺残基合成的。GPI 与 GPI 转酰胺酶复合物介导的蛋白质的结合是细胞中蛋白质的一种修饰方式[230],约有 1% 的真核蛋白质被 GPI 锚定修饰[231]。

脂质衍生的亲电试剂(lipid-derived electrophiles,LDE)是由脂质过氧化或其他代谢途径通过非酶和酶机制产生的反应性脂质代谢产物。已知的脂质衍生亲电试剂包括 4-羟基-2-壬烯醛、15-脱氧-D12、14-前列腺素 J2 和 2-反式十六烯醛等。LDE 能够通过 Michael 加成与蛋白质的亲核残基(如半胱氨酸、赖氨酸和组氨酸)形成共价加合物[232]。脂质代谢的失调常常导致脂质衍生亲电试剂的异常积累,其参与各种病理条件,如炎症、遗传毒性和组织变性。

综上所述,蛋白质脂质化可以通过不同类型的脂质和脂质代谢产物调节蛋白质的关键生物学功能。

## 4.4.3  脂质的化学代谢

脂质在细胞内会形成一组不溶于水的分子,包括三酰甘油、磷脂、甾醇和鞘脂等,它们在细胞和组织水平上发挥着重要作用。脂质代谢的变化可以影响许多细胞过程,包括细胞生长、增殖、分化和运动。其中脂质代谢在细胞增殖中会发生较明显的改变。与主要依赖摄取外源性脂肪酸的正常细胞不同,癌细胞会增加新生脂肪的生成,这对生物膜合成和信号分子至关重要。此外,由于磷脂类、胆固醇、脂蛋白在生命活动中也有不可替代的作用,所以它们的代谢也是不可忽视的一部分[233]。

生物体内储能最多的是脂质分子中的三酰甘油,其中脂肪酸是三酰甘油的主要组成成分。脂肪酸的合成代谢发生在细胞质中。大多数成年哺乳动物细胞从血液中获取脂类,既可以是游离脂肪酸也可以与蛋白质(如低密度脂蛋白)复合。这些脂质来源于食物,或者在肝细胞或脂肪细胞中由糖驱动脂肪酸合成,它们也可以储存在称为脂滴的胞内结构中。成年生物体内的脂肪酸生物合成主要发生在肝、脂肪组织和哺乳期乳房中。脂肪酸生物合成的乙酰基主要由柠檬酸提供,柠檬酸由三羧酸(tricarboxylic acid,TCA)循环产生。柠檬酸盐转化为乙酰辅酶 A 和草酰乙酸的过程是由三磷酸腺苷-柠檬酸裂解酶催化的。苹果酸酶可将草酰乙酸转化为丙酮酸。该反应产生 NADPH,并与磷酸戊糖途径中产生 NADPH 的反应一起为脂质合成提供还原能力。

脂肪酸的分解代谢在真核生物的线粒体内进行,产生的氧化产物是乙酰辅酶 A,同时该反应会产生还原型 $FADH_2$ 与还原型 NADH,它们共同参与电子传递链和氧化磷酸途径,合成大量供能的 ATP。此外,脂肪酸的代谢也受到不同激素的调节,如胰高血糖素和肾上腺素控制着脂肪酸的分解。而胰岛素与前述两种激素的作用相反,它刺激三酰甘油和糖原的生成,抑制具有激素敏感性质的脂酶的活性,最终使氧化分解的脂肪酸量减少。脂肪代谢的调节除了某些激素的调节,同时也会受到基因水平的调节[234]。

脂质代谢失调在人类疾病中也起着作用。脂质代谢的改变可能会影响脂质供体的可用性,从而影响整体蛋白质脂质化水平。即蛋白质脂质化可能是由某些脂质代谢失调导致的后果,如癌症和代谢性疾病中的蛋白质脂质化。其中具有代表性的例子是,在癌症恶病质中脂质代谢的改变会产生某些作用。癌症恶病质是一种复杂的代谢综合征,在癌症患者中,观察到发病过程伴随着极度的体重减轻和身体衰退,包括肌肉消耗、脂肪消耗、非计划的体质量下降、厌食和免疫功能破坏等。恶病质的特征是骨骼肌丧失,伴有或不伴有脂肪组织的丧失,可与厌食症、炎症和胰岛素抵抗有关[235]。恶病质患者表现出代谢改变,包括糖利用率升高、蛋白质降解增加和脂肪储存减少。脂肪储存量的减少被认为主要是由脂肪组织中的脂肪分解增加,而非脂肪生物生成减少而引起的[236]。恶病质患者脂肪分解增加的机制之一是脂肪细胞中激素敏感脂肪酶的表达增强[237]。恶病质引起的代谢变化可以促进癌细胞的代谢、肿瘤生长,显著降低患者的抗肿瘤治疗疗效。例如,在恶病质卵巢癌患者中也能观察到循环游离脂肪酸、单酰甘油酯和二酰甘油酯水平升高[238]。虽然导致癌症患者脂肪组织中脂质分解增加的机制已被部分阐明,但肿瘤诱导脂肪细胞发生这些变化的关键环节仍然难以捉摸。

## 4.4.4 脂质的信号传导

脂质在信号传递中也有重要作用,某些脂质在生物体内起着第二信使和激素的作用。

接下来先介绍一下磷脂的信号传导作用。磷脂是指含有磷酸的脂质,属于复合脂质。磷脂是一种两性分子,一端带有亲水性的含氮或含磷头部,另一端带有疏水性(亲脂性)长烃链。因此,磷脂分子的亲水端和疏水端彼此接近。它们通常与蛋白质、糖脂、胆固醇或其他分子形成脂质双层,即细胞膜的结构。根据主链结构,磷脂可分为磷脂甘油酯和鞘磷脂。甘油磷酸的主链是甘油-3-磷酸。甘油分子中的另外两个羟基被脂肪酸酯化。磷酸基团可被各种具有不同结构的小分子化合物酯化形成各种甘油磷酸酯,如磷脂酰胆碱(卵磷脂)、磷脂酰丝氨酸、磷脂酰肌醇和磷脂酰甘油等。鞘磷脂是含鞘氨醇或二氢鞘氨醇的磷脂,其分子不含甘油,通过一分子脂肪酸以酰胺键与鞘氨醇的氨基相连。磷脂是构成细胞膜的重要成分,也是信号分子,在信号转导中起着第二信使的作用。就其中几个不同的磷脂举例来讲,磷脂酰丝氨酸在细胞膜上的分布是不对称的,只存在于细胞的内侧。在细胞凋亡过程中,磷脂复合酶使其均匀分布,因此磷脂酰丝氨酸也出现在细胞膜的外侧。磷脂酰丝氨酸的存在会触发吞噬作用,从而清除老化或死亡的细胞。此外,磷脂酰肌醇是一种小脂质分子,由一个肌醇环和两个脂肪酸链构成,它参与了 G 蛋白偶联受体的信号转导过程。在信号通路中磷酸酰肌醇被质膜上的磷脂酶 C 水解成三磷酸肌醇(inositol 1,4,5-trisphosphate,IP3)和二酰基甘油(diacyl glycerol,DG)两个第二信使,这个过程可调控钙离子通道活化,使胞内 $Ca^{2+}$ 浓度升高,进而调节各种 $Ca^{2+}$ 结合蛋白引起细胞反应。

非小细胞肺癌细胞(non-small-cell lung cancer,NSCLC)中的磷脂具有信号传导的功能。Marien 等人在 2015 年通过质谱分析了 167 例 NSCLC 患者的恶性和相应的非恶性肺组织中的 179 种磷脂。他们鉴定了 91 种在癌症和正常组织中差异表达的磷脂。其中最显著的变化发生在鞘磷脂(sphingomyelin,SM)减少,磷脂酰肌醇(phosphatidyli-nositol,PI)增加,磷脂酰丝氨酸(phosphatidylserines,PS)减少,以及几种磷脂酰乙醇胺(phosphatidyl ethanolamine,PE)和磷脂酰胆碱(phosphatidylcholine,PC)增加。科研工作者已经在很多肿瘤类型中描述了相关磷脂的改变,这些发现都对脂质的生物研究具有特别意义[239]。

此外,还有许多其他脂质结构可以起到信号传导的作用。例如,脂肪酸和胆固醇生物合成的增加及三酰甘油中游离脂肪酸的动员,可能会导致脂质水平的增加。高水平的脂质代谢很有可能与肿瘤的发生、发展密切相关。胆固醇是胆固醇微结构域的重要组成部分,称为脂筏,可以协调受体介导的信号转导途径的激活[240]。此外,蛋白质异戊二烯基化需要胆固醇合成的中间产物法尼基焦磷酸盐。一些具有重要信号功能的蛋白质通过添加类异戊二烯链进行修饰,法尼基化对于某些蛋白的活性很重要。脂质还可构成旁分泌激素和生长因子的结构基础,包括前列腺素、白三烯、溶磷脂酸或类固醇激素。前列腺素和白三烯来源于 20 个碳单元的花生四烯酸,由一些磷脂酶作用于磷酸甘油酯生成。前列腺素的合成涉及环氧合酶,它与炎症和肿瘤/基质相互作用有关,可以促进肿瘤生长、新生血管和转移扩散[241]。溶磷脂酸是一种水溶性磷脂,由甘油、单脂肪酸链和磷酸基团组成。溶磷脂酸通过调节 G 蛋白偶联受体刺激细胞增殖、存活和迁移。其异常产生可能导致癌症的发生和发展[242]。最近的一项研究表明,调节游离脂肪酸水平可以影响脂质激素的合成。类固醇激素在侵袭性癌细胞系和晚期卵巢肿瘤中过度表达,导致游离脂肪酸、溶磷脂酸和前列腺素水平升高。抑制类固醇激素可减少细胞迁移、侵袭和存活。然而,当小鼠保持高脂肪饮食时,类固醇激素抑制对体内肿瘤生长的负面影响被消除,这表明饮食脂质可以影响促瘤信号过程[243]。

> 📖 **延伸阅读**
> ——纳米脂肪
>
> 　　近年来,随着人们对美的追求越来越高及自体脂肪移植美容技术的兴起,各种新兴名词出现在了人们的视野中,如"微粒脂肪""高活性脂肪颗粒""脂肪胶""自体脂肪干细胞"和"纳米脂肪"等。下面将给大家简单了解一下什么是"纳米脂肪"。
>
> 　　纳米脂肪(nanofat)是由比利时的 Patrick Tonnard 教授于 2014 年首次在整形外科顶级杂志 *Plastic and Reconstructive Surgery* 上提出的概念。该杂志将直径为 1 mm 以上的脂肪颗粒定义为大脂肪颗粒(macrofat),直径为 0.5~1 mm 的脂肪颗粒定义为微脂肪颗粒(microfat),而纳米脂肪是一种经过乳化处理且含有血管基质组分(stromal vascular fraction, SVF)和细胞碎片的移植物。纳米脂肪是在机体原有的自体脂肪基础上经过一定的方法将脂肪组织细化到一定程度后所形成的乳化状态的液体。
>
> 　　纳米脂肪与人们常说的自体脂肪不是一回事,常规的脂肪移植里含有大量的脂肪细胞,而纳米脂肪里没有脂肪细胞。虽然它本身属于脂肪的一部分,与普通脂肪移植一样,都是从腹部或大腿等部位用负压吸引的方法抽取脂肪组织,之后将这些脂肪离心从而获得纯度较高的脂肪组织,但纳米脂肪在此基础上还要再进行乳化过滤才能获得。

# 本章参考文献

[QR code]

## 习 题

1. 核酸中碱基具体分为哪两类？请详细列举 5 种核酸中常见的碱基并写出它们的缩写。

2. 什么是核酸的化学修饰？核酸的化学修饰有什么作用？

3. 什么是 CRISPR/Cas9？其原理与功能是什么？

4. G–四链体的定义是什么？它在生物体内有何作用？试列举一个具体例子详细说明。

5. DNA 损伤主要来源于哪两个方面？试举例说明。

6. 蛋白质糖基化通常有两种连接方式(N–连接和 O–连接)，其中错误描述者是(    )。

(A) N–连接糖基化起始发生在内质网，而末端糖基化在高尔基体完成

(B) O–连接糖基化既可发生在高尔基体，也可发生在内质网

(C) O–连接糖基化只发生在高尔基体，由不同的糖基转移酶催化完成

(D) N–连接糖基化的寡糖链都含有一个共同的寡糖前体，然后再进一步加工

7. 试述蛋白质翻译后修饰蛋白的种类及其主要作用。

8. 蛋白质磷酸化修饰的化学调控作用有哪些？举例说明。

9. 脂酰化修饰广泛存在于组蛋白中并具有重要的调控作用，试简述常见的脂酰修饰方式及其作用，举例说明。

10. 蔗糖与麦芽糖的区别在于（　　　）。

(A) 麦芽糖是单糖

(B) 蔗糖是单糖

(C) 蔗糖含果糖残基

(D) 麦芽糖含果糖残基

11. 下列关于糖类化合物的叙述，正确的是（　　　）。

(A) 葡萄糖、果糖、半乳糖都是还原糖，但元素组成不同

(B) 淀粉、糖原、纤维素都是由葡萄糖聚合而成的多糖

(C) 蔗糖、麦芽糖、乳糖都可与斐林试剂反应生成砖红色沉淀

(D) 蔗糖是淀粉的水解产物之一，麦芽糖是纤维素的水解产物之一

12. 下列哪种糖类不能生成糖脎？（　　　）

(A) 葡萄糖　　　　　　　　(B) 果糖

(C) 蔗糖　　　　　　　　　(D) 乳糖

13. 下列哪种糖类无还原性？（　　　）

(A) 麦芽糖　　　　　　　　(B) 蔗糖

(C) 阿拉伯糖　　　　　　　(D) 木糖

14. 简述糖的化学修饰的概念、类型及应用。

15. 脂质的合成场所是（　　　）。

(A) 核糖体　　　　　　　　(B) 内质网

(C) 高尔基体　　　　　　　(D) 细胞核

16. 下列关于脂肪酸合成的叙述正确的是（　　　）。

(A) 葡萄糖氧化为脂肪酸合成提供 NADPH

(B) 脂肪酸合成的中间物都与 CoA 结合

(C) 柠檬酸可以激活脂肪酸合成酶

(D) 脂肪酸的合成过程中不需要生物素参加

17. 试简述胆固醇的生物合成过程。

# 药物化学生物学

## _5.1_
# 小分子药物

## 5.1.1 小分子药物的定义及优势

　　小分子药物是能够调节生物化学过程,从而实现疾病预防、诊断或治疗的低分子量化合物。药物是其基本属性,而小分子是其特征。相对多糖、蛋白质、核酸等生物大分子而言,小分子药物通常是指分子量在 0.1~1 kDa 范围内的化合物。由于分子量较小,它们相较于大分子生物制剂具有独特的优势:首先,较低的分子量和简单的化学结构使它们能够轻易穿透毛细血管和细胞膜。因此,小分子药物不仅能够靶向细胞外成分,如细胞表面受体或附着在细胞膜上的糖蛋白,还可以靶向细胞内成分,如不同的激酶。这一特性让小分子药物从根本上具备了开辟更多功效和作用机制药物的巨大潜力。其次,小分子药物的开发和研制过程在制造、表征和控制方面的复杂性更低。小分子药物易于通过化学反应合成,且对运输和存储等过程的要求不像具有生物活性的大分子一样高,因此,通常比生物制剂成本更低,如阿司匹林、青霉素等小分子药物,在药房中很常见,且应用广泛[1]。

　　小分子药物在实际应用中也表现出多种优势。对于患者,尤其是慢性病患者来说,小分子药物的一个重要优势是方便给药。大多数大分子药物常需通过静脉给药,这就给患者带来不便。小分子药物常被制成胶囊或片剂,易于被机体吸收,经口服进入胃肠道后溶解,继而被肠壁吸收进入血液,从而发挥其功效。但这并非小分子药物作用的唯一途径,根据药物的代谢特性,小分子药物还可以通过直肠、皮下、肌内、静脉内和鼻腔吸入等多种途径给药,然后到达目标作用部位,这也是设计多样化、个性化治疗方案的重要前提。此外,小分子药物的理化特性更加稳定,这既使药物设计者更容易地预测其药代动力学行为,还为医护人员提供了更简单的给药方案,同时在患者体内能够快速稳定地发挥功效,毒副作用更加可控,可谓是一举多得。

　　总而言之,由于以上原因,小分子药物对于患者和医疗机构来说更加实惠。截至目前,制药行业中生产的绝大部分(约 90%)治疗药物是小分子药物,根据 Medscape 的数据,2014 年销量前十的药物中有五个是小分子药物:阿立哌唑(Abilify)、埃索美拉唑(Nexium)、瑞舒伐他汀(Crestor)、丙酸氟替卡松(Advair Diskus)和索非布韦(Sovaldi),可见小分子药物应用之广泛[2]。

## 5.1.2 小分子药物的历史和发展

实际上,自人类诞生之日起,制造工具,使用火、文字和药物就成为人类的种族天赋。然而,19 世纪中叶以前,药学的发展一直比较缓慢,且几乎完全建立在经验之上。

远古时代,人类还未建立起农耕文明,只能靠捋草籽、采野果、猎鸟兽维持生活。在这个过程中,自然会品尝到一些令人有舒适感或产生显著治疗效果的植物,它们就被当作药物使用。例如,部落中的萨满、巫师常会将草木与兽骨磨成粉末,帮助捕猎归来的伤者缓解疼痛、愈合伤口。而另一些由植物分泌的具有毒性的物质则被猎人涂在长矛和弓箭上,以便迅速杀死体型庞大的野生动物。我国古代也有神农辨药尝百草的传说,反映了当时的古人从自然界取材并加以利用的生活习惯。

类似的经验经过代代口耳相传,随着文字的诞生,逐渐被人们搜集、整理、记载成书。例如,中医四大经典著作之一的《神农本草经》,成书于汉代,是中国现存最古老的药物学专著,其中记载了 365 种药物的疗效,很多至今仍是临床常用药,对中药学起到了重要的奠基作用。而目前人类发现的最早有关药物与医疗实践的典籍则是埃伯斯纸草文稿(Ebers papyrus),它的历史可以追溯到公元前 16 世纪,由德国埃及学家 Georg Ebers 于 1872 年发现,是一本 110 页,长达 20 m 的卷轴,其中记述了包含鸦片、大麻、肉桂、芦荟、大蒜在内的七百多种植物药,许多用于帮助治疗的咒语和祷文,以及众多处方的配制方法。这一时期人们使用的药物与现代意义上的药物还有较大差距,它们完全取自自然,且其中发挥药理活性的化学物质并不被人所知。实际上,这些活性成分大都是些化学小分子,如罂粟中的吗啡、烟草植物中的尼古丁、茶和咖啡中的咖啡因、毛地黄中的奎宁和白柳树树皮中的水杨酸盐,还有一些发挥毒性作用的小分子物质,如古柯叶中的可卡因、蘑菇中的裸盖菇素、仙人掌中的梅斯卡林等。

在积累了大量经验以后,一个疑问也随之产生:药物为什么能够发挥各种神奇的功效呢? 在强烈好奇心的驱使下, 人们不断研究并逐渐形成了丰富而系统的理论知识。一开始, 化学家和药剂师们尝试分离和表征药物中的活性成分, 陆续揭开了一些化学小分子的神秘面纱。1805 年, 23 岁的德国药剂师 Friedrich Willhelm Sertürner 通过将未被加工的鸦片浸泡在热水和氨水中分离出吗啡晶体, 并通过在狗身上进行的试验证明了其麻醉作用。吗啡由此成了人类历史上首个以纯净物形式从植物中提取出的生物碱。1832 年, 可待因和罂粟碱从鸦片中被分离出来。在这一时期, 具有生物活性的天然产物不断被发现, 如植物中的水杨苷(salicin)、士的宁(strychnine)、奎宁(quinine), 动物体内的肾上腺素(adrenaline)、甲状腺素(thyroxine), 微生物产生的青霉素(penicillin G)、链霉素(streptomycin)等。

到了 19 世纪中叶, 第一次工业革命的浪潮席卷全球, 有机化学工业蓬勃发展起来, 人们从煤焦油中陆续分离出了苯、萘、蒽、甲苯、苯胺等一系列新的化合物。由此, 便产生了当时药学研究的三个重要课题:探索已知化合物的药用价值、尝试通过有机化学方法合成具有类似结构或功效的化合物、揭示这些化合物及其衍生物具有相似药效的原因。研究者们在这三个方向上多点开花, 很快取得了许多重要突破。1834 年, 德国化学家 Runge F 在煤焦油中发现了苯酚。后来, 英国著名的医生 Joseph Lister 在进行外科手术时发现用苯酚稀溶液来喷洒手术的器械及医生的双手, 能够显著降低患者因伤口感染致死的概率。这一发现使苯酚成为一种强有力的外科消毒剂。发明了"苯酚消毒法"的 Joseph Lister 医生因此被誉为"外科消毒之父"。

1832 年, "有机化学之父"Justus von Liebig 首次合成了水合氯醛, 并通过实验发现它在碱性溶液中可转化为氯仿和甲酸。德国医生和药理学家 Oskar Liebreich 在后续研究中证明了水合氯醛作为麻醉剂适用于人体的可能性, 这一结论于 1869 年被记录在他的药学专著中。水合氯醛成为了人类首个化学合成药物, 至今仍在一些国家销售和使用。

1855 年, 德国化学家 Friedrich Gaedcke 从南美洲的古柯树叶中首次提取出古柯碱(后被命名为 cocaine, 可卡因)。1879 年, 维尔茨堡大学的 Vassily von Anrep 通过实验证明了可卡因的镇痛特性。1880 年, 有"现代外科学之父"之称的 William Steward Halsted 将可卡因制成局部麻醉剂。1884 年, 奥地利著名心理学家 Sigmand Frend 首先推荐用可卡因作局部麻醉剂、性欲刺激剂、抗抑郁剂, 并在其后很长时间里用于治疗幻想症, 他将其称为"富有魔力的物质"。这些结果得到学术界的广泛认可。1865 年, 化学家 Lossen 将古柯碱完全水解, 得到三种成分:爱康宁(托品环)、苯甲酸和甲醇。后经分析,这三种成分均不具有麻醉作用,因此推论,麻醉作用与原可卡因结构中的酯键有密切关系。1890 年,化学家制得结构较为简单的对氨基苯甲酸乙酯(苯佐卡因),并发现其也有局麻作用,此药被称作麻因(anesthesin)。1897 年,化学家 Harris 合成了 $\beta$-优卡因(beta-eucaine),这是一种带有托品环的芳香酸酯类衍生物,其麻醉作用优于古柯碱。这些药物的结构分析使化学家有了化学结构与药效相关的初步概念。德国化学家 A. Einhorn 在总结局麻药的化学结构时说:"所有的芳香酸酯都可能产生局麻作用。" 1904 年,他在芳香酸酯基团上引入二氨基,合成了一个非常优良的局麻药——普鲁卡因。以上这一系列化学实验给化学家一种启示:药物分子中有一些特殊的结构,包括特殊基团,是发挥药效必需的,具有相同结构的物质会产生相同的治疗效应。在这一理论思想指导下,局麻药的合成进展很快,在 1910—1938 年之间,共有 28 种局麻药被合成出来。

1953 年,英国科学家 Francis Harry Compton Crick 和美国科学家 James Dewey Watson 发现了 DNA 双螺旋结构,揭开了现代分子生物学的序幕。1978 年,Genentech 公司的 David Goeddel 等人通过基因工程,利用大肠杆菌制备了第一个生物制药——重组人胰岛素。1982 年,重组人胰岛素被批准用于治疗,大分子药物的时代来临了。但是,这并不意味着小分子药物从此退出了历史舞台。

## 5.1.3  小分子药物的作用机制

药物作用机制(mechanism of action,MoA)是指药物产生药理作用的生化过程。药物作用机制可能涉及其对生物指标(如细胞生长)的影响,或其对直接生物分子靶标(如蛋白质或核酸)的相互作用和调节。过去,科学家们通常从天然产物中提取具有药物活性的成分,却对其驱动药理活性的生物学机制知之甚少。例如,现在人们常用的退烧药对乙酰氨基酚(扑热息痛),在其被批准上市以前,围绕它的药理学研究和毒副作用争论就持续了近 60 年。目前,药物的作用机制一般通过显微观察法、生化筛选法、基于构效关系的预测法和基于组学的方法来研究。仍以抗生素为例,在研究基于抗生素的治疗方法时,科学家们就会通过观察不同的药物与特定细菌如何发生相互作用,揭示药物攻击和杀死细菌的过程,即药物的作用机制。而新药研发的过程则一般通过对现有分子库的高通量筛选实现,具体来说,就是将药物分子在若干生理过程中进行测试,包括离子通道、转运体、酶和受体等。

小分子药物最常见的作用机制是通过与细胞表面、细胞核或细胞质中的受体结合发挥作用。这些受体也被称为靶点,通常是一些能够激活细胞间或细胞内的化学信号的生物大分子,而与受体结合的分子称为配体。药物的亲和力主要表现为能够通过共价键、静电或亲疏水相互作用、氢键、范德华力或立体化学等方式与受体结合。而配体与受体结合后,通常会发挥激动和拮抗两种作用,根据药物在不同生理过程中发挥的不同作用,分为激动剂、拮抗剂、抑制剂、阻滞剂等。其中,激动剂是能激发受体活性的配体,对相应的受体有较强的亲和力和内在活性。拮抗剂则是能阻断受体活性的配体,有相应的受体,有较强的亲和力,而无内在活性。抑制剂可阻滞或降低化学反应速度的物质,作用与负催化剂相同。阻滞剂是可与受体结合,并能阻止激动剂产生效应的一类配体。

小分子药物如何影响受体取决于其亲和力和功效,而亲和力和功效又由小分子的化学结构决定。一些手性化合物存在两种互为镜像而不能重合的构型,称为对映异构体。它们在药物活性方面通常表现出差异,甚至会起到截然不同的两种作用。其中最著名的例子就是反应停(Thalidomide,沙利度胺)。这种手性药物在 20 世纪 60 年代被用来治疗孕妇的晨吐,却导致了大规模的流产及严重的儿童先天畸形。后来研究者们经过多项病理学实验才发现,虽然右手构型($R$ 构型)的沙利度胺能起到镇静与抗妊娠反应的作用,但其左手构型($L$ 构型)却对灵长类动物有很强的致畸性。短短四年中,该药物在全球范围内导致了 1 万多名"海豹儿"的降生,仅中国与美国幸免于难。在此类事件的推动下,1992 年,针对手性分子特有的药物问题,美国食品药品监督管理局(FDA)发布了指导方针,包括关于制造工艺、产品稳定性、药代动力学测试和定量评估的规定。我国药品管理法也已经明确规定,对手性药物必须研究光学活性纯净异构体的药代、药效和毒理学性质,择优进行临床研究和批准上市。

## 5.1.4  小分子药物的设计思路和开发过程

了解了小分子药物的作用机制,有助于人们更好地理解药物的设计思路和开发过程[3]。药物的设计思路一般有两种:基于配体的药物设计和基于受体的药物设计。基于配体的药物设计是从已有的活性小分子结构出发,通过建立药效团模型或定量构效关系(quantitative structure activity relationship,QSAR),预测新化合物活性或指导原有化合物的结构改造。而在基于受体的药物设计中,第一步通常是药物作用靶点及生物标记的选择与确认。早期人们对药物作用靶标认识有限,往往只知道有效,但不知如何起效。例如,百年来,人们知道阿司匹林(Aspirin)具有解热、消炎、止痛、抗血栓,甚至抗癌作用。直到1971 年,英国人 John R. Vane 在《自然》(*Nature*)发文才阐明了阿司匹林作用机制为抑制前列腺素合成,这一研究成果于 1982 年荣获诺贝尔生理学或医学奖。现代生物医学的研究进展及人类基因图谱的建立,让人类对疾病的机理了解更加准确,也为新药开发提供了多个明确的方向和具体的靶标。

一旦选定了药物作用的靶标,药物化学家首先要寻找一种对该靶标有作用的化合物,这个步骤称为先导化合物(lead compound)的确定。先导化合物可以来自天然产物(动物、植物、海洋生物),也可以是根据靶标的空间结构,通过计算机模拟设计和合成的化合物,还可以根据文献报道或其他项目的研究发现。例如,某一类化合物具有作用于该靶标的药理活性或副反应等。治疗男性勃起功能障碍的药物万艾可(Viagra)就是由其副作用开发而成的。在已确定先导化合物的基础上,会进行进一步的构效关系研究与活性化合物筛选,在这个步骤中,通常会设计并合成大量新化合物,通过对所合成化合物活性数据与化合物结构的构效关系分析,进一步指导后续的化合物结构优化和修饰,以期得到活性更好的化合物。通过构效关系研究,几轮优化后,所筛选出来的满足基本生物活性的最优化合物,一般会被选为候选药物,进入后续的工艺研发和临床研究。

计算机辅助药物设计(computer-aided drug design,CADD)是近年发展起来的研究与开发新药的一种崭新技术,它大大加快了新药设计的速度,节省了创制新药工作的人力和物力,使药物学家能够以理论为指导,有目的地开发新药(见图 5-1)。CADD 是一个相当大的论题,涉及结构化学、药物化学、分子药理学、生物化学、结构生物学、分子生物学、化学生物学、细胞生物学、生理学、病理学、生物物理学、组合化学、量子化学、分子力学、分子动力学、分子图形学、计算化学、化学信息学、生物信息学、X 射线晶体学、核磁共振技术、计算机图形技术、数据库技术和人工智能技术等基础学科和应用学科与技术。融合这些学科知识与技术,CADD 在药物作用和药理活性预测、药效基团研究、药物构效分析、全新药物设计、高通量虚拟筛选及合成数据库设计等方面展示了强大的威力,大大地提高了药物设计水平,并趋向于定向化和合理化,为新型药物的开发开辟了广阔的前景。

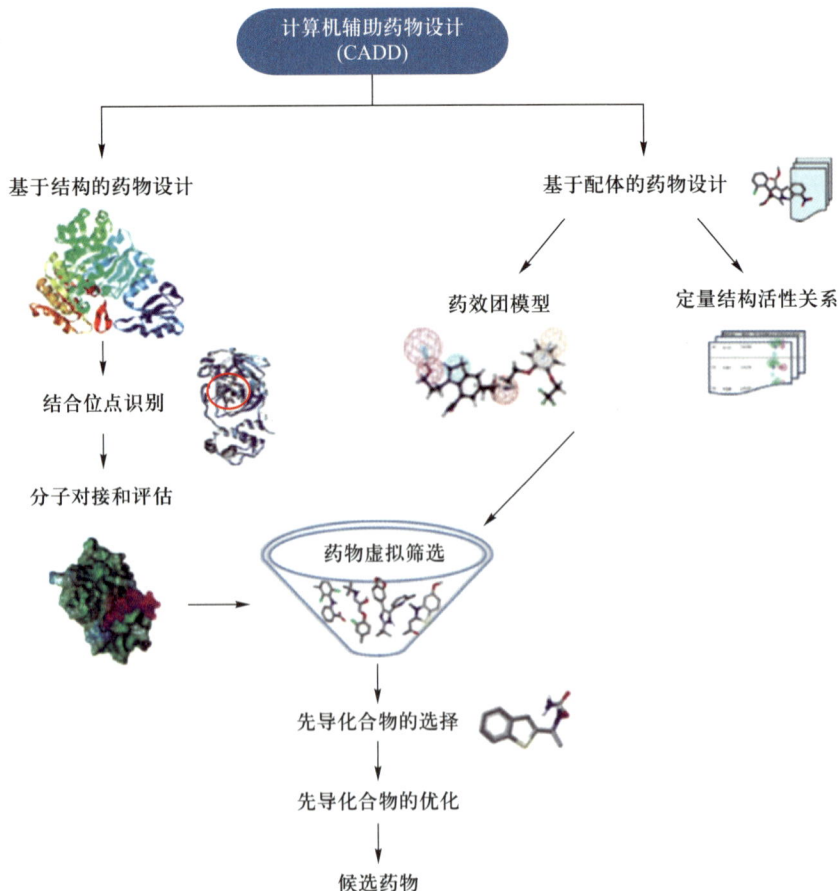

图 5-1    计算机辅助药物设计的流程

## 5.1.5    小分子药物的主要用途——小分子靶向药物

　　近年来,随着分子生物学技术的提高,人们从细胞受体和增殖调控的分子水平对肿瘤发病机制有了进一步认识,由此,掀起了以细胞受体、关键基因和调控分子为靶点的抗肿瘤治疗热潮,小分子靶向药物的发展也因此迎来了新的机遇。小分子药物通常是信号传导抑制剂,它能够特异性地阻断肿瘤生长和增殖过程中所必需的信号传导通路,从而达到治疗的目的。因此,小分子靶向药物成为了肿瘤治疗的有力工具,也越来越受到研究者们的重视。2001 年,FDA 批准了首个用于临床的小分子酪氨酸激酶抑制剂(tyrosine kinase inhibitor,TKI)伊马替尼(Imatinib,格列卫),受此鼓舞,靶向药物迅速进入开发的黄金时期。截至 2020 年 12 月,已有 89 种小分子靶向抗肿瘤药物获得美国 FDA 和中国国家药品监督管理局(NMPA)的批准。目前,新获批的小分子靶向抗肿瘤药物正在以每年近 20 种的速度稳步增长。

与大分子药物相比,小分子靶向药物在药物代谢动力学(pharmacokinetic,PK)特性、成本、患者依从性、药物储存和运输等方面具有优势。尽管近年来受到以单克隆抗体为代表的大分子药物的挑战,但小分子靶向药物仍然获得了很大的发展。这些药物的靶点范围很广,包括激酶、表观遗传调节蛋白、DNA 损伤修复酶和蛋白酶体。不可否认的是,小分子靶向药物仍面临着反应率低和耐药等诸多挑战。为了便于叙述,下面将以已批准药物的蛋白质靶点为线索,针对每个靶点,介绍已上市的小分子靶向药物和临床试验中的重要候选药物。

### 5.1.5.1 激酶抑制剂

蛋白激酶是一种催化 γ-磷酸基从 ATP 转移到含羟基的蛋白残基上的酶,这个过程也被称为蛋白磷酸化,在细胞生长、增殖和分化中具有重要作用[4]。人类激酶组包含约 535 种蛋白激酶,其结构具有共同特征:N 端具有 5 个 β 折叠和一个 α 螺旋(C-螺旋),C 端具有 6 个 α 螺旋,N 端和 C 端通过一段柔性的铰链区(hinge)连接,该铰链区域为 ATP 结合位点[5]。活性环(loop)区域一般由 20~30 个氨基酸残基组成,从保守的 DFG 序列(Asp-Phe-Gly)开始,以保守的 APE 序列(Ala-Pro-Glu)结束,如图 5-2 所示。根据底物蛋白被磷酸化的氨基酸残基,蛋白激酶主要可分为酪氨酸激酶(包括受体和非受体酪氨酸激酶)、丝氨酸/苏氨酸激酶和类酪氨酸激酶三类。

蛋白激酶的失调与各种疾病有关,特别是癌症。蛋白激酶是研究最广泛的肿瘤治疗靶点之一。目前,已经报道了大量的蛋白激酶抑制剂。这些激酶抑制剂可以通过多种方式划分为不同的类别。本节采用了 Roskoski 提出的综合分类系统,这也是目前应用最广泛的分类方法之一[6]。根据这个分类系统,蛋白激酶抑制剂被分为两大类,六种类型(Ⅰ~Ⅵ)。这六种类型蛋白激酶抑制剂的性质见表 5-1。这两大类分别是 ATP 竞争抑制剂和变构抑制剂,其中 ATP 竞争抑制剂按照结合类型又分为可逆抑制剂和共价抑制剂。ATP 竞争抑制剂占据了目前研发的小分子激酶抑制剂的绝大多数。

ATP 竞争抑制剂中的可逆抑制剂根据激酶的活性/非活性状态主要分为 Type Ⅰ 型、Type $I_{1/2}$ 型和Ⅱ型抑制剂,而激酶的活性/非活性状态则常常通过 DFG 保守模体的构象来区分。具体来说,DFG-in 是激酶处于活性构象的必要但不充分条件,激酶处于 DFG-in

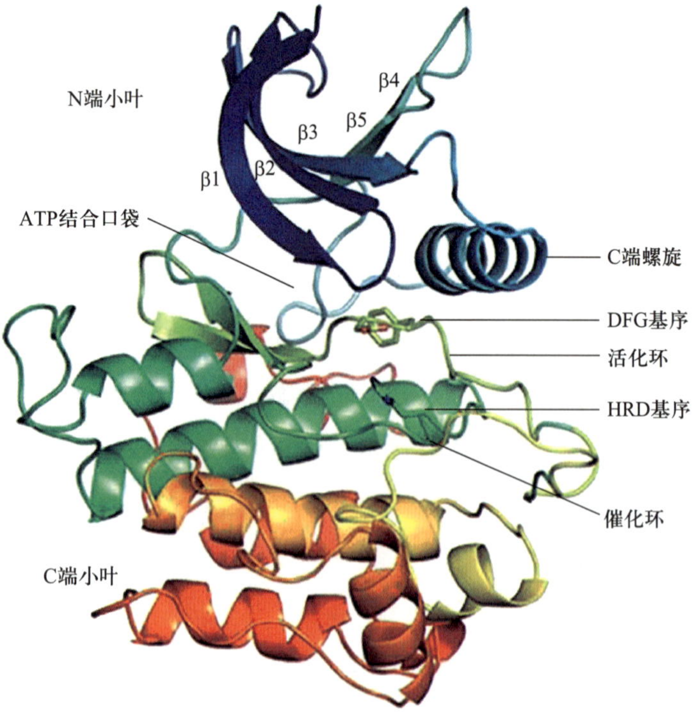

图 5-2　一种典型的蛋白激酶的结构域示意图

表 5-1　六种类型蛋白激酶抑制剂的性质

| 性质 | Ⅰ 型 | Ⅰ$_{1/2}$ 型（A/B） | Ⅱ 型（A/B） | Ⅲ 型 | Ⅳ 型 | Ⅴ 型 | Ⅵ 型 |
|---|---|---|---|---|---|---|---|
| 延伸至后缝区 | 否 | （A）是/（B）否 | （A）是/（B）否 | 是 | 否 | 可变 | 可变 |
| DFG-D | 活性 | 活性 | 非活性 | 可变 | 可变 | 可变 | 可变 |
| 活化环 | 打开 | 可变 | 可变 | 可变 | 可变 | 可变 | 可变 |
| αC | 活性 | 可变 | 可变 | 非活性 | 可变 | 可变 | 可变 |
| ATP-竞争 | 是 | 是 | 是 | 否 | 否 | 可变 | 否 |
| 可逆 | 是 | 是 | 是 | 是 | 是 | 是 | 通常为否 |

状态的活性构象时结合的抑制剂即为 Ⅰ 型抑制剂；激酶处于 DFG-in 状态的非活性构象时结合的抑制剂即为 Ⅰ$_{1/2}$ 型抑制剂；当激酶处于 DFG-out 状态的非活性构象时，此时结合的抑制剂即为 Ⅱ 型抑制剂。此外，根据 Ⅰ$_{1/2}$ 型和 Ⅱ 型抑制剂是否延伸过 SH2 "看门人"残基进入裂口后缝，又可将其分为 A 型和 B 型两种亚型。

　　变构抑制剂能够靶向 ATP 结合位点附近的疏水口袋，即变构位点，通过引起 ATP 结合口袋构象的变化来间接调节激酶活性。其中，结合位点接近于 ATP 结合位点的为 Ⅲ 型抑制剂,而远离 ATP 结合位点的为Ⅳ型抑制剂。此外,一些变构抑制剂还可与假激酶域结合或与激酶的胞外域结合。能够同时结合激酶的 ATP 结合位点和表面的另外一个位点(如变构位点)的抑制剂称为Ⅴ型抑制剂。而共价抑制剂则单独归类为Ⅵ型抑制剂。

间变性淋巴瘤激酶(anaplastic lymphoma kinase,ALK)抑制剂是一种受体酪氨酸激酶抑制剂[7]。由 *ALK* 基因编码的 ALK 是胰岛素受体家族中的一个跨膜酪氨酸激酶。ALK 可激活多条下游信号通路,在神经系统发育中发挥重要作用。而由点突变或染色体重排引起的 ALK 组成性激活则会导致下游信号异常,可能引发多种人类癌症,如间变性大细胞淋巴瘤、弥漫性大 B 细胞淋巴瘤、炎性肌纤维母细胞瘤和非小细胞肺癌[8]。2007 年,Soda 等人首次发现了非小细胞肺癌中棘皮动物微管相关蛋白 4(EML4)与 *ALK* 的融合,并在 3%~7% 的非小细胞肺癌患者中发现了这种 *ALK* 基因的重排[9]。

克唑替尼(Crizotinib)是一种有效的 ATP 竞争性抑制剂,能够靶向多种酪氨酸激酶,包括 ALK、细胞间质上皮转化因子(c-Met)和原癌基因酪氨酸蛋白激酶活性氧(reactive oxygen species,ROS)[10]。基于早期研究的显著结果,克唑替尼被 FDA 和欧洲药品管理局(European Medicines Agency,EMA)批准用于治疗非小细胞肺癌中的 ALK 重排。在此之后,几项临床研究均证明了克唑替尼与标准化疗相比的优势,即具有更长的无进展生存期(progression free survival,PFS)和更高的客观缓解率(objective response rate,ORR)。克唑替尼很快被第二代和第三代 ALK 抑制剂如色瑞替尼(Ceritinib)、艾勒替尼(Alectinib)、布加替尼(Brigatinib)和劳拉替尼(Lorlatinib)所取代[11]。然而,尽管克唑替尼和其他 ALK 抑制剂具有抗肿瘤活性,但在开始治疗后的几年内癌症患者通常会产生耐药。

耐药突变是限制 ALK 抑制剂临床疗效的主要障碍。克唑替尼耐药性产生的机制包括靶基因本身的突变或扩增,以及旁路信号通路的激活[12]。合理的序贯治疗,即根据 *ALK* 基因突变顺序使用第一代、第二代、第三代 ALK 抑制剂治疗非小细胞肺癌可有效克服耐药,提高适用患者的生存期。另外,针对多个靶点的预先联合药物治疗也被认为是延缓或克服耐药性的一种策略。Bozic 等人认为,随着基因组中突变的增加,对联合用药产生整体耐药的位点突变的频率会降低,因此联合用药策略可能具有更好的疗效。即便靶点对组合中的其中一个药物产生耐药性的突变,也不一定会对组合中的其他药物同时产生耐药性。这一策略就好像"围剿",将药物靶点的耐药性突变"孤立"起来。

对于旁路激活引起的耐药性,将 ALK 抑制剂与其他靶向药物相结合的疗法已经在一些试验中得到了评估,如丝裂原活化蛋白激酶(mitogen-activated protein kinases,MAPK)

抑制剂、周期蛋白依赖激酶(cyclin-dependent protein kinases,CDK)抑制剂、哺乳动物雷帕霉素靶点(mammalian target of rapamycin,mTOR)抑制剂、热休克蛋白90(heat shock protein 90,HSP90)抑制剂等。据报道,程序化死亡配体1(programmed death-ligand 1,PD-L1)的表达与EML4-*ALK*相关,ALK和免疫检查点抑制剂的联合治疗也在*ALK*阳性非小细胞肺癌中进行了评估。除激酶抑制剂外,利用蛋白质水解靶向嵌合体(proteolysis targeting chimera,PROTAC)技术降解致癌蛋白也是一种有效的抗癌策略。Zhang(张)等人设计的PROTACs MS4077和MS4078在临床前研究中显示可显著降低ALK融合蛋白水平,为靶向ALK的药物发现提供了新的途径[13]。

### 5.1.5.2    用于表观遗传的抑制剂

表观遗传是指基因的核苷酸序列不改变的情况下,基因表达发生可遗传变化,最终导致基因表型发生变化[14]。表观遗传过程起到维持生物体正常运转的重要作用,该过程受到多种化学修饰酶和识别蛋白的严格调控。依据功能不同,可对这些化学修饰酶和识别蛋白进行划分:将化学基团转移到DNA或组蛋白的酶,如DNA甲基转移酶、组蛋白乙酰转移酶;在翻译后进行修饰的酶,如组蛋白去乙酰化酶等;修饰组蛋白或DNA的蛋白,如甲基结合结构域蛋白等。这些蛋白质共同作用来调控表观遗传过程,使得生物体能够进行正常生命活动。但当这些调控蛋白表达异常时,表观遗传过程不能正常进行,从而导致严重后果。已有研究表明,肿瘤、免疫疾病的产生均与异常的表观遗传过程有关,因此,研究者将许多表观遗传调控蛋白视为潜在的治疗靶点,希望利用多种抑制剂调控这些蛋白的活性,从而达到治疗的目的。

1. EZH2抑制剂

EZH2是一种组蛋白甲基转移酶(histone methyltransferase),作为多梳阻遏复合物2(polycombrepressive complex 2,PRC2)的催化亚基发挥作用[15]。多梳阻遏复合物2能通过其组蛋白甲基转移酶活性对组蛋白H3的第27位赖氨酸H3K27进行三甲基化,这促使了靶基因的染色体压缩从而使基因沉默。作为多梳阻遏复合物2的核心成分,EZH2参与了细胞增殖、分化、迁移等细胞活动和DNA损伤修复相关的表观遗传修饰[16]。已有研究表明,EZH2的异常表达与肿瘤的发生密切相关,如乳腺癌、膀胱癌、黑色素瘤等。异常表达的EZH2可通过多途径抑制抑癌基因的正常表达,从而促使肿瘤产生[17]。

第一种分子EZH2抑制剂是3-脱氮胸腺素A(3-deazaneplanocin A,DZNep),这是一种3-脱氮腺苷的环戊烷基类似物。该化合物可有效抑制S-腺苷-L-同型半胱氨酸(S-adenosyl-L-homocysteine,SAH)的水解酶活性,同时诱导细胞5-腺苷-高半胱氨酸水平升高,抑制S-腺苷-L-蛋氨酸依赖性组蛋白赖氨酸甲基转移酶的活性,从而抑制EZH2介导的H3K27组蛋白甲基化过程。因此,3-脱氮胸腺素A是一种通过抑制多梳阻遏复合物2依赖性H3K27甲基化而进行治疗的抑制剂[18]。早期的3-脱氮胸腺素A治疗表现出显著的抗肿瘤活性,但由于它特异性不高,所以在对H3K27组蛋白甲基化抑制的同时,它也对其他蛋白甲基化产生了干扰,这极大地影响了3-脱氮胸腺素A的临床治疗效果。因此,人们希望提高该疗法的选择特异性,从而降低可能存在的风险。自2012年以来,人们研究开发了具有更高选择特异性的EZH2抑制剂,如EI1、EPZ005687、GSK126等。这些化合物能够特异识别EZH2或EZH1,且大多数只与野生型及突变型EZH2结合,对生物体正常细胞影响较小,具有更高的安全性。目前,已有几种抑制剂进入临床试验,用于评估其在多种实体瘤或血液系统恶性肿瘤中的临床疗效和安全性。其中,他泽司他(Tazverik/Tazemetostat)是第一种获批的EZH2抑制剂,也是第一种专门用于治疗上皮样肉瘤的药物。3-脱氮胸腺素A的发现极大地拓展了EZH2的应用范围,为EZH2的进一步发展提供了依据。由此,EZH2抑制剂的研究开发受到了人们的广泛关注。

除了通过与S-腺苷-L-蛋氨酸作用来直接抑制甲基化外,EZH2抑制剂还可以通过破坏EZH与其他多梳阻遏复合物2亚基的相互作用来终止甲基化,如EED226[19]。EED226是一种具有特异选择性的多梳阻遏复合物2变构拮抗剂,它可直接与胚胎外胚层发育蛋白(embryo ectodermal development protein,EED)的H3K27me3结合并诱导其构象发生变化,从而破坏EZH2与胚胎外胚层发育蛋白的相互作用并导致多梳阻遏复合物2活性丧失。此外,还有许多胚胎外胚层发育蛋白抑制剂被研制出来,如A-395、429BR-001和UNC6852[20]。它们均通过抑制EZH2和胚胎外胚层发育蛋白之间的相互作用,使多梳阻遏复合物2难以保持稳定,从而发挥抗肿瘤能力。此外,研究者开发了一种通过蛋白质降解EZH2的策略。他们鉴定了一种藤黄酸衍生物GNA002,可以特异性地与EZH2结构域内的Cys668共价结合,并通过Hsp70及其相互作用蛋白引起EZH2降解。在这项研究中,GNA002能显著抑制H3K27me3并有效激活多梳阻遏复合物2沉默的肿瘤抑制基因,进而抑制肿瘤生长[21]。这也说明了抑制剂作用途径的多样性。

虽然EZH2抑制剂已经在部分试验中显示出良好的抗肿瘤效果,但长时间用药易使生物体产生原发性和获得性耐药现象,这限制了该抑制剂的进一步发展。其中,原发性耐药通常是由EZH2耐药突变、肿瘤微环境的差异、肿瘤组织结构的异质性等引起的,而获得性耐药通常是由EZH2的多个次级突变引起的,如Y641F、C663Y、E720G等[22]。为克服这一缺陷,人们采用多种方法进行研究,如对抑制剂进行特定修饰、多种疗法联合使用等。联合治疗凭借其副作用小、治疗过程相对简便、可用于长期治疗等优点,被认为是改善 EZH2 抑制剂耐药性的最有效策略。已有研究者尝试多种治疗方法的联合策略,如与化学疗法、免疫疗法、激酶靶向疗法和代谢调节剂等方法联用,联合治疗可能成为未来 BZH2 抑制剂抗癌治疗的发展趋势[23]。

2. 组蛋白去乙酰化酶抑制剂

组蛋白去乙酰化酶(histone deacetylase,HDAC)是一种重要的表观遗传调节剂,在染色体的结构修饰和基因表达调控上发挥着重要的作用[24]。迄今为止,研究者已在哺乳动物中鉴定出 18 种组蛋白去乙酰化酶,并分为 4 个亚科:Ⅰ类组蛋白去乙酰化酶(HDAC1、2、3、8)、Ⅱ类组蛋白去乙酰化酶(Ⅱa 类:HDAC4、5、7、9;Ⅱb 类:HDAC6、10)、Ⅲ类组蛋白去乙酰化酶(Sirt1-7)和Ⅳ类组蛋白去乙酰化酶(HDAC11)。研究表明,在多种癌症中观察到了组蛋白去乙酰化酶的异常上调,这改变了癌症基因和肿瘤抑制基因的转录,说明组蛋白去乙酰化酶是治疗癌症的一个突破口。因此,研究者制备出组蛋白去乙酰化酶抑制剂,它以组蛋白去乙酰化酶为靶标,通过抑制其活性,调节组蛋白的乙酰化状态,促进抗肿瘤转录因子的转录和表达,调控相关信号通路,发挥抗肿瘤生物效应。这些组蛋白去乙酰化酶抑制剂已在一些实验中表现出良好的治疗效果,说明抑制组蛋白去乙酰化酶活性有望对癌症产生有效治疗效果[25]。

根据化学结构的差异,组蛋白去乙酰化酶抑制剂可分为四类:异羟肟酸、环状四肽、苯甲酰胺和脂肪酸[26]。组蛋白去乙酰化酶抑制剂通过与 $Zn^{2+}$ 配位来抑制组蛋白去乙酰化酶活性。曲古抑菌素 A(Trichostatin A)是第一种天然异羟肟酸盐组蛋白去乙酰化酶抑制剂。随后,多种衍生组蛋白去乙酰化酶抑制剂被开发出来,伏立诺他(Vorinostat)具有与曲古抑菌素 A 相似的结构,能够同时抑制多类组蛋白去乙酰化酶,并在 2006 年 10 月被批准用于治疗皮肤 T 细胞淋巴瘤[27]。贝利司他(Belinostat)和帕比司他(Panobinostat)是两种异羟肟酸类组蛋白去乙酰化酶抑制剂,分别用于治疗复发性外周 T 细胞淋巴瘤和耐药性肿瘤。而环状四肽是一类结构复杂的组蛋白去乙酰化酶抑制剂,难以进行人工合成,目前大多数该类抑制剂都是从生物体中提取的,如从紫色色杆菌中分离出的罗米地辛(Romidepsin)。而脂肪酸类抑制剂,如丙戊酸和苯基丁酸等脂肪酸,对Ⅰ类和Ⅱ类组蛋白去乙酰化酶的抑制能力较弱。因此,针对不同的疾病,可根据组蛋白去乙酰化酶的不同来选择不同的抑制剂,以达到更好的治疗效果。

目前,组蛋白去乙酰化酶抑制剂主要应用于对血液系统恶性肿瘤的治疗,如淋巴瘤、白血病和多发性骨髓瘤。在实体瘤中,组蛋白去乙酰化酶抑制剂的治疗效果一般,可能是由于其抑制了癌症血管生成过程,导致药物难以经血液进入深层组织[28]。组蛋白去乙酰化酶抑制剂临床应用的另一个限制是其副作用。伏立诺他、贝立司他和罗米地辛的常见副作用有恶心、厌食、疲劳和呕吐等,这些副作用大多是可控的,但有些药物可能会引起更严重的毒性[29]。因此,人们尝试开发具有选择特异性的组蛋白去乙酰化酶抑制剂,精准针对靶向目标发挥作用,减少对正常组织、细胞的干扰,从而减少副作用。除了用于治疗,具有选择特异性的抑制剂还可用作化学探针,以探索组蛋白去乙酰化酶在癌细胞中诱导的表观遗传效应和生物学过程,有望用于医学诊断及监测领域。同时,组蛋白去乙酰化酶抑制剂也可与多种治疗手段联合使用以优化其疗效并克服药物毒性和耐药性,如化学疗法、光热疗法、免疫疗法等[30]。研究者还提出了一种策略,将组蛋白去乙酰化酶抑制剂与其他抑制剂联合使用,如 EZH2 抑制剂等,从多个途径抑制癌症相关蛋白的表达,从而获得较好的治疗效果[31]。

### 5.1.5.3 蛋白酶体抑制剂

蛋白酶体是存在于所有真核细胞的细胞核和细胞质中的大型多催化酶复合物,负责人体细胞中 80% 以上的蛋白质降解[32]。泛素–蛋白酶体系统(ubiquitin–proteasome system,UPS)在维持细胞蛋白质稳态和调节多种生物过程方面具有重要作用[33]。泛素–蛋白酶体系统能够降解大多数错误折叠的、未组装的或受损的蛋白质,从而避免它们形成潜在毒性聚集体。在降解过程中,蛋白质被泛素标记,然后被蛋白酶体复合物识别并降解为较短肽链。在结构上,所有蛋白酶体都包含一个共同的核心,称为 20S 蛋白酶体。20S 核心由一个包含四个堆叠环的圆柱体组成:2 个相同的外部 α 环和 2 个相同的内部 β 环,每个堆叠环包含 7 个不同但相关的亚基。20S 蛋白酶体对底物作用的特异性取决于 β1、β2、β5 亚基的 N2 末端苏氨酸残基上的肽键。当泛素–蛋白酶体系统功能发生障碍时,可能诱发癌症、自身免疫性疾病、遗传病等多种疾病[34]。因此,研究者将该系统视为潜在的治疗靶点,试图通过研究其功能障碍机理来治疗疾病。

多发性骨髓瘤细胞会产生过多的副蛋白,该过程与蛋白酶体调节的信号通路密切相关。通过抑制蛋白酶体,可抑制副蛋白的产生。由此,人们将蛋白酶体抑制剂作为临床治疗多发性骨髓瘤的主要手段。硼替佐米(Bortezomib)是第一种获批用于治疗多发性骨髓瘤的蛋白酶体抑制剂。它是一种肽硼酸,可逆作用于蛋白酶体的 β5 催化亚基,从而对蛋白酶体进行调控[35]。硼替佐米广泛应用于蛋白酶体的抑制中,不仅在骨髓瘤治疗有着良好效果,也用于更多癌症的治疗。目前,有 200 多项与硼替佐米相关的临床试验正在进行,包括硼替佐米与其他药物的联合用药、硼替佐米对其他癌症的疗效,甚至是其他非癌症的相关应用,如移植物抗宿主病的治疗等[36]。然而,硼替佐米在治疗时仍存在一些局限性,如原发性耐药、疾病治愈后反复发作及可能引起的一系列副作用,如神经性疾病等[37]。为了克服这些缺陷,研究者随后开发了第二代蛋白酶体抑制剂,即 2012 年 FDA 批准的卡非佐米(Carfilzomib)。卡非佐米也是一种常用的蛋白酶体抑制剂,与硼替佐米不同,它是一种不可逆抑制剂,含有一个环氧酮弹头,可与 20S 蛋白酶体的 N 末端含苏氨酸的活性位点共价结合[38]。卡非佐米的不可逆性质有助于增强疾病治疗效果,因此在多发性骨髓瘤治疗上具有比硼替佐米更好的效果。但是,利用硼替佐米进行治疗仅引起较低的外周神经毒性,对生物影响较小,而接受卡非佐米治疗则有增加心血管疾病发作的风险,因此,利用卡非佐米进行治疗时仍需考虑后续风险。图 5-3 给出了蛋白酶体抑制剂通过多种机制诱导细胞凋亡的机理图。

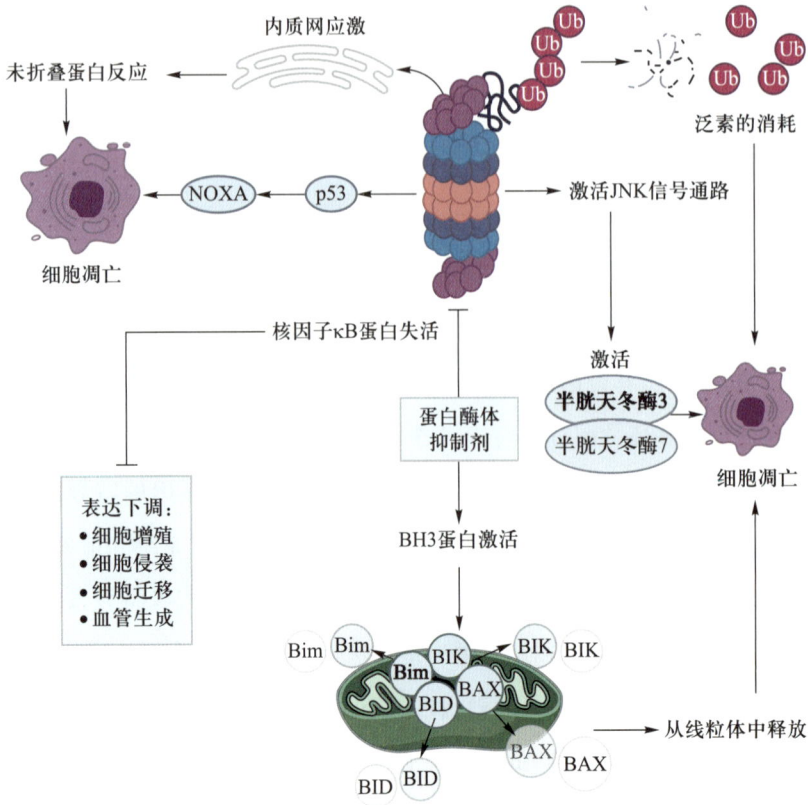

图 5-3 蛋白酶体抑制剂通过多种机制诱导细胞凋亡的机理图

随着蛋白酶体抑制剂临床试验的成功,研究者投入更多心血开发了新型的蛋白酶体抑制剂,目前,有三种新型抑制剂正在临床试验中进行评估。其中包括一种从盐孢菌中分离出来的 $\beta$-内酯-$\gamma$-内酰胺双环化合物马里佐米(Marizomib),它能够不可逆地与蛋白酶体的 $\beta5$、$\beta1$ 和 $\beta2$ 上的 3 个主要催化位点结合,并在纳摩尔浓度下抑制蛋白酶体的活性。在一项 Ⅰ/Ⅱ 期试验中,研究者评估了马里佐米在多发性骨髓瘤和淋巴瘤中的疗效,试验结果表明,马里佐米表现出良好的肿瘤治疗效果[39]。

虽然蛋白酶体抑制剂是治疗多发性骨髓瘤的重要策略,但其对实体癌的治疗效果较弱。这可能与蛋白酶体抑制剂的半衰期短和实体癌中蛋白酶体靶标分布不均有关[40]。此外,耐药性也是抑制剂发挥作用的障碍。为解决上述问题,研究者尝试对现有抑制剂进行修饰以获得更长的半衰期;通过改进药物递送系统将蛋白酶体抑制剂准确运送至目标位置,保证药物能对肿瘤充分发挥作用;或将蛋白酶体抑制剂与一些与耐药机制相关的信号通路抑制剂相结合,如 BCL-2 抑制剂、组蛋白去乙酰化酶抑制剂、免疫调节剂等,以增强治疗效果[41]。

### 5.1.5.4　多聚（ADP-核糖）聚合酶抑制剂

基因组的不稳定性是肿瘤细胞的典型特征之一。为了维持基因组的完整性,肿瘤细胞可以通过多种机制修复 DNA 的损伤,如 DNA 双链断裂修复和 DNA 单链断裂修复。其中,DNA 双链断裂修复途径又包括同源重组修复和非同源末端连接,而 DNA 单链断裂修复途径则包括碱基切除修复、核苷酸切除修复和错配修复。

多聚（ADP-核糖）聚合酶[poly(ADP-ribose)polymerase,PARP]是一组多功能翻译后修饰酶,可参与多种细胞过程,包括 DNA 修复、转录、有丝分裂和细胞周期调节[42]。目前,该蛋白家族中已鉴定出 18 个成员,其中对 PARP1 蛋白的研究最为深入。PARP1 蛋白在 DNA 单链断裂修复中起着重要作用。DNA 单链断裂发生时,PARP1 会通过自身的糖基化来催化烟酰胺腺嘌呤二核苷酸(nicotinamide adenine dinucleotide,NAD)分解为烟酰胺和 ADP 核糖,再以 ADP 核糖为底物,使受体蛋白及 PARP1 自身发生"PAR 化",形成 PARP-ADP 核糖支链,从而促进染色质的重构和一系列 DNA 修复效应子的招募,完成 DNA 修复过程[43]。

有研究表明,在 DNA 修复机制存在缺陷的癌细胞中,抑制另一种 DNA 修复途径可能会产生一种"协同致死"效应[44]。以乳腺癌为例,研究者发现两种直接与遗传性乳腺癌有关的基因,命名为乳腺癌 1 号基因(breast cancer 1,BRCA1)和乳腺癌 2 号基因(breast cancer 2,BRCA2)。BRCA1 和 BRCA2 能够修复双链 DNA 断裂,在乳腺细胞正常代谢中起着重要作用。当这两种基因发生突变时,DNA 双链断裂修复途径被阻断,使得细胞分化异常而引起癌变。而对细胞使用多聚(ADP-核糖)聚合酶抑制剂可同时抑制多聚(ADP-核糖)聚合酶介导的 DNA 单链断裂修复途径,在已发生 BRCA1/2 突变而存在同源重组修复缺陷的癌细胞中,同时阻断两个通路,导致癌细胞的 DNA 损伤无法修复而凋亡,从而实现了癌症治疗的目的(见图 5-4)。

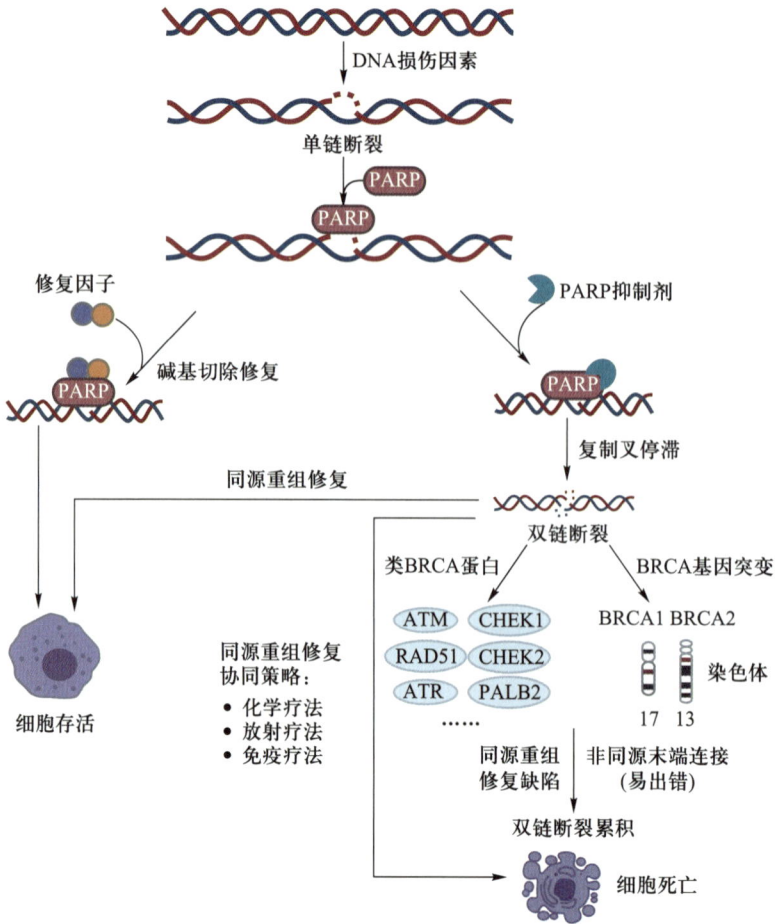

**图 5-4** 与多聚(ADP-核糖)聚合酶相关的 DNA 损伤修复的分子过程及
多聚(ADP-核糖)聚合酶抑制剂的作用机制

烟酰胺是 PARP 的辅助因子,它能够与烟酰胺腺嘌呤二核苷酸竞争 PARP 结构域中的催化口袋,是首个被发现的 PARP 抑制剂。目前,已有四种烟酰胺类的 PARP 抑制剂被 FDA 或 EMA 批准,它们分别是奥拉帕尼(Olaparib)、鲁卡帕尼(Rucaparib)、尼拉帕尼(Niraparib)和他拉唑帕尼(Talazoparib)[45]。奥拉帕尼是一种经典的 PARP 抑制剂,最初被批准用于突变晚期卵巢癌治疗,鲁卡帕尼则于 2016 年问世。而后,在 2017 年和 2018年,奥拉帕尼、尼拉帕尼和鲁卡帕尼陆续被批准为治疗多种癌症的有效药物,包括上皮性卵巢癌、输卵管癌或原发性腹膜癌[46]。目前,大量与奥拉帕尼、鲁卡帕尼单独或联合使用相关的临床试验仍在进行中,用于治疗更多疾病。此外,其他几种 PARP 抑制剂,如帕米帕里布(Pamiparib)、维利帕尼(Veliparib)、INO-1001 等也已进入临床试验并处于不同阶段。

随着 PARP 抑制剂在临床上的广泛应用,获得性耐药频频发生。在卵巢癌的治疗中,40% ~ 70%的 BRCA1/2 突变患者对 PARP 抑制剂没有反应[47]。因此,人们考虑通过联合治疗手段克服患者对 PARP 抑制剂的耐药性,从而提高疗效,如一项在三阴性乳腺癌患者体内进行的 Ⅱ 期研究,正致力于对比奥拉帕尼单药与联用 ATR/WEE1 抑制剂的疗效。然而,联合治疗也存在增加副作用的风险,有研究表明,PARP 抑制剂在治疗过程中可能出现严重的骨髓抑制。因此,深入研究 PARP 抑制剂的作用机制和耐药机制,对提高治疗效果及改进相应治疗策略仍然具有重要意义。

# 5.1.6  小分子药物发展面临的挑战

虽然已经有多种小分子药物应用于临床实践,但其发展过程中,仍存在许多需要克服的问题。想要探讨小分子药物自身发展的困境,首先需要了解现代小分子药物研发最重要的基础手段——筛选(screening)。要进行筛选,首先要有一个代表某种疾病指征的“筛子”,这个“筛子”可能是一个靶点蛋白,也可能是一个细胞株,甚至可能是一批实验动物。其次要有一个库(library),库里面要有足够多的小分子供筛选。从相应的库里面“大海捞针”找到一种或多种符合要求的苗头化合物(hit compound),而后经过层层结构优化得到先导化合物(lead compound)、候选化合物(candidate compound),再经过系统的临床试验充分验证安全性与有效性,才能得到药物供患者使用。

从上面这段描述不难得知,小分子药物研发的成功率是相当低的。从 20 世纪末到21 世纪初,小分子药物研发之所以能够取得突飞猛进的发展,很大程度依赖于疾病新靶点和疾病指征的发现,有机合成化学的爆发式发展与各类检测技术的进步。有机合成化学从 20 世纪七八十年代开始迎来爆发,导致了大量复杂、带有杂原子的、用原有方法很难合成的分子的出现;而质谱(mass spectra, MS),核磁共振(nuclear magnetic resonance, NMR)等检测手段的进步也成功分离了很多天然产物。与此同时,生物检测和分析手段的进步(如基因测序、蛋白质组学)也助推了新靶点的发现。生物技术的发展发现了一些重要的疾病指标和靶点,从而使得各大制药公司能够使用手中数百万计的小分子针对这些疾病和靶点进行筛选,进而促使了小分子新药的大爆发。

虽然说小分子库的规模现在还在逐年增长,但是分子的类型和多样性的增速却在逐年下降。突破小分子药物研发的关键在于新的靶点和疾病指征的发现。然而,目前大多数的公司其实是在用新的"筛子"不停地筛选旧的化合物库,期望那些之前没有被筛选出来或已经被筛选出来的分子能在新的靶点上起效。药物化学家们很早就意识到了这个问题的存在,之后又陆续开发了组合化学(combinatorial chemistry)、DNA 编码化合物库(DNA encoding library, DEL)等技术来扩充化合物库。这两种技术在一定阶段上缓解了化合物库匮乏的危机,但是它们都依赖于现有的经典有机合成反应,同时对反应条件还有严格的要求,受限的化学反应类型在一定程度上决定了分子种类和规模的上限,进而影响化合物库中化合物结构的多样性。

另一个挑战则是抗体药物、抗体偶联药物(antibody-drug conjugate, ADC)、CAR-T 细胞疗法(chimeric antigen receptor T-cell)、基因疗法、RNA 药物、溶瘤病毒等众多创新生物技术疗法对相同适应证市场的围追堵截。一百多年来,小分子的研发思路成功对抗了很多疾病。但与新兴的生物制药相比,小分子药物技术也暴露出了诸多限制和缺陷:首先,小分子药物会产生耐药性,无法长期抑制靶向蛋白的活性;其次,小分子药物需要维持一定的体内药物浓度才能发挥作用,而小分子较短的半衰期则导致需要一日一次甚至一日多次服用药物;再次,小分子药物由于结构相对较小,易对多个靶点有活性,造成其特异性相对较低,这也是许多小分子药物副作用大的原因;此外,还有很多靶点被认为是小分子无法靶向的,如一些转录因子、骨架蛋白和尚未找到药物的突变靶点 KRAS(kirsten rat sarcoma viral oncogene)等;最后,由于制备工艺相对简单成熟,小分子药物的生产成本远低于其他生物技术产品,当一种小分子药物的专利到期时,仿制药能以相对低廉的成本抢占原研药品市场,造成小分子药物的"专利悬崖"。

小分子药物作为最传统的药物形式,虽然当前的发展遇到了多重困境,但研究者们也正在努力提出更多新的思路,实现突破。一些具有代表性的新技术包括:蛋白降解靶向嵌合体(proteolysis targeting chimera, PROTAC)技术、分子胶、变构调节、药物再利用等,有望成为破局的关键,接下来依次对这些技术作简要介绍。

#### 5.1.6.1 蛋白降解靶向嵌合体技术

蛋白降解靶向嵌合体(proteolysis targeting chimera,PROTAC)是一种双功能小分子,由靶蛋白配体和 E3 泛素连接酶配体通过连接基团(linker)连接得到,利用泛素-蛋白酶系统识别、结合并降解疾病相关的靶蛋白(见图 5-5)。该技术最早由 Raymond Deshaies 等人在 2001 年提出,理论上可以将任何过表达和突变的致病蛋白清除,从而治疗疾病。

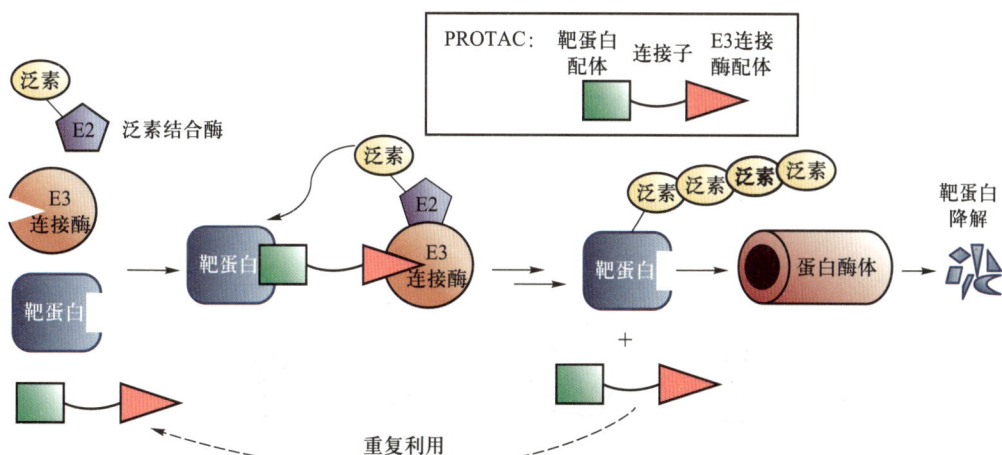

**图 5-5 PROTAC 作用机制示意图**

实际在临床研究上,意外发现部分药物同样具有降解靶蛋白的作用:如乳腺癌治疗药物氟维司群(fulvestrant)可以降解雌激素受体;来那多胺(lenalidomide)可以特异性降解转录因子 IKZF1 和 IKZF3;第三代 EGFR 抑制剂奥希替尼(osimertinib)也能选择性诱导 EGFR-T790M 的降解。这些意外发现没有普适性,也较难通过合理设计来得到。PROTAC 作为主观设计的降解靶标蛋白的小分子,在肿瘤、自身免疫性疾病领域已经取得了惊人的进展,同时在"不可成药靶点"与对当前疗法耐药患者的治疗中表现出巨大的潜力,获得了科学界和资本市场的广泛认可。PROTAC 技术戴着"明星光环"前行,是否能够带领小分子药物再度崛起,取决于未来几年相关产品的临床进展。

#### 5.1.6.2 分子胶

分子胶(molecular glues)是一类可以诱导或稳定蛋白质间相互作用的小分子化合物。当其中一个蛋白质分子为泛素连接酶时,分子胶可以引起另外一个蛋白质发生泛素修饰,并通过蛋白酶体途径发生降解,与 PROTAC 有异曲同工之妙(见图 5-6)。经典的分子胶降解剂如沙利度胺(Thalidomide)类似物和芳基磺酰胺类抗癌药吲地磺胺(indisulam)等都是利用 E3 泛素连接酶与靶蛋白之间的互补蛋白-蛋白作用界面,重编程泛素连接酶的选择性,以催化剂的方式驱动靶点泛素化。因此,分子胶也巧妙地避开了传统抑制剂的局限性,使得一部分靶点从"无成药性"变为"有成药性"。同时,与 PROTAC 相比,分子胶分子量更小,理论上会有更好的成药性。早期发现的分子胶多是偶然所得,近年来主动设计的分子胶也取得了不错的进展。例如,Slabicki 等人通过研究一种周期蛋白依赖性激酶(cyclin-dependent kinase,CDK)抑制剂——CR8 的作用机制,发现 CR8 表面的苯基吡啶部分使其具有了分子胶的特性。在与 CDK 结合后,CR8 可以诱导 CDK12/cyclin K(周期素 K)与 CUL4/DDB1 直接形成复合物,从而使 cyclin K 发生泛素化并通过蛋白酶体系统降解。这项研究表明,修饰结合靶标的小分子的表面暴露区域是一种可行的策略,可用于开发特定蛋白质靶标的分子胶降解剂。

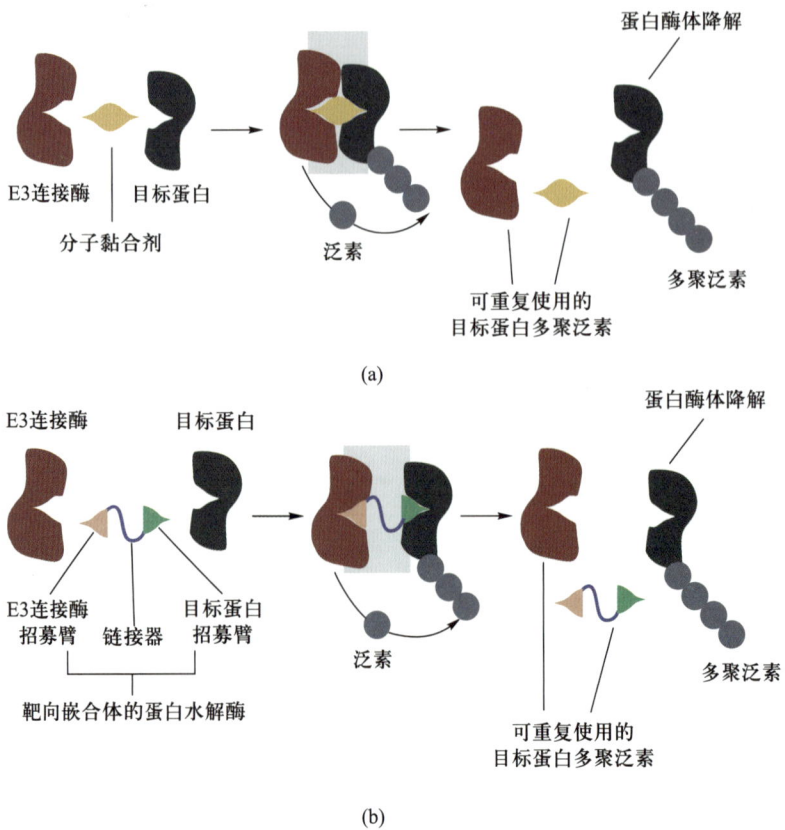

(a)

(b)

图 5-6　PROTAC 与分子胶作用机制比较

### 5.1.6.3 变构调节

变构调节(allosteric regulation)通过特异性影响蛋白构象变化,将其稳定在某个非活化或活化状态,这与传统的底物竞争性抑制剂比如 ATP 竞争性激酶抑制剂有所不同。变构调节中有一个有趣的"胖子理论",以激酶抑制剂设计为例,激酶底物(如 ATP)与酶活性中心结合紧密,就像是一个较胖的人坐在一把椅子上。传统的竞争性抑制剂要把这个较胖的人拉起来,需要更大的力气,也就是更高的亲和力。而变构抑制剂则是在椅子的某处扎了一根钉子,较胖的人自己就跳起来了,并不需要多大的力气。变构调节因其"四两拨千斤"的独特机制,不仅具有更好的选择性、安全性和克服耐药的潜力,还能使得一部分靶点从"无成药性"变为"有成药性",引起了众多科研机构和制药企业的重点关注。随着结构生物学的发展,变构位点的确认变得相对容易,也进一步推动了变构调节小分子药物的开发。

### 5.1.6.4 老药新用

"The best way to discover a new drug is to start with an old one."这是 1988 年诺贝尔生理学或医学奖获得者药理学家 James Black 提出的,简而言之就是"老药新用"。"老药"是指已上市的药物或正在进行临床试验的药物,"新用"是指在新的适应证上使用这些药物。阿司匹林于 1899 年在美国被发明,作为解热镇痛药的应用已有百余年,随着临床研究的不断深入,阿司匹林的许多新功效和新作用逐渐被发现,特别是其在心血管疾病预防和治疗中的作用。《中国心血管病预防指南(2017)》中开始将低剂量阿司匹林作为心血管疾病预防的基础药物。部分老药新用的典型案例见表 5-2。

表 5-2 部分老药新用的典型案例

| 药品名称 | 初始适应症 | 新适应症 | 再利用途径 |
|---|---|---|---|
| 阿司匹林 | 解热镇痛 | 抗血栓 | 回顾性临床分析 |
| 沙利度胺 | 孕妇止吐 | 麻风病、多发性骨髓瘤 | 超适应症使用、药理学研究 |
| 西地那非 | 心绞痛 | 勃起障碍、肺动脉高压 | 回顾性临床分析 |
| 齐多夫定 | 癌症 | 艾滋病 | 体外活性筛选 |
| 米诺地尔 | 高血压 | 脱发 | 回顾性临床分析 |
| 塞来昔布 | 消炎止痛 | 家族性腺瘤息肉 | 药理学研究 |
| 度洛西汀 | 抑郁症 | 应激性尿失禁 | 药理学研究 |

续表

| 药品名称 | 初始适应症 | 新适应症 | 再利用途径 |
|---|---|---|---|
| 利妥昔单抗 | 癌症 | 风湿性关节炎 | 回顾性临床分析 |
| 芬戈莫德 | 移植排异反应 | 多发性硬化症 | 药理学研究 |
| 托吡酯 | 癫痫 | 肥胖 | 药理学研究 |
| 酮康唑 | 真菌感染 | 库欣氏症 | 药理学研究 |
| 氯胺酮 | 麻醉药 | 抑郁症 | 药理学研究 |
| 瑞德西韦 | 抗埃博拉病毒 | 抗新冠病毒 | 体外活性筛选 |

过去几十年里,与阿司匹林、沙利度胺、西地那非等药物一样,"老药"改变用途成为"新药"的成功案例不在少数,为患者与制药公司都带来不可估量的获益。在 2020 年新型冠状病毒感染疫情中,"老药新用"也同样发挥了重要的作用。新冠疫情来得非常突然,想要从头设计获得一个全新的抗新冠病毒药物用于疫情的控制显然是来不及的。除了抓紧研发疫苗,科学家们希望能从现有已上市的或进入临床后期的化合物中进行筛选,找到潜在的治疗药物。对于抗疟药物如羟氯喹(Hydroxychloroquine),抗病毒药物如洛匹那韦(Lopinavir)、利托那韦(Ritonavir)、利巴韦林(Ribavirin)等,还包括"人民的希望"——瑞德西韦(Remdesivir),人们开展了针对新型冠状病毒的临床试验。FDA 于 2020 年 5 月 1 日宣布授予瑞德西韦紧急使用授权(emergency use authorization,EUA)治疗新冠感染患者,虽然最后的治疗效果并不是那么理想,但也为阻止全球新冠疫情的进一步恶化起到了一定的积极作用。

在氘代药物、共价抑制剂、多肽药物等发展相对成熟的技术领域,小分子药物也很有可能迎来突破。随着人工智能(artificial intelligence,AI)技术的不断成熟及在新药研发中的不断渗透,其在靶点发现、苗头化合物与先导化合物发现、药物分子合成路线设计、疾病模型建立、新适应证挖掘等诸多方面助力新药研发,将大大提高新药的研发效率。小分子药物有其难以替代的优势,它的发展是困境与突破交替轮动的历史,随着各种新科技的不断涌现,期待能有更多的"黑科技"助力小分子药物研发的突破,给世界带来更多的惊喜。

勇当主角,甘当配角。小分子药物在药物的发展史中一直担任"主角",随着各种生物技术疗法的日益丰富与成熟,疾病的治疗手段必然会呈现百花齐放的趋势。近年来联合用药也逐渐成为临床试验发展的趋势,特别是肿瘤免疫疗法的兴起,更是进一步推动了联合用药方案的尝试与突破。未来,在某些疾病领域小分子药物依然会是"主角",在另一些领域小分子药物可能会逐步被取代直至淘汰,而在更多的领域小分子药物将与生物技术疗法"强强联合",从而更好地造福患者。

### 📖 延伸阅读
#### ——屠呦呦与青蒿素

2015 年 10 月 5 日,2015 年诺贝尔生理学或医学奖获奖人选公布,85 岁高龄的屠呦呦成为第一位获得该奖的中国本土科学家。这一喜讯让国人振奋,也让青蒿素这种药物走入了百姓的视野。屠呦呦说:"青蒿素是人类征服疟疾进程中的一小步,是中国传统医药献给世界的一份礼物。"

20 世纪 60 年代,在氯喹抗疟失效、人类饱受疟疾之害的情况下,在中医研究院中药研究所任研究实习员的屠呦呦于 1969 年接受了国家疟疾防治项目"523"办公室艰巨的抗疟研究任务,担任中药抗疟组组长,从此与中药抗疟结下了不解之缘。

由于当时的设备比较陈旧,科研条件也无法达到国际一流水平,不少人认为这个任务难以完成。只有屠呦呦坚定地说:"没有行不行,只有肯不肯坚持。"整理中医药典籍、走访中医名家,她汇集了 640 余种治疗疟疾的中药单秘验方。在青蒿提取物实验药效不稳定的情况下,东晋葛洪《肘后备急方》中对青蒿截疟的记载——"青蒿一握,以水二升渍,绞取汁,尽服之"给了屠呦呦新的灵感。通过改用低沸点溶剂的提取方法,富集了青蒿的抗疟组分,最终,屠呦呦团队在 1972 年发现了青蒿素。据世界卫生组织不完全统计,青蒿素作为一线抗疟药物,在全世界已挽救数百万人的生命,每年治疗患者数亿人。

在发现青蒿素后,屠呦呦继续深入研究以青蒿素为核心的抗疟药物,2019 年 6 月,屠呦呦研究团队经过多年攻坚,在青蒿素抗疟机理研究、抗药性成因、治疗手段调整等方面取得新突破,提出应对青蒿素抗药性难题的切实可行的治疗方案,并在青蒿素治疗红斑狼疮等适应证、传统中医药科研论著走出去等方面取得新进展,获得世界卫生组织和国内外权威专家的高度认可。

屠呦呦说:"中国医药学是一个伟大宝库,青蒿素正是从这一宝库中发掘出来的。未来我们要把青蒿素研发做透,把论文变成药,让药治得了病,让青蒿素更好地造福人类。"

在位于宁波市的屠呦呦旧居陈列馆中,翔实的文字、图片、视频资料及珍贵实物
生动展现了屠呦呦的事迹,弘扬着她几十年如一日为科学奉献的伟大精神,
也不断激励着新一代的年轻人。

# 5.2
# 生 物 药 物

在医学初步发展阶段,化学合成小分子药物是人们进行治疗的主流选择,但其在治疗过程中仍存在一些问题,如特异性差、靶向性差、半衰期短等,因此研究者寻求新型药物来克服这些问题。早在文明伊始,人们就利用天然生物及其代谢物制备药物,而随着生物及医学技术的不断发展,主体为核苷酸和蛋白质的生物药物逐渐凭借副作用较小、靶向能力强且对多种重大疾病具有良好治疗效果等优点而逐渐走进了人们的生活中。

生物医药是指运用微生物学、生物学、医学、生物化学等学科的研究成果,从生物体、身体组织、细胞、体液中,综合利用微生物学、化学、生物化学、药学等科学原理和方法制造的一类用于预防、治疗和诊断的制品。如今生物药物已经成为患者青睐的一种治疗手段，在 5～10 年内，正在开发的药物中，高达 50% 是生物药物，同时，生物药物已占据将近 80% 的市场，足以说明生物药物具有广阔的发展前景。目前，常用于治疗的生物药物可根据药物主体分为核酸类、蛋白质类、细胞类，下面将对这些生物药物进行介绍。

## 5.2.1　核酸类

核酸包括 DNA 和 RNA，是构成生命的基本单元之一，对多种生命活动的正常进行至关重要。基于先前研究取得的结果，核酸具有传递遗传信息和调控蛋白质表达等多种重要作用，并且已被视为治疗疾病的有效手段[48]。现今，困扰人们的多种疾病如癌症、心血管类疾病、遗传性疾病等均被证实与遗传基因有着密不可分的关系。随着 DNA 双螺旋结构被揭示，分子医学的时代正式开启。近半个世纪前，研究者就将功能性核酸引入患者体内用于遗传性疾病的治疗。随着人们对分子医学的理解不断加深，多种基于遗传物质的疾病治疗方法被提出。目前，医药部门已经批准多种核酸类药物并投入生产使用，这些药物有望用于攻克各种疑难杂症。

与靶向蛋白质的常规药物相比，核酸类药物大多通过调节基因表达来产生治疗效果。通常，外源核酸类药物通过注射进入体内以抵消患者缺陷基因或通过促进基因复制来弥补先天性能不足。这类药物在遗传和获得性疾病中可取得较好的治疗效果，包括高度特异性和良好的治愈性[49]。然而，使用核酸作为治疗药物具有一定挑战性，因为原始状态下，核酸容易被核酸酶降解，难以在体内环境中长时间保持结构完整，不能持久发挥作用。为使核酸类药物产生更强的稳定性和更好的治疗效果，研究者通常利用化学修饰来保护核酸避免其被降解，确保其在体内循环中的稳定性。

### 5.2.1.1　DNA 类药物

常用于治疗的 DNA 类药物为质粒 DNA，即 plasmaDNA（pDNA）。质粒是一种存在于细胞内的生命非必需 DNA 环状分子。pDNA 具有自主复制、多酶切位点、具有标记基因等优点，这使得 pDNA 可满足稳定性好、设计方便、靶向性强的需求[50]。目前，质粒大多以 DNA 疫苗或 pDNA 治疗的形式活跃于医学领域。

## 1. DNA 疫苗

DNA 疫苗通过传递编码特定抗原的基因来诱导并增强相应的免疫反应。早在 1990 年,Wolff 就发现将外源基因的质粒 DNA 直接注射于生物的肌肉中,能在生物体内检测到外源基因的表达蛋白。1993 年,Robinson 等将可表达禽流感病毒保护性抗原血凝素基因的质粒 DNA 注射到鸡体内,发现鸡体内产生相应抗原,起到预防禽流感病毒的作用。由此,DNA 疫苗被用于治疗各种疾病,包括过敏、传染病、自身免疫性疾病和癌症。由于质粒中存在 CpG 基序(CpG motifs)和双链结构,DNA 疫苗还可以诱导先天免疫反应(见图 5-7)。与其他疗法相比,DNA 疫苗具有较强的选择特异性,能够对疾病所在组织进行精准治疗,使得副作用较小。此外,与抗体和小分子抑制剂不同,DNA 疫苗可促进免疫记忆,增强患者对此类疾病的后续免疫功能。

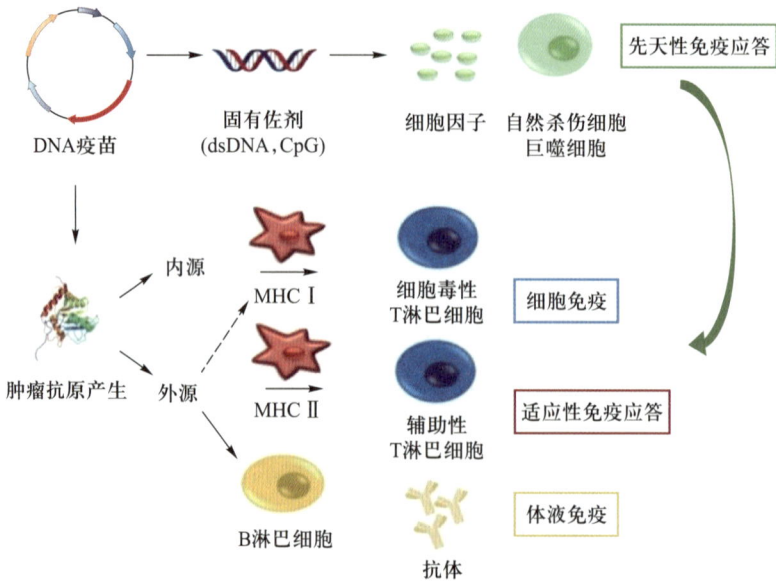

图 5-7　DNA 疫苗诱导的先天和适应性免疫激活[51]

质粒本身具有较好的稳定性,在制备过程中可以避免复杂的细胞反应,能够进行大规模生产。但质粒在体内循环中也会受到内环境干扰,这使得 DNA 疫苗的免疫原性较差。利用密码子优化、多种质粒嵌合等方式可以有效增强其免疫原性。这些技术通过调控基因增加目标蛋白质产量或增强质粒自身免疫原性来优化 DNA 疫苗。优化后的 DNA 疫苗在不同的临床前模型中显示出良好的疗效,特别在疾病预防模型中发挥了较大作用。

为防止新型冠状病毒感染,科学家们试图通过研发疫苗来提高民众对其免疫力。DNA 疫苗被认为是一种具有潜力的研究方向。新型冠状病毒在入侵人体时,刺突蛋白会与宿主细胞中血管紧张素转化酶 2(angiotensin converting enzyme 2,ACE2)受体结合。Smith 等通过计算机基因优化算法设计了一种高度优化的 DNA 序列,将其克隆至特定载体中,得到能够编辑新型冠状病毒中特定刺突蛋白的质粒[52]。这种 DNA 序列可用于 DNA 疫苗。为测试该 DNA 疫苗在生物体内的预防效果,研究者进一步开展了动物实验。将疫苗接种于小鼠体内,小鼠体内产生 IgG 抗体,能够与刺突蛋白抗原产生交叉反应,随后,观察小鼠血清中 ACE2 受体与刺突蛋白的结合情况。实验结果表明 DNA 疫苗产生的 IgG 能够抑制刺突蛋白−ACE2 受体相互作用过程,可有效阻断病毒的传播途径,起到了一定的预防效果;接种疫苗后,IgG 抗体可在小鼠肺部广泛分布,确保免疫屏障能够在第一时间发挥作用。最近,印度批准了世界上第一种新冠 DNA 疫苗,该疫苗利用其环状 DNA 链激活免疫系统,从而对抗病毒 SARS−CoV−2。新冠 DNA 疫苗也是我国的新冠预防方案之一,目前已有一款 DNA 疫苗获批进入临床试验。在各项试验中,DNA 疫苗展现出良好的免疫原性,有望作为预防新型冠状病毒感染的有效策略发挥作用。

DNA 疫苗在癌症治疗方面也有广阔的应用前景。一般情况下,DNA 疫苗通常含有编码肿瘤抗原的序列,用于产生相应抗体,这些肿瘤抗原大多是自身的突变蛋白或者在癌症中过表达的蛋白。由于这些蛋白是生物体内自然产生的,在治疗过程中引起的免疫作用较为温和,难以产生强有力的治疗效果。而来自体外的抗原往往能引起更为强烈的免疫反应,因此在患者体内接种含有异源抗原的 DNA 疫苗来治疗癌症成为一种新的发展模式。研究者设计了一种含有麻疹病毒抗原序列的 DNA 疫苗,并将这些疫苗皮内注射给予小鼠,小鼠随后产生强大的麻疹免疫;随后,将鳞状细胞癌肿瘤移植至小鼠体内,并设置对照组。与没有接种 DNA 疫苗的小鼠相比,在已产生麻疹免疫的小鼠中,25% 的小鼠肿瘤完全消退,生存率显著提升[53]。因此,该 DNA 疫苗设计能够有效治疗癌症,这说明利用预先存在的病毒免疫对抗癌症是一种可行的治疗方案,有望作为癌症免疫疗法应用于医学研究中。

将 DNA 疫苗与其他手段协同进行治疗也是一种行之有效的策略。在癌症治疗中,放射治疗、化学治疗等多种方式可与 DNA 疫苗协同发挥作用,这些方法不仅能增强 DNA 疫苗的免疫原性,也可以抑制肿瘤微环境对免疫作用的抑制。例如,化学治疗法中许多治疗药物能够在发挥自身疗效的同时增强抗体的靶向作用,并且提高 T 细胞活性并去除免疫抑制细胞。在一项临床前研究中,环磷酰胺与 DNA 疫苗的组合提高了小鼠的存活率并降低了免疫抑制细胞因子的表达[54]。研究表明,适当的化疗药物和疫苗治疗的组合可能在未来的癌症治疗中发挥重要作用。但是,除了积极作用,这些协同技术也可能会在治疗过程中对 DNA 疫苗造成一定消极影响,如放射治疗可能会破坏疫苗的结构使其失效,过多的化学药物可能会与疫苗发生反应影响治疗效果等。因此,DNA 疫苗与其他技术的协同治疗应通过进一步研究以得到合适的策略。

2. 质粒本身

质粒本身可以作为一种治疗药物发挥作用。通过基因编辑来设计质粒,使其具有调控特定蛋白质表达的功能,从而实现对特定疾病的治疗。近年来,质粒在多种疾病中表现出良好的治疗效果,如血友病、肌无力、骨修复、血管修复等。由于其高度可编程性,质粒治疗在人体修复、遗传性疾病上有着出色的表现。

虽然 DNA 类药物在多种疾病的治疗中发挥了一定的作用,但其自身的结构和性质限制了其进一步发展。核酸类药物的组织穿透性较差,难以深入体内病变位置,故大部分核酸类药物采用注射法,如果需要采用现有的口服输送方式,则对该类药物的运输载体提出了很高的要求;同时 DNA 作为生物的主要遗传物质,在体内往往作用持久,也可能产生副作用,这同样也需要 DNA 药物的设计更为精准以降低对患者的后续伤害。

### 5.2.1.2 RNA 类药物

RNA 同样是生物遗传信息的重要载体。其中 mRNA 将 DNA 信息完整转录下来并直接影响蛋白质的氨基酸序列,对蛋白质的表达起到至关重要的作用。因此,作用于 mRNA 的 RNA 干扰(RNA interference,RNAi)类药物也广泛应用于疾病治疗。RNA 干扰类药物可根据核苷酸长度分为小干扰 RNA(small interfering RNA,siRNA)和微 RNA(microRNA,miRNA),它们通过碱基互补配对原理靶向目标 mRNA,然后 RNA 诱导沉默复合物中的 Ago 蛋白降解 mRNA 或抑制 mRNA 的翻译,阻断靶基因的表达,即引起特定基因沉默而阻止相应蛋白质的表达,从而达到治疗疾病的目的(见图 5-8)。由于小干扰 RNA 和微 RNA 之间存在细微差别,小干扰 RNA 通常可以比微 RNA 触发更有效和特异性的基因沉默,而一种微 RNA 可能同时影响几个不同靶基因的表达。因此,小干扰 RNA 和微 RNA 在疾病治疗中具有不同的作用。

1. 小干扰 RNA

小干扰 RNA 是一种含有 20~25 个核苷酸的双链 RNA。从理论上讲,它可以通过序列来特异性沉默任何与疾病相关的基因。与小分子药物和单克隆抗体药物相比,小干扰 RNA 能够直接通过碱基配对靶向 mRNA 从而实现治疗,而小分子药物和单克隆抗体药物需要通过识别某些蛋白质的复杂空间构象来发挥作用。部分具有复杂空间构象的靶标分

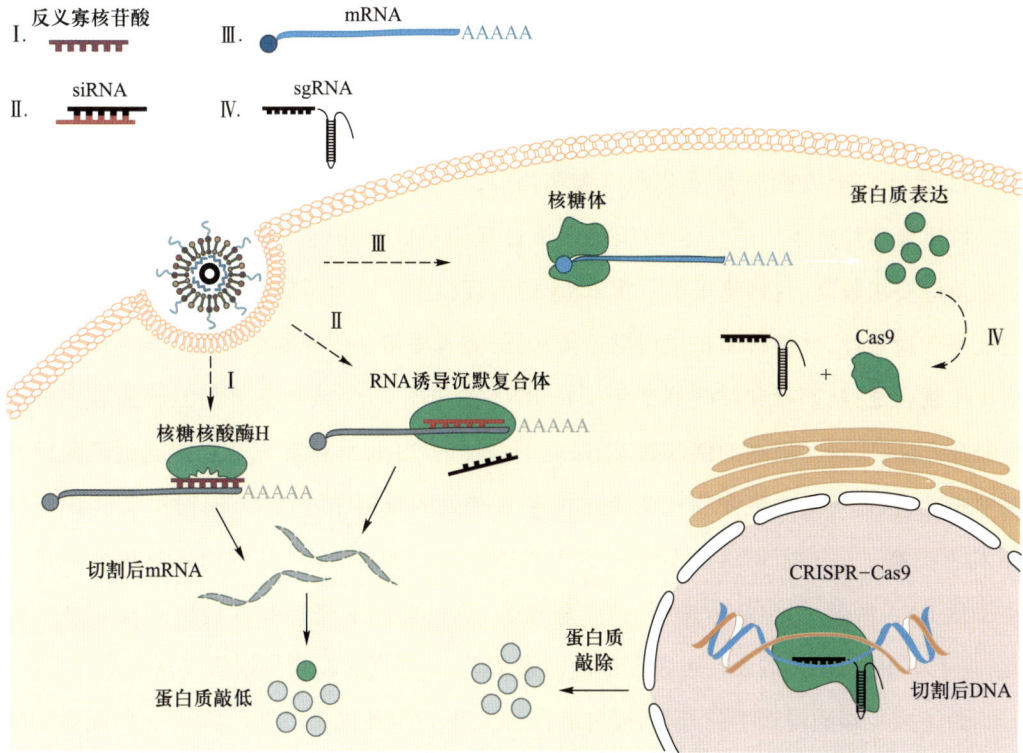

图 5-8 基于 **RNA** 的多种治疗手段[55]

子难以被小分子药物和单克隆抗体药物识别,这些药物的治疗效果大大减弱。因此,能够快速准确识别 mRNA 的小干扰 RNA 被视为一种有效的治疗手段。

尽管小干扰 RNA 在药物开发中具有广阔的前景,但核酸类药物在治疗过程中的诸多问题正在限制其发展。小干扰 RNA 的结构在体内环境中呈现相对脆弱的状态,在药物传输过程中易被破坏;小干扰 RNA 与 mRNA 的正常互补链存在竞争关系,难以保证大部分小干扰 RNA 均能很好地与 mRNA 结合;小干扰 RNA 可能会敲低其他无关基因的表达,导致生物体的正常功能受到损害。为解决这些问题,研究者采用了各种化学修饰手段来增强小干扰 RNA 的特异靶向性和治疗效力,减轻潜在毒性并降低错配的概率。如使用 2′-O-甲基(2′-OMe)或 2′-甲氧乙基(2′-MOE)基团取代 2′-OH,可有效抑制免疫刺激性小干扰 RNA 驱动的先天免疫激活,增强活性和特异性,减少脱靶产生的毒性。

根据修饰位置的不同,小干扰 RNA 的常见修饰可分为磷酸修饰、核糖修饰和碱基修饰。

(1)磷酸修饰。磷酸修饰是对小干扰 RNA 结构影响最小的修饰,有利于药物稳定地发挥作用,这种修饰利用硫原子代替磷酸二酯键的非桥氧原子。磷酸键连接赋予修饰寡核苷酸对核酸酶的耐受性,这可能使小干扰 RNA 在体内的循环时间更长。与未修饰的寡核苷酸相比,磷酸修饰能使小干扰 RNA 更加稳定,但也有研究表明,过多的磷酸修饰会使药物毒性增加。因此,修饰磷酸键的位置和数量对小干扰 RNA 的治疗效果有较大影响。

目前,市面上发行的 15 种寡核苷酸药物中,有 8 种含有磷酸修饰,这说明硫代磷酸酯是一种重要的修饰手段[56]。但传统的修饰过程原料成本高、偶联产率低,操作烦琐且对工艺条件要求较高,这影响了小干扰 RNA 的大规模生产。为了提高工业生产中磷酸修饰的效率和稳定性,并使得制备过程更加简易,研究者提出了一种利用手性二核苷酸来进行立体控制合成,从而得到磷酸修饰小干扰 RNA 的策略[57]。该制备工艺能够兼容多种化学修饰方法,实现了极高的偶联效率,保证了修饰的产率;与具有三个立体随机磷酸键的对照相比,该设计具有更强的代谢稳定性和更有效的蛋白结合能力,同时反义链 3'端的 Sp 构型提高了小干扰 RNA 诱导的基因沉默的功效。此外,许多其他因素也可能会影响小干扰 RNA 的效力,包括链选择、核苷酸序列、支链的化学修饰和双链的热稳定性。因此,对于小干扰 RNA 的设计可考虑多种因素交叉,共同优化以获得性能优良的治疗剂。

为了减少磷酸键产生的毒性,研究者同样采用了多种优化方法。其中一种选择是减少磷酸键的数量,将其转化为磷酸二酯骨架,从而降低代谢稳定性。因此,开发具有生物相容性构型,且代谢稳定的磷酸二酯键类似物有望推动小干扰 RNA 治疗进展。近年,研究者将乙烯基膦酸酯作为修饰的磷酸盐,即用 C—P 键代替磷酸二酯键的 O—P[58]。这种骨架对主链电荷和分子大小的改变较小,但会将分子扭转角限制在 180°,不过这也可能会影响蛋白质的识别从而降低治疗效果。

(2) 核糖修饰。核糖修饰在小干扰 RNA 药物中起到避免核糖核酸酶降解、降低免疫原性、改变药代动力学等多种作用。以 2'-O-甲基为主的 2'位置核糖修饰已被广泛用于保护小干扰 RNA 免受核酸酶降解。同时,2'-O-甲基作为一种天然存在的核糖,是目前药物设计中最常用的核糖修饰,能够增强药物稳定性及靶向性。随着人们对小干扰 RNA 药物和核糖结构的研究不断深入,更多的 2'位置修饰也逐渐出现,如 2'-O-甲氧乙基、2'-OH 和 2'-O-苄基[59]。这些修饰使药物表现出更强的体内稳定性和蛋白质亲和力,增强了小干扰 RNA 的活性。

除了常见的 2'位置修饰外,4'位置修饰也受到研究者的广泛关注,有望成为新的修饰策略。与常见的 2'-O 相比,4'-C 修饰位于 3'-和 5'-相邻的磷酸酯附近,其修饰可能影响小干扰 RNA 的空间构型,进而影响药物活性。近来,研究者深入探讨了 4'位置修饰对药物多方面的影响。由于 4'位置在磷酸盐之间并紧邻两个保守的金属离子,故该修饰能有效保护药物防止其被核酸酶降解。但引入 4′-C 修饰对小干扰 RNA 的热稳定性有影响,不利于药物发挥作用。为有效利用 4′位置修饰的优点,应对这些修饰进行设计,Elise Malek Adamian 等通过立体选择性合成 4′-Cα-OMe-2′-FU 核苷类似物及相应的差向异构体,并检测了其性质[60]。该核糖在修饰后仍表现出轻微的热稳定性下降,但不会改变药物整体的几何构象,说明修饰对药物的影响控制在可接受范围内,即不对基因沉默过程产生干扰。而 4′-OMe 取代基的加入使得药物核酸酶抗性增加;在含有 α-差向异构体和 β-差向异构体的两种结构中,磷酸酯与甲基基团紧密接触,这与未经过修饰的核酸一致。因此,核糖的结构设计能够有效规避修饰对药物分子空间构象的影响,该策略有望对新型小干扰 RNA 设计提供依据。

(3) 碱基修饰。碱基置换也对小干扰 RNA 的开发大有裨益。例如,假尿苷、硫尿苷、N6-甲基腺苷、甲基胞苷的取代等碱基类似物修饰可以降低药物的毒性,同时使其获得对核酸酶的抗性。在治疗中人们可选择使用具有更强靶向分子结合能力的人造碱基,如氟碱基和铁碱基,也可以选择特定碱基置换使药物获得更有效的空间构型和药物活性。许多其他不太常见的碱基类似物也已用于小干扰 RNA 修饰,它们的应用有助于研究人员更好地了解基因沉默的机制,可用于开发新的策略来减轻药物与无关蛋白质结合带来的不利影响。

Mark K. Schlegel 等最近报道了一种称为 ESC+的小干扰 RNA 设计策略,可通过 RNA 与甘油核酸 GNA 碱基配对来提高啮齿动物和人类中小干扰 RNA 的治疗效果[61]。在 ESC+方法中,碱基配对可以提供具有强大的靶向活性。实验结果表明,与原始的甘油核酸相比,碱基配对后的 RNA 在体外具有更好的耐受性和靶向能力。

2. 微 RNA

微 RNA 是一类核苷酸数量在 22 以内的单链 RNA,在生物的生命活动中起到重要作用。由于微 RNA 结构的多元化及其与 mRNA 的相互作用,研究者将其视为一种潜在的生物药物。在通常的药物设计中,微 RNA 通过抑制 mRNA 翻译来治疗相关疾病。常见的抑制机制有干扰 eIF4E 帽识别过程、募集 40S 小核糖体亚基、作为 60S 亚基拮抗剂、阻止 80S 核糖体复合物形成、抑制核糖体的运动等,从而抑制 mRNA 翻译,阻止特定蛋白质表达,实现治疗的目的[62]。除去对 mRNA 的翻译抑制功能,在特定条件下,微 RNA 也能激活目标 mRNA,促进特定蛋白质的表达,用于获得性免疫缺陷疾病的治疗。由于微 RNA 较短,mRNA 上可能同时含有多个针对不同微 RNA 的结合位点,因此,设计微 RNA 药物时可采用多条微 RNA 链共同作用的策略。

### 5.2.1.3 反义寡核苷酸

反义寡核苷酸是一类化学合成的含有 13~25 个核苷酸的核酸类似物。1978 年,科学家发现与劳斯肉瘤病毒 35SRNA 互补的合成寡核苷酸可以抑制蛋白质的表达,之后反义寡核苷酸作为一种治疗剂引起了科学家的关注。该类药物具有反义序列(3′至 5′),可与靶向 mRNA 互补。反义寡核苷酸可以抵抗循环系统中核酸酶作用的降解,它进入靶细胞或组织中后,可通过碱基互补配对原则与 mRNA 结合来调节靶基因的表达,从而实现对特定疾病的治疗。根据反义寡核苷酸的设计方案,可以遵循不同的机制来降解或修饰靶 mRNA,从而实现对疾病的治疗[63]。

但早期的反义寡核苷酸药物具有靶向性不强、药物活性较低和具有潜在毒性等缺点,这影响了药物的应用。随后,研究者通过各类化学修饰如磷酸骨架修饰及核糖修饰以弥补其不足,取得了较好的成果。例如,经过硫代磷酸骨架修饰的反义寡核苷酸,具有更强的蛋白质亲和力,同时修饰的硫原子与酶活性位点的空间位阻会改变药物的空间构型,增强了药物的核酸酶抗性[64]。但磷酸修饰也会带来一些副作用,如与非特异性蛋白结合引起炎症和血小板减少症。因此,人们考虑用甲磺酰氨基磷酸酯代替普通磷酸修饰,磷酸键的增加使得药物在小鼠模型中作用的时间更长,且磷酸键是否具有手性对药物疗效不产生明显影响,同时削弱了药物的细胞毒性,为反义寡核苷酸药物的化学修饰提供了理论依据[65]。这些修饰增强了药物的各项性质,使其能在体内更好地发挥作用。现在,许多控制 mRNA 翻译的反义寡核苷酸药物已被批准投入市场,用于多种疾病的治疗,如病毒引起的炎症、心血管疾病、免疫类疾病等。相对于普通 RNA 及 DNA 类药物,反义寡核苷酸有更强的针对性和可操控性,有望在分子治疗领域进一步发展。

### 5.2.1.4 核酸适配体

核酸适配体(aptamer)是一类单链 DNA 或 RNA 分子,具有良好的特异性和靶向性。1990 年,研究人员在研究通用核酸和靶标分离技术时提出了适配体的概念。随后,人们通过指数富集的配基系统进化(systematic evolution of ligands by exponential enrichment, SELEX)技术筛选出具有特殊性质的适配体,如具有靶向性和稳定性的适配体[66](见图 5-9)。适配体可以靶向各类不同成分,包括离子、小分子、蛋白质,甚至整个细胞和病毒,这意味着该类药物能够通过多种途径对疾病进行治疗,如抑制 mRNA 翻译、与高表达蛋白受体竞争、诱导细胞代谢等。同时,适配体具有良好的稳定性、较高的核酸酶抗性、低免

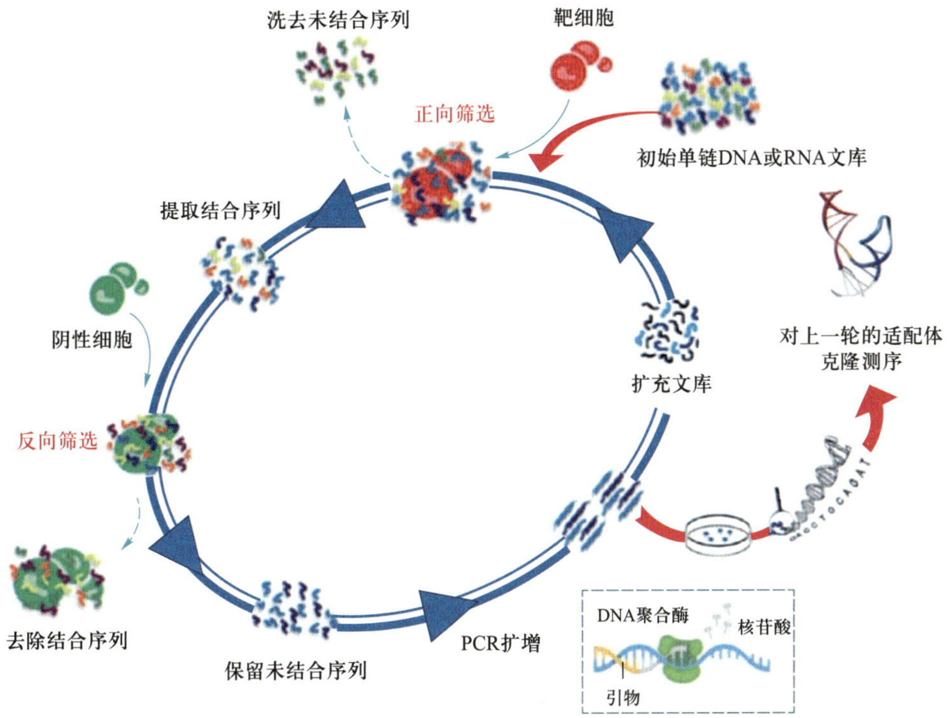

洗去未结合序列

靶细胞

正向筛选

初始单链DNA或RNA文库

提取结合序列

对上一轮的适配体
克隆测序

阴性细胞

反向筛选

扩充文库

去除结合序列

PCR扩增

保留未结合序列

DNA聚合酶　核苷酸

引物

图 5-9　SELEX 对细胞进行筛选进而得到适配体的过程[67]

疫原性及高度可调控性,这使得核酸适配体成为生物药物研究中关注的重点。

　　尽管适配体可以较高的亲和力和特异性与靶标结合,但它们对 DNA 和 RNA 的应用受到其核酸酶敏感性的限制。基于反义寡核苷酸和小干扰 RNA 开发的经验,研究人员还对适配体结构进行了化学修饰,结果表明,化学修饰成功地增强了适配体的稳定性、多样性、亲和力等特性。谈洁等设计了一种引入氟碱基和铁碱基的人工核酸适配体,能调节靶向蛋白的活性,继而影响细胞的黏附和迁移能力,这说明该人工适配体是一种潜在的肿瘤抑制剂[68];王杰等通过两个适配体与凝血酶形成闭环结构增强其抑制效果,经近红外光处理后,适配体结构被破坏,凝血酶活性恢复,该设计实现了对蛋白质活性的双向调控[69];适配体也可通过其靶向能力募集细胞完成关节再生等治疗[70]。因此可知,核酸适配体可通过多种修饰方式进行治疗。

　　但对比适配体本身具有的治疗功能,其出色的靶向功能还能与其他策略结合以发挥出更好作用[71]。近年来,人们将核酸适配体与药物分子偶联以促进其靶向能力,确保药物能运输至目标组织,即适配体-药物偶联物技术。与适配体偶联的药物大多属于聚合物,按偶联原理不同,可将其分为共价适配体偶联和非共价适配体偶联。

1. 共价适配体偶联

适配体末端的共价修饰是文献中常用于偶联聚合物药物的方式。为了设计具有更多位点特异性修饰的生物药物,人们研究出不同的接头化学,如酶响应、pH 不稳定动态、温度依赖性和不可切割接头。这些技术极大扩展了适配体-药物偶联物的应用范围,但由于适配体末端修饰位点少,不可避免地存在负载药物过少的缺点。研究者通过在适配体与药物之间引入交联剂来增加药物负载量。随着技术的不断完善,共价适配体偶联药物已被证明在部分疾病中显示出良好的治疗效果。Imran Ozer 设计了一种 RNA 适配体与聚乙二醇化聚合物偶联的药物,并研究其在小鼠血栓模型中的治疗效果[72]。研究表明,该偶联药物有效阻止了闭塞性血栓的形成,且与聚乙二醇偶联后不会与生物体内存在的聚乙二醇抗体识别,避免了体液免疫反应,降低了聚乙二醇药物使用的风险。

2. 非共价适配体偶联

不通过共价偶联,而通过氢键、π-π 堆积和疏水相互作用来组成稳定药物的偶联方式为非共价适配体偶联。通过简单的杂交和嵌入来完成有效载荷的引入。Sorah Yoon 等设计一种抗胰腺导管腺癌适配体 P19,并展示了其靶向和递送单甲基的能力[73]。这些单甲基连接到一个短的寡核苷酸上,然后通过杂交连接到适配体上。在这项研究中,基于RNA 适配体的药物偶联物能够准确靶向到癌组织中。

## 5.2.2 蛋白质类

早在 10 世纪的中国,人们接种牛痘以预防天花,牛痘能够在人体内产生相应抗体,从而在天花感染时迅速激活免疫反应,产生对天花病毒的抵抗力,这就是蛋白质类药物的最早应用。随着人们在分子层面上的不断探索,蛋白质结构分析及基因编辑技术的不断成熟,多种蛋白质类药物被研制出来用于治疗疾病[74]。1975 年单克隆抗体的成功研发,1982 年重组人胰岛素蛋白被批准上市,21 世纪以来多种蛋白质药物投入医疗应用,这都证明了蛋白质类药物在医学领域中发挥着重要作用。

与其他生物药物如核酸类药物相比,由于蛋白质的改性、重组等是基因编辑的间接产物,潜在生物毒性更小,因此,蛋白质类药物有较高的临床使用率。根据作用机制不同,蛋白质药物一般可分为两类:一类是具有细胞内靶点的蛋白质治疗剂(即作用于细胞溶胶),如细胞色素 c、半胱氨酸蛋白酶-3 和核糖核酸酶 A。细胞色素和半胱氨酸蛋白酶-3 可以激活细胞内的凋亡途径。另一类是具有细胞外靶点的蛋白质疗法,如肿瘤坏死因子相关的凋亡诱导配体、抗体和蛋白抗原。但是,这些蛋白质疗法都存在一定的缺陷,其治疗效果受到各种生物屏障的影响,包括易受蛋白酶降解致使结构变性、在肿瘤部位积累较低、细胞膜穿透性一般。因此,人们需要借助多种技术来克服这些困难。

### 5.2.2.1　多肽

多肽是一类以肽键连接形成的氨基酸化合物,部分多肽折叠后即可形成具有空间构型的蛋白质,故将其归类于蛋白质类药物。自 1922 年天然胰岛素的治疗效果被发现后,人们对各种天然及人工合成的多肽类药物的研究不断深入,这些药物也逐渐展现出优良的治疗效果,如催产素和加压素等。在蛋白质类药物研发初期,研究者通常采用效率较低的液相化学法进行肽合成。随着 1963 年固相肽合成技术的发明,多肽类药物生产效率显著提高,由此,该类药物逐步成为医疗领域中不可取代的部分[75]。

但多肽类药物大多有半衰期短的缺点,影响药物的持续作用。为了改善药物在体内的作用时间及其他特性,如治疗效力、选择性、药代动力学等,人们采用了多种化学修饰。化学修饰最早出现在加压素和催产素中,通过蛋白质修饰以增加这些内源性配体的稳定性、效力和选择性,最终得到如去氨加压素、特利加压素等药物,其性能得到大大改善。在后续的研究中,研究者开始设计出新的修饰策略,包括肽或蛋白质骨架修饰,以创造具有理想特性的药物化合物,如高特异性、亲和力、渗透性和安全性,为多肽类药物的进一步应用提供依据[76]。根据修饰的方向不同,多肽类药物的修饰方式有两种,即脂化和糖基化。

1. 脂化

脂化是一种翻译后修饰,其中蛋白质通过共价形式修饰多种脂质,包括脂肪酸、胆固醇和类异戊二烯。脂化在调节多肽结构、定位、相互作用等功能方面发挥着关键作用,而异常的脂化是许多疾病的原因或后果,包括癌症、神经系统疾病、代谢疾病,以及细菌、病毒和真菌感染,因此,多肽脂化是改善肽治疗剂性能的有效策略。在脂化过程中,具有不同链长的脂肪酸的共价连接通常发生在 N 端、C 端或多种蛋白质的序列内。这种类型的连接相对稳定,主要发生在特定的氨基酸上,如半胱氨酸、丝氨酸、苏氨酸和赖氨酸。研究表明,脂化可显著延长肽类药物的半衰期,增强药物的体内活性。

自然界中存在天然脂肽,它们大多由真菌或细菌代谢产生,这些脂肽通常含有 $d$-和 $l$-氨基酸的混合物,故具有对蛋白质水解酶的抗性,这解决了蛋白质类药物在生物体内稳定性差的问题。因此,基于天然脂肽的类抗生素药物被用于治疗多重细菌耐药感染,如达托霉素和多黏菌素。天然脂肽在医疗上的广泛应用促进了合成脂肽药物的蓬勃发展。基于硫醇-烯化学,Elyse T. Williams 等提出了一种将乙烯基酯缀合到半保护的树脂结合肽的游离硫醇上的策略,从而合成单 S-脂化肽[77]。合成的脂肽具有良好的生物活性,有望用于治疗偏头痛。而简单的合成过程、极高的产率也证明了硫醇-烯化学合成是一种合成脂肽药物的有效方法。

除去引入单硫、双硫键等脂化方式,在多肽上进行酰胺基修饰也是一种常见的脂化途径。Tamer Coskun 等开发了一种用于降低血糖的新型 GLP-1 受体激动剂 LY3298176[78]。这是一种含 39 个氨基酸的线性肽,通过与位置 20 的赖氨酸残基相连的接头与 C20 脂肪二酸部分缀合,LY3298176 肽序列中的 C 末端被酰胺化。研究表明,酰胺化可将药物与白蛋白进行结合,提高了药物运输的效率,使得多肽药物能够在体内保持稳定;将 LY3298176 应用于患糖尿病的小鼠体内,小鼠体内血糖显著下降,说明化学合成的脂肽有望应用于临床治疗中。

2. 糖基化

自然界中超过一半的多肽及蛋白质具有糖基化结构,因此糖基化被认为是蛋白质最普遍的修饰。1938 年,研究人员首次发现糖基化现象,随后人们对其作用机制进行了深入研究。研究表明,糖基化能通过影响蛋白质和肽的结构特征来调控其稳定性、生物活性、物质运输、靶向及信号传输能力。人体中超过 50% 的蛋白质被一种或多种单糖修饰,从而产生多样化结构。同时,异常糖基化通常与严重的健康问题和先天异常相关,这表明翻译后糖基化修饰的重要性。因此,糖基化是使多肽药物具有治疗功能的重要修饰。

糖肽/蛋白质的化学设计通常为:肽以逐步线性方式组装,在溶液中或在固相肽合成过程中,于位点特异性引入受保护的糖基化氨基酸结构单元,从而形成不同的糖肽。但合成复杂的 O-连接和 N-连接寡糖存在困难,需要连续且耗时的保护和脱保护步骤,以及复杂的反应条件,因此,人们采用先将蛋白质与糖基受体连接,随后将受体糖基化,由此更加便捷地得到糖肽/蛋白质。

糖肽中的天然糖苷键,通常在 N-和 O-之间形成,容易受到 N-和 O-糖苷酶的切割,缩短体内循环时间。随着分子技术的不断深入,人们发现将 C 和 S 类似物作为糖肽的非天然聚糖接头可产生更好的效果,因为它们难以被人体内酶切割,可增强药物稳定性,因此人们将其视为改善糖肽性能的新策略。研究人员尝试使用各种策略,构建 C-和 S-糖基氨基酸结构单元,并将其组装成糖肽。研究结果表明,与 C 连接的寡糖相比,非天然硫键与天然 O 糖苷具有更强的亲和力,能够更好地对肽类药物进行修饰,这使得 S-连接的糖肽在全化学合成中更受研究者青睐。同时,S-连接的糖蛋白已被证明具有一定的治疗效果,这说明 S-连接的糖蛋白是一种具有发展潜力的肽类药物。当使用 S-连接聚糖时,也可以通过控制糖和肽之间的距离影响其几何形状,从而操纵整体构象。

除去在单一肽上进行各种修饰,在肽类药物上偶联多种其他成分也是一种药物设计策略。随着学科的不断交叉,多种新型治疗手段也在不断被提出,如王伟伟团队将糖肽与水凝胶通过动态亚胺键偶联作为敷料用于伤口愈合[79]。该复合材料能有效促进人体内巨噬细胞极化为 M2 型,有利于组织的形成,同时有修复血管的功能,这证明水凝胶与糖肽结合能起到良好的治疗效果;A. Duro-Castano1 等设计了一种具有较强靶向能力的多峰多肽纳米偶联物用于治疗阿尔茨海默病[80]。在偶联物设计中,研究者将多肽聚谷氨酸作为载体,负载双去甲氧基姜黄素、异黄酮等药物至靶标神经部位。实验结果表明,带有炔丙基胺部分的多肽纳米缀合物和类姜黄素处理提供了神经保护并表现出神经营养作用,从而影响阿尔茨海默病生理级联反应。由于药物接头的 pH 敏感性和体内酶对载体的降解作用,双去甲氧基姜黄素能够在体内完全释放,这说明该设计有利于药物发挥作用。为验证药物的实际治疗效果,研究者使用多峰多肽药物治疗患有早期阿尔茨海默病的小鼠,治疗后小鼠的记忆能力得到改善,这说明设计出的药物能够有效治疗阿尔茨海默病。因此,将肽类药物与多种药物偶联用于协同治疗也是未来医疗的一种发展方向。

## 5.2.2.2 抗体

抗体是质粒工程和杂交瘤技术不断发展的产物,人胰岛素的生产和使用标志着质粒工程进入了新的阶段,利用质粒编辑技术能够对蛋白质进行修饰和改造。1975 年,Kohler 和 Milstein 从免疫供体中建立了融合小鼠骨髓瘤细胞和小鼠脾细胞的细胞系,该细胞系能够分泌抗羊红细胞抗体,这意味着杂交瘤技术也逐渐走向成熟。随后研究者便利用这些技术设计出第一种被 FDA 批准的治疗性单克隆抗体:一种被称为 OKT-3 的鼠源抗体,用于预防急性肾移植排斥反应[81]。但是以鼠抗为代表的第一代单克隆抗体有着难以忽视的缺点,主要原因是鼠源抗体与人体内受体存在一定差异,不能完美结合以达到预期的治疗效果,同时本身具有较高的免疫原性。在治疗过程中,部分第一代单克隆抗体与同位素协同使用时会产生强烈的免疫排斥现象,严重时会危及患者生命。因此,大部分第一代单克隆抗体产品被迅速撤回。研究人员吸取了这些经验教训,第二代单克隆抗体应运而生,成为抗体治疗的主力军。第二代抗体采用部分人源抗体,根据结合方式可分为嵌合单克隆抗体和人源化单克隆抗体。随着蛋白质嵌合技术的不断发展,目前 FDA 已经批准了八种非偶联嵌合单克隆抗体和一种嵌合生物仿制药用于临床。尽管嵌合单克隆抗体中大约 75% 来源是人,并且免疫原性明显低于鼠单克隆抗体,但它们进入患者体内后仍然会诱导相应抗体。为彻底解决抗体免疫原性问题,研究者决定使用完全人源单克隆抗体,通过噬菌体设计的第三代单克隆抗体具有类似生物自然免疫系统的功能,具有较高的选择性和较低的免疫原性,这大大拓宽了抗体治疗的应用范围。目前,已有多种人源抗体在治疗免疫获得疾病、癌症、炎症等疾病中取得良好的治疗效果,抗体类药物已经成为现代医学中重要的组成部分。随着人们治疗要求的不断提高,更多抗体药物正在研制中,除了单克隆抗体,还包括纳米抗体和多克隆抗体等。

### 1. 单克隆抗体

单克隆抗体是抗体治疗中最基础和最主要的药物分支之一。随着四代抗体技术的不断发展,单克隆抗体的研发趋于成熟(见图 5-10)。但单克隆抗体本质是蛋白质,在体内循环时同样有稳定性较低的缺点,为改善其稳定性及其他性质,研究者同样考虑通过多种化学修饰来提高单克隆抗体的复杂性。根据形式不同,可将修饰分为糖基化及聚乙二醇化。

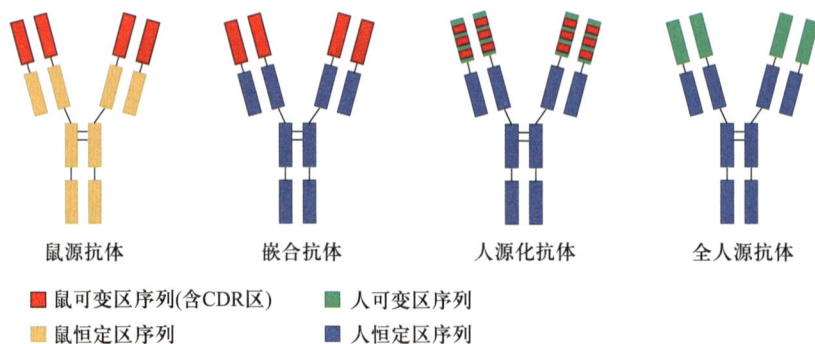

鼠源抗体　　　　嵌合抗体　　　　人源化抗体　　　　全人源抗体

■ 鼠可变区序列(含CDR区)　■ 人可变区序列
■ 鼠恒定区序列　　　　　　　■ 人恒定区序列

**图 5-10　单克隆抗体的发展历程**

(1)糖基化。糖基化是一类重要的蛋白质修饰[82]。研究表明,不同糖型在 Fc 区的分布会显著影响单克隆抗体的功效、稳定性及效应器功能。在抗体糖基化设计中,无岩藻糖基化和半乳糖糖基化在抗体靶向病症细胞时起到重要的清除作用。而单克隆抗体中的其他糖类,如唾液酸、高甘露糖,都对治疗功效、抗炎活性起到一定的调节作用。因此,对单克隆抗体进行糖基修饰决定了药物是否能安全有效地应用于临床治疗中。

常见的糖基化过程中,糖基化前体经过细胞代谢过程转化为核苷酸糖,随后由转运蛋白传输到高尔基体,在细胞内膜中,糖基化前体在寡糖基转移酶帮助下连接到单克隆抗体 Fc 区域的特定位点。而为了得到增强特定性能的糖基化抗体,人们采用了不同糖基化方式。据报道,去除核心岩藻糖残基会增加单克隆抗体 Fc 区域与 FcγR III A 受体的相互作用,从而增强单克隆抗体的细胞毒性。为设计出性能更优良的单克隆抗体,控制糖基化过程十分重要。近来,翁启惠团队提出了一种通过基因编辑过的酵母和体外酶共同作用的策略,对赫赛汀(Herceptin/Trastuzumab,曲妥珠单抗)进行糖基化修饰,用于大量稳定地生产糖基化抗体[83]。实验结果表明,许多细菌能够有效去除重组曲妥珠单抗上的异质聚糖,可用于生产单 N-乙酰氨基葡萄糖(GlcNAc)曲妥珠单抗,使用稳定的聚糖底物将其进一步转化为具有明确聚糖结构的均质曲妥珠单抗。该方法为单克隆抗体的大规模糖基化提供了一种有效的策略。

(2)聚乙二醇化。单克隆抗体修饰的另一种形式是聚乙二醇化,即将聚乙二醇添加到单克隆抗体的 Fc 部分,以进一步降低免疫原性并扩大治疗窗口。添加聚乙二醇可能会阻碍抗原加工,有效地"隐藏"受体免疫系统中的修饰药物,从而延长肾清除率。然而,聚乙二醇化是否真的能最大限度地降低免疫原性仍存在争议,因为已经在用该类治疗剂治疗的患者体内发现了抗聚乙二醇抗体,这说明使用该抗体可能引起人体产生相应抗聚乙二醇抗体。因此,更多应用聚乙二醇化单克隆抗体进行治疗的策略需要进一步研究,以免其与人体内产生的抗聚乙二醇抗体结合引起严重的免疫反应。

2. 纳米抗体

纳米抗体技术也是一种具有应用前景的治疗策略。1989 年,研究者从骆驼科动物体内发现了一种仅含一个重链的免疫球蛋白,由该类蛋白工程化形成的单域抗体片段被称为纳米抗体。纳米抗体大小仅有其全尺寸对应物的 10%,但仍拥有与普通抗体相同的抗原特异性及结合稳定性。由于其独特的结构,纳米抗体具有优异的溶解性、稳定性及组织穿透能力,能够广泛应用于医学诊断与治疗中。并且纳米抗体可在细菌中产生,有利于大规模生产和商业应用。纳米抗体的功能同样可以通过化学修饰进行完善,如通过聚乙二醇对抗体进行修饰、将纳米粒子与抗体协同作用等,这些方式都可以延长纳米抗体在体内的半衰期。由此,纳米抗体逐渐成为抗体家族具有发展潜力的一分子。研究者提出了一种基于无细胞平台生成 SARS-CoV-2 纳米抗体的策略[84]。该方法获得的纳米抗体具有良好的生物物理性质,同时表现出优于动物源抗体的病毒中和效果。SARS-CoV-2 纳米抗体的成功设计克服了抗体的体内适应性和无细胞抗体工程整体效率的限制,为纳米抗体的设计提供了新的道路。

### 3. 多克隆抗体

多克隆抗体也是单克隆抗体的衍生应用。与单克隆抗体仅来源于单个 B 细胞不同，多克隆抗体是通过刺激机体多个 B 细胞克隆获得的针对多种抗原表位的不同抗体。同一种多克隆抗体能够用于治疗多种疾病或以多种途径对疾病进行治疗。由于不需要筛选单一稳定抗体，多克隆抗体生产周期较短、稳定性较强，能够识别抗原上多个表位，对自身免疫病有较好的治疗效果。但它对相应抗原的特异性较差，容易与非特异性抗体结合，治疗效果较差。为合理利用多克隆抗体，研究者提出了多种治疗策略。Brett Schrand 等设计了一种将多克隆抗体和适配体靶向功能结合的增强肿瘤免疫的方法，首先用适配体修饰后的半抗原包裹肿瘤细胞，将半抗原特异性多克隆抗体募集到肿瘤中，从而引起免疫反应进行治疗[85]。该方法综合了适配体的靶向作用与多克隆抗体的治疗作用，使得治疗的特异性更强、效果更佳。

### 5.2.2.3 蛋白酶

蛋白酶是一类催化蛋白质水解的酶类的总称，在生物过程的调节，如基因表达、细胞周期进程、细胞信号传导、细胞分化和细胞凋亡等过程中发挥着重要作用[86]。而当蛋白酶分泌受到影响时，人体会出现各种病理状况。由此，人们将酶疗法作为治疗多种疾病的手段。作为治疗剂，蛋白酶具有两个区别于其他药物的基本特征：首先是高亲和力和特异性，其次是分子转化为所需产物的多重靶向性。这些重要特征使酶成为有效的候选药物，并研发出许多基于蛋白酶或蛋白酶混合物的治疗剂。第一款基于重组酶的产品 Activase 于 1987 年获 FDA 批准用于治疗心脏病。从那时起，许多基于酶的药物产品逐渐上市并用于各种治疗。它们基本上可以分为：用于降解肿瘤进展中重要成分的氨基酸，如天冬酰胺酶；用于治疗因溶酶体分泌物缺乏引起的遗传贮积病的酶；用于降低因血栓形成导致的心肌梗死死亡率的酶，如尿激酶；在各种病理中具有抗炎活性的酶，如锯齿肽酶。这些蛋白酶通常担任着抑制剂的作用，通过控制疾病中的蛋白酶促使蛋白质成熟。

Lukas Wettstein 等从肺泡细胞中筛选出一种蛋白酶 α1AT 用于治疗新冠病毒感染[87]。实验结果表明，α1AT 能够抑制人类气道上皮培养物中新冠病毒的复制，并且能结合活丝氨酸蛋白酶 TMPRSS2 并将其灭活，这抑制了 SARS-CoV-2 刺突蛋白的膜融合过程。因此，α1AT 可通过抑制 TMPRSS2 阻断 SARS-CoV-2 进入，并可能在针对新冠病毒的先天免疫防御中发挥重要作用。这说明含 α1AT 的药物具有治疗 COVID-19 的前景；

蛋白酶在癌症治疗上也有一定应用,研究者利用人源中性粒细胞释放具有催化活性的中性粒细胞弹性蛋白酶来杀死多种癌细胞类型,同时保留非癌细胞。因此,蛋白酶在多种疾病治疗中可发挥重要作用。

## 5.2.3　细胞类

随着重组 DNA 技术和定向基因工程的进步,人们逐渐通过控制活细胞来诱导蛋白质的表达,具体应用包括大肠杆菌改造后用于胰岛素的大规模生产、糖工程化酿酒细胞的出现等,这些应用均证明了活细胞遗传学操作的可行性,这为新型药物的设计提供了有效途径。最近,用于 T 细胞工程的免疫细胞也受到科学家的青睐。为了开发有效和安全的活细胞疗法,需要设计遗传和蛋白质机制以实现功能重定向、精确激活和整体控制。

### 5.2.3.1　嵌合抗原受体 T 细胞免疫疗法

自 1950 年以来,通过哺乳动物细胞工程,人们采用 T 细胞疗法治疗肿瘤,结果表明该疗法能够增强人体对肿瘤的排斥效果,其作用机制是增强免疫系统。早期研究旨在将 T 细胞受体重定向到特定位置。T 细胞受体与主要组织相容性复合物( major histocompatibility complex,MHC ) 结合并触发免疫反应。然而,基于 T 细胞受体的治疗有一定缺陷,肿瘤产生后会下调组织相容性复合物呈递的能力,使得免疫反应难以达到预期标准。为了克服 T 细胞受体对主要组织相容复合物的影响,人们采用人工嵌合抗原受体 T 细胞免疫技术,该技术可以在抗原识别后提供直接激活,避免了肿瘤调控蛋白带来的影响[88]。同时利用抗原的多样性,该疗法具有更多肿瘤作用位点,如肿瘤表面的蛋白质抗原、糖蛋白中的糖脂类抗原等。并且 T 细胞在体内存活时间较长,治疗效果比较持久。

嵌合抗原受体是在 T 细胞膜上表达的合成靶向和信号蛋白,可识别特定抗原。嵌合抗原受体的模块化功能允许不同的刺激或抗原表达来触发 T 细胞的识别和参与,这将产生一个信号级联反应,产生可诱导 T 细胞增殖、募集和产生导致肿瘤死亡的细胞因子。嵌合抗原受体 T 细胞疗法( chimeric antigen receptor T-cell immunotherapy,CAR-T)在白血病和淋巴瘤的治疗中取得了巨大成功( 见图 5-11 )。目前,已有多种细胞疗法在临床试验中大量使用。

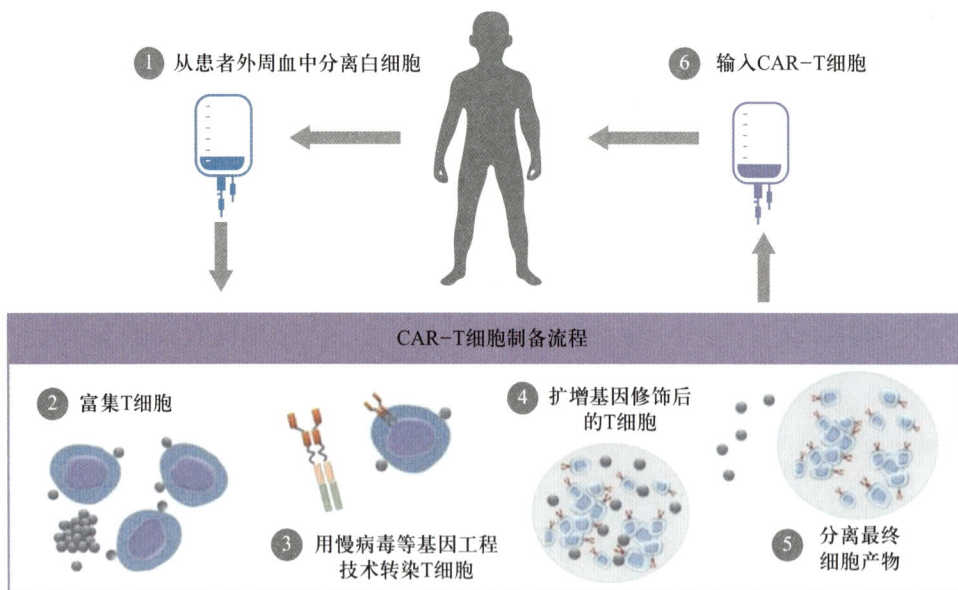

图 5-11　嵌合抗原受体 T 细胞疗法（CAR-T）治疗肿瘤的作用机制[89]

目前，CD-19、26、CD-33、27 和 CD-12328 靶向嵌合抗原受体在治疗急性淋巴细胞白血病或急性髓细胞白血病方面取得了很大进展。与传统的化学疗法、手术或放射疗法相比，属于过继疗法的 CAR-T 技术具有极强的特异靶向性，能够准确靶向并杀伤癌细胞，有效地减少了对正常细胞的损伤。据报道，超过 80% 的急性 B 细胞白血病患者对 CAR-T 疗法有反应，而相同的疗法对复发性淋巴瘤也有效，反应率为 50%~80%。靶向单一细胞类型并诱导杀伤的治疗策略提供了一种专门根除患病细胞的特定方法。但是问题在于，并没有单一抗原专属于癌症细胞，尤其是实体瘤。同时，肿瘤微环境、抗原逃逸等均会影响 CAR-T 疗法的充分发挥，因此人们通过对 CAR-T 细胞进行修饰编程以达到更好的治疗效果。

为了避免昂贵的工程化 T 细胞制造过程、减少抗原逃逸并增强对复杂肿瘤抗原的靶向性，研究者设计出具有多个嵌合抗原的 CAR-T 细胞。为方便切换 T 细胞的目标抗原，人们采用模块化的方式，设计了一种通用嵌合抗原 T 细胞，使得嵌合抗原 T 细胞更容易地切换或重定向目标抗原（见图 5-12）。将传统嵌合抗原拆分为两个独立的组件：一是与开关分子上的特定表位结合的信号模块；二是具有抗原结构域和信号模块特异性识别功能的开关模块。其中开关模块中的开关分子相当于 CAR-T 细胞和带有抗原的肿瘤细胞之间的突触，可以通过调整转换模块的浓度来滴定响应的大小，从而打开和关闭 CAR-T 细胞，并调节 CAR-T 细胞的反应性。目前，开关分子的模块化设计依赖于添加外源序列/表位。这些非天然表位可能会导致新的抗原性,从而产生阻断抗体。根据开关模块的不同,可将通用 CAR-T 分为具有二聚化平台的开关模块和具有新表位标记的开关模块两种。

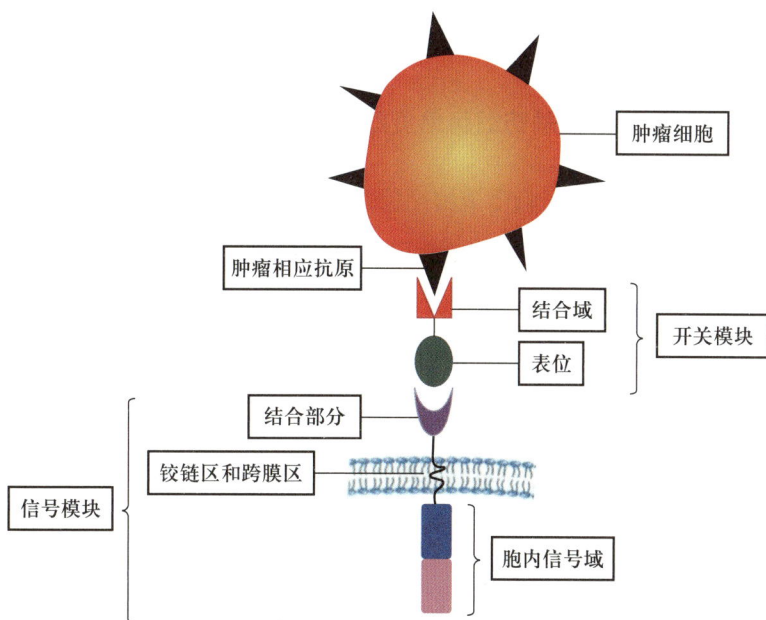

**图 5-12 通用 CAR-T 的结构示意图**[90]

然而,在具备优良治疗效果的同时,CAR-T 在其治疗过程中也出现了高毒性。CAR-T 疗法引起的最显著毒性是细胞因子释放综合征,这是由工程化 T 细胞分泌的大量细胞因子引起的,会导致致命的临床综合征,需要在输注后迅速进行必要的干预。但过早干预可能会降低 T 细胞的持久性或功效,降低治疗效果。因此,降低过继后细胞产生的毒性是 CAR-T 疗法将来的发展方向。

具有二聚化平台的开关模块是一种常用的开关分子模块,它主要通过 SUPRA CAR(SUPRA 即 split-universal-programmable)系统中的亮氨酸拉链和 BBIR CAR(BBIR 即 biotin-binding immunoreceptor)生物素-亲和素系统来实现开关功能。在 SUPRA CAR 中,通过调整亮氨酸拉链之间的不同亲和力和添加的开关分子的浓度,可以控制调整 SUPRA CAR 细胞的反应性。因此,可调节编程的 SUPRA CAR 设计可以调节信号强度,从而降低细胞因子释放综合征和相关脑病综合征等副作用,从而提高体内 CAR-T 疗法的安全性。BBIR CAR 是另一种具有二聚化平台的开关模块,它具有优良的癌细胞裂解能力和细胞因子释放能力,在多种癌症治疗中发挥着重要作用。使用新表位标记平台也是一种新的开关模板设计方式,其中多种物质可作为标记,包括染料(FITC)、肽(5B9)、氨基酸序列(PNE)等。经过新表位标记的开关模板具有不影响原有蛋白质结构、编程简单、免疫原性小等优点。因此,拥有这些开关模块的 CAR-T 系统能够通过其可调控性同时增强杀伤效果和安全性,是 CAR-T 技术的重要发展方向。但这些技术大多仍处于实验阶段,仍需进一步研究确定其临床疗效。

### 5.2.3.2　嵌合抗原受体自然杀伤细胞免疫疗法

CAR-T 工程彻底改变了细胞疗法治疗癌症这一领域。尽管该工程已经在疾病治疗领域取得了一定成效,但 CAR-T 细胞治疗引起的细胞因子风暴、细胞抑制导致的自体免疫等仍限制了 CAR-T 技术的进一步发展。而自然杀伤(natural killer cell,NK)细胞具有高度特化的杀伤性、较小的毒性、特异靶向能力,由此成为人们青睐的研究对象。在一项 I 期研究中,研究者利用 CAR-NK 技术治疗了 3 名复发或难治性急性髓性白血病患者[91]。实验结果表明,该疗法对患者产生副作用较小,但治疗持续效果较短。同时,自然杀伤细胞易在低温环境中受到损伤,这限制了其保存和后续运输。

与自然杀伤细胞相同,其他细胞群同样具有特定优势,有望通过嵌合抗原 T 细胞技术进行治疗,如具有先天和适应性免疫细胞优点的恒定自然杀伤 T 细胞、具有良好抗肿瘤活性的巨噬细胞、能够呈递抗原信息的树突状细胞。它们在实验中均展现出对实体瘤的治疗能力,同时具有低毒性和可大量生产的优点,但仍需人们进一步研究探索。

### 5.2.3.3　其他细胞治疗技术

除了 T 细胞工程技术,其他细胞也在治疗上起着重要作用。多种调节细胞可以大量分泌干扰素,如浆细胞,能够用于治疗多种免疫疾病及炎症,也被证实对核酸的形态有一定影响。因此,以浆细胞为首的多种调节细胞也是一种有效的治疗途径。Ramzi Nehmar 等通过研究浆细胞样树突状细胞对小鼠关节炎的影响来验证干扰素对炎症的治疗作用[92]。利用激动剂募集浆细胞至骨关节,浆细胞产生的干扰素表现出良好的抗炎作用,能够有效促进骨愈合。

> 📖 **延伸阅读**
> ——胰岛素:诺贝尔奖的宠儿
>
> 糖尿病是一种古老的疾病,最早可追溯到 3500 年前的古埃及。由于当时不发达的医学技术,患上糖尿病的人们往往会饱受痛苦后死亡。而

今，人们已不必因为患了糖尿病而恐慌，使用胰岛素即可有效降低血糖。虽然胰岛素作为糖尿病的基本治疗药物逐渐被人们熟知，但很少有人知道胰岛素与诺贝尔奖之间的不解之缘。

1921 年，加拿大医生 Frederick Grant Banting 从狗的胰腺切片溶液中提取到了胰岛素，并利用其治疗患有糖尿病的狗。他发现，胰岛素展现出优秀的血糖降低功能。次年，为挽救一位濒危糖尿病患者的生命，Banting 医生冒着风险为他注射了胰岛素制剂。经过几天的治疗，患者的血糖显著降低并逐渐恢复活力，这标志着胰岛素正式开始其璀璨的医疗生涯。随后，胰岛素挽救了无数糖尿病患者的生命，这也使得 Banting 于 1923 年获得了诺贝尔生理学或医学奖。1943 年，为确定蛋白质的一级结构，英国科学家 Frederick Sanger 决定从胰岛素入手，探究其组成和结构。经过十年的艰苦科研，Sanger 最终得到了胰岛素的一级结构，这极大地推动了蛋白质相关研究。因为这项工作，Sanger 在 1958 年获得了诺贝尔奖。而在 Sanger 忙于探究胰岛素结构时，另一种现象则引起了 Rosalyn Sussman Yalow 的注意。Yalow 发现，长期注射胰岛素患者的血清中存在相应的抗体，但当时医学界不认可胰岛素会产生抗体。Yalow 并没有因此放弃自己观测到的现象，而是通过实验证明了胰岛素抗体确实存在，并发展出一系列检测技术，最终 Yalow 在 1977 年因开发了"针对多肽类激素的放射性免疫分析法"而获得了诺贝尔奖。正是由于这些科学家的不断努力，各种胰岛素制剂被开发出来造福大众。

# _5.3_
# 药物递送系统

无论是小分子药物，还是生物药物，其功效的发挥都受到给药方式的显著影响。例如，大家熟悉的糖尿病治疗药物胰岛素，就是为了避免在肠道内经蛋白酶水解的首过效应，才采取了注射而非口服的给药方式。然而，传统的给药方式包括注射等仍需克服毒副作用强、组织穿透性差、缺乏选择性等问题。为了进一步提高疗效和安全性,则需要从药代动力学、药效学、毒理学、免疫学、生物识别和释放控制等多个角度,为特定的药物分子设计最合适的递送策略。这些新的给药策略统称为药物递送系统[93]。

具体来说,药物递送系统(drug delivery system,DDS)是指通过控制药物在体内释放的时间、位置和速度,将治疗性物质引入体内并提高其疗效和安全性的制剂或装置。一个理想的药物递送系统,通常应该具备以下几个方面的功能:

(1)具有较高的药物负载量或包封率;

(2)保护药物分子不被降解,改善生物利用度;

(3)减轻药物分子的毒性和其他生物副作用;

(4)能够穿透上皮和细胞膜等体内屏障并保持药物分子的活性;

(5)可以靶向特定细胞或组织,实现药物疗效的最大化;

(6)在可控的时间内实现药物剂量的精确释放;

(7)能够对外部环境中特定的刺激产生响应;

(8)实现多种药物或造影剂的共同传递,实现诊疗一体化。

近年来,随着纳米技术的发展,纳米材料在生物医学方面的应用引起了广泛关注。纳米材料因其尺寸小、比表面积大、机械强度高、可扩展性强以及良好的生物相容性等诸多优势,可以提高生物利用度,减少药物用量以降低毒副作用,实现定点靶向和缓释、控释等多种功能,展现出了作为药物载体的巨大潜力。到目前为止,已经开发出许多基于纳米材料的药物传递系统,如脂质体、胶束、金纳米粒子等,这些递送系统主要分为脂基材料药物递送系统、聚合物药物递送系统和无机材料药物递送系统(见图 5-13)。

## 5.3.1 脂基材料药物递送系统

脂基纳米粒子是一类具有特殊组成和结构的纳米粒子,这类纳米粒子通常呈球形,内部是一个或多个充满水的空腔,而外层则被脂质组成的双分子层包围,形成一种封闭的囊泡状结构。作为一种重要的药物递送系统,脂基纳米粒子具有许多优点,包括配方简单、可自组装、生物相容性好、生物利用度高、载荷量大等。基于这些原因,脂基纳米粒子是FDA 批准的纳米药物中最常见的类别。

**聚合物**

**无机材料**

**脂基材料**

聚合物囊泡　　树状大分子　　硅纳米粒子　　量子点　　脂质体　　脂质纳米粒子

聚合物胶束　　纳米球　　氧化铁纳米粒子　　金纳米粒子

油

乳液

- 精确调控粒子特性
- 亲水性和疏水性灵活可调
- 易于表面改性
- 易团聚和毒性

- 独特的电、磁和光学特性
- 尺寸、结构和几何形状可调
- 适用于治疗性应用
- 毒性和可溶性的限制

- 制备简单
- 生物利用度高
- 易于灵活改性
- 封装效率低

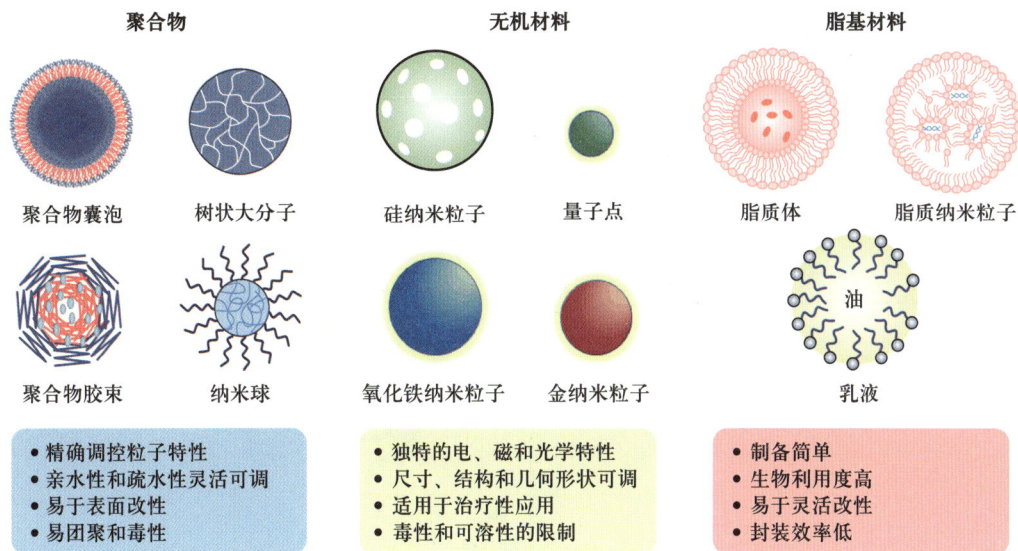

**图 5-13　基于纳米材料的药物递送系统的分类及优、缺点**

## 5.3.1.1　脂质体

1. 脂质体的定义与结构

脂质体(liposomes)是最具有代表性的脂基材料药物递送系统[94]。磷脂或鞘脂等两亲性分子可在水相中形成稳定的双层膜,基于这一现象,可制备脂质体人工膜。脂质体本身同时具有刚性和韧性,不易破裂。如图 5-14 所示,脂质体的结构与细胞膜和质内囊泡十分相似,在它的内部,亲水性的内部空腔与疏水的双层膜彼此区隔,可以分别装载各种亲水、疏水或亲脂性的药物,甚至像一氧化氮这样的气体也可以被封装到脂质体当中,用来治疗各类疾病。自第一个脂质体产品 Doxil® 问世以来,许多以脂质体为基础的制剂相继通过了临床试验,为患者带来了福音,如 Onivyde®(一种伊立替康脂质体注射液,用于治疗转移性胰腺癌)等抗癌药物、Abelcet®(脂质体与两性霉素 B 复合而成)等抗真菌药物、Epaxal®(负载灭活甲肝病毒的脂质体疫苗)等抗病毒药物等。

2. 脂质体的性质及制备方法

实际上,被脂质体包载后,药物的分布和释放将不再由药物自身的性质决定,而主要取决于脂质体的性质。而脂质体的性质则主要通过改变配方成分、制备方法或进行表面修饰来控制。脂质体制备的常用辅料主要有中性磷脂、阴离子磷脂、阳离子脂质、胆固醇、大豆甾醇及葡萄糖苷、非磷脂等。胆固醇亲油性比亲水性强,在有机溶剂中可与磷脂自组装成脂质体薄膜,两者的极性基团结合,均匀地定向排列,并且嵌入脂质体使载药性增

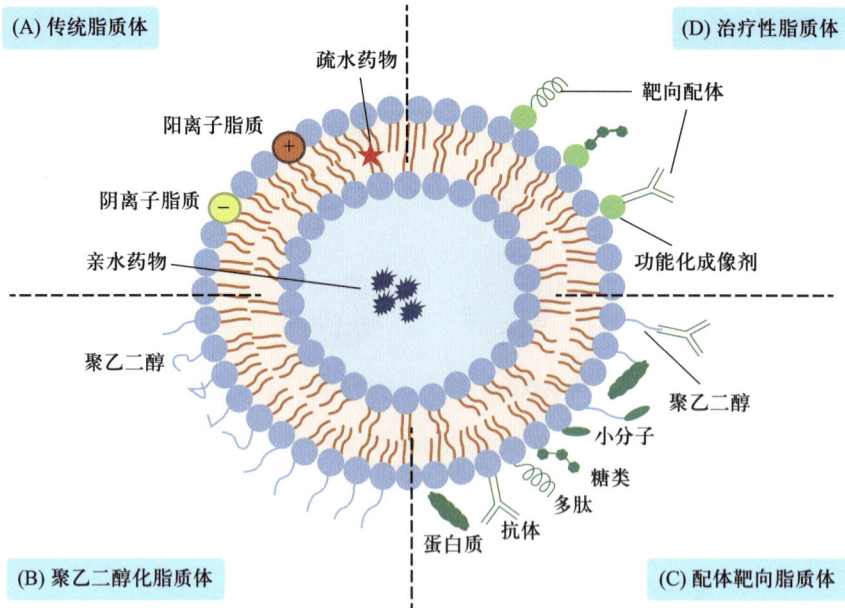

图 5-14　不同类型脂质体药物递送系统示意图

强。阳离子脂质体中加入胆固醇,可成为一种有效的递送载体,因其提高了脂质体的稳定性,降低了脂质体毒性,并且显著提高了转染活性。目前,比较成熟的制备方法包括注入法、超声分散法、逆向蒸发法等。近年来,研究人员不断开发出各种基于电化学和微流控的高精度制备技术,如脉冲喷射法、双乳液模板法等。脂质体通常还可经过化学修饰来改变其粒子大小、表面电荷分布,从而改善体内的生物分布、增强吸收、减少免疫原性、延长循环时间,或赋予其特异性靶向病变部位的能力,从而将治疗效果最大化。

3. 脂质体与核酸类药物递送

脂质体能够负载和递送多种类型的治疗性分子。其中研究最广泛的,当属其在递送核酸类药物方面的应用,如反义寡核苷酸(antisense oligonucleotides,ASO)、小干扰 RNA、mRNA、质粒 DNA 等[95]。这是因为,一方面,细胞对于带负电荷的核酸摄取效果较差,且核酸易被组织或细胞内的酶降解;另一方面,基于病毒载体的递送方法有较高的细胞毒性和免疫原性,容易引起炎症反应,且存在费用高、负载数量有限等问题。脂质体作为一种非病毒载体,带正电荷的阳离子脂质与带负电荷的核酸通过静电相互作用结合,不仅能够提高稳定性,使核酸免遭降解,还可以实现因脂质与细胞膜的相似相融介导的跨膜运输,提高了细胞转染效率。

在近期的一项关于反义寡核苷酸递送的研究当中,作者通过调节配方中具有对称疏水链和不对称疏水链的阳离子脂质的比例,制备了一种能够在较低温度下仍然保持流动性的阳离子脂质体。它可以有效地与涡虫细胞融合,并将内部负载的 anti-miR-124 递送到活的涡虫体内,实现稳定地靶向和敲除 miR-124 的功能,从而揭示 miR-124 家族在涡虫大脑和视觉系统再生过程中促进神经分化和建立神经组织的关键作用。

**4. 脂质体与基因编辑**

基于成簇规律间隔短回文重复序列(clustered regularly interspaced short palindromic repeats/Cas9,CRISPR/Cas9)的基因疗法通常通过靶向和下调相关基因来治疗各种遗传疾病和癌症。然而,CRISPR/Cas9 通常以 Cas9 蛋白+小向导 RNA(small guide RNA,sgRNA),或 Cas9 mRNA+小向导 RNA,或 CRISPR/Cas9 质粒这几种模式存在。它们的稳定性差,容易在血清中被酶消化。此外,与核酸类似,带负电荷的质粒分子由于细胞膜的静电排斥作用,在细胞内不易被吸收。然而,基于脂质体的给药系统已经显示出克服这些挑战的潜力。

最近的一项研究报道了基于阳离子脂质体(2,3-二油氧基丙基)三甲基氯化铵(DOTAP)的脂质体递送 Cas9 和小向导 RNA 质粒,用于治疗 I 型黏多糖症(mucopolysaccharidosis type I,MPS I)。借助微流体技术,以+4/−1 的电荷比将 CRISPR/Cas9 质粒添加到空白脂质体中,制备了脂质体复合物。聚乙二醇修饰的 DOTAP 脂质能够增强血清稳定性和内体逃逸,提高转染效率。将该复合物与 MPS I 患者的成纤维细胞孵育后,α-L-艾杜糖醛酸酶(L-iduronic acid,IDUA)活性显著增加,细胞内糖胺聚糖(glycosaminoglycan,GAG)积累得到缓解,证明了脂质体 CRISPR/Cas9 载体有效地转染了哺乳动物细胞,并促进了功能性 IDUA 的长期产生,为基因编辑治疗 MPS I 带来了希望。

**5. 脂质体与免疫治疗**

在免疫治疗中,脂质体可以用于传递抗原或某些信号分子,特异性地激活抗原提呈细胞(antigen-presenting cells,APCs)如树突状细胞,从而激发内源性免疫反应,促进癌症治疗。例如,最近的一项研究开发了负载 c-di-GMP 的脂质体递送系统 c-di-GMP/YSK05-Lip。利用 pH 敏感的阳离子脂质 YSK05 增强了膜融合与内体逃逸,从而释放 c-di-GMP 信号分子,通过激活 STING-TBK1-IRF3 途径显著提高了 IFN-β 的生成,证明了针对肺转移性黑色素瘤的抗肿瘤能力。在另一项研究中,Ugur 等人开发出一种通用的"RNA 疫苗"——RNA-LPX 来激活树突细胞,而无须将它们从身体中分离出来,也不需要对纳米粒子进行抗体标记。RNA-LPX 的脂质体部分由阳离子脂质氯化三甲基-2,3-二油烯氧基丙基铵(DOTMA)和辅助脂质二油酰基磷脂酰乙醇胺(DOPE)组成,具有特定的粒径(200~400 nm),内部含有编码肿瘤抗原的各种 RNA 片段,能够刺激机体的免疫反应。静脉给药后,由于带有轻微的负电荷,这些脂质体对表达抗原提呈细胞的脾脏和其他淋巴结具有明显的亲和力。在小鼠肺癌模型中接种该疫苗后,结果表明,小鼠对肿瘤抗原产生了持久的特异性免疫反应,肿瘤体积也相应缩小。

### 5.3.1.2 脂质纳米粒子

另一种常见的脂基药物递送系统是脂质纳米粒子(lipid nanoparticles,LNPs)。脂质纳米粒子与传统脂质体最大的不同是它们的粒子核内呈胶束状结构而非规则的双分子层结构,其形态也可以根据配方和合成参数调整。脂质纳米粒子通常由四种主要成分组成:可电离阳离子脂质(与带负电荷的遗传物质复合,有助于内涵体逃逸)、磷脂(影响粒子结构)、胆固醇(有助于稳定性和膜融合)、聚乙二醇脂质(提高稳定性和循环)(见图5-15)。可电离阳离子脂质是脂质纳米粒子最主要的组成成分,也是脂质纳米粒子与传统脂质体的另一个区别。在生理pH下,脂质纳米粒子具有接近中性的电荷,减轻了细胞毒性和免疫原性,而在酸性内涵体中又会发生离子化而带上正电荷,破坏内涵体膜,从而促进细胞内释放和内涵体逃逸。由于其优越的性能,脂质纳米粒子也被广泛用于核酸递送。经过DODAP、DLinDMA、DLin-KC2-DMA、DLin-MC3-DMA等一系列产品的迭代与发展,目前,已有超过10种FDA批准的药物利用脂质纳米粒子将药物递送至病灶。

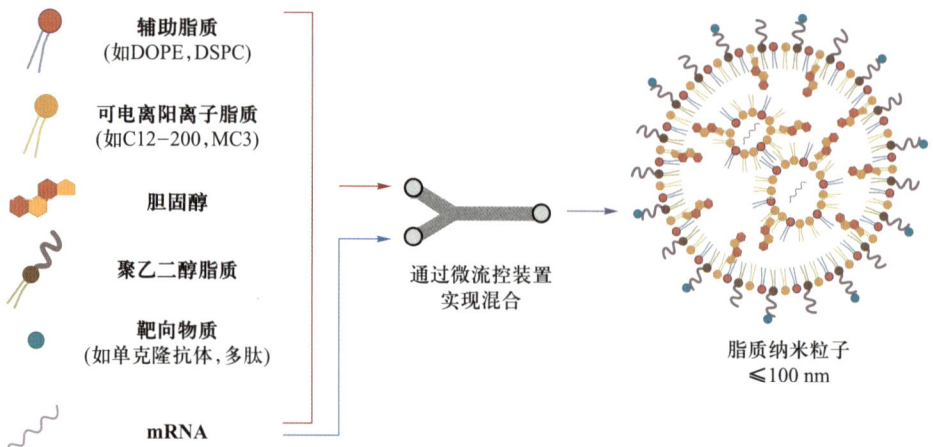

**图5-15 脂质纳米粒子的组成及结构**

1. 用于蛋白递送的脂质纳米粒子

脂质纳米粒子可以设计成特异性结合载脂蛋白(如APOE3),APOE3会将脂质纳米粒子带到肝,脂质纳米粒子和肝细胞表面受体结合后通过细胞内吞作用释放药物,起到靶向肝细胞的目的。脂质纳米粒子还可以通过多肽、抗体等配体分子修饰的方式实现针对其他器官的靶向递送。例如,Sakurai 等人在一种包含 pH 敏感型阳离子脂质 YSK05 的多功能包膜型纳米器件(multifunctional envelope-type nano device,MEND)表面修饰了上皮细胞黏附分子(EpCAM)靶向肽(ET-MEND),用于靶向几种不同类型的癌症。他们发现,用 1.0% 肽修饰脂质纳米粒子表面后,脂质纳米粒子在几种癌细胞(HT-1080、HEK293T、A549 和 HeLa)中的吸收显著增强。这些结果表明,基于肽的修饰是一种将脂质纳米粒子输送到各类肿瘤部位的有效策略。

2. 用于小干扰 RNA 递送的脂质纳米粒子

近年来,基于脂质纳米粒子的 RNA 干扰疗法在肿瘤免疫治疗、抗病毒治疗、抗炎及自身免疫性疾病治疗等方面表现出巨大潜力。例如,Yamamoto 等人发现,负载了小干扰 RNA 的 YSK13-MEND 通过沉默乙肝病毒毒株中高度保守的序列,成功地抑制了持续感染乙肝病毒的小鼠体内抗原蛋白(HBsAg 和 HBeAg)的表达。此外,与未修饰的脂质纳米粒子相比,$N$-乙酰半乳糖胺(GalNAc)修饰的 PEG 包被的脂质纳米粒子-小干扰 RNA 降低了乙肝病毒在肝细胞中的复制。在另一项研究中,Deborah 等人将一种抗树突状细胞表面受体 DEC205 的单链抗体 scFv-DEC205 修饰在脂质纳米粒子-小干扰 RNA 上,并评估了该脂质纳米粒子抑制免疫应答的能力。结果表明,静脉注射 DEC 修饰的脂质纳米粒子可使 DEC205 阳性的树突状细胞优先摄取 DEC 修饰的脂质纳米粒子。此外,脂质纳米粒子内部封装了靶向 CD40、CD80 和 CD86 蛋白的小干扰 RNA,能够将这些共刺激分子的表达降低到与未成熟树突状细胞中观察到的相似的水平,证明了该方法的功能有效性。

3. 用于 mRNA 递送的脂质纳米粒子

自新冠疫情暴发以来,mRNA 疫苗在世界范围内受到了前所未有的关注。作为第三代疫苗,mRNA 相比于灭活疫苗、重组蛋白疫苗等传统疫苗有着研发周期短、生产速度快、保护效率高、安全等优势,这对于快速应对全球范围的新发传染病至关重要。脂质纳米粒子是目前 mRNA 疫苗最常用的载体之一,在新型冠状病毒大流行初期,美国莫德纳(Moderna)和辉瑞(BioNTech)公司开发生产的 mRNA 疫苗相继成功并被批准紧急使用,脂质体纳米粒子就在其中发挥了重要作用。

莫德纳和辉瑞公司因为新冠 mRNA 疫苗而被熟知,但这两家公司对脂质纳米粒子和 mRNA 技术的探索远远不止于此。例如,莫德纳的科学家从一个自然感染基孔肯雅病毒(chikungunya virus,CHIKV)幸存者的 B 细胞中分离出一种超强的中和性人源单克隆抗体

CHKV-24,并将其序列编码到 mRNA 分子中。CHKV-24 mRNA 被封装在脂质体纳米粒子中,进而注入小鼠和猕猴体内。研究表明,CHKV-24 mRNA 脂质体纳米粒子可以降低小鼠因 CHIKV 引起的关节炎和肌肉骨骼组织感染的致死率,并阻止病毒随血液循环的全身传播。此外,CHKV-24 mRNA 脂质体纳米粒子的注入引起了猕猴血清中人 IgG 的表达,且与直接注射重组单克隆抗体 CHKV-24 IgG 蛋白的疗效相当。这些临床前数据表明,该疗法可能有助于预防人类疾病,并为感染和严重疾病后遗症提供保护。

4. 用于基因编辑的脂质纳米粒子

在基因编辑方面,使用脂质体纳米粒子递送 CRISPR/Cas9 的疗法也取得了长足的进展。2020 年,Intellia Therapeutics 公司的 NTLA-2001 进入了一项人类临床试验(NCT04601051),用于治疗转甲状腺素淀粉样变性(transthyretin amyloidosis, ATTR)。NTLA-2001 是一种在体内进行基因编辑的创新疗法,它通过脂质纳米粒子包装靶向转甲状腺素蛋白(transthyretin, TTR)基因的 CRISPR 基因编辑系统。转甲状腺素淀粉样变性患者由于转甲状腺素蛋白基因发生特定突变,导致肝产生错误折叠的转甲状腺素蛋白。NTLA-2001 通过非病毒脂质体纳米粒子递送,可以肝特异性敲除转甲状腺素蛋白基因,从而降低其蛋白的表达。在最近的一项研究中,Siegwart 和他的同事提出了一种选择性器官靶向(selective organ targeting, SORT)策略,通过在已建立的脂质体纳米粒子配方中添加第五种脂质成分,系统地设计了多种类型的脂质体纳米粒子以实现肝外组织的特异性基因传递和编辑。选择性器官靶向脂质体纳米粒子能够递送多种 CRISPR 工具,包括 mRNA、Cas9 mRNA/sgRNAs 和 Cas9 核糖核蛋白复合物(ribonucleoprotein, RNP),有望帮助蛋白质替代疗法和基因矫正疗法的发展。

总的来说,脂质体纳米粒子具有广泛的适用性,是一种很有吸引力的药物递送系统。自从脂质体被发现以来,其生产技术已经通过探索新的脂质成分和优化制备流程得到了显著的改进。尽管许多基于脂质体的疗法已经得到 FDA 的批准,还有一些正在积极开发中,但脂质体疗法的临床需求尚未得到满足。这主要是由于脂质体在工业化生产方面还面临着批间差异大、药物包封率低、缺乏有效灭菌方法、稳定性差、工艺难以放大等重重障碍。种种因素使得医用脂质体价格昂贵。相信技术的进步能够为脂质体和纳米材料作为药物传递系统的进一步发展提供新的希望。

脂质体纳米粒子技术是在脂质体库的基础上发展起来的,这一技术极大扩展了小干扰 RNA 向肝等器官,以及 mRNA 向人体免疫细胞递送的各种应用,并将针对新型冠状病毒的 RNA 疫苗疗法研究推向了前所未有的新高度。药物递送系统领域的研究为了解体内条件下的免疫学及癌症/感染性疫苗的发展开辟了一个新时代。随着新辅料的发现,制备工艺的创新改进,脂质体纳米粒子会表现出更复杂的内部结构和更优的物理稳定性。相信在未来,人们会看到更多基于脂质体纳米粒子技术递送的核酸药物上市,为包括肿瘤在内的多种疾病提供治疗方案。

## 5.3.2 聚合物药物递送系统

自 20 世纪 80 年代以来,聚合物药物递送系统的研究取得了长足的进展。聚合物纳米粒子(polymeric nanoparticles,PNPs)可以由天然材料、人造材料、单体或预聚物合成,具有多种可能的结构和特征。聚合物纳米粒子的合成采用了各种技术,如乳化(溶剂置换或扩散)、纳米沉淀法、离子凝胶法和微流体法等,这些技术都可以得到不同的最终产物。不同的聚合物纳米粒子,其药物递送能力也各有不同,药物可以被封装在纳米粒子核内、嵌入聚合物基质中、与聚合物进行化学偶联或与纳米粒子表面结合。聚合物纳米粒子还是药物协同递送的理想材料,其负载的药物可以是疏水化合物或亲水化合物,也可以具有不同的分子量,如小分子、生物大分子、蛋白质和疫苗等。通过调节纳米粒子与药物的组成、稳定性、反应性和表面电荷等性质,可以精确地控制药物的载荷效应和释放动力学。由于特性可被精确调控,且配方简单、生物相容性好,聚合物纳米粒子通常可作为良好的药物递送载体。

最常见的聚合物纳米粒子形式是纳米囊(nanocapsules,被聚合物膜或外壳包围的空腔)和纳米球(nanospheres,固体基质体系)。这两大类聚合物纳米粒子还可以进一步划分为聚合物囊泡(polymersomes)、胶束(micelles)和树状大分子(dendrimers)。

### 5.3.2.1 聚合物囊泡

1. 聚合物囊泡的定义、结构与性质

聚合物囊泡是在含水共混溶剂中由两亲性嵌段共聚物(amphiphilic block copolymers,ABCs)在液−液界面上自组装形成的、具有纳米尺度的空心球(见图 5−16)。其结构与脂质体类似,但聚合物可以产生更强健和更稳定的囊泡。因为聚合物具有较小的熵,比烃类化合物(如油脂和表面活性剂)更不易混溶,所以它们能够充当稳定的模块。相反,脂质体在相间容易转化为混合相,导致整个囊泡的溶解。此外,与脂质类化合物相比,聚合物在进行化学修饰与生物分子偶联后仍能够保持很强的韧性,可以灵活地拓展功能。同时,聚合物对水的渗透性较差,在破裂前能承受更大的表面张力。这些特性有利于将活性生物成分(如抗癌药物、作为氧载体的肌红蛋白、酶生物反应器、抗菌酶和基于酶的诊断材料等)稳定封装到囊泡中。通常用于这些用途的聚合物囊泡有聚乙二醇基和聚二甲基硅氧烷(polydimethylsiloxane,PDMS)基等。

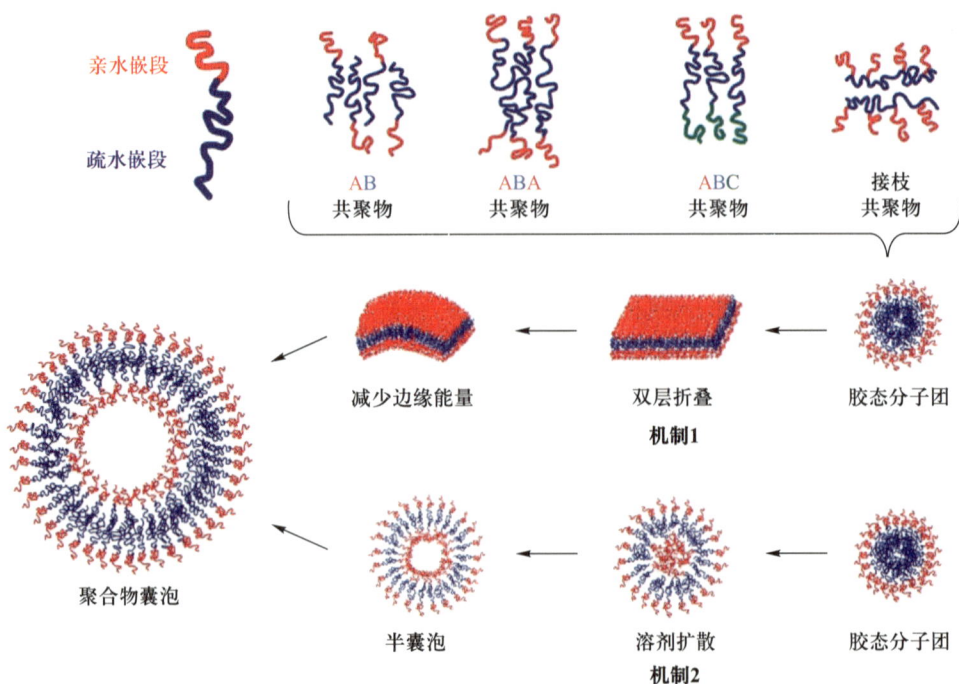

图 5-16  嵌段共聚物通过两种不同的机制自组装成聚合物的示意图

### 2. 用于递送小分子药物的聚合物囊泡

在抗癌应用方面,由于抗癌药物通常具有疏水部分,因此通常通过疏水相互作用包覆进入聚合物中。聚合物具有亲水性外壳,可以延长所负载药物的血液循环时间。根据聚合物链长和分子量的不同,聚合物体膜厚度为 2~47 nm,较厚的膜对疏水性药物具有更好的包埋效率和稳定性,但柔性也相应变差。此外,药物和聚合物中的芳香基团之间的特殊 π-π 叠加作用也能增强聚合物的稳定性和载药能力。

例如,Samanta 等人利用含有香豆素-甲基丙烯酸酯单体的甲基丙烯酸 2-羟乙基酯,采用可逆加成-断裂链转移聚合(reversible addition-fragmentation chain transfer polymerization,RAFT)方法制备了聚合物。而后,将脱盐的阿霉素(doxorubicin,DOX)溶解在二甲基亚砜中,继而与空白聚合物溶液混合,最后将混合溶液慢慢加入磷酸盐缓冲溶液中。在生理 pH 条件下,通过光诱导香豆素基环加成($2\pi+2\pi$)形成能够负载阿霉素的稳定聚合物。所得到的纳米囊泡在较低的 pH 下又能通过硫代丙酸酯的水解反应发生降解,导致药物在酸性条件下持续释放。

3. 用于递送大分子药物的聚合物囊泡

聚合物纳米粒子不仅可以负载小分子药物,还可以将具有生物活性的大分子(如蛋白质和核酸)递送到目标部位。最近有报道称,一种表面修饰有 Angiopep-2 的聚合物(ANG-PS)可以选择性地、高效地将皂草毒蛋白(saporin,SAP)输送到人胶质母细胞瘤在裸鼠上的原位异种移植物中。ANG-PS 对于皂草毒蛋白的负载率可高达 8.8%(质量分数),且粒径较小,仅为 76 nm。ANG-PS 在大小和功能上都与病毒非常相似,能够将大量蛋白质装载到其内部,并保护蛋白质不被降解。ANG-PS 还能够克服细胞外屏障靶向目标肿瘤组织,促进靶细胞高效内在化并将有效载荷快速释放到靶细胞胞质。实验结果表明,皂草毒蛋白负载的聚合物在人胶质母细胞瘤细胞中表现出明显的抗肿瘤活性,IC50 为 30.2 nmol/L。

为了有效装载和控制敏感核酸的释放,另一项研究开发了一种具有双门控异质膜的聚合物。使用一种嵌段共聚物 PEO-b-P(NIPAM-stat-CMA-stat-DEA)制备了聚合物囊泡。其中的 P(NIPAM-stat-CMA-stat-DEA)模块对 pH 敏感,可以在室温下打开,封装小干扰 RNA 和质粒 DNA,并通过质子海绵效应,打开"舱门",将有效载荷释放到细胞内。这种囊泡平台在体外和体内都表现出较高的基因转染效率,表明了双门控聚合物是控制遗传生物大分子传递的一种极好的策略。

### 5.3.2.2 两亲性嵌段共聚物的自组装原理

与聚合物囊泡类似,胶束和树状大分子也由两亲性嵌段共聚物组成。事实上,作为聚合物的基本组成单元,两亲性嵌段共聚物能够形成各种类型的自组装结构,如球形、片层状、圆柱形结构和囊泡等。这些形态和结构的形成取决于嵌段共聚物的临界堆积参数(critical packing parameter,Cpp)和微相分离。其中 Cpp 值由下式计算:

$$\mathrm{Cpp}=V_0/A_{\mathrm{mic}}l_{\mathrm{c}} \tag{1}$$

式中,$V_0$ 为自组装过程中疏水块所占的体积;$l_{\mathrm{c}}$ 为自组装结构-溶液界面最大有效链长;$A_{\mathrm{mic}}$ 为自组装结构-溶液界面亲水电晕的有效表面积。随着 Cpp 值的增大,两亲性嵌段共聚物会逐渐成为球形(Cpp<1/3)、圆柱形(1/3≤Cpp≤1/2)和层状(Cpp=1)自组装结构,

而囊泡则是在 Cpp 值为 1/2<Cpp<1 的条件下形成的（见图 5-17）。此外，分子参数如两亲体自组装的相互作用、分散性、块结构的非均质性和在水溶液中的溶解度等对形成两亲性嵌段共聚物自组装结构也起着重要作用。

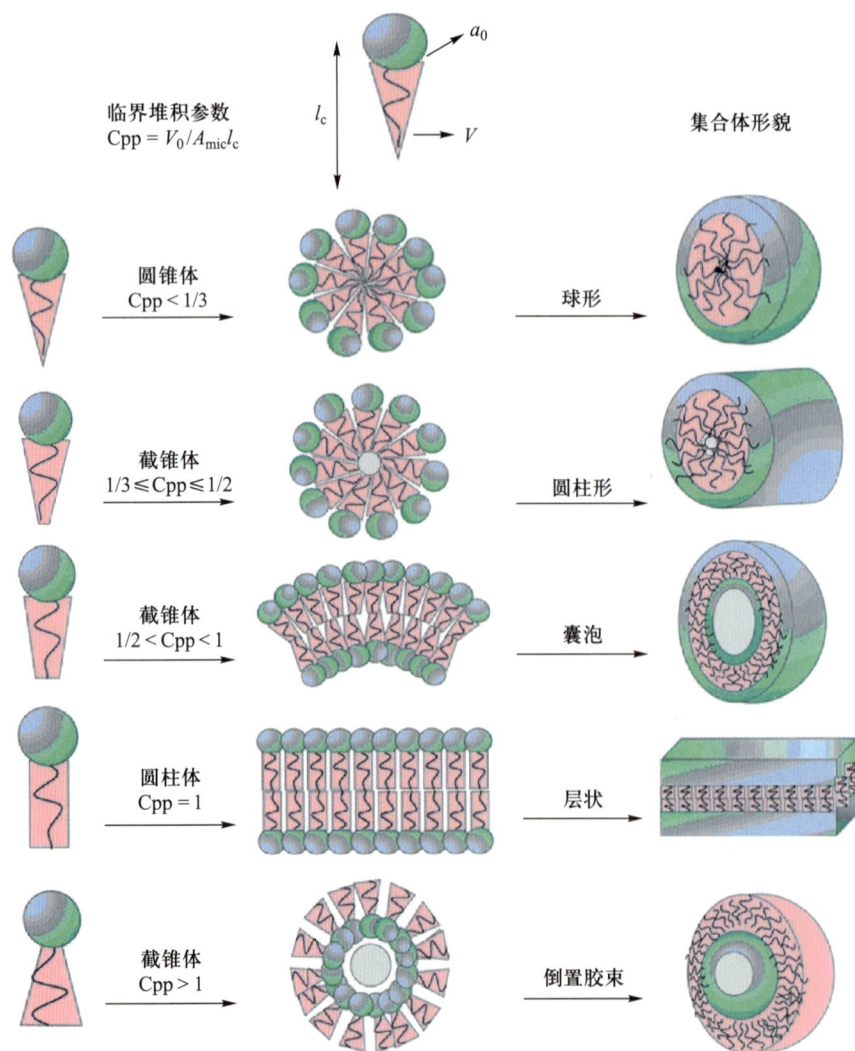

**图 5-17　从临界堆积参数 Cpp 预测出各种自组装结构**

### 5.3.2.3　两亲性聚合物胶束

　　胶束是两亲性嵌段共聚物在含水的溶液体相中分散且浓度超出临界胶束浓度（critical micelle concentration，CMC）后形成的一种稳定聚集的、具有亲水核心和疏水壳层的球状纳米超分子构型，又称为两亲性聚合物胶束（amphiphilic polymeric micelles，APMs）。两亲性聚合物胶束的特殊结构赋予了它保护水溶性药物的运输和改善循环时间的优势。胶束可以装载从小分子到蛋白质的各类药物,并已在临床试验中用于递送各种治疗癌症的药物。

1. 两亲性聚合物胶束在治疗方面的应用

两亲性聚合物胶束可以通过共聚物与疏水光敏剂的疏水相互作用,封装疏水近红外荧光染料及其他纳米药物,在癌症光热治疗(photothermal therapy,PTT)中发挥重要作用。例如,He(何)等人报道了使用负载了 IR-780 的聚合物胶束(IR-780-loaded polymeric micelles,IPMs)对乳腺癌淋巴转移进行有效的光热治疗,其所制备的胶束平均直径为 25.6 nm,在模拟生理溶液中具有良好的稳定性。在 808 nm 激光的照射下,此胶束在体外和体内实验中均表现出较高的产热能力。静脉注射后,胶束特异性聚集在肿瘤和转移淋巴结,并渗透到这些组织中。再经过单次激光照射,可显著抑制原发肿瘤生长,淋巴转移抑制率高达 88.2%。

此外,具有 pH 响应的聚合物、光敏剂、多肽,或具有高缓冲电位的促细胞融合脂质也被用于两亲性嵌段共聚物中,以传递小干扰 RNA。例如,Joshi 等人报道了使用对低氧敏感的 PEG-azo-PEI-DOPE 为基础的两亲性嵌段共聚物将阿霉素和抗 P 糖蛋白(P-gp)小干扰 RNA 共转染到多药耐药乳腺癌细胞系中。两亲性嵌段共聚物成功地将化疗药物包裹到其脂质基质中,并通过电荷相互作用与小干扰 RNA 复合。致密的聚乙二醇层增加了肿瘤沉积,而当到达低氧微环境时,偶氮连接物的生物还原性裂解导致聚乙二醇层脱落,带正电荷的聚乙烯亚胺暴露,从而增强了肿瘤细胞对两亲性嵌段共聚物的摄取。在乳腺癌细胞系的缺氧肿瘤微环境下,这种胶束系统的细胞吸收增加了 60%,P 糖蛋白表达下调 60%,细胞毒性增加 80%。

2. 两亲性嵌段共聚物在传感方面的应用

两亲性嵌段共聚物还是有潜力的传感器候选材料。由于两亲性嵌段共聚物具有多种功能优点,如较高的比表面积、尺寸可调性、生物相容性好、毒性低、循环时间长、可为目标分析物定制识别位点及生产成本低等,其已被用于制备多种分析物的高效传感器,如金属离子、污染物、蛋白质、葡萄糖、尿素和酶等生物分子的检测。

例如,在 Zhou(周)等人的一项研究中,将聚环氧乙烷-聚环氧丙烷-聚环氧乙烷嵌段共聚物(PEO-PPO-PEO)三嵌段共聚物与具有聚合诱导发射(aggregation-induced emission,AIE)的染料四苯基乙烯(tetraphenylethylene,TPE)共轭形成胶束。由于亲水性环氧乙烷电晕的存在,该胶束可以快速捕获水中的芳香族污染物,并通过强的疏水性($\pi$-$\pi$)

相互作用诱导芳香族污染物从亲水壳向胶束核迁移,导致胶束核发生溶胀。膨胀的胶束核进一步激活四苯基乙烯苯环的分子内运动,并通过动态碰撞机制触发荧光猝灭。这种胶束系统具有很高的灵敏度,可以在几秒内检测出水中的毒性芳香污染物。

近年来,分子印迹技术也被广泛地用于合成对特定目标分子及其结构类似物具有特异性识别和选择性吸附能力的聚合物。例如,Yang(杨)等人以新型分子印迹聚合物胶束(molecular imprinting polymers micelles,MIPMs)为材料,通过直接电沉积法制备了伏安式葡萄糖传感器。以葡萄糖为模板分子,通过两亲性光可交联共聚物的大分子自组装,结合分子印迹技术,制备了具有光可交联和高比表面积的纳米级聚合物。通过电沉积的方法在电极表面原位形成分子印迹聚合物膜,通过光交联的方法进一步在电极表面形成了具有良好耐溶剂溶解性能的分子印迹聚合物膜。利用这些特性,所制备的传感器对葡萄糖具有良好的响应和选择性。特别是,该葡萄糖传感器的线性响应范围为 0.2~8 mmol/L,检测限为 10 mmol/L 左右。由于分子印迹聚合物胶束具有较大的比表面积,其在聚合物基体中有许多有效的识别位点。

3. 两亲性嵌段共聚物在诊断方面的应用

对两亲性嵌段共聚物进行表面修饰还能够赋予其磁共振成像(magnetic resonance imaging,MRI)及特定荧光和光学特性,用于临床诊断和其他生物学研究。例如,Babic 等人提出了一种直接合成的自组装 Gd 胶束(Gd-micelles)。该胶束具有良好的弛豫性,能够作为 MRI 的血池性对比剂,提高磁共振图像的分辨率,对不同疾病的诊断和表征具有巨大的潜力。在另一项研究中,Chen(陈)等人研制了一种由多臂星形两亲性嵌段共聚物 Boltron®H40、可生物降解光致发光聚合物(biodegradable photoluminescent polymer,BPLP)和聚乙二醇偶联 cRGD 肽组成的自荧光两亲性嵌段共聚物。这种独特的自荧光单分子胶束表现出优异的光稳定性和低的细胞毒性,使其成为多种显微镜技术中具有吸引力的纳米粒子跟踪生物成像探针。

### 5.3.2.4　树状大分子

1. 树状大分子的定义

树状大分子是一种单分散、三维、超支化聚合物,其质量、尺寸、形状和表面性质都可以精确控制。树状大分子外部的活性官能团可以使表面偶联生物分子或造影剂,而内部则可装入药物。树状大分子可以装载许多类型的药物,最常见的是核酸和小分子。在这些应用中,通常使用带电荷的聚合物,如聚乙亚胺和聚酰胺-胺(PAMAM)。

目前,有几种树状大分子产品的医学应用正在进行临床试验,如用作抗炎剂、转染剂、外用凝胶和造影剂。

2. 树状大分子的分类与结构

树状大分子通常根据其世代(generation)或手性(chirality)性质进行分类。具体来说,树枝状大分子首先由一个核心及同一个层次上的若干单体构成的间歇层组成,称为壳层。这些单体与其他单体的连接创造了更高的世代。0~3 代(G$_0$~G$_3$)的树状大分子与普通的有机分子类似。它们小而松散,没有太多的同质性或特殊的三维结构,而是呈一种非对称形状的开放结构。形成第 4 代(G$_4$)后,树状大分子开始呈球状,并表现出三维结构。到了第 5 代(G$_5$),树状大分子已经形成了特定的、一致的 3D 结构。G$_5$ 之后则是非常结构化的球体。树状大分子在生长到边缘时会紧密地排列在一起,形成一个球形的膜状结构。由于空间不足,当达到临界支化状态时,树枝大分子将无法继续向外延伸,这种状态被称为"星爆效应"(starburst effect)。根据生成情况,树状大分子的直径通常在 2~10 nm。截至目前,树状大分子的合成方法已经比较成熟,许多方法依托于常见的反应,如 Williamson 醚合成(Williamson ether synthesis)和 Michael 加成反应(Michael addition reaction),也有其他基于有机硅化学、有机磷化学或固相合成的方法。这些方法大多是用共价键来生成树状大分子,也有通过金属配位键和自组装合成树枝状大分子结构。树状大分子的结构及递送系统见图 5-18。

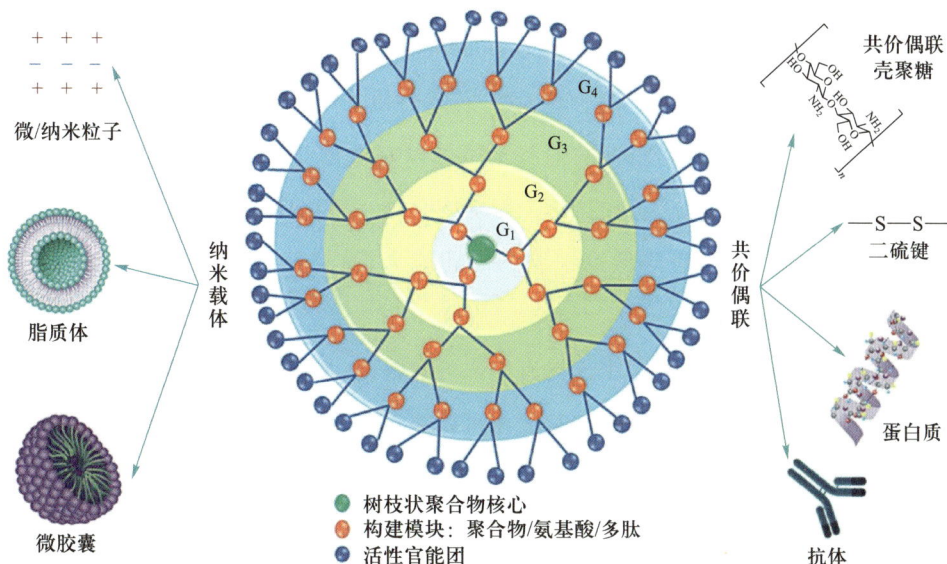

图 5-18 树状大分子的结构及递送系统

3. 用于小分子药物递送的树状大分子

树状大分子能够通过疏水相互作用、氢键及离子结合的方式与生物活性分子反应并以此提高其溶解度。通常,树状大分子包含疏水的核心和亲水的表面基团,导致静态单分子胶束的出现。这些形式可以溶解许多疏水或亲水的生物活性物质。另外,含有疏水末端基团的树状大分子容易使生物活性物质溶于脂质相。因此,树状大分子能够保护其内容物不受如酶降解、pH变化等恶劣条件的影响,并控制负载物质的释放。

槲皮素(3,5,7,3′,4′-五羟基黄酮)是一种黄酮醇类植物化学物质,也是一种膳食化合物。据报道,该生物分子具有抗氧化、抗炎和抗癌等特性。尽管具有广泛的生物活性,这种植物化学物质的低生物利用度和溶解度却极大地限制了其应用。因此,人们尝试利用纳米封装技术来提高槲皮素的溶解度。在这方面,Pandita等人研究了槲皮素在不同浓度(0.1 $\mu$mol/L、0.5 $\mu$mol/L、1 $\mu$mol/L、2 $\mu$mol/L和4 $\mu$mol/L)和不同世代PAMAM($G_0$、$G_1$、$G_2$和$G_3$)中的溶解度。结果表明,PAMAM的浓度和世代对槲皮素的溶解均有促进作用。红外光谱分析证实,所有PAMAM世代均形成槲皮素配合物,槲皮素-PAMAM配合物在34.39~100.3 nm范围内具有最佳聚合物分散性指数(polymer dispersity index,PDI),为0.238~0.321。

4. 用于癌症治疗的树状大分子

树状大分子是一种良好的靶向给药系统,在癌症的诊断和治疗方面应用广泛。例如,Laskar等人对带正电荷(3~5 mV)的第3代聚丙烯亚胺(DAB)树状大分子进行聚乙二醇修饰,继而与抗癌药物喜树碱(camptothecin,CPT)通过具有氧化还原敏感性的二硫键共轭,形成一种DAB-PEG-SS-CPT前体药物。而后,通过静电相互作用,DAB-PEG-SS-CPT上质子化带正电荷的伯胺基团可以有效地与DNA上带负电荷的磷酸二酯基团结合,形成树状大分子型的DNA复合物。这一策略实现了抗癌药物与基因疗法的协同作用,不仅可以显著降低癌细胞的耐药能力,而且可以有效降低治疗药物的严重副作用。

总的来说,聚合物纳米粒子由于具有生物可降解性、水溶性、生物相容性、仿生性和储存稳定性,是理想的药物输送材料。其表面可以很容易地修饰产生额外靶点,这使得它们能够将药物、蛋白质和遗传物质输送到目标组织,在癌症医学、基因治疗和诊断方面发挥重要作用。然而,聚合物纳米粒子的缺点包括粒子聚集和毒性风险升高等。目前只有少量的聚合物纳米药物得到FDA的批准并用于临床,大量基于聚合物纳米粒子的临床试验还在进行中。

## 5.3.3 无机材料药物递送系统

金、铁和二氧化硅等无机物也可以合成纳米材料,在药物传递和成像方面应用广泛。这些无机纳米材料经过精确设计,可以被调控成各种尺寸、结构和几何形状,如纳米簇、纳米球、纳米棒、纳米星、纳米壳等,以适应各种微观环境和应用场景。此外,无机纳米粒子由于其基材本身的特性,具有各种独特的机械、电、磁和光学特性。例如,金纳米粒子表面的自由电子,在特定频率的光照射下,会发生局域表面等离子体共振(localized surface plasmon resonance,LSPR),这种振荡模式能够强烈地捕获入射光并将其转化为热能,产生光热效应。无机纳米粒子为药物递送系统的设计提供了有力的工具,目前,已经有大量研究探索使用各种无机纳米粒子作为载体,将治疗药物运送到生命系统中,用于控制和靶向治疗癌症等疾病。

### 5.3.3.1 金纳米粒子

如前所述,金纳米粒子的局域表面等离子体共振等特性引起了科学家们的广泛关注,其作为药物载体的潜力也逐渐被开发出来。金纳米粒子的尺寸分布很广,小到 1 nm,大到 150 nm。尺寸差异对金纳米粒子的物理化学特性、药代动力学行为,特别是光学性质影响较大。例如,较小的金纳米粒子,包括金纳米团簇(通常小于 2 nm),其分散性好、组织穿透性强,通常还具有较高的比表面积,并可以表现出光电发射;而较大的金纳米粒子才表现出表面等离子共振特性。同时,金纳米粒子表面的负电荷使其易于修饰,这使得它们可以很容易地通过添加各种生物分子(如药物、靶向配体和基因等)来实现功能化(见图 5-19)。此外,金纳米粒子易于合成、无毒、生物相容性强,这使其成为药物载体的极佳候选材料。许多策略利用金纳米材料的优越物理化学性质,为从小分子药物到生物药物等各种药物的胞内递送提供了稳定、安全的平台。

1. 通过共价结合形式负载药物的金纳米粒子

金纳米粒子的表面功能化通常是通过共价结合或非共价配位的形式实现的。例如,金纳米粒子可以与巯基(—SH)等基团通过直接共轭或静电相互作用结合,形成稳定的单分子层附着在金核表面。而单分子层又可以继续修饰硫代荧光团或小分子药物,如异硫氰酸荧光素(FITC)和阿霉素(DOX)等,以实现靶向、成像、药物控释等多种功能。

最近,Conboy 和 Murthy 设计了一种 CRISPR-Gold 载体。首先通过共价结合的方式,

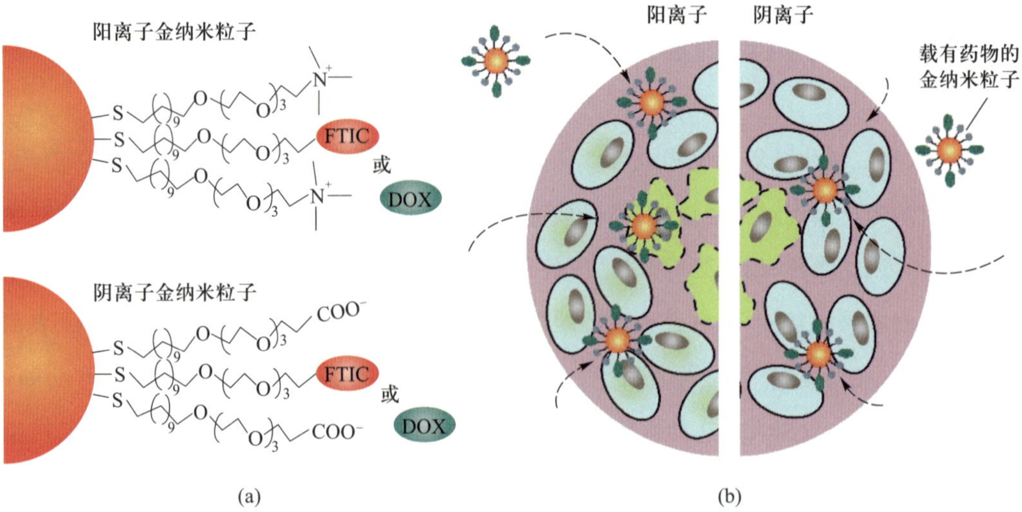

图 5-19    表面带正、负电荷并负载阿霉素或异硫氰酸荧光素的单层金纳米粒子

(a)和载药金纳米粒子的细胞摄取与释放(b)

将具有巯基末端的 DNA 连接到直径为 15 nm 的金核上。而后,通过 DNA 杂交技术与金纳米粒子非特异性吸附,将供体 DNA 和 Cas9 核糖核蛋白分别装载在金纳米粒子上。最后,经过一种阳离子聚合物包覆及其介导的细胞内吞作用,成功形成 CRISPR-Gold 并将其释放到细胞质中,实现了对患突变性肌肉萎缩症的小鼠模型的有效基因修复。

2. 通过非共价结合形式封装或包埋药物的金纳米粒子

金纳米粒子单分子层可以通过定制与各种各样的目标分子相互作用,如通过静电相互作用结合生物大分子,或将疏水小分子抗癌药物封装在金纳米粒子的配体单分子层内从而递送至癌细胞。这些基于金纳米粒子单分子层设计的自组装胶囊提供了一种通用的药物控释途径,即可基于不同配体的功能,利用局部的“前体药物”激活,从而在细胞内或细胞外选择性地发挥药效。例如,Rotello 报道了一种 2 nm 金纳米粒子稳定的胶囊(nano-particle-stabilized capsules,NPSCs),具有高度可控的物理特性,可以封装和递送小分子药物。后续研究表明,这些系统可以通过包封和胶囊表面的横向静电相互作用结合小干扰 RNA。在这项工作中,能够靶向沉默 TNF-α 表达的小干扰 RNA 被传递到脂多糖(lipopo-lysaccharide,LPS)刺激的小鼠巨噬细胞内。体内研究表明,超过 80% 的系统给药的胶囊/小干扰 RNA 在脾中积累,表明金纳米粒子稳定的胶囊平台可作为免疫调节治疗炎症的有效载体。

在最近的一项工作中,Liang(梁)等人受自然界中 DNA 杂交能力的启发,设计并制备了 DNA 介导的自组装金-DNA 纳米结构(约 200 nm)。向日葵状的纳米结构表现出较强的近红外吸收和光热转换能力,在近红外辐射下,大尺寸的纳米结构可以分解并释放出超小的金纳米粒子。释放的 2 nm 金粒子经 c-myc 癌基因沉默序列修饰后,提高了核通透性,从而提高了转染效率。这一策略主要利用了小尺寸金纳米粒子的近红外吸收能力,以及较大的金纳米簇的光响应特性来实现体内靶向传递。

3. 金纳米棒

金纳米棒(gold nanorod,AuNR)是一种细长的金基纳米材料。研究表明,金纳米棒的光学特性可以通过棒的长径比进行微调。在特定波长的照射下,金纳米棒能够产生热量,提供局部有效载荷释放。由于具有可调的光热特性,金纳米棒已经广泛用于药物递送系统。例如,Wei(魏)等人将胺修饰的小干扰 RNA 双链转化为二硫代氨基甲酸酯(dithio-carbamate,DTC)配体,并通过静电相互作用吸附在烯酰磺基甜菜碱(OSB)修饰的金纳米棒表面,减少了小干扰 RNA 过早的解吸和释放。经过叶酸受体介导的细胞摄取后,金纳米棒表面负载的小干扰 RNA 又在近红外激光照射触发的光热效应下实现了细胞内释放,并显著下调了与转移性卵巢癌相关的靶基因表达。

4. 金纳米簇

金纳米簇(gold nanoclusters,AuNCs 或 GNCs)是指在有机单分子、树枝状聚合物或生物分子等作为保护层保护下,由几个甚至几十个金原子聚集所组成的具有相对稳定性的聚集体。其尺寸接近电子的费米波长,一般小于 2 nm,其连续的电子能级结构呈现为离散状态,同时,表面等离子共振效应消失。金纳米簇独特的离散能级和量子尺寸效应使它呈现出较强的光致发光,并且具有较好的生物相容性与光稳定性等特殊性质。因此,金纳米簇作为一种新型的荧光纳米材料,在光电学、荧光成像及生物检测等领域的应用是十分广泛的。

与金纳米粒子类似,阳离子金纳米簇可以通过静电结合核酸以增强细胞递送。在最近的一项研究中,Jiang(江)将小干扰 RNA 与粒径小于 3 nm 的阳离子金纳米簇结合,用于靶向递送神经生长因子小干扰 RNA。金纳米簇-小干扰 RNA 复合物增加了血清中小干扰 RNA 的稳定性,延长了小干扰 RNA 在血液中的循环寿命,并增加了小干扰 RNA 的细胞摄取和肿瘤积累。试验结果表明,金纳米簇-小干扰 RNA 复合物能有效地抑制胰腺细胞和胰腺肿瘤中神经生长因子的表达,并通过抑制神经生长因子有效抑制胰腺肿瘤的进展。值得注意的是,核直径小于 3 nm 的金纳米簇通常会表现出强劲的荧光,从而可应用于成像。

### 5.3.3.2 介孔二氧化硅纳米粒子

介孔二氧化硅纳米粒子(mesoporous silica nanoparticles,MSNs)是纳米级二氧化硅粒子,具有蜂窝状结构和中空孔道,是最常见的硅基载体。自从 20 世纪 90 年代美孚(Mobil)公司的科学家制备出具有高度有序孔道结构的 MCM-41 以来,介孔二氧化硅纳米粒子的结构被不断优化,MCM-48、SBA-15 等材料也相继被合成出来,并应用于催化、吸附、分离、医药、能源等科研领域。近年来,纳米载药系统不断被完善,因其多孔结构、比表面积大、易修饰、稳定性强、毒性低等特点,介孔二氧化硅纳米粒子在药物递送方面的应用得到了极大的开发(见图 5-20)。

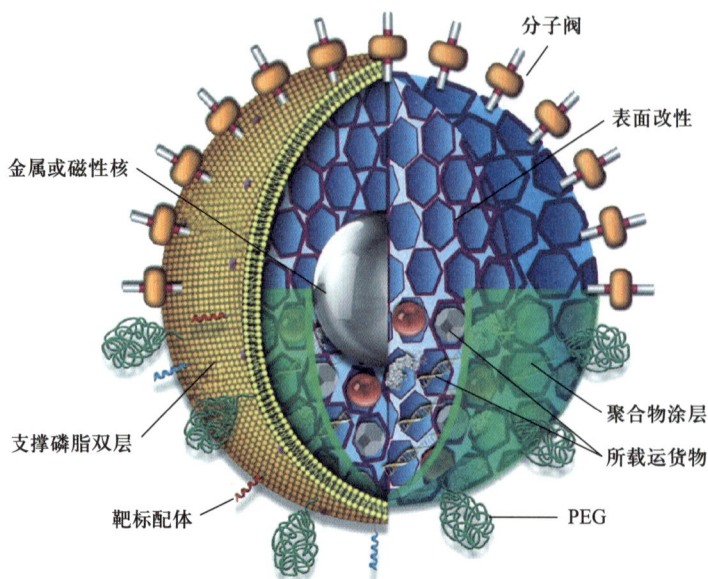

金属或磁性核

支撑磷脂双层

靶标配体

分子阀

表面改性

聚合物涂层

所载运货物

PEG

图 5-20　多功能介孔二氧化硅纳米粒子示意图(显示了其可能的核/壳设计、表面修饰和多种类型的负载)

1. 通过非共价结合形式负载药物的介孔二氧化硅纳米粒子

孔径和表面功能化对介孔二氧化硅纳米粒子的载药能力和控释起着至关重要的作用。生物活性分子一般通过非共价相互作用(如氢键、物理吸附、静电相互作用和芳香堆积等)负载于介孔二氧化硅纳米粒子中。改变孔隙特征可以显著影响孔隙内的电荷密度和空间效应,调节弱静电相互作用,并影响载药的释放。最近,人们将小孔隙介孔二氧化硅纳米粒子封装材料与环境隔离的能力用于进行生物正交性反应。例如,Mascareñas 和其同事报道了一种空心的"纳米反应器",它以 3 nm 孔径的介孔二氧化硅纳米粒子作为纳米壳层,内层掺杂一层钯纳米粒子。该纳米反应器促进了钯催化的原位去炔丙基化反应和 Suzuki-Miyaura 交叉偶联反应(Suzuki-Miyaura cross-coupling reaction),为双正交的药物前体活化提供了一个有前途的平台。

2. 通过共价结合形式负载药物的介孔二氧化硅纳米粒子

表面共价修饰可以极大地影响介孔二氧化硅纳米粒子的药物装载、蛋白质吸附和释放速率。粒子表面通常带负电荷,但可以通过共价修饰成为阳离子表面。这些改性的阳离子介孔二氧化硅纳米粒子可以与带高度负电荷的药物分子结合,产生具有递送潜力的配合物。例如,可以通过聚醚酰亚胺树状大分子或脂质等阳离子大分子修饰介孔二氧化硅纳米粒子表面以吸附和传递核酸。表面共价修饰还能够赋予介孔二氧化硅纳米粒子门控特性,实现刺激响应释放,从而有针对性地递送信息。目前,已有多种共价门控分子用于控释,包括环糊精、偶氮苯和互补 DNA 等。这些门控机制一般基于外源性刺激(包括光、热、pH、超声波等)触发构象变化。例如,Zhang(张)等人提出并制备了一种将活性靶向介孔二氧化硅纳米粒子与微泡(microbubble,MB)药物传递系统相结合的多功能药物传递载体。将叶酸(folic acid)修饰在单分散二氧化硅表面(记为 MSN-FA),以增强细胞摄取。MSN-FA 负载丹参酮 II A(Tanshinone II A,TAN),然后封装在微泡中,可实现更精确的肿瘤靶向。在体外超声照射下,微泡破裂,促使药物在肿瘤部位释放,达到了显著的抑制肿瘤生长的效果。

### 5.3.3.3 超顺磁氧化铁纳米粒子

氧化铁是一种常见的无机纳米粒子,在 FDA 批准的无机纳米粒子临床研究中占据了绝大多数份额。氧化铁纳米粒子的两种主要形式包括磁赤铁矿($\gamma$-$Fe_2O_3$)和磁铁矿($Fe_3O_4$),具有固有磁性,加上可调的尺寸和功能,在生物医学应用方面有着极大潜力,目前已经成功地应用在造影剂、药物递送和磁热疗等领域(见图 5-21)。

超顺磁氧化铁纳米粒子(superparamagnetic iron oxide nanoparticles,SPIONs)是一类特殊的氧化铁粒子,具有超顺磁特性,即暴露于交变磁场(alternating magnetic field,AMF)时具有强磁化能力,去除磁场后无剩余磁化。值得注意的是,超顺磁性通常只出现在小尺寸(<30 nm)铁磁粒子或具有纳米畴的大尺寸粒子中。在过去的十年中,人们对超顺磁氧化铁纳米粒子穿透和杀死生物膜的能力及其在磁共振成像中的应用进行了广泛的研究。

1. 通过共价结合形式负载药物的超顺磁氧化铁纳米粒子

Licandro 最近报道了一种新方法,将肽核酸(peptide nucleic acid,PNA)寡聚物与超顺

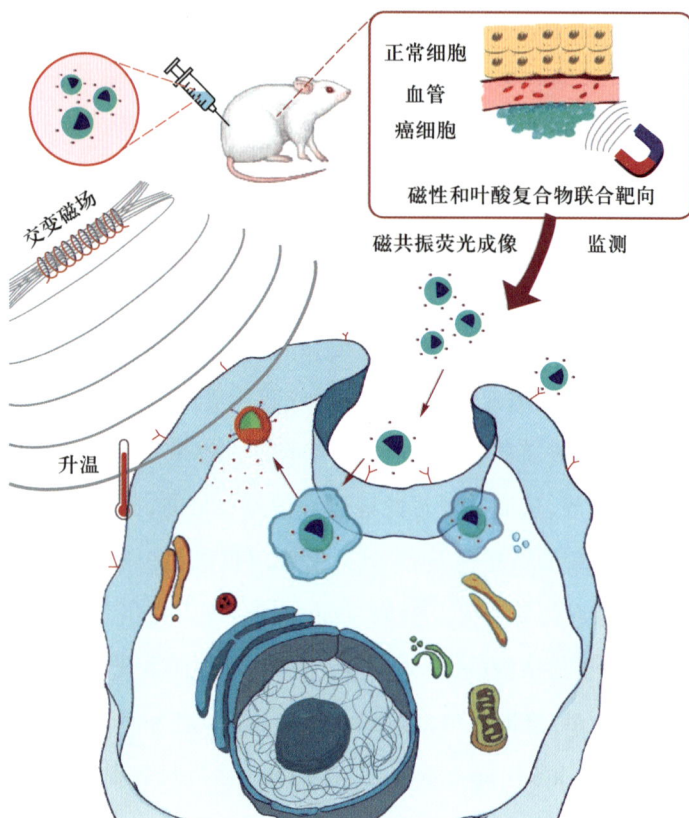

**图 5-21    磁性纳米粒子协同给药和磁热疗原理图**

磁氧化铁纳米粒子进行共价连接,制备了可作为磁共振造影剂、热疗促进剂和肽核酸载体的水溶性杂化纳米材料。该方法将二巯基丁二酸(dimercaptosuccinic acid, DMSA)修饰的超顺磁氧化铁纳米粒子与末端马来酰亚胺功能化的肽核酸寡聚体通过 Michael 加成反应进行偶联。所得的纳米粒子在室温下处于超顺磁状态,具有相当高的饱和磁化强度,在磁热疗中表现出显著的热释放。

2. 通过非共价结合形式负载药物的超顺磁氧化铁纳米粒子

超顺磁氧化铁纳米粒子也可用于重组蛋白的传递。但蛋白质尺寸相对较大、表面复杂,与氧化铁粒子之间的界面识别仍是个挑战。为解决这一问题,Khashab 等人设计了一种生物可降解的二氧化硅-氧化铁杂化纳米载体。该载体具有直径为 20~60 nm 的大介孔,可通过静电相互作用固定大分子蛋白质,如 mTFP-铁蛋白(约 534 kDa)。氧化铁纳米相使该载体在胎牛血清中能够快速发生生物降解和磁反应,在酸性条件或磁性刺激下可在 HeLa 细胞中释放大量蛋白质,为生物医学应用中的大分子药物递送提供了有力工具。

### 5.3.3.4 镧系元素上转换纳米粒子与光触发给药

光触发给药是一种很有潜力的策略,可在空间上控制药物在体内的释放,促进局部药物积累,同时减少副作用。然而,大多数光触发的药物载体需要短波长的紫外光或可见光,导致光毒性高,体内穿透深度有限。镧系元素上转换纳米粒子(up-converting nanoparticles,UCNPs)是一类独特的光学纳米材料,可以通过非线性反斯托克斯效应吸收低能近红外光子,并将其转换为高能紫外光或可见光。截至目前,已有多项研究探讨了镧系元素掺杂的上转换纳米粒子,其中镱($Yb^{3+}$)、铒($Er^{3+}$)、铥($Tm^{3+}$)和钬($Ho^{3+}$)是最广泛使用的镧系掺杂元素。上转换纳米粒子具有毒性低、生物相容性好、光稳定性强、发光寿命长等优势,这使其成为通过光化学过程控制药物原位释放的极佳候选材料。

目前,已有三种常见的方法可将光敏化合物装载到上转换纳米粒子上进行药物传递,其中最常见的是封装,也可以通过共价共轭和非共价吸附来完成。相应地,药物的释放也可通过三种机制来控制,即载体的破坏、分子和载体之间的键断裂或光异构化。例如,Krull 等人利用对光不稳定的邻硝基苄基(o-nitrobenzyl,ONB)衍生物将化疗药物 5-氟尿嘧啶(5-fluorouracil,5-FU)偶联到磷酸乙醇胺修饰的核壳上转换纳米粒子(约 20 nm)上(见图 5-22)。上转换纳米粒子在 980 nm 的近红外光激发下产生光致发光,波段集中在 365 nm、455 nm 和 485 nm。紫外-蓝色的光致发光与 ONB-FU 衍生物的吸收带发生共振,引起邻硝基苄基的光裂解及随后的 5-氟尿嘧啶药物释放。释放效率高达 77%,且药物释放速率可随激光的输出功率而调整。这项工作在开发具有靶向化疗能力的上转换纳米粒子方面迈出了重要一步。

又如,Gong(龚)等人利用偶氮苯的光致顺反异构现象及其与环糊精的分子的主客识别效应,实现了上转换纳米粒子介导的小干扰 RNA 传递。具体来说,他们将偶氮苯标记的小干扰 RNA 链通过主-客体相互作用络合到环糊精修饰的上转换纳米粒子上。粒子内核在近红外光激发下发射紫外光,有效地将偶氮苯异构化到顺式状态。这种异构化引入了位阻效应,导致了小干扰 RNA 的释放。该团队进一步将 GE11 和 TH 多肽偶联到载体表面,以促进纳米粒子的细胞摄取和内体/溶酶体逃逸。通过调节近红外辐射时间来控制小干扰 RNA 的释放量,该系统可在 20 min 内释放多达其负载量 85% 的小干扰 RNA。

总的来说,无机纳米粒子提供了一种通用和多模式的细胞内药物递送方法。基于金、二氧化硅、氧化铁和镧系金属的纳米载体具有多样性的结构、功能和表面修饰,可以在细

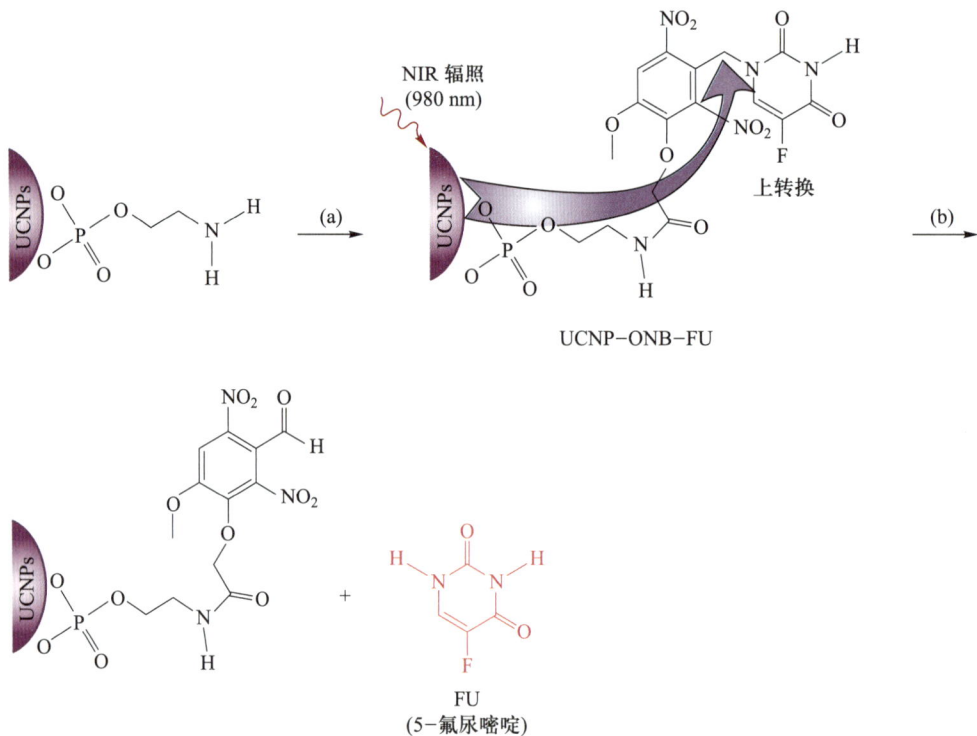

NO₂

上转换

NIR 辐照
(980 nm)

(a)

(b)

UCNP-ONB-FU

UCNPs

+

FU
(5-氟尿嘧啶)

**图 5-22　上转换纳米粒子的近红外光激发（980 nm）导致 365 nm 的上转换紫外发射用于光裂解，随后从上转换纳米粒子表面释放 5-氟尿嘧啶**

胞和生物水平上克服生物障碍，进而有效地递送治疗药物。同时，由于其磁性、光热效应及等离子体特性，无机纳米粒子在诊断、成像和光热疗法等应用中发挥了独特的作用。然而，由于溶解度低、易团聚和循环毒性等问题，无机纳米粒子在临床应用方面仍然受到限制。

　　近年来，基于上述有机纳米材料、无机纳米材料各自的优越性而制备成的复合纳米材料（或称为有机-无机复合纳米材料）也开始成为诸多研究的焦点，如使用有机材料对无机纳米材料进行改性或修饰，以期改善其理化特性和体内动力学行为，或者在脂质或聚合物纳米材料中引入无机金属纳米材料来制备同时含有造影剂和药物的多功能纳米系统，实现诊治一体化。纳米材料是纳米生物医药领域的奠基石，具有卓越的应用价值，新型纳米材料的开发将推动这一领域不断发展。

> **📖 延伸阅读**
> ——"医药界的诺贝尔奖"：盖伦奖

　　被誉为"医药界的诺贝尔奖"的盖伦奖被公认为医药和生物医疗行业

的最高荣誉,它表彰为改善人类健康做出的杰出科学创新。自 1970 年创建以来,截至 2020 年,已经有 288 个生物医药产品获奖,涵盖了 17 个治疗领域。

盖伦是现代医学和药学之父,于公元 131 年(注:华佗约出生在公元 145 年)出生在帕加马,曾在士麦那、科林斯、亚历山大这 3 个古代医学中心学习。17 岁时,盖伦在角斗士训练场担任医生,37 岁时去了罗马。作为治疗师、教师、研究员和作家,盖伦的声誉不断提高。盖伦在公元 201 年去世,在他的一生中,完成了 500 多项有关解剖学、生理学、病理学、医学理论和实践相关的工作。他的工作构成了"盖伦学派"的基础,该学派在文艺复兴之前曾是医学的主流思想。盖伦还在世界各地旅行,研究各地的植物和治疗方法,描述了 473 种药物、矿物质和植物。他也是第一位使用成分和载体制备活性药物并进行记录的科学家。

盖伦奖于 1970 年由一名叫 Roland Mehl 的药剂师在法国创办,旨在促进药学的发展。设立盖伦奖时,药学研究并不受重视。临床医生、毒理学家、药理学家和药剂师组成了一个评审团,每年评选出获奖产品,以表彰药学领域的杰出成就。目前,美国、比利时、德国、荷兰、英国等十余个国家相继设立盖伦奖。也就是说,盖伦奖虽然是一个国际奖项,但每个设立奖项的国家都是在本国内评选获奖项目和产品。

美国盖伦奖设立于 2007 年,现在新闻报道的盖伦奖,大部分指美国盖伦奖。在美国,药企如果想申报盖伦奖,其产品必须在颁奖前一年的 12 月 31 日以前获得 FDA 批准,且批准年限不得超过 5 年。盖伦奖的主要奖项有三个:最佳药品奖、最佳生物技术产品奖、最佳医疗技术奖。2020 年,盖伦奖首次推出最佳数字健康产品奖。人们所熟知的"格列卫",就是 2009 年盖伦奖最佳药品的得主。第一个在美国注册的(2009 年 4 月 8 日由 FDA 批准)治疗疟疾的 ACT 药品(artemisinin-based combination therapy),也是第一个中国原创的专利药品复方蒿甲醚(注:青蒿素类衍生药)则取得了 2010 年盖伦奖最佳药品奖。

# 本章参考文献

## 习 题

1. 小分子药物是什么？其治疗机制是什么？

2. 小分子药物与生物化学药物的优缺点。

3. 核酸药物设计依赖核酸的信息储存能力，这与 DNA 复制的高保真性息息相关，其保真性如何实现？

4. CAR-T 技术是什么？有望在哪些领域发挥作用？

5. 药物运输系统推动了生物化学药物的临床转化，不同的运输系统适用于运输不同种药物，请列举目前研究的药物运输系统及常用运输药物。

# 化学遗传学

本章教学参考课件

　　19 世纪,孟德尔通过豌豆实验发现遗传学的两大基本定律:分离定律和自由组合定律,随后开启了经典遗传学的时代。遗传学是生物学的一个重要分支,其目的是尝试解释什么是基因及基因如何发挥作用。传统的遗传学主要通过基因突变获得稳定的遗传突变体,由突变体明显的表型(如红眼、黑翅等)对应到相关基因,并确定基因或蛋白质的功能。这种由表型到基因的方法被称为正向遗传学。后续又发展出了反向遗传学,即从基因到表型的方法。虽然利用传统的遗传学研究方法已经确定了许多基因的功能,但是由于其不确定性和难操控性,这些方法已经越来越无法适应现代生物学的发展进度[1]。

　　化学作为一门重要的基础学科,与人类的生命活动有着密切的关系。同时化学又极具开放性,积极地向各学科渗透,与生命科学进行着多种交叉。例如,化学家们试图用化学方法探索基因与表型的关系。在这样的研究背景下,化学遗传学(chemical genetics)应运而生[2]。化学遗传学是通过化学工具探索和研究生命过程的新兴学科。它运用遗传学的原理,以化学小分子为工具通过干扰/调节正常的生理过程来了解蛋白质和基因的功能,进而对一些生物细胞内的生理过程进行研究和探索。化学遗传学研究内容包括寻找酶抑制剂和作用底物,研究细胞内信号转导、基因转录及解释疾病产生的机理等。

　　化学遗传学的发展是建立在有机化学,特别是天然产物合成的基础上的。1804 年,德国药剂师 Friedrich 从罂粟中分离出第一个具有生物活性的小分子吗啡。自此,这些具有生物活性的天然产物不断被分离和合成,为化学遗传学的发展奠定了基础。到 20 世纪初,Paul Ehrlich 提出了受体的概念。它使人们开始重视生物活性小分子与蛋白等生物大分子的相互作用,也使化学遗传学研究逐步走向成熟。对化学遗传学领域来说,受体的提出是一个重大的突破。在 20 世纪 90 年代,化学和遗传学融合成了一个新兴的交叉学科,化学遗传学概念正式提出。其中哈佛大学的 Stuart L. Schreiber 和 Scripps 研究所的 Peter G. Schultz 为这一时期的化学遗传学的诞生做出了巨大贡献[3]。从 1981 年起,哈佛大学的 Schreiber 教授与其他研究人员先后合成了许多生物活性的天然化合物,如美洲蜚蠊酮-B(periplanone-B)、他克莫司(tacrolimus,又名 FK506)、星形曲霉毒素(asteltoxin)等。随着大量天然化合物的分离与合成,这些复杂天然产物所结合的细胞受体引起了人们的兴趣。在这种好奇心驱使下,Schreiber 将随后的研究重心转向了生命科学领域,开始探究小分子-蛋白质的相互作用及蛋白质的功能分析。1988 年,Schreiber 利用化学遗传学的研究方法发现了天然化合物他克莫司(FK506)的受体蛋白 FKBP12。1995 年,他发现乳胞素(lactacystin)可以特异性地结合 20S 蛋白酶体,作为蛋白酶体抑制剂。两年之后,Schreiber 从微生物中分离出来一种环五肽类天然产物曲霉毒素(trapoxin)。曲霉毒素可以作为去乙酰化酶的一种抑制剂。由此,还发现了一种全新的蛋白——组蛋白去乙酰化酶(histone deacetylase,HDAC)。1997 年 Schreiber 获得了"四面体有机化学创新奖(Tetrahedron Prize for Creativity in Organic Chemistry)"以表彰其在科研领域取得的成绩[3,4]。

化学遗传学发展至今已有三十年的时间,它是经典遗传学重要补充。化学遗传学的产生使科学家对基因和蛋白质功能的研究进入了一个全新的时代。从 1994 年发行的杂志《化学与生物学》(*Chemistry and Biology*)开始,化学遗传学已逐渐成为生命科学领域的热门学科之一。在 1998 年,Schreiber 发表了名为"Chemical Genetics Resulting from a Passion for Synthetic Organic Chemistry"的综述,把这种利用有机小分子配体来研究蛋白质功能的方法定义为化学遗传学。从此,化学遗传学的概念越来越受到人们的关注和认可[4]。

# 6.1
# 正向化学遗传学

## 6.1.1   正向化学遗传学概念

经典遗传学分为正向遗传学和反向遗传学。同样地,化学遗传学也可分为正向化学遗传学和反向化学遗传学。正向化学遗传学(forward chemical genetics)是指在构建小分子化合物文库的基础上获得研究者感兴趣的表型,针对表型筛选出小分子,最后利用这个小分子工具找到靶基因或蛋白质。反向化学遗传学(reverse chemical genetics)是指从基因或蛋白质与小分子化合物的相互作用出发,确定了活性小分子的靶基因或蛋白后,再研究靶基因或蛋白质对表型的影响,从而解析靶基因或蛋白质的功能。简言之,正向遗传学是已知表型找靶基因或蛋白质,反向遗传学是已知靶基因或蛋白质找表型(见图6-1)。

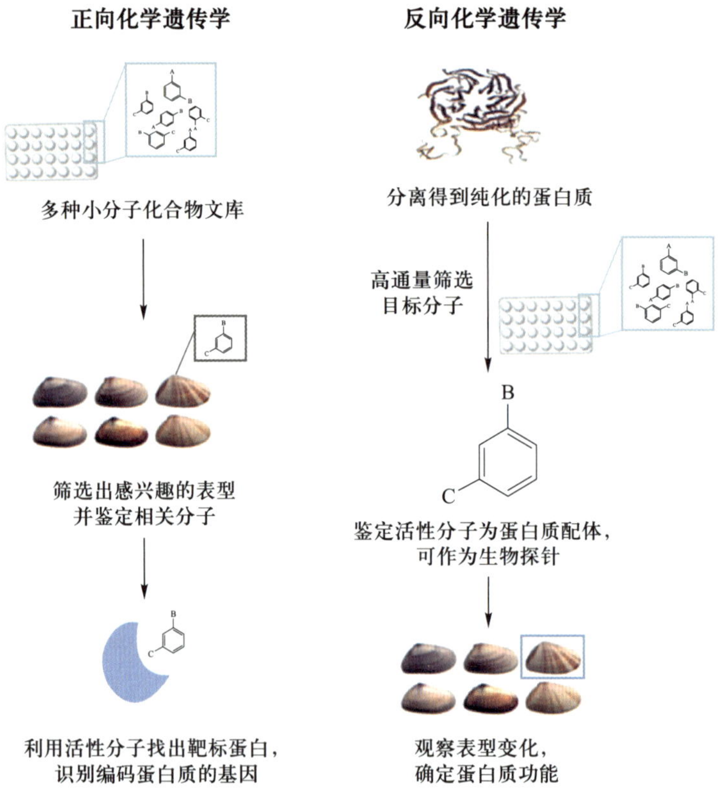

**图6-1 正向化学遗传学和反向化学遗传学**

## 6.1.2 正向化学遗传学研究进展

目前为止,化学遗传学已是化学生物学中最成熟的研究领域之一,成为研究生物功能作用的重要工具。正向化学遗传学的诞生减少了发现一种新化合物并将其开发成新药所花费的时间和费用,推动了药物研究的快速发展。以下介绍的是在正向化学遗传学发展史上已经取得的令人兴奋的进展。

在1950—1960年间,美国某研究所开展了一项范围广泛的生物材料筛选计划,其中海鞘(ecteinascidia turbinata)的提取物被发现具有抗癌活性。后经多年研究,药物曲贝替定(Trabectedin,Yondelis)已在临床上用于治疗晚期软组织肉瘤和卵巢癌。除此之外,诸多海洋天然产物也应运而生,例如阿普利丁(Plitidepsin,Aplidin)是从海鞘中分离出来的抗骨髓瘤的临床药物。因此,结合正向化学遗传学的方法发现有活性的海洋天然产物,将推进临床前药物的研究进展。

在过去的二十多年里,植物生物学领域的研究人员利用化学遗传学方法取得了巨大的进步。它提高了人们对细胞壁生物合成、细胞骨架、激素生物合成和信号传导、发病机制、嘌呤生物合成和内膜运输等的理解。采用正向化学遗传学技术能够识别感兴趣的表型,并使研究人员了解特定过程的基因表达或蛋白质功能。例如,利用高通量正向化学遗传学完成拟南芥约50000种小分子文库的筛选工作。通过这一方案,发现了许多可导致可见表型改变的化合物,为研究人员探索目的基因和靶标蛋白的功能和体内机理等提供了基础[6]。

此外,来自美国的科学家 Tarun M. Kapoor 利用正向化学遗传学方法开展细胞分裂相关研究。该小组采用哺乳动物细胞为筛选模型,分析鉴定影响有丝分裂的新化合物,然后对活性化合物进行二次筛选,以便更好地表征其有丝分裂的表型。他们发现了一系列产生有丝分裂表型的分子,筛选出一种可以强烈抑制哺乳动物细胞分裂的化合物"单星素(monastrol)"。科研人员进一步揭示单星素特异性抑制有丝分裂的靶点驱动蛋白 Eg5。来自约翰·霍普金斯大学的刘军研究小组提倡利用现有药物的非靶向作用开发生物小分子的新靶点。他们根据已获批准的化合物建立了一个化合物库。基于这一化合物库,该研究团队筛选出一种抗组胺药。该药对抗氯喹的恶性疟原虫(疟疾的病原体)具有高活性,这证实了该文库的实用性[5]。

正向化学遗传学研究还利用小分子调节肌动蛋白细胞骨架,来剖析活性分子的天然药理学,调控细胞命运重编程和体细胞的可塑性[7]。2019 年,Gunning 等人报道了基于结构调节剂靶向肌动蛋白细胞骨架表型的化合物筛选结果,并讨论了运用这些化合物如何发现新的功能机制(如肌动蛋白细胞骨架和相关的结构调节蛋白)。这些功能机理具有可开发成药物靶点的临床潜力[8]。而在过去的十年中,使用小分子来调控细胞命运和重编程干细胞已成为一个非常令人兴奋的新研究方向。使用化合物直接改变细胞命运(表型)可以为开发新的有效再生医学提供巨大的研究前景[9]。

总之,化学遗传学的出现很好地弥补了经典遗传学的不足,进一步推动了人们对生命科学的探索。但就目前而言,还有许多未知的谜底等着人们深入研究。人们也期待化学遗传学研究领域将在不久的将来对生物医学研究和药物发现产生许多新的影响[3]。

## 6.1.3 正向化学遗传学应用实例

正向化学遗传学技术方法在神经信号传导、药物开发、细胞凋亡、代谢调控、基因组学等方面都有应用。正向化学遗传学中的表型筛选旨在检查化合物对细胞、组织或整个生物体的影响,它一直是药物发现的主要方法。表型筛选的优势在于事先无须了解化合物的作用机理和模式。除此之外,在揭示蛋白质功能的各种方法中,正向化学遗传学也被认为是一种很有前景的研究方法。

### 6.1.3.1 苯乙双胍调控黑色素沉积的作用机制

人类不同种族的皮肤颜色各不相同。皮肤的颜色主要由黑色素细胞产生黑色素的数量、种类及其在身体表面的分布决定。通过化学小分子调节皮肤色素沉着对皮肤色素障碍类疾病的诊疗有着重要意义。

研究人员利用体外皮肤培养系统对双胍类药物家族进行筛选,发现一种双胍类药物——苯乙双胍,具有显著的皮肤变黑的效果。针对苯乙双胍使皮肤组织变黑、基底层中黑色素的含量明显增加这些表型,科学家试图通过正向遗传学研究找到苯乙双胍使皮肤变黑的作用靶点。研究显示深色皮肤表皮中黑色素体蛋白 PMEL17 表达水平升高,黑色素仅在人表皮中积累。而苯乙双胍对表皮角质形成细胞中的二羟基苯丙氨酸氧化酶和黑色素生成相关蛋白的表达水平,即酪氨酸酶(tyrosinase,TYR)和酪氨酸酶相关蛋白 1(tyrosinase-associated protein 1,TRP1),没有发生明显改变。苯乙双胍主要影响表皮角质形成细胞,不会影响黑色素细胞的活力。

为了阐明苯乙双胍引起皮肤变黑的机制,研究团队利用正向化学遗传学方法筛选出苯乙双胍生物探针,将苯乙双胍固定在富集柱上。当蛋白质与苯乙双胍相互作用时,蛋白质就会结合在标有苯乙双胍的富集珠上。通过表皮角质形成细胞的裂解物与苯乙双胍富集珠孵育,将共沉淀的蛋白质洗脱下来。洗脱的蛋白质通过凝胶电泳分离,鉴定出两个与苯乙双胍特异性结合的蛋白质,其中一个蛋白质为 7-脱氢胆固醇还原酶(7-dehydrocholesterol reductase,DHCR7)。使用一种特定的 DHCR7 抑制剂 AY9944 可以降低黑色素水平,验证了 DHCR7 参与苯乙双胍诱导皮肤变黑的作用。

自噬体通过调节 NHEK 中的黑素体降解而在决定肤色方面发挥重要作用。缺乏胆固醇可以抑制自噬体。研究人员发现苯乙双胍靶向 DHCR7 并抑制胆固醇生物合成。在用 DHCR7 抑制剂和苯乙双胍处理的人表皮角质形成细胞后,抑制自噬活性的蛋白表达上调,自噬体活性下调而抑制黑素体降解,皮肤变黑。

这项研究探索了由体外皮肤培养系统筛选出的双胍类化合物中的新型肤色调节活性分子,结果发现苯乙双胍具有显著的使皮肤变黑的能力。实验通过免疫沉淀的方法,鉴定出苯乙双胍的靶蛋白 DHCR7。此外,研究团队探究苯乙双胍通过抑制表皮角质形成细胞中胆固醇的生物合成来抑制自噬活性,从而诱导表皮黑色素的积累。总之,通过正向化学遗传学方法使我们能够了解苯乙双胍的作用靶点,并分析其潜在作用机制[10]。

### 6.1.3.2 丙型肝炎病毒的 HCV NS5A 抑制剂

丙型肝炎(hepatitis C)是全世界范围内备受关注的公共卫生安全问题,据不完全统计,全世界慢性丙型肝炎病毒感染的患病人数接近 2 亿人。对于慢性丙型肝炎患者,其肝纤维化、肝硬化和肝癌的患病率极高,也成为难以攻克的一大医学难题。丙型肝炎病毒(hepatitis C virus, HCV)是具有包膜的单股正链核糖核酸病毒,归属于黄病毒科的一种小型病毒。它由核衣壳包裹着 RNA 链组成,核衣壳依次被两种包膜糖蛋白 E1 和 E2 包围。除了结构蛋白之外,丙型肝炎病毒还表达六种非结构蛋白(P7、NS2、NS3、NS4A、NS4B、NS5A 和 NS5B)。它们是新的抗病毒药物的靶标,特别是非结构蛋白 NS3、NS4A、NS5A 和 NS5B。

HCV 的抗病毒药物的开发主要是针对病毒非结构性蛋白 NS5B 的抑制剂。在 2010 年,科学家利用正向化学遗传学的策略在化合物文库中筛选了百万种化合物。首先,初步排除对 HCV 没有特异性的化合物,其次对化合物与病毒蛋白的生物活性进行生化测定评估。使用细胞复制子系统选择性抑制 HCV 的方式筛选出化合物亚氨基噻唑烷酮,在此基础上进行一系列化学改进,这些改进侧重于提高抗病毒效力、扩大抑制活性,以及优化口服生物利用度和持续药代动力学特性等。新化合物 BMS-790052 的构建为新型 HCV 抑制剂提供了临床验证的可能。该抑制剂靶向病毒蛋白 NS5A,该蛋白当时没有已知的酶促功能,并且在病毒复制中的作用尚不清楚。作为 HCV 的特异性抑制剂,BMS-790052 表现出一系列基因型抑制,以及对慢性 HCV 感染受试者单次口服剂量后的疗效和效力。尽管上述的工作只是初步的临床前实验验证,但这些数据表明 HCV NS5A 抑制剂为治疗 HCV 感染提供了相当大的可能性。体外实验数据显示,BMS-790052 若与已知 HCV 抑制剂协同作用,疗效会有所增加,表明 BMS-790052 与经典的双重治疗或新兴的 HCV NS3 和 NS5B 抑制剂组合使用可能产生更好的耐受性,并改善临床结果。化合物 BMS-790052

后来更名为利他卡韦(Daclatasvir),已获批用于治疗 HCV。这一策略证明了基于正向化学遗传学的药物发现方法的有效性。

目前已经证实,HCV 的非结构蛋白 NS5A 抑制剂的研究对小分子药物设计和抗病毒联合疗法具有重要意义。因此,使用化学遗传学的方法可以为新型药物的开发提供思路[11]。

## 6.2
## 反向化学遗传学

### 6.2.1 反向化学遗传学概念

化学遗传学可以分为正向化学遗传学和反向化学遗传学。相对于正向化学遗传学从表型到基因型的研究思路,反向化学遗传学的研究是从基因型到表型[3,12]。作为化学遗传学的一个分支,反向化学遗传学同样是利用小分子化合物研究基因与表型的关系[13]。反向化学遗传学是从基因或蛋白质与小分子化合物的相互作用出发,研究基因或蛋白质对表型的影响,解析基因或蛋白质的功能[14]。

### 6.2.2 反向化学遗传学研究进展

随着人类基因组计划的完成,人类已经进入了后基因组时代,反向化学遗传学是化学生物学在后基因组时代发展的产物[15],在生物和医药等领域有着广阔的发展前景。作为一门新兴的交叉学科,反向化学遗传学的发展并非一日之功。从基本概念的提出,到实验方法的建立,再到实验结果的应用,经历了科学家们的艰苦摸索。这种基于化学小分子的遗传学方法,与传统的遗传学方法互补,成为研究蛋白质等生物大分子功能的必要工具。

反向化学遗传学的起源可以追溯到 1878 年,英国生理学家 John Newport Langley 在研究毛果芸香碱对猫唾液分泌的影响时发现阿托品可以阻断毛果芸香碱的作用。由此，Langley 假定在神经末梢或腺体细胞中存在着一种物质，这种物质既可以和阿托品结合，又能与毛果芸香碱结合[16]。而这种物质一旦和阿托品结合的话，就无法与毛果芸香碱结合。在 1905 年，Langley 在研究烟碱与箭毒对肌肉的作用时发现烟碱对肌肉有兴奋作用。而箭毒可阻断这种兴奋作用，他推断这两种药物发挥作用的方式，既不是影响神经传导，也不是作用于骨骼肌细胞，而是作用于细胞膜上的某一部位来产生的反应。他将这种特定的作用部位称为"接受物质"（receptive substance）[17]。这也就是早期的"受体"学说。

1908 年，德国著名学者 Paul Ehrlich 在进行抗寄生虫药物的研究时，发现如果改变药物的化学结构，其抗虫效力也会发生很大的变化。化学结构不同而具有相同药效的药物对宿主毒性的差异也很大。由抗体对抗原具有高度特异性可知，在肌肉或腺体细胞中也应该存在特殊的部位，与相应的药物结合而产生作用。于是，他把能与化学药物特异性结合并起作用的"部位"称为"受体"[18]。如果特定的蛋白质可以与一个小分子结合，那么这种蛋白质被称为受体，与之结合的小分子被称为配体。Ehrlich 也是最早真正提出"受体"概念的科学家[18]，受体学说的提出预示着反向化学遗传学方法开始发展。

反向化学遗传学发展的过程中，Ehrlich 关于"受体"的观点也被生物学家广泛认同。人们甚至认为每一种蛋白质都可能有一个特定的小分子配体[4]。随着天然产物分离技术的发展与完善，越来越多具有良好生物学活性的小分子被分离提纯出来，促使着科学家去找寻相应的受体。例如，抗癌活性物质——紫杉醇，在探究其对 Jurkat 细胞（人外周血白血病 T 细胞）是否具有凋亡诱导作用的实验中，研究者将不同浓度的紫杉醇作用于 Jurkat 细胞，可以得到紫杉醇能特异地诱导 Jurkat 细胞凋亡的结论，这为紫杉醇应用于 T 细胞淋巴瘤的治疗提供了依据，也为研究淋巴瘤细胞凋亡的基因调控提供了极好的模型[19]。

化学遗传学的发展离不开新的实验技术与方法的发展。除了天然产物外，组合化学策略使得大量的有机小分子、无机化合物经人工设计后被合成出来。随着人工智能在药物设计上的应用，化合物可以通过计算机方法进行优化设计，通过软件模拟小分子化合物与生物大分子之间的相互作用筛选出先导化合物。这些技术与方法极大地推动了科学研究[20]。例如，可逆的组蛋白乙酰化是细胞表观遗传调节机制之一。虽然组蛋白去乙酰化酶抑制剂作为抗癌药物已经应用于临床，但仍然缺乏针对组蛋白乙酰转移酶（HAT）的高选择性有效小分子抑制剂。在蛋白乙酰化转移过程中，E1A 结合蛋白（p300）及其同源的环磷腺苷效应元件结合蛋白(cAMP-response element binding protein,CREB)结合蛋白(creb binding protein,CBP)作为关键的转录共激活因子发挥重要作用[21]。为筛选有效的、选择性高的 p300/CBP 抑制剂,中国科学院上海药物研究所蒋华良课题组与周兵课题组、罗成课题组合作,采用计算机辅助的药物设计方法,设计发现了有效的、选择性高的 p300/CBP 组蛋白小分子抑制剂[22]。高通量技术的应用大大提高了实验效率,也推动了反向化学遗传学的发展。大量小分子被合成出来后组成相应的化合物库,高通量筛选方法使目标小分子从数以万计的化合物中筛选出来。反向化学遗传学常用的就是以蛋白质为靶标的高通量筛选方法。通常实验将特定的蛋白质移入多孔培养皿(多为 96 孔板或 398 孔板),通过测定酶反应的效率或小分子与酶的结合能力寻找与蛋白质发生作用的化合物。在 1 万~100 万种化合物中,使用高通量筛选方法一般可以筛选到 10~100 种潜在的配体[13]。

2010 年,研究人员利用体外表达蛋白质表达对小分子文库进行高通量微流控筛选,发现一种可以抑制 RNA NS4B 蛋白的物质。该物质随后被证实在体外与丙型肝炎病毒蛋白酶抑制剂具有高度协同作用,可用于丙型肝炎的治疗。由此科学家发现了第一个 NS4B 抑制剂——克立咪唑(Clemizole)[12,24]。2011 年,Majumdar 等人从抗艾滋病治疗药物——T20 中提取出微泡蛋白-1 配体,并在 NIH 3T3 细胞中证实了该配体与内源性微泡蛋白共定位。该结果为靶向小泡蛋白和活细胞小泡形成奠定了基础[25]。2015 年,Hou 等人发现一种新型胰腺 β 细胞凋亡抑制因子 BRD 0476。该因子可以抑制干扰素 γ(IFN-γ)诱导的 Janus 激酶 2(janus kinase 2,JAK2)及信号转导和转录激活 1(signal transducers and activators of transcription 1,STAT 1)信号,从而促进 β 细胞的存活。从这些结果中还发现 USP9X 是细胞炎症中调节 JAK2 活性的潜在靶点[26]。2018—2019 年,有多篇文献报道了 UDP 产糖焦磷酸酶抑制剂的构效关系研究,并对一些抑制剂,如 UDP-葡萄糖焦磷酸酶(UDP-glucose pyrophosphatase,UGPase)和 UDP-糖焦磷酸酶(UDP-sugar pyrophosphatase,USPase)抑制剂的作用机理进行了阐述[27,28]。

反向化学遗传学方法主要通过小分子与特定靶标蛋白的结合产生相应的生物学效应来研究蛋白质和基因的功能。大量的小分子化合物结合反向化学遗传学方法的使用,加速了蛋白质功能确定的进程。反向化学遗传学不仅可以非侵入性地控制生物体内的细胞群,还可以控制细胞内信号转导和细胞内物质转运中的应用,因此在肿瘤研究和治疗方面发挥了作用[12]。此外,反向化学遗传学已经在缓解药物成瘾症状、针刺镇痛方面取得了一定成就,也为未来神经病理研究提供一种新的思路[14]。

## 6.2.3 反向化学遗传学应用实例

反向化学遗传学的应用集中在药物发现和基础生物学研究等领域。目前主要包括提供化合物和化学探针,与传统遗传学相结合,发现联合治疗的新靶点[12]及寻找酶的抑制剂等方面。下面将通过一些实例阐述反向化学遗传学的应用。

### 6.2.3.1 MEK1 抑制剂的发现

丝裂原活化蛋白激酶激酶 1(mitogen-activated proteinkinase kinase 1,MEK1)属于 MEK 家族的成员,负责将信号从细胞表面传导到细胞内部,是 Ras-Raf-MEK-ERK 信号通路(见图 6-2)中的重要信号分子,在细胞增殖、细胞凋亡、细胞分化、肿瘤发生等方面发挥作用。MEK1 常作为肿瘤治疗的靶标开发新型抗肿瘤药物[29]。

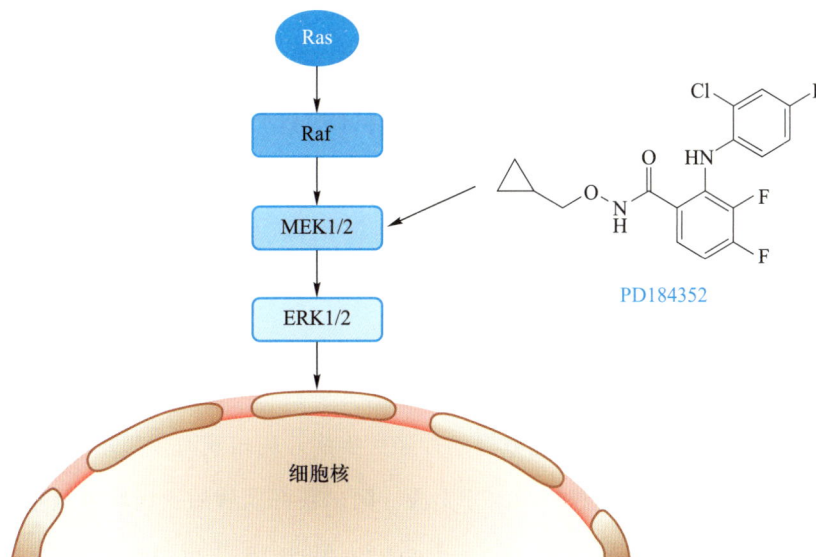

图 6-2 Ras-Raf-MEK-ERK 信号通路示意图

MEK 家族蛋白保守区的 ATP 结合域是 MEK 抑制剂的一个重要作用位点。根据是否直接竞争 ATP 结合位点,MEK 抑制剂可分为 ATP 竞争性抑制剂与 ATP 非竞争性抑制剂。ATP 竞争性抑制剂直接竞争 ATP 结合位点,对于不同靶点均有不同程度的抑制作用,而且 ATP 竞争抑制剂结构相差不大,容易存在交叉作用导致抑制作用不单一,副作用较大。而 ATP 非竞争性抑制剂结构具有高度特异性,目前的研究较多。

苯异羟肟衍生物 PD184352 是早期发现的 MEK 抑制剂之一。作为一种 ATP 非竞争性的 MEK 抑制剂,PD184352(也称为 CI-1040)是第一种进入了临床试验的 MEK 抑制剂。美国科学家 Christophe Frémin 和 Sylvain Meloche 使用 PD184352 筛选与其相互作用的蛋白激酶时,发现它可以专一地抑制蛋白激酶 MEK1 的活性。PD184352 可以使多种肿瘤细胞(包括结肠癌、BX-PC3 胰腺癌、A431 子宫颈癌、HT-29 结肠癌、ZR-25-1 乳腺癌和 SKOV-3 卵巢癌细胞等)中的 pMAPK 水平降低,但不抑制 Jun 激酶、p38 激酶或 Akt 的磷酸化作用,因此判定 PD184352 特定作用于 MEK。

此外,在临床前研究中发现 PD184352 口服给药可以减弱小鼠体内人结肠肿瘤异种移植物的生长,PD184352 在耐受良好的剂量下表现出抗肿瘤活性。对小鼠异种移植肿瘤模型注入 PD184352,与未处理的(仅载体处理)小鼠相比,显示出较高的结肠肿瘤抑制活性(最高达到 80%)。随后对 77 名晚期癌症患者进行了口服 PD184352 的研究,约 60% 的患者出现不良反应,但大多为常见的腹泻、乏力、恶心和呕吐等。这项研究首次证明了这类针对 MEK1/2 抑制剂的药物的临床活性[29]。

由于 PD184352 存在抗肿瘤活性不足、溶解性差、生物利用度低及治疗疾病时常出现耐药性等缺陷,严重影响了其作为 MEK 抑制剂的疗效,未能通过临床试验[29];但 PD184352 抗肿瘤疗效不足和耐药性等情况也为 MEK 抑制剂的进一步发展提供了研究方向。针对新型 MEK 抑制剂和双通路或多通路抑制剂,以及联合用药和个体化用药的需求,要求更多的科研工作者在这一领域持续耕耘和探索。

### 6.2.3.2　阿尔茨海默病的发病原因

阿尔茨海默病是一种认知功能减退的神经性疾病。阿尔茨海默病主要影响老年人的认知及行为能力,目前还没有有效的治疗手段。阿尔茨海默病的发病原因至今不明,但是有证据表明其与 β-淀粉样蛋白(β-amyloid protein, Abeta)的生成与积累有关。目前比较流行的"β-淀粉样蛋白致病学说"指出:人的大脑内的 β-淀粉样蛋白错误折叠会引起蛋白质功能改变及神经元细胞毒性,从而形成老年斑沉积于脑内,形成大而粗糙的斑块。大脑中 β-淀粉样蛋白的积累会激发神经元内 tau 蛋白(阿尔茨海默病的主要标记物)的缠结和累积,导致细胞死亡,最终影响老年人的认知以及行为能力。

β-淀粉样蛋白是 β-淀粉样前体蛋白(β-amyloid precursor protein, APP)被 β-蛋白酶、γ-蛋白酶按顺序水解切割产生的(见图 6-3)[30,31]。临床试验表明,大部分阿尔茨海默病患者的 β-蛋白酶表达水平均有增高,这会导致机体产生更多的 β-淀粉样蛋白。而

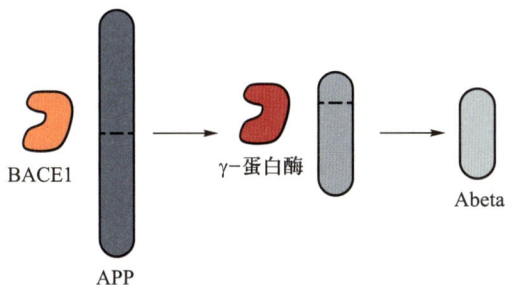

图 6-3  淀粉样蛋白加工过程

大脑中 β-淀粉样蛋白的水平与阿尔茨海默病的病理和临床表型密切相关,β-淀粉样蛋白的积累对神经细胞有毒性损害。因此,以安全有效的方式减少大脑中 β-淀粉样蛋白的含量,是治疗阿尔茨海默病最有效的方法之一。

减少 β-淀粉样蛋白生成和积累的方法在控制阿尔茨海默病进程方面越来越重要。随着多种 β-蛋白酶抑制剂的发现,β-淀粉样前体蛋白裂解的阻断也得以实现。研究人员通过使用细胞系统筛选小分子文库,筛选并鉴定了能够抑制 β-蛋白酶介导的 β-淀粉样前体蛋白切割而不直接干扰 β-蛋白酶活性的小分子,该小分子可在不干扰机体正常的生理功能的情况下,抑制 β-淀粉样蛋白的生成。后续实验探究了该化合物对培养的原代神经元和阿尔茨海默病小鼠模型的影响。结果表明,在加入该化合物后,上述两个实验体系中 β-淀粉样蛋白水平均降低,并可以选择性地探测 β-淀粉样蛋白生成酶的病理性功能。这一药物分子的筛选及其活性研究便体现了反向化学遗传学方法。β-淀粉样蛋白生成途径的小分子抑制剂的研发和鉴定可能成为开发新药物的基础,并成为治疗阿尔茨海默病的有效方法[32]。

📖 **延伸阅读**
——孟德尔:现代遗传学之父

孟德尔,现代遗传学之父,19 世纪最伟大的生物学家之一,发现了遗传学两大定律:分离定律和自由组合定律。分离定律是指决定同一性状的成对遗传因子彼此分离,独立地遗传给后代。自由组合定律是指确定不同遗传性状的遗传因子间可以自由组合。这两条定律揭示了决定生命现象的本质,极大地推动了自然科学的发展。

孟德尔小时候的生活十分艰辛,经常跟着父母一起去农场干活,这使得他对大自然的花花草草充满了好奇。虽然他充满求知欲,但家境贫寒的他幼年时期没有接受到良好的教育。后来在修道院院长的帮助下,在维也纳大学学习了两年。也就是在这段时间里,他学习了数学、物理学、化学等知识,还有他从小喜欢的植物学。这为他后来从事植物方面的研究奠定了基础。

虽然在孟德尔时期,人们对遗传学现象已经有了一定的研究,但当时的科学家普遍认同的是"混合遗传学说"。孟德尔认为"混合遗传学说"观点与"多姿多彩"大自然不相符,于是他从头开始了研究。他的研究并不是一帆风顺的,在材料的选择上他就遇到了很大困难,几经筛选才找到了豌豆这一最佳实验材料。随后在 1854 年到 1863 年间,孟德尔在奥地利帝国小城布尔诺的圣托马斯的修道院里,利用豌豆完成了一系列的杂交实验。通过这些实验,他发现了分离定律和自由组合定律,奠定了现代遗传学的基础。遗憾的是,他的发现不仅生前无人问津,死后多年也默默无闻,直到步入 20 世纪后才被发现。因此他也被称为"一位被忽视的巨人"。

# 本章参考文献

## 习 题

1. 研究某种特定的小分子与何种蛋白质或基因相互作用并产生表型影响,属于 (　　)。

　(A) 正向化学遗传学　　　　　　(B) 反向化学遗传学

　(C) 遗传表型研究　　　　　　　(D) 以上都是

2. (　　) 可以高通量地筛选出导致可见表型改变的化合物。

（A）正向化学遗传学　　　　　　（B）反向化学遗传学

（C）分子遗传学　　　　　　　　（D）现代遗传学

3. 简述正向化学遗传学的概念。

4. 简述经典遗传方法的局限及化学遗传方法的优势。

5. (　　) 可以灵敏地检测构象变化、筛选和药物结合的配体，在药物发现方面具有重要的潜力。

（A）圆二色光谱/CD　　　　　　（B）免疫荧光

（C）流式细胞术　　　　　　　　（D）质谱

6. 反向化学遗传学方法主要通过 (　　) 与 (　　) 的结合产生相应的生物学效应来研究蛋白质和基因的功能。

（A）蛋白质　蛋白质　　　　　　（B）基因　基因

（C）基因或蛋白质　小分子化合物　（D）基因　蛋白质

7. 下列研究中哪项没有用到反向化学遗传学？（　　）

（A）$\beta$-淀粉样蛋白激酶生成途径的小分子抑制剂的研发和鉴定

（B）丝裂原活化蛋白激酶激酶 1(MEK1)常用作肿瘤治疗的靶标开发新型抗肿瘤药物

（C）利用体外皮肤培养系统对双胍类药物进行筛选，发现苯乙双胍具有显著的使皮肤变黑的效果

（D）UDP 产糖焦磷酸酶抑制剂的构效关系的研究

8. 什么学说的提出预示着反向化学遗传学的发展？（　　）

（A）基因理论学说　　　　　　　（B）受体学说

（C）拉马克进化学说　　　　　　（D）达尔文学说

9. 反向化学遗传学可以应用在哪些方面？

# 化学合成

# 生物学

本章教学参考课件

# 7.1
# 非天然核酸

## 7.1.1 非天然核酸修饰

生命的多样性是建立在个体广泛的特性和功能上的,这些特性和功能编码在天然生物聚合物中,如核酸。尽管核酸用途广泛,但其生物学功能的范围十分有限,而核酸的化学修饰可以大大增加其功能的多样性。除了天然核酸之外,自然界中存在着一些非天然的修饰核酸。例如,研究者们在噬菌体的 DNA 中发现了一种特殊的修饰碱基,这种碱基不但改变了噬菌体 DNA 的物理和化学特性,同时还极大地改变了 DNA 分子的生物行为,增加了非结合区的热稳定性。修饰核酸通常在调控转录和限制性修饰系统中发挥着重要作用,利用化学合成的方法制备出的非天然核酸仍然像天然 DNA 分子一样具有分子自组装、复制、转录及进化等生物功能。自从核酸的结构特点和物质构成被解密后,科学家们对用化学合成方法增加核酸的多样性十分着迷。同时受自然界中修饰核酸的启发,研究者们希望通过用非天然核酸替代天然核酸作为遗传物质进行生命活动,甚至利用非天然核酸作为新的语言来构建自然界不存在的全新生命形式。

化学家通过对核酸结构的三个部分(即磷酸、糖环和碱基)进行修饰,合成了一系列非天然核酸,确定了其作为遗传物质发挥作用的一些关键因素,如磷酸修饰能影响核酸的表型特征,糖环结构决定了核酸双螺旋的几何结构,碱基修饰影响甚至改变配对特性。随着核酸修饰程度增加,与天然核酸的区别度变大,非天然核酸在生物体内作为遗传物质的挑战性也随之增加。下面,将分别对磷酸修饰、糖基修饰和碱基修饰进行详细说明。

### 7.1.1.1 磷酸修饰的非天然核酸

发生在磷酸骨架上的修饰以磷酸基团的磷硫酰化为主,即以硫原子取代 DNA 磷酸二酯键上一个非桥接的氧原子,形成硫代磷酸酯键连接。最初,这种寡核苷酸的人工修饰仅用于稳定其结构,防止被核酸酶降解。与天然磷酸酯键相比,硫代磷酸酯键具有抗核酸酶活性,使其在体内稳定、不易受核酸降解酶的影响,同时还能促进体内细胞摄取和生物利用度。目前,磷酸修饰的核酸已经应用于寡核酸治疗中,当今大多数治疗性寡核酸都包含这种修饰。例如,研究显示,细菌磷硫酰化限制-修饰系统是细菌抵御外源 DNA 的一种细胞防御机制,由修饰蛋白 DndABCDE 与限制蛋白 DndFGH 组成,在细菌中广泛分布。DndABCDE 基因编码的修饰蛋白催化氧硫交换修饰,并与限制蛋白 DndFGH 在某些细菌中形成防御屏障,可以区别并攻击非硫代酸酯修饰的外源 DNA 片段。硫代磷酸酯键与天然磷酸酯键仅有一个原子的区别,理论上可以作为备选遗传物质用于人工生命的合成。此外,Brown[1]实验室利用点击化学反应将寡核苷酸连接起来,在 DNA 序列中掺入三唑DNA(triazole DNA),修饰之后的 DNA 可以被体内的核酸聚合酶识别,从而完成复制和转录,进而表达相应的蛋白。基于点击化学反应的 DNA 连接(click DNA)在大肠杆菌非必需基因中所表现出的生物兼容性说明,利用 click DNA 连接构建化学修饰非酶催化的基因及基因组组装是可行的。该非天然 click DNA 连接在人类细胞中成功编码了红色荧光蛋白,且从上述细胞中分离出 mRNA 并进行反转录得到了正确的 cDNA 序列,这是在真核细胞中首次使用非天然连接的 DNA。

磷硫酰化修饰的 DNA 具有立体选择性、序列选择性、修饰广泛性和复制后修饰等特点。通过抑制磷脂酶水解磷硫酰的活性,使得磷硫酰二核苷结构得以稳定,从而最终实现磷硫酰化 DNA 化学结构的确定。立体选择性是指磷硫酰化修饰的 DNA 的化学实质是DNA 骨架发生磷硫酰化形成硫代磷酸酯键,并以专一性的 Rp 空间构象存在,如图 7-1 所示。序列选择性是指 DNA 磷硫酰化修饰一般发生在特定区域的序列中,例如,在变铅青链霉菌中,其常发生在区域 5′-c-cGGCCgccg-3′中高度保守且具有回型对称特征的核心区 GGCC 中的两个 GG 之间。DNA 磷硫酰化修饰的序列选择性在不同微生物菌种中表现

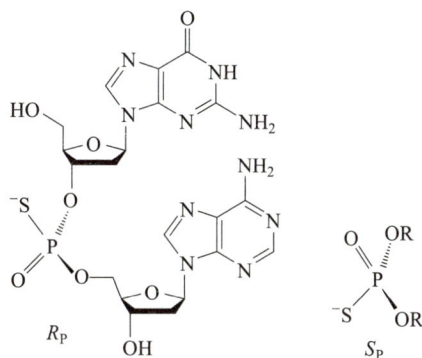

**图 7-1** DNA 骨架发生磷硫酰化成硫代磷酸二酯键,并以专一性的 $R_P$ 空间构象存在,而非 $S_P$ 型[2]

有所不同,如在大肠杆菌(*Escherichia coli*)B7a 和沙门氏菌(*Salmonella*)中,选择性序列不是如变铅青链霉菌中的 5′-d(GpsG)-3′,而是 5′-d(GpsA)-3′,其对应的碱基序列为 5′-AG(PS)AACTGCGC-3′[2,3]。通过对多个物种的 DNA 磷硫酰化修饰进行定量分析,可知 DNA 磷硫酰化修饰的位点和频率均有所不同[4]。依据修饰发生的时间,可以将碱基修饰分为复制前修饰和复制后修饰。复制前修饰是指修饰发生在单核苷酸水平,且在 DNA 复制过程中修饰基团通过 DNA 聚合酶掺入新生链中。除了变铅青链霉菌以外,DNA 磷硫修饰的现象在其他微生物中也广泛存在,主要包括荧光假单胞菌(*Pseudomonas fluorescens*)、铜绿假单胞菌(*Pseudomonas aeruginosa*)、克氏肺炎杆菌(*Klebsiella pneumoniae*)等。复制后修饰指的是修饰发生在多聚核苷酸水平,一些特异的蛋白酶可以对碱基进行酶促修饰。更多的 DNA 磷硫酰化修饰为复制后修饰,主要原因有二:其一,该修饰的发生不仅需要保守的中心序列,还依赖于一定长度的侧翼序列和潜在的二级结构;其二,质粒复制中间体的单链大概率不存在修饰位点,因为其未被 Tris 过酸衍生物切割,而复制前修饰的单链 DNA 是可被切割的[5]。

磷硫酰化修饰的 DNA 展示出一些新的性质。首先,磷硫酰化 DNA 可保护 DNA 免受强氧化环境的损失。2012 年,汪志军[6]研究团队等首次发现,含有磷硫酰化修饰 DNA 的菌株在较高浓度下,如 4.4 mmol/L 的过氧化氢($H_2O_2$)环境条件下,仍能够快速地生长,生长曲线甚至和未加 $H_2O_2$ 的空白对照组的十分相似。但是对于磷硫酰化 DNA 阴性的菌株来说,在较低浓度下,如 1.7 mmol/L 的 $H_2O_2$ 存在的条件下,菌株的生长就会受到影响。实验表明,在氧化环境中,磷硫酰化菌株中过氧化氢酶和有机氢过氧化物抗性基因表达无显著差异。这表明硫修饰细菌对氧化应激的抗性不是由于 DNA 硫代磷酸化对这些基因的上调所导致,而是因为磷硫酰化 DNA 可作为"原位"的 DNA 损伤保护剂,使硫修饰细菌拥有了抵抗强氧化环境的能力,极大提高了生物适应性[7]。

其次,磷硫酰化修饰的 DNA 展现出限制性内切修饰系统功能。如磷硫酰化修饰相关的Ⅳ型限制性内切酶 ScoMcr A 由两个同源二聚体组成,每个单体包含 4 个结构域,分别为磷硫酰化修饰 DNA 结合结构域、SRA 结构域、HNH 结构域和 N 端结构域。ScoMcr A 可以识别并结合磷硫酰化修饰的 DNA 和甲基化修饰的 DNA,对 DNA 进行切割。其识别和结合位点与修饰位点基本一致,但切割位点位于修饰位点两侧 17~25 bp(磷硫酰化 DNA)或 12~16 bp(甲基化 DNA)[8]。大肠杆菌的 DNA 甲基化酶(escherichia coli DNA adenine MTase,EcoDam)可以识别特定的 GATC 序列中腺苷的 N6 位发生的甲基化修饰。体外将含 GATC 或 $G_{PS}$ATC(磷酸化后的 GATC)的 DNA 作为底物与 EcoDam 反应,甲基化酶可以与 Rp 和 Sp 修饰的 DNA 进行反应,但是当 $G_{PS}$ATC 作为底物时,甲基化酶的活性被显著抑制。因此,细菌的硫修饰-甲基化的双修饰系统既可协同作用又可以相互抑制。如果 DNA 的磷硫酰化修饰在前,则甲基化修饰的效率会被显著抑制;反之,甲基化修饰可以抵御 DndF-H 限制性内切酶的切割作用[9]。

### 7.1.1.2 碱基修饰的非天然核酸

与生物体中的天然碱基一样,修饰改造的碱基也都含氮杂环。而对 DNA 来说,N 表示碱基(ATGC),当四种碱基全被修饰物替代,即可称为 DZA。DZA 作为合成生物学和生物学技术的一个强大工具,具有多种功能,包括用于生产多种 DZA 文库、构建全修饰的 PCR 片段和控制酶切位点,以及作为基因模板的合成,表明修饰核酸可以作为天然核酸的替代物。目前,研究人员成功地在碱基的杂环中引入一种卤族元素,如氯和溴等,或引入一个甲基。利用不同长度的模板,使用 Taq 或 Vent(exo-)DNA 聚合酶作为扩增催化剂,对 5-氯-2′-脱氧尿苷、7-二氮-2′-脱氧腺苷、5-氟-2′-脱氧胞苷和 7-二氮-脱氧鸟苷三磷酸核苷酸成功地进行聚合酶链式反应扩增。此外,利用这些完全取代的核苷酸,通过 PCR 生成了一个编码二氢叶酸还原酶的完全变异基因,证明了其具有对大肠杆菌的甲氧苄氨嘧啶耐药性。在该工作中完全修饰的碱基模板被细菌复制机制准确读取,这是第一个完整修饰的 DNA 分子在体内发挥功能的例子[10]。

除修饰碱基之外,研究人员还设计了基于氢键配对的新型碱基对(iso-C/iso-G),并改变了氢键供体和受体模式。Zhang(张)[11]等人研发了利用空间位阻及分子间疏水作用力的新型碱基对 dNaM-d5SICS 和 dNaM-dTPT3。这些新型碱基对可对 DNA 和 RNA 的位点进行特异性标记,用于 DNA 数据储存、DNA 条形码、疾病诊断等领域。然而,将非天然碱基对(unnatural base pair,UBP)掺入天然细胞构建半合成生命体需要解决很多难题。第一,细胞内必须存在非天然的核苷三磷酸;第二,内源性聚合酶必须能够使用非天然的核苷三磷酸,在复杂的细胞环境中忠实地复制包含非天然碱基对的 DNA;第三,非天然碱基对必须保持稳定,以维持 DNA 完整性。研究者们对此进行了大量的实验研究和探索,最终由 Romesberg[12]实验室提出了一个较为完美的解决方案。首先,通过异源表达三磷酸转运蛋白将非天然核苷三磷酸运输到大肠杆菌体内作为 DNA 复制的原料;同时,构建一个含有一对非天然碱基对(dNaM-dTPT3)的 sfGFP 基因的质粒,以及一个非天然转运 RNA。随后,在培养基中添加非天然氨基酸使其与非天然转运 RNA 相结合并应用于后续的蛋白质翻译中。实验结果表明,经过一系列改造之后,成功实现了在大肠杆菌体内利用

UBP 进行遗传信息传递并表达目标蛋白的目的。该研究实现了非天然碱基对在体内的复制、转录和翻译工作,有效地扩增了遗传信息,为人工合成生命及其下游应用研究奠定下坚实的基础。碱基修饰的影响可扩展到整个基因组水平上。Mutzel[13,14]实验室通过化学进化的方法,得到了 5-氯尿嘧啶替代胸腺嘧啶的大肠杆菌菌株。此类研究表明,在大肠杆菌中,可利用非天然碱基替代天然碱基的遗传信息传递功能,在基因组水平改变遗传物质具有可行性。

### 7.1.1.3 糖基修饰的非天然核酸

与碱基的改造结果相比,对糖环部分的改造位点较多,而且得到了更多具有活性的衍生物,研究重点多集中于糖基 2′位修饰、糖基 5′位修饰、异核苷酸、碳环和杂环核苷类似物及开环核苷类衍生物。

糖基 2′位修饰是研究最广泛的第二代化学修饰,包括 2′-OMe、2′-OMOE、2′-OAllyl 等 2′-O-烷基化系列及 2′-F 等。在结构上 2′位取代基和 3′位磷酸酯相近,可以提高对核酸酶的耐受性;同时 2′位被电负性强的原子(氧或氟)取代能够稳定糖环的 C3′-endo(north)构象,该构象与 RNA 的能量优势构象相同,有利于形成稳定的 A-form 双链,进而增强对靶 mRNA 的互补结合能力。

糖基 5′位修饰的核苷化合物相关研究也逐渐引起了人们的注意。研究思路集中在以下几个方面:

(1)利用环加成反应或偶联反应等合成烷基链连接的核苷类衍生物,修饰后化合物的脂溶性增强,有助于穿透细胞膜,产生细胞毒性;

(2)模拟核苷酸结构合成磷酸酯链、氨基酯链和酰胺链等不同连接方式的核苷类衍生物,得到一些潜在的次黄嘌呤核苷酸脱氢酶(inosine-5′-monophosphate dehydrogenase,IMPDH)抑制剂和一些核苷氨基磷酸酯类前药化合物;

(3)其他连接方式的研究,如醚链和羟胺链连接等。

碳杂糖苷类的合成一般针对性较强,也有少数碳杂糖苷来自自然界,其代表性的化合物及衍生物有:溴乙烯脱氧尿碳苷、腺嘌呤及其衍生物的碳苷。碳环类核苷代表了一大类糖基改造核苷,碳环可以是三元环、四元环、五元环和六元环,它们可以是饱和的,也可以是不饱和的。

杂环核苷类似物是指被杂原子取代糖环上的碳原子或氧原子。这类化合物的合成大都以天然糖类化合物为原料,通过取代或加成等反应引入一些含有杂原子的基团,然后关环得到特定结构的糖杂环部分,再与碱基部分缩合即可得到。

开环核苷类衍生物往往具有很好的抗病毒活性。近些年的研究也比较多,具有代表性的已用于临床的化合物有泛昔洛韦(Fanciclovir)、喷昔洛韦(Penciclovir)、阿昔洛韦(Acyclovir)、阿德福韦(Adefovir)、更昔洛韦(Ganciclovir)和西多夫韦(Seedorf)等。该类核苷类衍生物的研究主要包括三个方向:

(1)已知化合物新的合成方法的研究;

(2)对活性较好的化合物结构的修饰及其生物活性研究;

(3)新型无环核苷的合成及研究。

# 7.1.2　人造碱基

世间万物生命皆起源于碱基对遗传"字母表",即天然遗传字母表中的四个"字母"——A,T,C和G(腺嘌呤、胸腺嘧啶、胞嘧啶和鸟嘌呤)通过氢键作用的配对结合,碱基对是形成生物高分子核酸单体及编码遗传信息的基本化学结构。DNA由脱氧核糖核苷酸的有机小分子构成,每一种脱氧核糖核苷酸都由脱氧核糖、磷酸基团和碱基三部分组成。天然碱基对的碱基包括核苷酸A、G、T、C,并严格按照碱基互补配对原则(A与T配对,C与G配对)组合序列来记录生命活动所必需的大量遗传信息。像乐高积木一样,任意的拼接可以得到各式各样的模型,碱基的组合也能拼接出海量的遗传信息,构成一本"生命之书"。然而,有限的碱基种类及配对方式使DNA的信息编码能力相对受限,随着人类对生命的深入探索与理解,科学家们开始尝试对天然碱基进行改造合成新的碱基来丰富遗传字母表,而新的编码字母无疑增强了DNA的信息编码与存储能力,进而扩展可用于DNA的生物技术应用。人造碱基不仅可以用于细菌/病毒检测,还可以从实际功能出发来进行设计和优化合成疫苗等医药用品,在生物学和医药学上产生深远影响。

## 7.1.2.1　人造碱基对的起始与发展

DNA是一种负责编码生命所需复杂信息的重要生物分子,然而,它仅限于编码数量有限的碱基密码子,因此,拓展遗传字母表来增加核酸在体外甚至体内的信息潜力显得尤为重要。人造碱基又称为非天然碱基或人工扩展碱基字母,通过对天然碱基进行人工修饰、改造设计合成的人造碱基可以进行配对、复制、转录和翻译,行使或模拟天然核酸功能,同时,其又具有相对独立性。与生物体内的四种天然碱基不同,人造碱基是一种全新的、自下而上的基因编码组件,具有较强的独立性和可操控性,给人们带来了全新的机遇。基于已研究报道的多项工作,人造碱基的合成方式主要有:(1)化学合成;(2)通过核酸合成酶合成。前者需要解决碱基的稳定性和碱基部分的保护基等化学合成上的问题。此外,即使以上两个问题都能够得到解决,能够实现位置选择性地导入各种非天然型碱基,但该核酸的扩增仍存在一定困难,很难合成长链的核酸。对于后者,若底物被酶所识别,就能够对人造碱基对进行复制、转录,进而制备、扩增该核酸,但是这样的底物和碱基对(非天然核苷酸)也尚在开发中。因此,对生物体遗传字母表的扩展在实际应用中也面临着前所未有的挑战,同时也充满了未知的机遇。

1. Steven A. Benner 与他的人造碱基世界

20 世纪 80 年代中期,美国合成生物学家 Steven A. Benner 带领其科研小组开始对人造碱基展开研究,并首先打破了自然密码。依据 Watson-Crick 互补配对原则,即在 DNA 分子结构中,由于碱基间的氢键具有固定数目,且 DNA 双链间的距离恒定,使得碱基配对必须遵循一定的规律,这就是腺嘌呤一定与胸腺嘧啶配对;鸟嘌呤一定与胞嘧啶配对。如图 7-2 所示(蓝色虚线框出部分),天然碱基主要通过形状互补(体积较大的嘌呤碱基和体积较小的嘧啶碱基形状互补配对)或碱基配对(一个碱基上的氢键供体与另一个碱基上的氢键受体相互作用形成氢键)这两种方式结合。基于此原则,1989 年,Benner 等人通过将天然碱基上的氢键供体和氢键受体进行替换,成功地在 DNA 中加入了两种人造碱基异胞苷(isocytidine,*iso*-C)和异鸟苷(isoguanosine,*iso*-G)[15],这两种人造碱基形成一种不同于天然碱基氢键结合的碱基对,并成功模拟了细胞内环境的化学反应溶液中实现了 DNA 的复制和转录,该实验首次证明,DNA 聚合酶和 RNA 聚合酶可以将具有新型氢键基团的核苷酸整合到聚合中的寡核苷酸中。次年,他们又尝试对天然碱基的嘌呤或嘧啶环进行人工改造进而设计出一对新的人工模拟碱基对(K 和 X),并使用其实现了体外复制与转录(见图 7-2 中黑色虚线框出部分)[16]。

2007 年,他们又设计制备了一种新的人造碱基对(Z-P),采用 pyDAA-puADD 氢键配对方式,这样能够使 Z-P 碱基对绑定得更加紧密,形成氢键的稳定性要比 C-G 更强[17]。更为重要的是,基于 Watson-Crick 互补配对原则设计的 Z-P 碱基对更容易被 DNA 聚合酶所识别,且保真性可高达 99.8%。之后,新的人造碱基对 B-S 问世,值得一提的是,这里的碱基 S 包括 dS 和 rS,分别用在 DNA 和 RNA 序列里,因此 DNA 和 RNA 分别

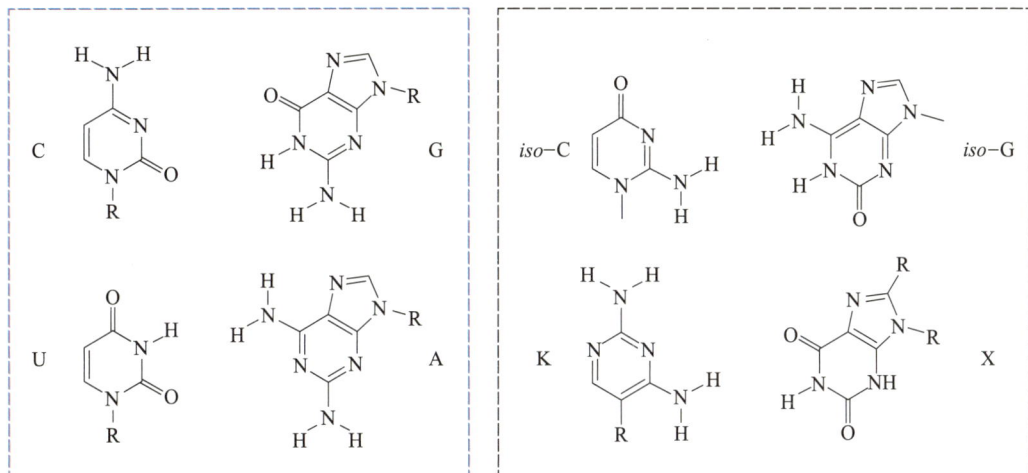

图 7-2 人造碱基的初步尝试

多了四种新碱基。至此,人造碱基的八个核苷酸字母(hachimoj)可进行四个正交对结合,并由此构建新型 DNA 和 RNA 系统(见图 7-3)[18]。

**2. 疏水性碱基对**

虽然通过独特的氢键模式形成的非天然碱基对的开发和应用取得了重大进展,但基于疏水相互作用的人造碱基对也已成为扩展遗传字母表的有效策略。1997—1998 年,斯坦福大学的 Eric T. Kool 提出,基于碱基的相互作用力(化学结构的互补、碱基的堆积和静电排斥力)比氢键配对更为重要,基于这一设想,他首次创造出来一种疏水性人造碱基对 Z-F(见图 7-4)(A-T 碱基对的类似物)[19]。在大多数 DNA 复制模型中,Watson-Crick 氢键驱动核苷酸掺入新的 DNA 链并保持碱基与模板链的互补性。但 Kool 认为:"一个简单的空间排斥模型可能不需要 Watson-Crick 氢键来解释复制的保真度,如果每个碱基对的酶促合成都可以在没有空间应变的情况下完成 DNA 双螺旋,那么标准的嘌呤和嘧啶形状也不是必需的。"这一设想打破了常规认知,他们对 T 和 A 的非极性类似物的研究过程中惊喜地发现,在没有氢键的情况下,DNA 的复制仍然有效。但 Z-F 碱基对存在一个非常致命的问题,人造碱基 Z 和 F 分别与天然碱基 T 和 A 之间的配对(即 Z 与 T,F 与 A 的配对)更为高效,因此 Z-F 碱基对的配对保真性较差。

针对此问题,Kool 等进行了改进,他们认为,碱基对的复制可能会受到空间排斥的影响,因此插入的核苷酸需要具有正确的大小和形状,以将活性位点与模板碱基相匹配。1999 年,他们通过使用脱氧芘核苷三磷酸(dPTP)来验证这个想法,并成功设计合成了可被 Klenow DNA 聚合酶识别的带有疏水性核碱基类似物的核苷酸 P:Φ,可以在双链 DNA

**dC**　　**dG**　　**dZ**　　**dP**

八核苷酸字母 DNA

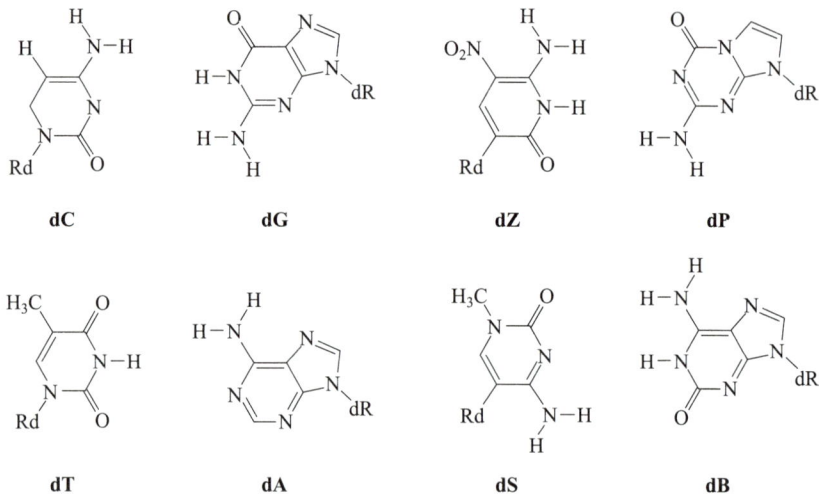

**dT**　　**dA**　　**dS**　　**dB**

**C**　　**G**　　**Z**　　**P**

八核苷酸字母 RNA

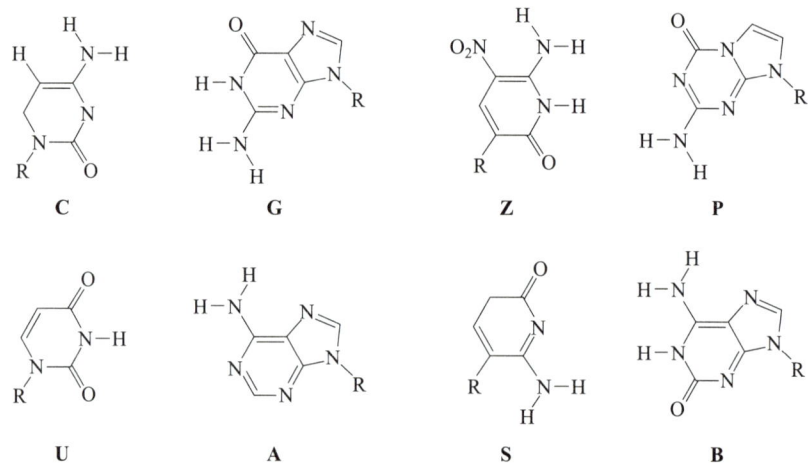

**U**　　**A**　　**S**　　**B**

图 7-3　八个核苷酸字母构建的 DNA 和 RNA 系统

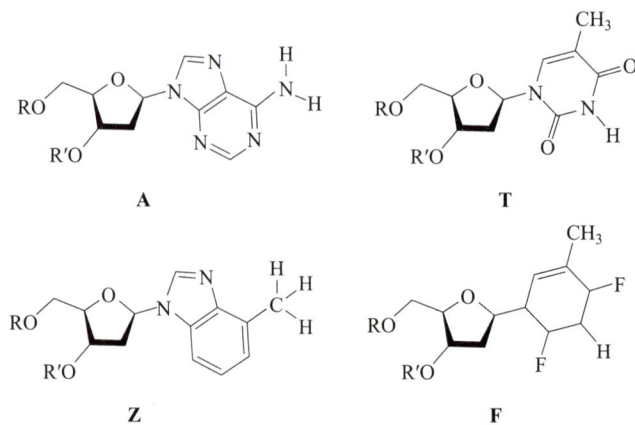

**A**　　**T**

**Z**　　**F**

图 7-4　疏水性人造碱基对 Z-F

中稳定且具有选择性地成功配对[20]。它们之间的疏水力能够稳定非天然碱基对,并且可以有效阻止由于天然氢键官能团的强制去溶剂化而与天然核碱基错配(见图7-5)。该研究表明非氢键芘核苷三磷酸可被 DNA 聚合酶有效识别,并且特异性地插入缺乏 DNA 碱基的位点对面。该过程的效率接近天然碱基对的效率,特异性高达其 $10^2 \sim 10^4$ 倍。因此,该结果证实,形成具有高效率和选择性的碱基对既不需要氢键,也不需要嘌呤和嘧啶结构,取而代之,碱基间形状的互补性在复制中发挥重要作用。也就是说,空间互补性是 DNA 合成保真度的一个重要因素。由此可见,非氢键人造碱基对是创造新型生物技术、扩展基因表格和密码的潜在候补。

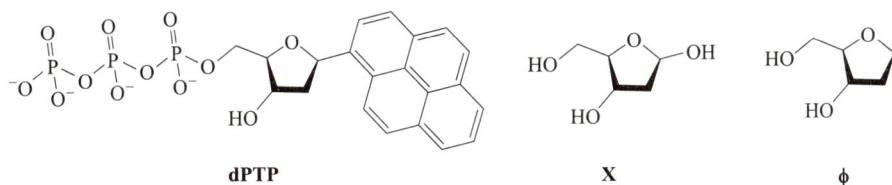

**图 7-5   具有高效性的疏水性碱基对**

这一项开创性探究揭示了发展疏水性人工合成碱基对的可能性,对疏水性人造碱基进行探索尝试的另一位生命科学家是美国 Scripps 研究所的 Floyd E. Romesberg 教授。2009 年,Romesberg 从他们此前开发出的 60 种疏水性人造碱基中,筛选出一对可以在体外进行高效复制的疏水性碱基对 dMMO2-dSICS。但他们遇到了一个难题,即 dSICS 的自我配对问题。针对这个问题,他们通过在 dSICS 的 5 位引入一个甲基,成功创造出了新的人造碱基对 dMMO2-d5SICS[21]。在此基础上,该团队进一步发展出了人造碱基对 dNaM-d5SICS。同年,Romesberg 研究组报道了包含这两对疏水人造碱基对的 PCR 扩增及体外转录。他们在对含有单个 dNaM-d5SICS 碱基对的模板进行 PCR 扩增的基础上,还实现了含有两个连续或者不连续的 dNaM-d5SICS 碱基对的模板的高保真性 PCR 扩增(99.5% ~ 99.6% 每个循环)(见图 7-6)。通过对 d5SICS 碱基的进一步改造,得到了具有独特耐受性的 dTPT3,可以连接炔丙基胺,从而形成更为优异的非天然碱基对 dTPT3PA-dNaM,复制的保真性超过了 99.98% 每个循环,这在某种程度上已经与天然碱基的复制保真性($10^{-7} \sim 10^{-4}$ 的错误率)相当接近了。

### 7.1.2.2   人造碱基对的体外复制与转录

对于设计合成的人造碱基需要将它们装配到 DNA 分子中来观察其行为,如体外复制

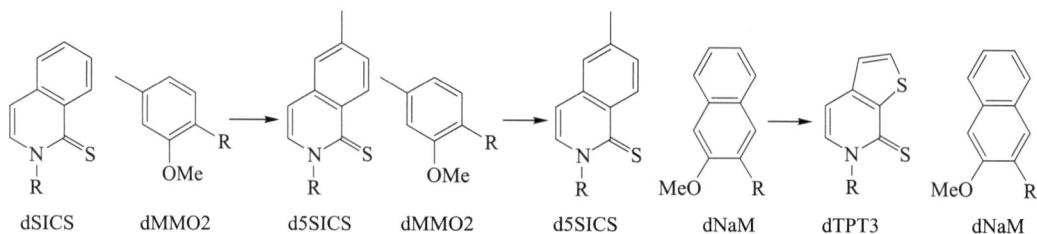

图7-6 Romesberg 等创造的疏水性碱基对改造历程

能力和转录特性。目前,人工扩展 DNA 的生物学性能表征实验主要应包括:含有人造碱基对双链 DNA 的熔点检测、单侧引物延伸实验等;以上实验的另一个重要目的是检验设计的人造碱基与自然碱基的配对和人造碱基间的配对,更进一步地验证实验还包括人造碱基对的体外转录及翻译。

Benner 课题组对八核苷酸字母(hachimoj)构建的 DNA 和 RNA 系统进行体外转录与翻译的实验,结果证明四种天然碱基和四种新碱基的 DNA 可以由碱基互补配对形成双螺旋结构,与天然的双螺旋 DNA 结构在构型和热力学稳定性上并无本质性的区别。更令人惊喜的是,将含有四种天然碱基和四种新碱基的 DNA 加上启动子作为模板,可以成功进行转录,生成含有四种天然碱基和四种新碱基的 RNA,说明四种新碱基的引入没有对依赖于碱基配对的转录过程造成实质性阻碍;并且转录出来的 RNA 在序列设计合适的情况下,可以像仅含有四种天然碱基的 RNA 那样充当适配体结合小分子(见图7-7)。以上结果充分证明,该系统满足支持达尔文进化所需的结构要求,包括聚电解质骨架、可预测的热力学稳定性和适合薛定谔非周期性晶体的立体规则构建块。这些结果扩大了可能组成生命的分子结构的范围。

Romesberg 课题组在人造碱基的体外复制与转录上也进行了大量的尝试与探索,并取得阶段性进展。在前文中提到,Romesberg 等人创造了多种疏水性人造碱基,方便起见,可称其为"X-Y"碱基对,其中,最经典的碱基对是 dNam-d5SICS,可以简单地把"dNam"这种物质当成 X 碱基,把"d5SICS"这种物质当成 Y 碱基,它们能够在细胞中进行配对。但是 dNam-d5SICS 存在三点问题:(1)细菌将非天然碱基对吸收进细胞内时,需要特异性膜通道蛋白载体,虽然现有的通道蛋白可以输送非天然核酸 dNam 和 d5SICS,但是效率非常低,从而导致细菌的生长受到严重影响;(2)由于细菌体内的磷酸酶会降解非天然核酸,非天然碱基对在细菌 DNA 上非常容易丢失。为了解决以上问题,该研究团队针对性地对细菌进行了以下三方面改造:(1)对膜通道蛋白载体进行改造,大大地提高了非天然核酸的运输速率;(2)将 dNam-d5SICS 碱基对改为 dNam-dTPT3 碱基对,提高了其体

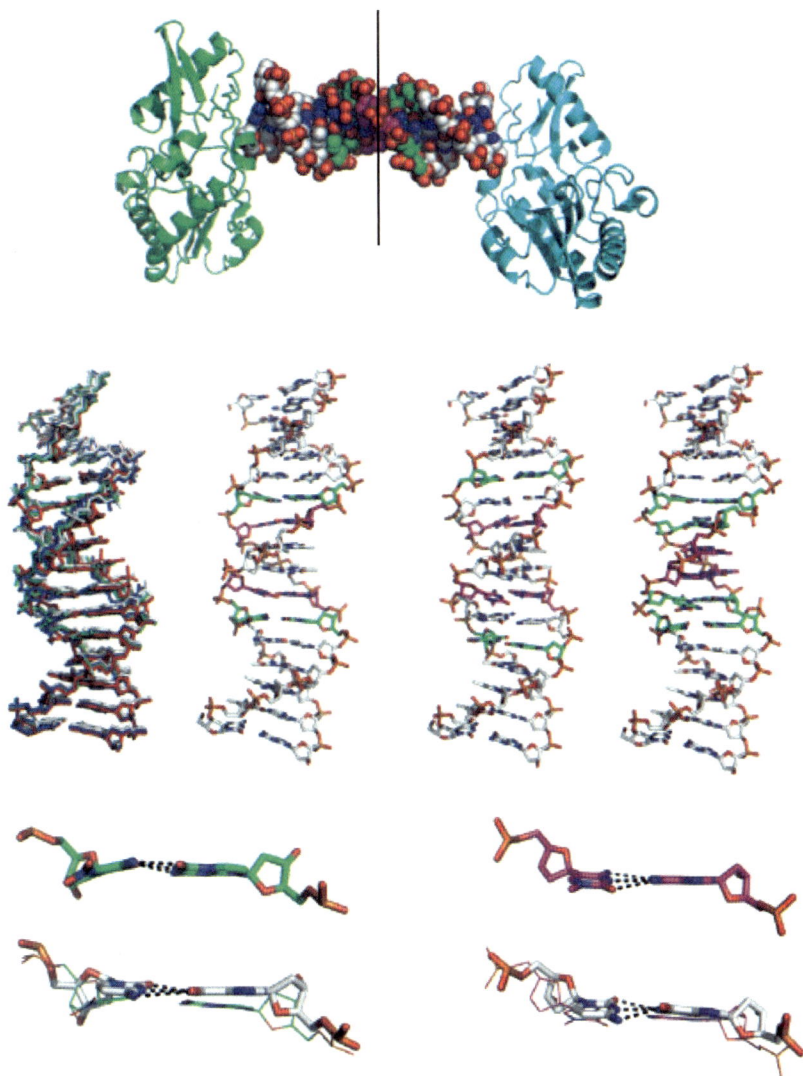

图 7-7 八核苷酸字母组成的 hachimoji DNA 的三维结构

内的复制效率;(3)由于 UNP 位点容易突变为碱基 T,因此研究者们在细菌体内加入 CRISPR/Cas9 系统,用以修复突变。

### 7.1.2.3 含有人造碱基对的六核酸分子合成生命系统的诞生

2014 年,Romesberg 及其同事成功将一对人造碱基对引入细菌并使之复制存活,首次实现了人造碱基对的体内复制,从而构建出了半人工生命。这是人类探索自然的一个新的里程碑。他们利用一种核苷三磷酸转运蛋白 PtNTT2 成功实现了 dNaM-d5SICS 这对人造碱基对在大肠杆菌体内的表达(见图 7-8)[22]。这种微生物翻译出了含有非标准氨基酸的绿色荧光蛋白。在合成新的核苷酸后,Romesberg 曾表示,团队的目标是"让这些人工合成的分子能够在聚合酶和核糖体的协助下,在真正的活体细胞中发挥作用",即和其他分子机器一起,参与将 DNA 转录成 RNA,以及将 RNA 翻译成蛋白质的过程。现在,Romesberg 团队已经实现了这个目标。为了使非天然三磷酸在细胞内可用,他们之前使用游离核苷被动扩散到细胞质中,然后通过核苷补救途径将其转化为相应的三磷酸。

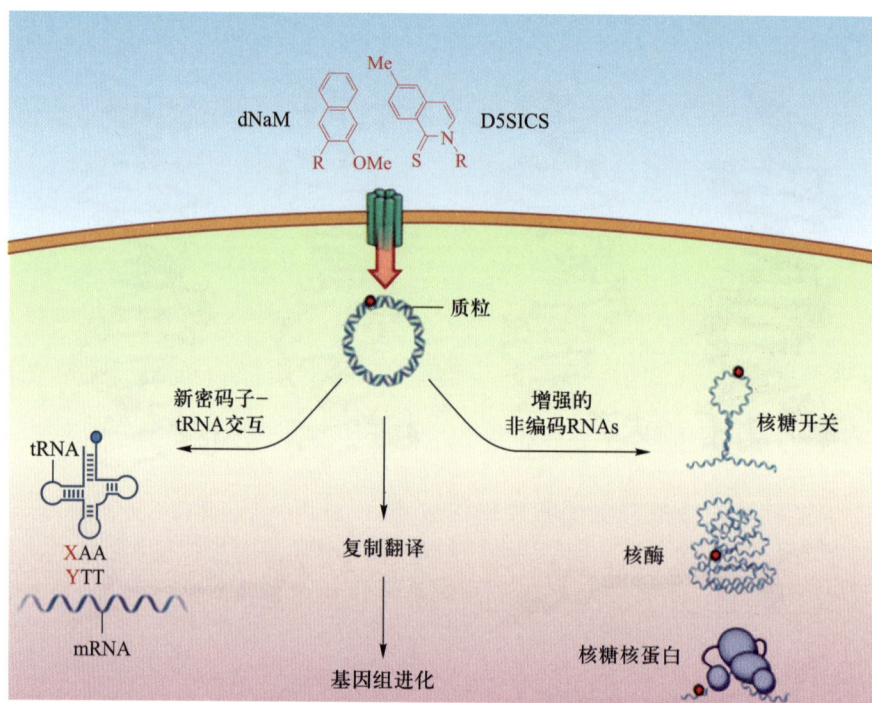

图 7-8　人造碱基在体内作用示意图

对于这项研究,很多生物学家给出了很高的评价。英国卡迪夫大学的生物化学家 Nigel Richards 说道:"神奇之处在于一切都在良好运转着。这是一个非常精密复杂的系统,有太多可能导致差错的地方。"人造的 X—Y 碱基互补配对是通过分子间的疏水作用而形成的,而不是像天然碱基对那样通过氢键连接的。但是 X 核苷酸和 Y 核苷酸在结构上与普通核苷酸相似,其成分都是戊糖-磷酸-碱基。Richards 说:"不需要氢键来控制信息传输,这十分有趣。"不过,这种人造碱基对也存在问题,因为 X—Y 碱基对特殊的化学机制可能会限制它们在 DNA 分子中的数量。如果掺入一个 X—Y 碱基对,周围的常规碱基还可以微调来抵消这种偏差;但是如果掺入三个连续的人造碱基对,双螺旋结构的维持和酶功能的行使就难以得到保证了。

上文提到的最早进行人造碱基的研究人员 Benner,其创造的许多氢键连接的新型碱基对被整合进入 DNA,同时并不破坏双螺旋的结构,且可以长时间存在于 DNA 中。然而迄今为止,这些核苷酸也只能在体外进行复制、转录和翻译。就是说,如果能将非天然氨基酸整合到蛋白质的特定部分,会极大地增加生物化学家创造具有新功能的蛋白质的可能性。Romesberg 说,创造 X、Y 核苷酸的最终目标在于获得在细胞中的功能分子,这是他们的研究重点。首先,他们证明了非天然核苷酸遗传信息可以被解码成天然氨基酸。将非天然碱基 X 或 Y 引入细菌基因组 DNA 中,也能够有效地编码正常的蛋白质,而这些蛋白质不含非天然氨基酸。其次,他们证明了非天然核苷酸遗传信息可以被解码成非天然氨基酸。上面的实验中非天然氨基酸的引入效率是非常高的,可以达到 96.2%~97.5%。

总而言之,这些研究结果说明,人工合成的四种碱基,在碱基配对、维持双 DNA 的结构和稳定性、参与以 DNA 为模板的 RNA 合成(转录)、在 RNA 中参与和非核酸小分子结合等这些分子生物学作用和过程的基本规则中,和四种天然碱基具有相似效果。因此,上述这些分子生物学作用和过程,并不依赖/局限于生物体产生的天然碱基,而是可以通过人工设计的新碱基实现。这些作用和过程所遵循的基本规则,并不仅仅对天然碱基有效。或者说,这个研究打开了通过人工设计更深一步探寻分子生物学基本规则的大门。

### 7.1.2.4 人造碱基对在生命健康等领域的应用

关于人造碱基对的研究,已知的有利用碱基间的氢键的组合和利用碱基的疏水性的组合,但并没有发现在复制、转录、翻译的全部步骤中能够与天然碱基对拮抗的分子。在这种情况下,至少在复制、转录、翻译的一个步骤中能够与天然碱基对拮抗的非天然碱基对即可具有特殊的价值。至于转录方面,目前只有能够被 RNA 聚合酶高选择性、高效率地识别的氢键碱基对,但是非氢键碱基对还未见报道。对于上述非氢键碱基对,只报道了通过 DNA 聚合酶的翻译或通过逆转录酶的 DNA 合成,其能否为 RNA 聚合酶所识别还是未知的。在转录中,插入的底物与模板中的碱基以开放的构象形成碱基对,而且形成的碱基对在开放到闭合构象的迁移期间可一直维持。但是,这一复制过程是闭合的,构象迁移之后,碱基对才开始形成。由此可以认为,在转录中配对碱基之间的氢键比复制中更为重要,而且,还有非氢键碱基对在转录中是否能发挥功能的问题。如果非天然碱基也能够介导特异性转录,那么就能够创造出具有改进功能的新型 RNA 分子,并扩展基因密码。近年来,RNA 治疗越来越热门,向 RNA 中导入荧光探针已经成为标记 RNA 和解析 RNA 复杂高级结构的重要技术之一。人造碱基带来了更多的可能性,组成新密码,无论是在检测领域还是在生命健康领域均有着极大的实用意义。目前,这些结果的意义主要在基础理论层面上,离实际应用还有相当大的距离。

## 7.1.3　肽核酸

1991 年,哥本哈根大学的 Peter E. Nielsen 和丹麦有机化学家 Ole Buchardt 等人报道了用 $N$-(2-氨基乙基)甘氨酸骨架代替糖-磷酸酯骨架作为重复结构单元的研究(见图 7-9),合成了以肽键连接的寡核苷酸模拟物,称为肽核酸(Peptide nucleic acid,PNA)。尽管肽核酸在结构上相对寡核苷酸有了显著的改变,但 PNA 与互补核酸之间的结合仍遵循碱基互补配对原则,甚至比天然核苷酸具有更高的亲和性及更强的抗核酸酶和蛋白水解酶降解的能力。

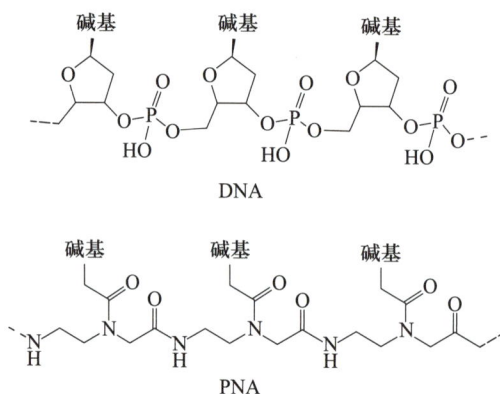

图 7-9　核糖核酸和肽核酸骨架结构对比

该分子的特点是以中性的肽链酰胺 2-氨基乙基甘氨酸键取代了 DNA 中的戊糖磷酸二酯键骨架,其余部分与 DNA 相同。PNA 可以通过 Watson-Crick 碱基配对的形式识别并结合 DNA 或 RNA 序列,形成稳定的双螺旋结构。由于 PNA 不带负电荷,与 DNA 和 RNA 之间不存在静电斥力,因而结合的稳定性和特异性都大为提高;不同于 DNA 与 DNA、RNA 间的杂交,PNA 与 DNA 或 RNA 的杂交几乎不受杂交体系盐浓度的影响,因此,肽核酸与 DNA 或 RNA 的杂交能力远远优于 DNA/DNA 或 DNA/RNA,表现出很高的杂交稳定性、优良的特异序列识别能力、不被核酸酶和蛋白酶水解等性质。

虽然早在 20 世纪 70 年代,就有一些关于碱基去氨基酸和由此获得寡聚体的报道,氨基乙基甘氨酸肽核酸($N$-2-aminoethylglycyl backbone PNA,aegPNA)是第一种表现出良好 DNA 和 RNA 序列直接识别能力的肽核酸,所以,肽核酸引起了许多领域科学家的兴趣,从纯化学到(分子)生物学和医药发现和(基因)诊断,再到纳米技术和前生命化学等。因此,作为寡核苷酸的模拟物,肽核酸是利用有机化学和"小"分子来探索及解决生物学问题的一个很好的例子。

目前,有各种各样的构建模块用于合成肽核酸及其类似物,包括骨架结构、在 $N$-(2-氨基乙基)甘氨酸上连接手性和非手性基团、碱基的类型等。

1. 经典肽核酸骨架

目前还不知道肽核酸是否天然存在,但是经典的 PNA 的骨架单体是 $N$-(2-氨基乙基)甘氨酸,是地球上生命遗传分子的早期形式,由蓝细菌产生。经典的 PNA 骨架是在甘氨酸的氮原子上连接碱基的衍生物,在其合成过程中,通常先合成端基 N 有保护基的氨基乙基甘氨酸酯,然后再将碱基衍生物连在未受保护的氮原子上。常用的方法有:(1)烷基化反应,以乙二胺或氨基乙腈为原料,与卤代乙酸衍生物进行烷基化反应。适用的保护基有:芴甲氧酰基(9-fluorenylmethyloxycarbonyl,Fmoc)、对甲氧基苯基二苯甲基(4-methoxyphenyldiphenylmethyl,Mmt)、叔丁氧羰基(*tert*-butyloxycarbonyl,Boc)。(2)席夫碱还原反应,还原甘氨酸酯与保护的氨基乙醛形成的席夫碱,虽然只适用于 Boc 保护基,但该方法稍加修改即可用于合成各种有侧链的 PNA 单体。还原乙二胺与乙醛酸形成的席夫碱,得到 $N$-(2-氨基乙基)甘氨酸,然后再选择连接适当的保护基如 Fmoc 和 Mmt 等。先将甘氨酸还原成 Boc 氨基乙醛,再与甘氨酸酯反应。(3)光延反应(Mitsunobu reaction),利用氨基乙醇与对硝基苯基甲磺酰基(4-nitrobenzenesulfon,$o$-NBS)保护的甘氨酸甲酯进行反应(见图 7-10)。

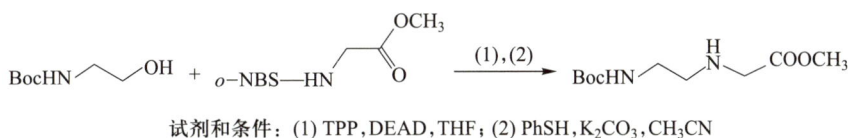

试剂和条件:(1) TPP,DEAD,THF;(2) PhSH,K_2CO_3,CH_3CN

**图 7-10 由氨基乙醇和甘氨酸甲酯合成 PNA 骨架**

2. 肽核酸骨架的修饰

目前,PNA 合成相关的研究集中在 PNA 骨架修饰衍生物上,这是因为用改造和未改造的 PNA 单体,混合制成骨架的寡核苷酸类似物对 DNA 和 RNA 具有更好的杂交特性,而且骨架修饰能优化 PNA 的特性,如水溶性、生物利用度等。而延长骨架碳链则会使 PNA 的杂交活性显著降低。

（1）在骨架上引入支链。引入支链可使单体成为手性分子，而对杂交性质则影响很小。常用几种引入侧链方法包括对经典单体合成方法的改进、利用各种天然 α-氨基酸引入支链、不对称催化氢化反应、四组分缩合 4-CC（Ugi4CC）反应等。

前两种方法是对经典 PNA 单体合成方法的改进。其好处在于可以利用各种天然或非天然氨基酸原料，且原料易得，支链结构类型多。第三种方法由于用到了不对称催化氢化，需用光学纯催化剂，现已很少应用。第四种方法是以异腈、羧酸、胺、醛或酮为原料的多组分缩合反应。此合成法简单，并可引入某些特殊的支链，能大大扩展 PNA 的种类。

（2）在骨架上引入环状结构。带有环状结构的 PNA 有很多，其合成过程各异，脯氨酸由于其天然结构特点成为研究的主要热点。

如图 7-11 所示，带有环状结构的 PNA 单体还有同为五元环的 **1**、**2**、**3**、**4**，六元环的 **5**、**6**，以及带有硫原子的 **7**、**8**。环状结构的引入使肽核酸的性质发生许多变化。如对 **3** 的研究表明，其光学异构体对 $T_m$ 的影响是不一致的。含有一个（2S,4R）单体的 PNA2：DNA 的 $T_m$ 值比纯经典 PNA 单体的 PNA2：DNA 的 $T_m$ 值提高了 14 ℃，而含有一个（2S,4S）单体的 PNA2：DNA 的 $T_m$ 值则可降低 20 ℃。因此，骨架中有环状结构的 PNA 单体应成为今后研究的一个重点。

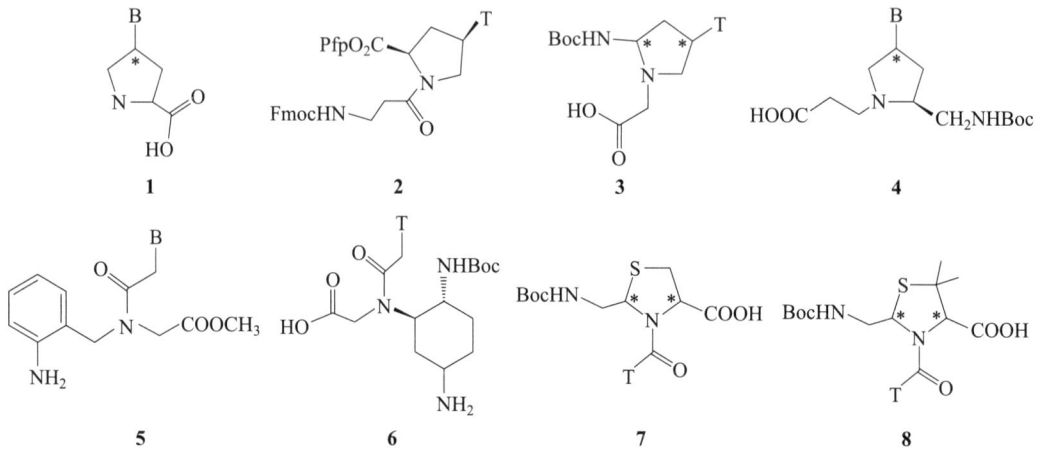

图 7-11　骨架中含有环状结构 PNA 单体

（3）在骨架上引入碱基。四种碱基都是经胺的烷基化反应形成碱基乙酸衍生物，再采用常见多肽合成方法，连接碱基乙酸和骨架上未受保护的氮原子。胸腺嘧啶的烷基化反应通常不需要使用保护基，因此当与溴乙酸酯反应再经皂化或直接与溴乙酸反应即可得胸腺嘧啶乙酸。其余三种碱基上都有活泼基团，需先加以保护。胞嘧啶上的活泼基团为 4 位上的氨基,可选择的保护基有:苄氧羰基(benzyloxycarbonyl,Cbz)、对叔丁基苯甲酰基(4-*tert*-butylbenzoyl,4-*t*-BuBz)、苯甲酰基(benzoyl,Bz)及 Mmt 等,再与溴乙酸酯进行烷基化反应,然后皂化即得胞嘧啶乙酸的衍生物。腺嘌呤的保护过程与胞嘧啶基本相同,可用的保护基有 Cbz、Mmt、对甲氧基苯基(anisoly,An)。鸟嘌呤的保护比较复杂,需要在 $N^9$ 的烷基化的过程中避免 $N^7$ 烷基化的副反应干扰。一种常用的方法是在烷基化中用 2-氨基-6-氯嘌呤,烷基化后再在酸性或碱性条件下回流,将氯水解转化为羰基。或是直接烷基化 $N^2$ 连有保护基的腺嘌呤,色谱分离 $N^7/N^9$ 两种烷基化产物,然后皂化得到鸟嘌呤乙酸的衍生物。

3. 肽核酸低聚体的合成

肽核酸之间的连接类似于多肽,因此肽核酸的合成可采用多肽固相合成技术。以 Boc/Cbz 保护策略为例,如图 7-12 所示。肽核酸合成中应注意选择合适的 N 端和碱基保护策略。虽然肽核酸单体合成用到的保护基很多,但由于受到保护和脱除条件及固相合成的限制,并不是任意保护基都能作为肽核酸单体的 N 端和碱基的保护基。

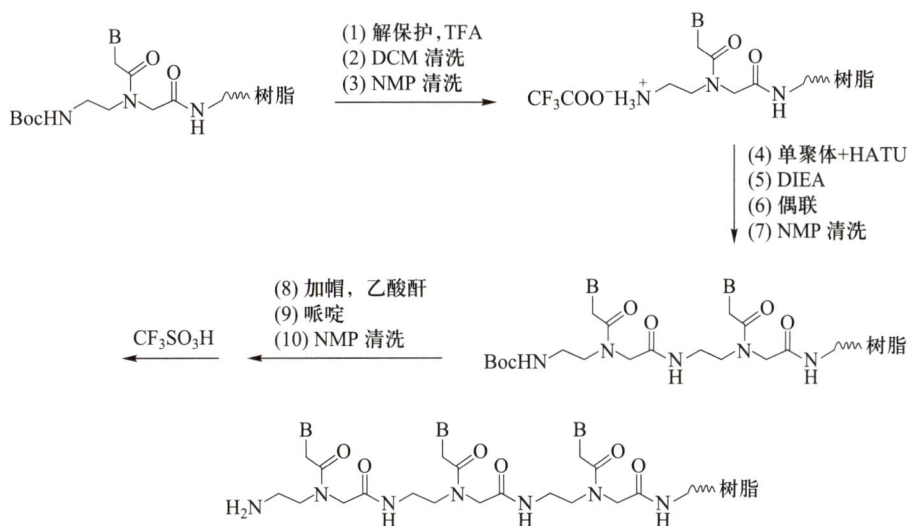

图 7-12 肽核酸的固相合成

## 7.1.4 肽核酸的应用

在过去的 20 多年里,有大量关于原始非环状、非手性和本身不带电荷的 aeg 肽核酸衍生物、变体及类似物的研究,其中很多物质都具有有趣的性质并且为肽核酸的研究提供了新的发展方向。从理论上看,肽核酸有发展为反义药物的可能。反义药物主要指反义寡核苷酸,根据核酸杂交原理,能与特定基因杂交,在基因水平干扰致病蛋白的产生过程,即干扰遗传信息从核酸向蛋白质的传递。这主要因为:(1)肽核酸不能被核酸酶和蛋白酶降解。(2)与 DNA 和 RNA 的结合力强,特异性高,其中,肽核酸与 RNA 结合的稳定性远高于与 DNA 的结合。(3)肽核酸与 DNA 形成的肽核酸$_2$/DNA 三螺旋结构能引起转录停止,肽核酸与 RNA 形成的肽核酸$_2$/RNA 能引起翻译停止。这些特点都是天然反义寡核苷酸所不具备的。

肽核酸的聚合作用是以一般的 Boc 肽和 Fmoc 肽化学为基础的,这使共轭化学变得非常引人注目。值得一提的是,一般情况下肽核酸肽轭合物是通过连续固相合成来获得的,可获得肽核酸肽与多种有机配基[补骨脂素(psoralen)、脂肪酸、胆固醇、吖啶、二茂铁、非罗啉(phenanthroline)等]构成的轭合物。肽核酸寡聚物是一种潜在的 RNA 干扰药物,可以对翻译(起始)进行空间阻断或特异性地对靶 mRNA 结合序列进行剪切,最终达到抵制翻译的效果。与阳离子核苷酸相比,肽核酸对载体性质的影响是最小的。起初,肽核酸被设计成一种可以形成三联体的序列特异配基。后来有报道指出,肽核酸可应用于多种双链 DNA 结合模型中。

近年来,关于所谓的双链及双复式入侵复合物的研究结果特别有趣,可能会为体细胞靶基因的修复提供新的方法。最后是对信息传递过程的讨论,强调了肽核酸和肽合成的相容性及正交的简单性,这都使肽核酸成为肽组合库方法中有用的序列标签。

### 7.1.4.1　肽核酸反义技术在细胞输送中的应用

肽核酸寡聚物是一种潜在的 RNA 干扰药物。其干扰效果主要通过两条途径来实现:第一条途径是通过特异性与靶 mRNA 的翻译起始区域或 5′端的非翻译区域结合,造成翻译(起始)的空间阻碍;第二条途径是直接对 mRNA 前体的外显子内含子连接序列进行剪切,从而抑制翻译效果。大量的细胞培养实验及一些建立在小鼠模型上的体内实验都证明了肽核酸寡聚物作为 RNA 干扰药物的潜力。但这些研究同时也表明了肽核酸与大多数 RNA 干扰及基因疗法技术一样,都面临着进一步的挑战,即细胞传递效率及更重要的体内生物药效的问题。

在这样的背景下,由于肽核酸本身具有的在化学上和生物学上的"中立性",使其有可能成为开发新型细胞和体内传递载体的通用模型系统,所以,与阳离子核苷酸相比,肽核酸对载体性质的影响是最小的。因此,通过对肽核酸作为"活性因素"的研究,可以得出结论:肽核酸或许比一般的生物技术药物更具有实际应用意义。例如,pLuc-HeLa 细胞系统已经被成功地用作新型高效的传递系统,同时,也被用作对现有系统进行定性的工具。pLuc-HeLa 细胞系统是由 Kole Ryszard 等人通过转染稳定的萤光素酶基因来建立的,其中被转染的萤光素酶基因中插入了来自基因突变的地中海贫血细胞蛋白编码基因的一段内含子序列。引入的突变使这个内含子不能被正确地切割,所以经不正确剪切后,部分内含子序列留在了 mRNA 里,最后产生了失活的萤光素酶。通过肽核酸(或其他反义)寡聚体,可以使切割恢复正常并产生有活性的萤光素酶。

该系统的最大优点就是能够有效地进行读取(readout),这使该系统具有很高的分析敏感度及精确度,并有两个功能选择:第一是对酶的活性(萤光素酶)进行测定,与高通量的筛选是一致的;第二是进行 RT-PCR 测定,通过测定被正确切割与不正确切割的 mRNA 数量比来对前 mRNA 切割抑制的分子生物学靶向作用的实际发生次数进行定量。所以,原则上,这种分析方法证明通过传递载体把肽核酸(或其类似物及物理化学性质相似的分子)从培养基运输到细胞核(HeLa 细胞)中的相对高效性。肽核酸共轭物的种类很多,从细胞穿透肽到脂质,以及各种各样的有机配基,都曾用于这个系统的研究,同时也有尝试利用脂质体及其他载体来介导肽核酸的转染。

从 pLuc-HeLa 系统中得到的信息是有局限性的,因为系统是建立在一种特定类型的细胞上的(单细胞层,癌症),而且不同的细胞对于不同的非膜扩散物质(如寡核苷酸、肽核酸及肽段)的吸收效率差异较大。有趣的是,几年前,人们发展出一种基于绿色荧光蛋白而非萤光素酶的肽核酸类似物体内小鼠模型。如果把这个系统与反义肽核酸及其复合物相结合,其功能应该也是非常强大的。但是,这个系统的应用存在困难,到目前为止只被应用于少数的研究当中。从肽核酸和更普遍的基因疗法的观点看来,人们非常有必要对肽核酸在体内传递、分布、生物利用率及药动力学进行更全面和更有效的研究。

### 7.1.4.2 双链 DNA 识别

起初,肽核酸设计作为一种能特异性识别双链 DNA 的配基。后来发现,肽核酸与双链 DNA 的结合具有新的机制——螺旋插入。在后续的研究中,人们发现了一些其他结合模式(有别于原来的三联体插入),包括双链插入、双复式插入及常规的大沟三联体结合(groove triplex binding)(见图 7-13)。近期的研究结果表明,与 4 个赖氨酸和/或 9-氨基吖啶(aminoacridine)共价结合,并且其中的所有胞嘧啶都被假异胞嘧啶所取代的 15-甲基

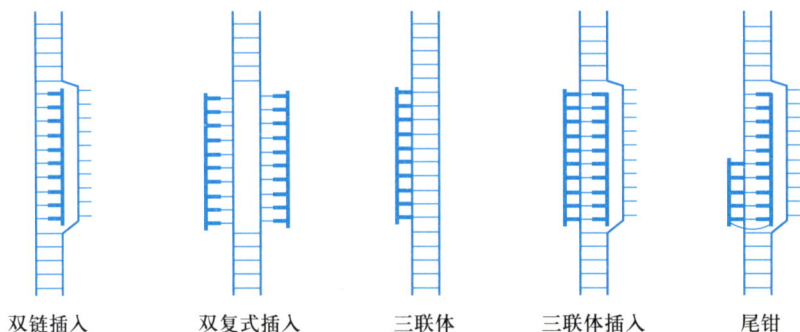

双链插入　　双复式插入　　三联体　　三联体插入　　尾钳

**图7-13　dsDNA-肽核酸复合示意图（加粗序列为肽核酸）**

同源嘧啶肽核酸,在生理离子条件下,与三联体双链DNA具有很高的亲和力(亚纳摩尔Ka)。因为三联体(插入)结合模式无须打开DNA螺旋,对离子强度的升高并不敏感(与插入结合模式相反),即使存在靶序列必须为同源腺嘌呤的限制,这种结合方式在体内的应用中也具有一定优势。双链插入结合模式是完全以Watson-Crick碱基配对为基础,与三联体(插入)结合模式相比,不受任何靶序列的限制。但是,由双链插入结合形成的复合物中只含有一条肽核酸链,其很难达到足够的有效结合自由能。

近期发现,通过结合γ-甲基修饰的肽核酸-DNA双链稳定骨架与高度稳定的胞嘧啶类似物——G钳(G-clamp),得到的γ-肽核酸在微摩尔级浓度就能以双链插入的方式与双链DNA的互补靶序列高效结合。最后,有报道指出,包含D-赖氨酸骨架肽核酸(lys肽核酸)框架单元的肽核酸寡聚体可以提高假互补肽核酸在双链插入模式中的结合效率,效率提高后只需要原来20%假互补二氨基嘌呤-硫脲嘧啶碱基对来完成插入。这个研究结果表明,可对肽核酸骨架进行有针对性的化学修饰。肽核酸骨架的化学修饰与碱基修饰(及各种共轭化学),可能迅速提高肽核酸对双链DNA靶向作用的范围及效率,相应也大大提高了肽核酸作为序列特异性基因靶向药物(如靶基因修复)的可能性。

### 7.1.4.3　靶基因修复

以非常低的频率(通常低于0.1%)向真核细胞中导入与这个细胞的基因组具有区域同源性的一个单链或双链DNA(供体)分子时,供体与细胞基因组之间可能会产生信息序列交换。这种序列交换的机制至今仍不清楚,但是现在普遍认为与同源重组和/或切除修复有关。更有趣的是,如果DNA已经与配基结合,如三联体寡聚核苷酸或PNA,并以邻近的同源区域为靶标,那么交换的概率会大大提高(可提高一个数量级)。如果通过基因工程导入细胞的锌指核酸酶特异性作用于双链 DNA,使其进行解链,那么修复的效率可以高达 20%。这个结果可用于发展对突变体细胞进行的基因修复治疗。

近期关于 Ce(Ⅳ)诱导的伪互补 PNA(pcPNA)双链插入复合物中双链 DNA 剪切相关研究得到了非常有趣的结果(见图 7-14)。这个研究结果表明,在 DNA 剪切的研究中 DNA 底物在 Ce(Ⅳ)的作用下被剪切后,可以激活比背景高约 50 倍的靶 DNA 修复。虽然靶基因修复距离实际临床使用还有一段很长的路要走,但是,到目前为止获得的成果仍然是非常让人振奋的,并且为进一步的研究提供了保证。

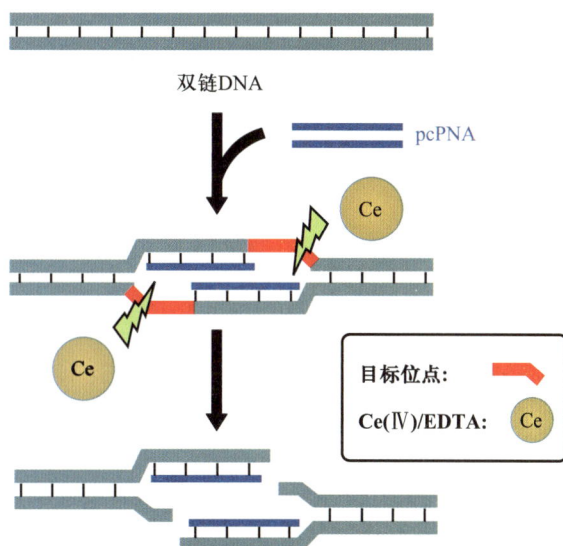

图 7-14　Ce(Ⅳ)/EDTA 对交叉 pcPNA-dsDNA 复合物进行剪切形成单链 DNA 示意图

### 7.1.4.4　序列信息传递

作为天然核苷酸的类似物,肽核酸包含的序列信息可以被开发并传递到其他分子上,大多数情况下,都是直接传递到其他核苷酸及其类似物上。然而,由于其非天然的化学组成,肽核酸并不能作为天然酶的底物,如聚合酶。所以,肽核酸相关的复制、转录或翻译过程必须以化学反应而不是以酶反应为基础。而且,除了基于模板的连接反应以外,现在还没有其他有效的连接方法。目前,人们希望能把肽核酸作为模板的 DNA 连接反应及以 DNA 作为模板的连接反应应用于可能的突变特异性诊断中。并且,肽核酸与能够插入的序列信息的结合是具有肽兼容性的,肽核酸-肽-肽核酸共轭物的这种兼容已经被开发为控制肽构象(及其活性)的工具,这种对肽构象(及其活性)的控制是通过由肽核酸-肽核酸杂交或共轭物与细胞中的 RNA 或 DNA 分子发生杂交作用来实现的。

肽核酸和肽合成的兼容性及其易正交性可以使肽核酸序列标签更容易应用于肽结合库方法中。这种方法曾经与肽库一起应用于对酪氨酸激酶和蛋白酶抑制剂的分析中。而且，通过与专用的 DNA 寡核苷酸芯片进行杂交，可以对肽的鉴定进行解卷积（deconvoluted）。肽核酸序列标签在化学和生物学上的稳定性及相对的"不活泼"，使其可以用于许多生物学的应用中。

不久前，动力学库的相关原则也被应用到肽核酸中。需要一提的是，参照 αPNA 的形式，人们合成了硫酯肽核酸（thioester PNA，tPNA）。αPNA 由每两个氨基酸上都结合了一个碱基的普通 α 氨基酸肽组成。然而，在硫酯肽核酸中，碱基由一个不稳定的硫酯键连接。这个硫酯键可能与溶液中自由硫酯碱基配基的酯催化平衡有关。人们发现，当能与 tPNA 寡聚体发生杂交的 DNA 寡链存在时，tPNA 会向 DNA 寡链互补的序列转化，因为它能与 DNA 形成最稳定的 tPNA-DNA 双链。

在化学生物学的许多领域中，肽核酸和其他 DNA 衍生物或类似物都具有特异性调节生物学过程的能力。化学生物学为人们提供了许多分析和了解这些生物过程的工具。现在，肽核酸能与 DNA 和 RNA 特异性结合，其化学和生物学稳定性等特性都促进了肽核酸在分子生物学领域的广泛应用，也带动了与之相关的化学、分子生物学和生物技术领域的发展。但肽核酸若要成为基因治疗药物，仍有待于评价细胞对肽核酸的利用效果和安全性。为此，研究者相继合成了不同结构的肽核酸单体，以考察其各种低聚体和嵌合体的生物学特性，以期得到具有更好的生物利用度和药代动力学特性的肽核酸，人们期待着第一种真正的肽核酸基因治疗药物的出现。

## 7.1.5 镜像核酸

镜像生物系统有望在生物医学中实现许多令人兴奋的应用。例如，核酸酶抗性适配体（aptamer）已被选为可结合天然蛋白质的靶标，可能成为一类新的血浆稳定 L-DNA 适配体药物。大多数 L-DNA 适配体是通过固相寡核苷酸合成产生的，在此期间，有很大概率会发生合成错误，特别是对于长序列。无法对合成的 L-DNA 适配体药物进行测序以确保其质量，这妨碍了它们的临床安全使用。此外，有研究人员指出，通过指数富集方法进行配体镜像系统进化,可推出针对生物靶标的 L-DNA 适配体的直接选择方案,但也需要从随机 L-DNA 池中对富集的 L-适配体序列进行测序。该领域的快速发展需要一种实用的方法来对镜像 DNA 进行测序。镜像生物学系统可能为生物发现和技术创新开辟下一个前沿领域,而这一新事业的关键挑战是建立分子生物学中心法则的手性倒置版本。图 7-15 是左旋核酸和右旋核酸的示意图。实现镜像基因的转录和逆转录,这是构建镜像中心法则的基石。"镜像生物学"对普通人也有实际的意义。人体不能降解镜像分子,使用镜像分子储存信息后,其在体内比天然分子更稳定。因此,镜像核酸适体与镜像多肽药物有可能开辟出一条治疗疾病的全新道路。

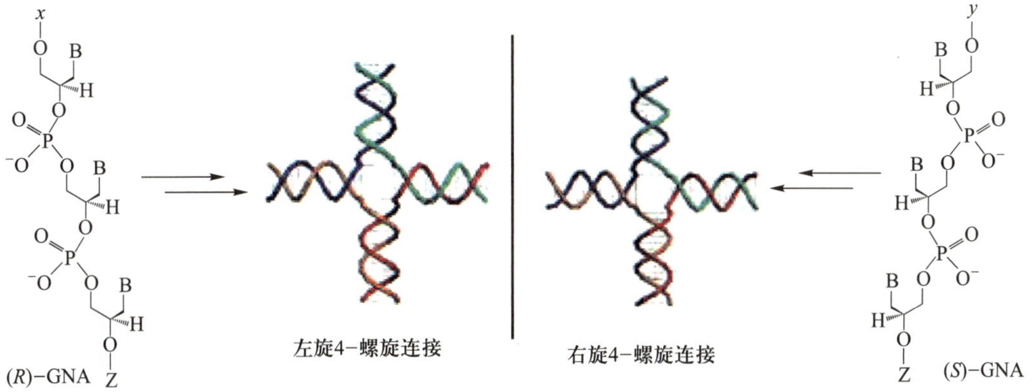

$(R)$-GNA　　左旋4-螺旋连接　　右旋4-螺旋连接　　$(S)$-GNA

**图 7-15　左旋核酸和右旋核酸[37]**

正如被存入镜像 DNA"硬盘"的 Louis Pasteur 那段话里所说的那样:"The constitutive elements of all living beings would assume the opposite asymmetry. Perhaps a new world would present itself to our view。"(如果构成生命的要素能呈现相反的对称性,一个全新的世界,也许将呈现在我们面前。)

### 7.1.5.1　镜像核酸简介

伸出你的双手,它们无法完全重合,左手和右手互为镜像。这就是手性,是自然界的基本属性之一。地球上的生命系统,对手性体现出神奇而执拗的"偏好"。几乎所有构成天然蛋白质的氨基酸都是左旋(L 型)氨基酸,而构成天然 DNA 和 RNA 的核糖则都是右旋(D 型)核糖(见图 7-16)。为什么这些构成生命的基本分子只有单一手性,现在还是未解之谜。

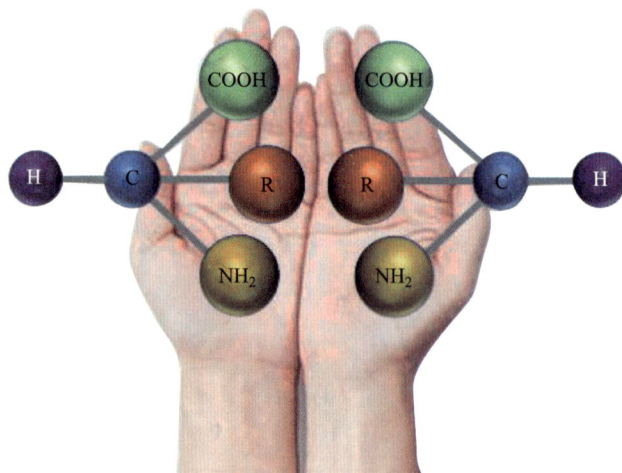

图 7-16 镜像氨基酸分子

如果镜像系统和天然系统在机制上完全相同,自然界为何如此执拗地选择了单一手性? 地球上的生命在起源时到底经历了什么? 当人们在"镜像世界"中走得更远,一旦发现两者的差异,或许就能找到答案。

### 7.1.5.2 镜像核酸合成和测序方法

尽管 DNA 测序技术取得了显著进步,但尚未报道过对 L-DNA 进行测序的方法。大多数常用的边合成边测序方法目前均不适用,因为它们需要一种能够掺入标记的 L-二脱氧核苷酸三磷酸(L-ddNTP)或 L-脱氧核糖核苷酸三磷酸(dNTP)的特定聚合酶。尽管有一些基于酶的镜像聚合酶系统足够小,可能可以进行全化学合成,例如非洲猪瘟病毒聚合酶 X(ASFV pol X)和硫化叶菌 P2 DNA 聚合酶Ⅳ,但这些合成所得的酶类仍然存在保真度差或无法结合标记 ddNTPs 或 dNTPs 等问题。虽然下一代纳米孔 DNA 测序方法原则上可用于对镜像 DNA 进行测序,但这一技术也需要特定的 D-氨基酸聚合酶或解旋酶(目前尚不可用)来帮助。化学降解法测序(Maxam-Gilbert 测序)是第一种广泛使用的 DNA 测序方法,它依赖于特定核碱基的非酶促化学修饰,然后通过强碱处理在修饰位点附近发生链断裂。朱听课题组推断用于化学降解法测序的化学品是非手性的,因此也应该适用于 L-DNA。实验结果表明,使用这种方法能可靠地确定末端标记的镜像 DNA 分子的序列,包括几个 L-DNA 寡核苷酸和一个 55 核苷酸(nt)L-DNA 适体。下面是其工作原理的简单介绍。

1. 化学降解法实现 L-DNA 测序

化学降解法中的化学断裂法是 DNA 序列分析最常用的方法之一,它既适用于双链

DNA,也适用于单链 DNA。它的基本原理是利用几个具有碱基专一性的化学切断反应将单个末端被 $^{32}$P 标记的 DNA 分子进行部分切断,产生几组与碱基专一性反应且长短不同的 DNA 片段,这几组片段在凝胶电泳中并排着按链长分开,对凝胶进行放射自显影后就可以得到代表每个 DNA 片段位置的谱带,从这个带谱可以直接读出从标记末端向另一个末端方向的碱基序列(见图 7-17)。

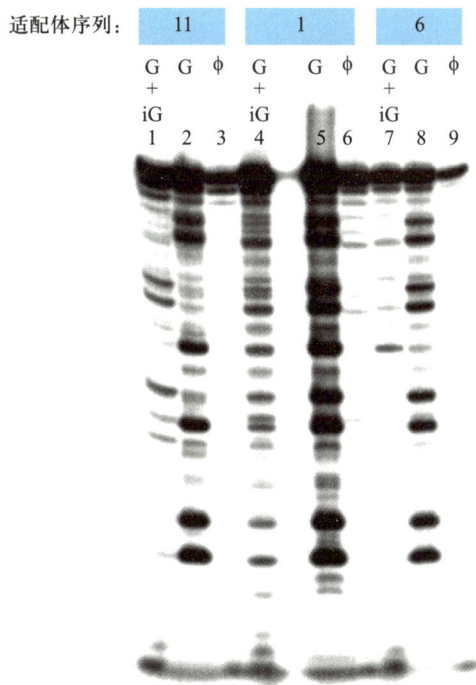

**图 7-17　适配体序列 1、6 和 11 的化学降解法测序的凝胶结果[38]**

使用这种方法,现在可以验证治疗上有用的 L-DNA 适配体药物的序列,这对其临床使用安全性非常关键。此外,该方法可用于确认合成镜像聚合酶促复制和组装的 L-DNA 基因序列,实现分子生物学的镜像中心法则,能够进行基因复制、转录和翻译,并最终合成镜像生命。它还可能促进在系外行星上寻找具有相反手性的生命形式。此外,由于 DNA 是一种极好的存储信息的介质,镜像 DNA 测序可以使 L-DNA 用作基于 L-DNA 的食品条形码和长期信息存储的生物正交信息载体。相比之下,Maxam-Gilbert 方法对较长的 L-DNA 分子(通常高达几百个核苷酸)进行测序更可行,尽管最终受到测序凝胶分辨率和反应不完全的限制。与其他现代测序技术相比,当前方法的缺点之一是其低通量,这限制了其在配体指数级富集系统进化(systematic evolution of ligands by exponential enrichment,SELEX)方案中的应用。在经典化学降解测序方法中还发现了其他缺点,例如使用危险化学品的技术复杂性和末端标记的要求,也可能妨碍这种方法的方便使用。其他替代 L-DNA 测序技术的发展,如一代测序(Sanger 法测序)方法或纳米孔测序的改进,有可能解决这些问题。

2. Sanger 测序法

Sanger 测序法是获得 DNA 碱基序列的另一种常见方法,其原理是根据核苷酸在某一固定的点开始,随机在某一个特定的碱基处终止,并且在每个碱基后面进行荧光标记,产生以 A、T、G、C 结束的四组不同长度的一系列核苷酸,然后在尿素变性的 PAGE 胶上电泳进行检测,从而获得可见 DNA 碱基序列的一种方法。在分子生物学研究中,DNA 的序列分析是进一步研究和改造目的基因的基础。用于 DNA 测序的技术主要有 Frederick Sanger 发明的 Sanger 双脱氧链终止法(chain termination method)[39]。其原理是利用一种 DNA 聚合酶来延伸结合在特定序列模板上的引物。直到掺入一种链终止核苷酸为止。每一次序列测定由一套四个单独的反应构成,每个反应含有所有四种脱氧核苷酸三磷酸(dNTP),并混入限量的一种不同的双脱氧核苷三磷酸(ddNTP)。由于 ddNTP 缺乏延伸所需要的 3-OH 基团,使延长的寡聚核苷酸选择性地在 G、A、T 或 C 处终止,终止点由反应中出现相应的双脱氧而定。每一种 dNTPs 和 ddNTPs 的相对浓度可以调整,使反应得到一组长几百至几千碱基的链终止产物。它们具有共同的起始点,但终止在不同的核苷酸上,可通过高分辨率变性凝胶电泳分离大小不同的片段,凝胶处理后可用 X-光胶片放射自显影或非同位素标记进行检测。

3. 纳米孔测序

纳米孔测序是第三代方法,用于生物聚合物的测序,特别是 DNA 或 RNA 形式的多核苷酸[40]。使用纳米孔测序,可以对单个 DNA 或 RNA 分子进行测序,而无须对样品进行 PCR 放大或化学标记。在以前开发的任何测序方法中,上述步骤中至少有一个是必要的。纳米孔测序具有提供相对低成本的基因分型、高测试迁移率和快速处理样品的潜力,并能够实时显示结果。关于该方法的研究显示其巨大应用前景,包括快速识别病毒病原体、监测埃博拉病毒、环境监测、食品安全监测、人类基因组测序、植物基因组测序、抗生素耐药性监测、三联体检测和其他应用。

生物纳米孔测序系统有几个基本特征,与固态系统相比,这种设计方法的每个优势特征都源于将特定蛋白质纳入其技术。均匀的孔隙结构,可实现通过孔隙通道精确控制样品易位,甚至检测样品中的单个核苷酸,都可以由来自多种生物类型的独特蛋白质来实现。蛋白质在生物纳米孔测序系统中的使用,尽管有各种好处,但也带来了一些负面特征。这些系统中蛋白质对局部环境压力的敏感性总体上对识别元件的寿命有很大影响。一个例子是,运动蛋白不能在特定 pH 范围之外足够快地运行——这个约束会影响整个测序单元的功能。另一个例子是,跨膜孔蛋白只能当其数量有限时,才能可靠运行。在设计任何可行的生物纳米孔系统时,都必须对这两个因素进行精确控制——在一定条件下,这可能很难实现。

### 4. DNA 测序评估

评估大规模平行 DNA 测序平台的重现性、准确性和实用性仍是一个持续的挑战。生物分子资源设施协会(Association of Biomolecular Resource Facilities,ABRF)下一代测序研究对一组测序仪 HiSeq/NovaSeq/paired-end 2×250-bp 化学、Ion S5/Proton、PacBio 的循环一致测序(circular consensus sequencing,CCS)性能进行了基准测试。在短读长仪器中,HiSeq 4000 和 X10 提供了最一致、最高的基因组覆盖率,而 BGI/MGISEQ 测序错误率最低。长读长仪器中,PacBio CCS 具有最高的基于参考的映射率(利用序列捕获技术将全基因组 DNA 捕获并富集后进行测序分析,可以获得的序列信息 DNA 百分率)和最低的非映射率。两个长读长仪器 PacBio CCS 和 PromethION/MinION 在重复序列丰富的区域和跨均聚物显示出最佳的序列定位。这项研究可作为当前基因组学技术的基准,并为实验设计和下一代测序变异调用提供信息资源。

## 7.1.5.3 镜像生物学系统的实际应用

### 1. 基于镜像 DNA 的信息隐写技术——读和写

镜像 DNA 信息存储其实是两步:信息先要能"写"进去,再要能"读"出来。但这两步都困难重重。天然 DNA 信息储存,从本质上来说,就是把数字化信息的"0"和"1"编码,变成由 A、G、C、T 这四种碱基按照不同的排列顺序编码来记录信息。可想而知,想要真正用来作"硬盘",就需要 DNA 足够长或足够多,能容纳足够的信息。

但是,镜子里的 DNA,手性完全相反,这就意味着,对它的制备("写")和测序("读")无法依靠天然 DNA 的处理技术直接实现,一切需要"白手起家"。"写"和"读"的关键在于高保真的大型 DNA 聚合酶,而分子量在 50 kDa(千道尔顿,分子量和构成聚合酶的氨基酸个数通常成正比)以上的大型镜像蛋白质此前一直无法合成。朱听实验室采取了分割蛋白质设计辅助合成的策略,将全长为 775 个氨基酸的 Pfu DNA 聚合酶分割为长度为 467 个氨基酸和 308 个氨基酸的两个片段分别合成,将其混合后共同复性,使其正确折叠为具有完整功能的 90 kDa 高保真镜像 Pfu DNA 聚合酶,这也是目前已报道最大的全化学合成蛋白质。利用更大的高保真镜像聚合酶,朱听实验室组装出长度在 1500 碱基对以上的长链镜像 DNA,它已经超过了天然基因的平均长度,这是一张足够大的用来"写"信息的"纸"[41]。高效、高保真的"写",简便实用的"读",为实现镜像 DNA 的信息存储创造了基本条件。

2. 镜像核酸的信息存储

DNA 储存信息的密度令人震惊。有计算显示,全世界现有的所有数据信息可以储存在质量为 1 kg 的 DNA 里。这也让人们对利用 DNA 来储存人类社会高速发展带来的海量信息寄予厚望。例如,微软公司在不久前专门成立了一个联盟,来推动这一有史以来最高效"硬盘"的研发。但是,天然 DNA 储存信息,"天生"的短板在于极易被自然环境中的微生物及核酸酶降解,必须将 DNA 保存在低温或高度清洁的环境中。但微生物及核酸酶却无法降解镜像 DNA,通俗地比喻一下,左手和右手一换,过去必须要消灭的"目标",现在微生物和核酸酶认不出来了。天然 DNA 储存信息跨不过的坎儿,镜像 DNA 却能解决这个问题。

清华大学生命科学学院教授、2020 年"科学探索奖"获奖人朱听的实验室成功开发出基于镜像 DNA 的信息存储技术,将微生物学家、化学家 Louis Pasteur 于 1860 年首次提出"镜像生物学世界"这一概念的文字转化为现实的碱基序列,写入镜像 DNA,并将其成功读取。该研究成果以"利用高保真镜像 Pfu DNA 聚合酶实现生物正交的镜像 DNA 信息存储"(Bioorthogonal information storage in L-DNA with a high-fidelity mirror-image Pfu DNA polymerase)为题,发表在 *Nature Biotechnology* 杂志。

> ### 延伸阅读
> #### ——解读 2020 年诺贝尔化学奖:CRISPR/Cas9 基因编辑技术
>
> 2020 年诺贝尔化学奖授予两名女科学家——法国科学家 Emmanuelle Charpentier 和美国科学家 Jennifer A. Doudna,以表彰她们在基因组编辑方法研究领域作出的贡献。这里的基因组编辑方法,指的是 CRISPR/Cas9 基因编辑技术。
>
> DNA 是重要遗传物质,它是呈螺旋互绕的双链结构,基因是在 DNA 链上储存遗传信息、具有某种功能的 DNA 片段。基因编辑技术可以断开 DNA 链条,对其进行改动,然后重新连接,就像人们写作时编辑文字那样。由于对 DNA 链条有剪断操作,因此该技术被形象地称为"基因剪刀"。

　　基因编辑技术早在 20 世纪 90 年代就已出现,但曾经非常耗时,甚至难以完成。利用 CRISPR/Cas9 基因编辑技术,可在几周时间内改变生命的密码——DNA。

　　CRISPR 全名为"成簇的、规律间隔的短回文重复序列",是细菌防御病毒侵入的一种机制。2012 年,法国科学家 Emmanuelle Charpentier 和美国科学家 Jennifer A. Doudna 发表研究指出,她们开发出 CRISPR/Cas9 基因编辑技术。这项技术随后成为生物医学史上第一种可高效、精确、程序化修改细胞基因组包括人类基因组的工具。这种技术就是以核糖核酸作向导,把 Cas9 酶带到相应的位置,然后用这种酶切割 DNA。

　　相比此前的技术,CRISPR/Cas9 技术具有成本低、易上手、效率高等优势,使得对基因的修剪改造"普通化",因此风靡整个生物学界。科学界普遍认为,这是 21 世纪以来生物技术领域最重要的突破。这一技术曾三度入围美国 Science 杂志年度十大突破,并且在 2015 年被该杂志评为年度头号突破。

　　就像在科学领域时常发生的"偶然"那样,"基因剪刀"的发现过程也出乎意料。Charpentier 在研究化脓性链球菌时,发现了一种未知分子——tracrRNA。她的研究显示,tracrRNA 是细菌的古老免疫系统"CRISPR/Cas"的一部分,能够通过切割病毒的 DNA 来使病毒"缴械",从而消除其危害。

　　Charpentier 于 2011 年发表了上述研究成果。同年,她与 Doudna 开始合作研究。在一次具有划时代意义的实验中,她们对"基因剪刀"进行改造。在天然形式下,这种"剪刀"能够识别出病毒中的 DNA。但是 Charpentier 和 Doudna 发现能对"剪刀"施加控制,这样一来就能在任何预先设定的位置切割任何 DNA 分子。一旦 DNA 被切割,那么重写生命的密码就变得简单了。

　　此后,"基因剪刀"技术的利用次数呈爆炸性增长。在基础科研领域,随着这一技术的应用,涌现出很多重大成果。例如,植物研究者开发出能够耐霉菌、害虫和干旱的作物;在医学领域,与该技术相关的癌症新疗法临床试验正在开展,治愈遗传性疾病有望成为现实。例如,早在 2017 年 3 月至 2018 年 1 月,我国杭州市肿瘤医院院长吴式琇团队就进行了用 CRISPR 基因剪刀治疗食管癌患者的临床试验,治疗有效率达到 40%。

# 7.2
## 人工合成蛋白质与多肽

## 7.2.1 人工合成蛋白质的发展历史

细胞作为生物体的最基本单元,其原生质的主要成分是蛋白质,就连细胞壁和细胞间的物质也是蛋白质。蛋白质被誉为"生命的基础"。有生命的地方,就有蛋白质;有蛋白质(未解体)的地方,就有生命。恩格斯曾深刻论述了蛋白质与生命现象之间不可分割的关系。他指出:"生命是蛋白体的存在方式。""无论在什么地方,只要我们遇到生命,我们就发现生命是和某种蛋白体相联系的,而且无论在什么地方,只要我们遇到不处于解体过程中的蛋白体,我们也无一例外地发现生命现象。"既然蛋白质与生命现象之间有着如此密切的联系,那么,深入研究蛋白质,便可揭开生命的奥秘。

以蛋白质的结构与功能为基础,从分子水平上认识生命现象,已成为现代生物学发展的主要方向。研究蛋白质,首先要得到高纯度并且具有生物活性的目标物质。蛋白质的制备涉及物理、化学和生物等方面的知识,但基本原理不外乎两方面:一是利用混合物中几个组分分配率的差别,把它们分配到可用机械分离的两个或几个物相中,如盐析,有机溶剂提取、层析和结晶等;二是将混合物置于单一物相中,通过物理力场的作用使各组分分配于不同区域而达到分离的目的,如电泳,超速离心,超滤等。在所有这些方法的应用中必须注意保存生物大分子的完整性,防止酸、碱、高温、剧烈机械作用而导致所提取物质生物活性的丧失。蛋白质的制备一般分为以下四个阶段:材料选择和预处理;细胞的破碎及细胞器的分离;提取和纯化;浓缩、干燥和保存。

其中,蛋白质的提取方法主要有以下几种:盐析法、有机溶剂法和等电点法。

1. 盐析法

盐析法是指在混合溶液中加入大量的无机盐,使蛋白质溶解度降低析出沉淀,而与其他成分分离的方法。盐析法主要用于蛋白质的分离纯化。常用作盐析的无机盐有硫酸钠、硫酸镁、硫酸铵等。

### 2. 有机溶剂法

有机溶剂引起蛋白质沉淀的主要原因是加入有机溶剂使水溶液的介电常数降低,因而增加了两个相反电荷基团之间的吸引力,促进了蛋白质分子的聚集和沉淀。有机溶剂能引起蛋白质沉淀的另一种解释为,与盐析相似,与水互溶的有机溶剂与蛋白质争夺水,致使蛋白质脱除水化膜,而易于聚集形成沉淀。

### 3. 等电点法

等电点是一个分子表面不带电荷时的 pH。蛋白质分子以两性离子形式存在,其分子净电荷为零(即正负电荷相等),此时蛋白质分子颗粒在溶液中因没有相同电荷的相互排斥及不同电荷的吸引,分子相互之间的作用力减弱,其颗粒极易碰撞、凝聚而产生沉淀,所以蛋白质在等电点时,其溶解度最小,最易形成沉淀物。等电点时的许多物理性质(如黏度、膨胀性、渗透压等)都变小,从而有利于悬浮液的过滤。

随着科技的发展,基因编程和人工智能技术对人类来说不再遥不可及。但科学家们并不固步于此,他们正在孜孜不倦地追求着一个看似不可能完成的目标——**从零开始创造出全新的人工生命——即人们所说的"人造人"**。普林斯顿大学的一项研究证实,人们可以通过合成制造出一种构成细菌中酶的重要蛋白质。这无疑是"人造人"之路上的重大一步。

2010 年,科学家们运用在计算机中生成的基因组,在一种特殊的可以进行自我复制的自然细胞中创造出了一种合成生物。2017 年,Scripps 研究所宣布,已经在基因组中创造出了两种全新的 DNA 碱基。

蛋白质是生物体中用于实现功能的重要生物分子,目前,制备蛋白质的方法主要有三种:生化提取法、基因工程法和化学合成法。各种方法利弊并存,没有一种方法能够完全适用于所有蛋白质的制备。生化提取法原料含量低,基因工程法翻译后难以修饰,易形成包合体等不恰当的折叠构型。相比之下,化学合成法提供了一条快速、高效的蛋白质制备途径,同时它还能方便地引入非天然氨基酸,改变碳基骨架及其他化学修饰来提高蛋白质活性,构建新蛋白。经过 30 多年的发展,蛋白质的化学合成取得了巨大的进步,逐步合成法、片段组合法、化学选择性连接作用、非共价定向拼接等方法依次出现。大大推动了蛋白质化学合成向纵深方向发展。蛋白质的全合成不仅具有重要的理论意义,而且具有极高的应用价值。

1965 年 9 月 17 日,中国科学院上海生物化学研究所等单位密切合作,人工合成结晶牛胰岛素,这是世界上第一次人工合成一种具有生物活力的结晶蛋白质,这一科研成果使人类在认识生命奥秘的进程中又迈进了一大步(见图7-18)。

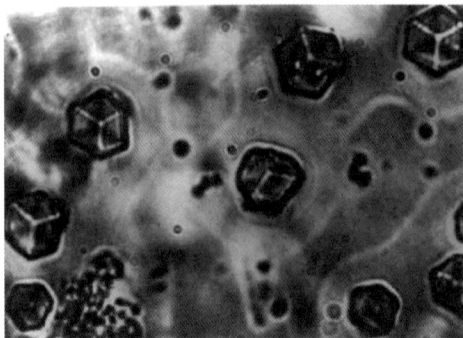

**图7-18 高倍显微镜下的人工合成蛋白质——胰岛素结晶**

基因组是生命最基本的信息载体,是由成千上万的碱基构成的核酸链,记载了生命活动需要的所有遗传信息。显然,人工合成基因组是合成人工蛋白甚至生命的一个重要目标。尽管当今先进的核苷酸自动合成仪已经能够合成长达上千个碱基的大片段,但是,要合成一个没有任何错误的基因组,哪怕是像病毒那样仅有数千个碱基的小小的基因组,对研究者也是一个巨大的挑战。2002年9月,美国Science杂志登载了纽约州立大学石溪分校E. Wimmer小组的工作。他们用了3年的时间合成出了脊髓灰质炎病毒的全基因组序列,共7500个碱基。经过实验证明,这些人工合成的病毒基因组不仅可以指导合成出与天然病毒蛋白质同样的蛋白质,而且其同样具有侵染宿主细胞的活力。这一课题组的目标是人工合成微生物,并计划用这类人造微生物去解决世界的能源问题和环境问题。病毒基因组的合成技术问题,则是这个宏伟目标的第一步。他们使用改进的合成和拼接序列的技术,不仅可以在两个星期内合成一个含5000个碱基以上的病毒基因组。而且有可能采用这一技术拼接出含3万个碱基或更大的基因组。为这个项目提供资助的美国能源部认为,这一工作如同早期的测序工作一样,初看起来没什么大用,但从长远的发展来看,却可能有着巨大的潜力,作为基础研究,对于生命合成这个在基因组层面的进展意义则更为深远。

在人工合成基因组时,最关键的任务是要保持合成的所有碱基序列与天然序列完全一致。因为一个碱基的失误就有可能导致基因的突变,从而引起蛋白质功能的丧失,这一切的根源要追溯到遗传密码。基因作为一段具有特定碱基序列的DNA片段,在这段序列上的每3个相连的特定碱基决定一种氨基酸,这样的三碱基组合即被称为遗传密码。也就是说,基因是由若干个遗传密码按特定的方式构成的,这些遗传密码决定了相应的蛋白质上氨基酸的种类和排列顺序。在自然界中绝大多数情况下,组成蛋白质的天然氨基酸只有 20 种。而 4 种碱基的三联体排列组合却可以得到 64 种(4s)密码子。大量的实验室工作表明,64 种密码子中,有 61 种被用来编码 20 种天然氨基酸,剩余的 3 种则作为终止密码(非氨基酸密码)。这一编码规则在几乎所有的生物体包括动物、植物、微生物中都得到遵守。人们或许要向自然界追问,为什么只选择了 20 种氨基酸进行编码?尽管遗传密码最初的起源尚无定论,但改造遗传密码的工作却已经开始。

美国加州大学伯克利分校的 P. G. Schultz 实验室证明,通过人工的方法可以增加用来编码非天然氨基酸的新遗传密码。他们首先把大肠杆菌基因组中的无义密码"UAG"确定为新的遗传密码候选者,然后通过遗传工程的方法诱导天然的转运核糖核酸(tRNA)突变并进行筛选,从中找到一个独特的 tRNA,可以用于转运非天然氨基酸,并且有相应反密码子"CUA"。在此基础上进而从氨酰-tRNA 合成酶突变库中,筛选出可专一结合这种特殊 tRNA 的独特合成酶。通过这三步过程,研究者成功地将一种非天然的修饰氨基酸,按照预定的指令(密码)编入了蛋白质的序列之中,使大肠杆菌的遗传密码第一次得到了人为的扩增。Schultz 研究室在随后的工作中表明,这种增加遗传密码的新策略,可以用在向天然蛋白质的组成中添加各种各样的非天然氨基酸。目前,他们已将 13 种具有新功能的天然氨基酸,通过增加新遗传密码的方式合成到蛋白质中去。人工增加遗传密码的方式不仅具有理论意义,而且更重要的是具有很强的应用价值。例如,可以把用荧光素或生物素标记的氨基酸整合进蛋白质以利于检测,或将重原子标记的氨基酸整合进蛋白质,从而直接用于蛋白质晶体结构的分析。

## 7.2.2 多肽的合成

20 世纪初期,胰岛素被首次发现并分离,肽类药物极大地改变了现代制药业。随着 DNA 重组和蛋白质纯化技术的进步,人重组胰岛素已经取代了市场上来源于动物组织的胰岛素产品。关于人重组胰岛素的合成研究,在本书的第五章第二节"生物药物"部分有详细介绍。

目前,为肿瘤患者提供有效药物是一项重大且长久的临床挑战。近年来,功能阻断性单克隆抗体被应用于癌症疗法研究,但单克隆抗体尺寸过大这一缺点阻碍了它们的商业发展。与蛋白质和抗体等大分子相比,肽类拥有独特的生物化学性质与治疗特性。肽类药物在破坏蛋白质-蛋白质相互作用的同时能够靶向或抑制细胞内分子,如受体酪氨酸激酶等。肽疗法因此成为疾病治疗的有效手段,每年有近 20 项基于肽的临床试验。目前,全球有 400 多种肽类药物处于临床开发阶段,其中 60 多种已在美国、欧洲和日本获批,可作为临床药物使用。

### 7.2.2.1 经典合成方法

1. 液相多肽合成

早期,多肽的合成是在溶液中进行的,合成过程中需要进行基团的保护,后期需要进行多次后处理与分离。这种方法不适用于较长和较复杂的肽合成,但对于较短的肽片段仍然有效。

液相多肽合成如今仍然应用广泛,相较于固相多肽合成,其在合成短肽和多肽片段上具有成本低廉、保护基选择多、合成规模容易放大等优点。此外,由于其是在均相中进行反应,反应条件所受限制少。液相多肽合成现在主要采用 Boc 和 Z 两种保护方法,其中 Boc 为叔丁氧羰基,Z 为苄氧基羰基。该方法现在主要应用于短肽(如阿斯巴甜、力肽和催产素等)的合成。

2. 固相多肽合成

液相多肽合成通常较为复杂,需要较长的偶联反应时间,并且需要在每个氨基酸偶联步骤之间进行重结晶或柱色谱。美国生物化学家 Robert Bruce Merrifield 积极寻求液相多肽合成的替代方案[43],开始研究固相肽合成方法,固相肽合成方法的成功开发使他获得了 1984 年的诺贝尔化学奖。Merrifield 策略的美妙之处在于化学试剂可以与固体支持物上的反应性部分发生反应,然后通过简单的过滤步骤将其去除,从而提高肽合成的通量。多肽的固相化学合成主要通过以下三种反应:(1)有保护基氨基酸的脱保护反应;(2)羧基脱保护和氨基酸活化的并行反应——生成加入肽链的下一氨基酸;(3)偶联反应——形成酰胺键并合成最终的多肽(见图 7-19)。

### 7.2.2.2 新型肽合成方法

对于 15 个以上氨基酸组成的多肽序列,经典合成方法效率较低,长序列会提升产品纯化的复杂性并对整个过程的产量产生间接影响。在大多数情况下,这些问题可以结合专业知识与生产经验来解决。然而,在冗长的线性合成过程中,一个错误即可能导致整个

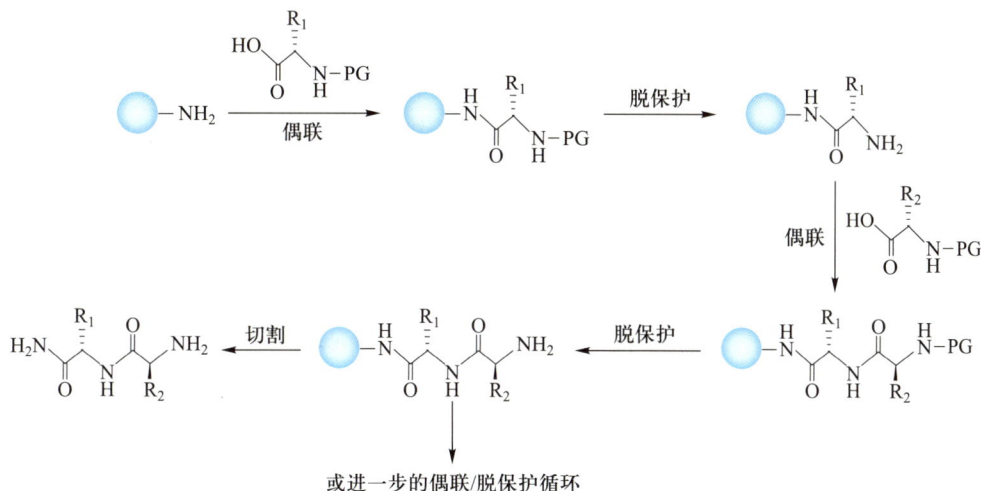

图 7-19 多肽的固相化学合成[42]

过程的失败,具有极高的内在风险。因此,需要找到替代方法与技术,以最终提高整体效率。

**1. 流动肽合成法**

在 Merrifield 对固相肽合成的开创性研究后,许多研究者注意到固相方法和流动合成之间的协同作用。尽管这种方法为肽合成带来了各种优势,但在 20 世纪 90 年代到 21 世纪初,微波辅助法掩盖了该技术的发展。近年来,流动技术的发展再次激发了人们对流动肽合成的兴趣。

快速流动多肽合成(automated fast-flow peptide synthesis,AFPS)是由 Pentelute 团队发明的一种更快速进行多肽反应的方法。在精心设计的机器中,化学物质通过机械泵和阀门混合,在合成过程中的每一步,化学物质循环通过一个装有树脂床的加热反应器。在优化的方案中,形成每个肽键平均需要 2.5 min,多达 25 个氨基酸的多肽可以在不到 1 h 内合成。

相较于传统的批量和不连续的微波固相肽合成方法,在连续流动条件下合成肽具有许多优势[44]。例如,与分批洗涤相比,通过连续流过填充柱床去除多余的试剂本质上更有效、更经济、更快速。此外,通过连续流动,可以大大减少固相肽合成中过量使用的偶联组分和溶剂。

**2. 膜增强肽合成法**

更高有机溶剂兼容性膜的开发促进了膜增强肽合成相关研究,20 世纪 70 年代首次将膜增强肽合成应用于去除肽合成中的副产物。膜增强肽合成改进了液相多肽合成路线,用渗滤代替萃取、沉淀、微滤和干燥,显著缩短处理时间。研究证明,膜增强肽合成有助于实现更高产率和更高纯度的肽合成。可溶性锚定在膜增强肽合成中起着至关重要的作用(见图 7-20)。通常,肽由于其线性结构在过滤过程中很容易通过膜。然而,当将其连接到具有更高分子量且具有分支结构的锚之后,锚定的肽在恒容渗滤过程中被纳滤膜保留。同时,多余的试剂和副产物通过膜被完全去除。这对减少在残留氨基酸和哌啶存在下可能发生的副反应至关重要。

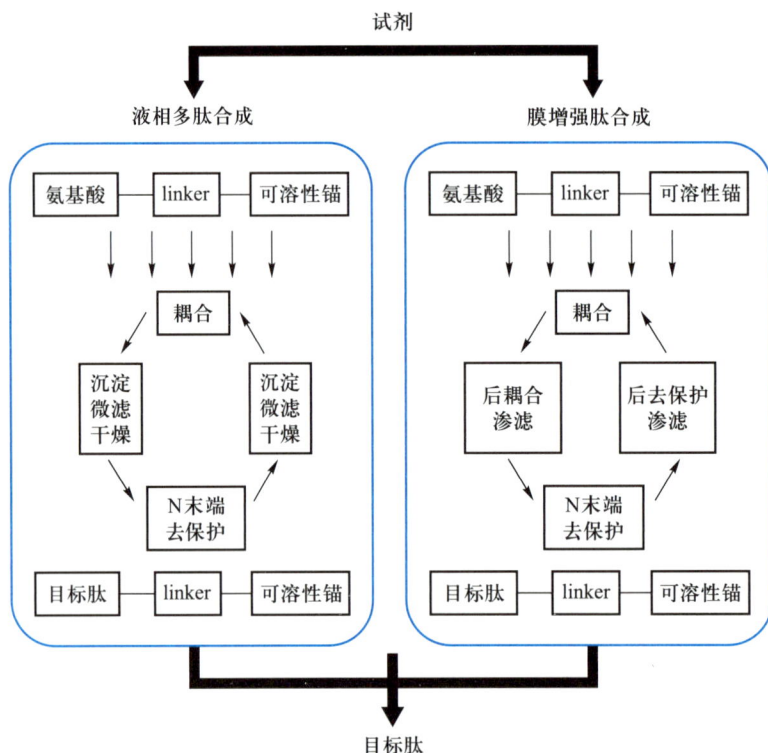

图 7-20　膜增强肽合成中的可溶性锚定

### 3. 机械化学法

机械化学法通过诱导机械能(如通过在球磨机中研磨所有反应物)促进固体之间的反应。自 1990 年以来,该领域一直在迅速发展,如使用氨基甲酸酯保护的 $\alpha$-氨基酸 $N$-羧酐($\alpha$-amino acid $N$-carboxyanhydride,$\alpha$-NCAs)、叔丁氧羰基保护的 $\alpha$-氨基酸或者 $N$-羟基琥珀酰亚胺酯,与 $\alpha$-氨基酸、酰胺或酯在球磨机中共同研磨。研究表明,机械化学是一种环境友好的替代方法,可用于以极低的差向异构化以较高产率制备短肽。

### 7.2.2.3　肽的分离和纯化

肽的分离和纯化通常是制造过程的瓶颈,并且此过程还会产生大量有机废物。采取何种分离和纯化方法要由所要提取目标物质的性质决定。

1. 高效液相色谱

高效液相色谱是最常用的多肽纯化技术。反相和离子交换色谱法是多肽纯化的首选,它们具有高分辨率、高稳定性和输出重现性的特点。然而,肽与柱填料的相互作用和与有机小分子有显著差异。目前,市场上有用于肽纯化的混合模式色谱柱,其中溶质在分离过程中与固定相有不止一种相互作用。混合模式色谱可用作反相、离子交换或正相色谱的替代或补充技术,用于纯化肽。

与混合模式色谱类似的技术是掺杂反相色谱。掺杂反相色谱使用不同的配体(一种离子交换配体类型和一种反相配体类型),其与混合模式色谱相比具有更多优势,可以通过改变其中一种配体的掺杂浓度来改变溶质和固定相之间的相互作用机制。其次,它可以用于吸引-排斥模式,其中离子交换基团对于分析物处于排斥模式。此外,使用多柱逆流溶剂梯度纯化色谱法可以纯化肽,重叠馏分的内部循环和再分离提高了产量和生产效率,同时减少了溶剂消耗。

与标准高效液相色谱相比,混合模式色谱和多柱逆流溶剂梯度纯化技术显示出更快的分离速度、更高的产量和更高的生产效率。此外,它们减少了危险废物的产生、水的消耗,以及净化过程的循环时间。

2. 超临界流体色谱

超临界流体色谱与传统高效液相色谱相比具有多项优势,如速度快、色谱柱长、有机溶剂使用量少,其使用超临界流体 $CO_2$ 作为流动相,加入改性剂(如甲醇、乙醇、2-丙醇)和添加剂(如三氟乙酸或醋酸铵)。与高效液相色谱相比,超临界流体色谱是一种更环保、更有前途的技术,因为在其纯化过程中使用的 $CO_2$ 可再循环。与目前的净化方法相比,超临界流体色谱产生的有机废物不到其三分之一。

3. 液-液萃取

液-液萃取也称为溶剂萃取,是液相肽合成中最古老、应用最广泛的分离中间体的方法之一。多年来,为了最大限度地提高萃取效率,减少溶剂消耗和产量,研究者们对液-液萃取进行了一系列改进。相关示例包括连续流动系统中的液-液萃取、水力旋流器中的微滴旋转、搅拌/搅动萃取塔和混合沉降器。另外,对映选择性液-液萃取通常用于分离包括氨基酸在内的对映异构体。此外,使用离子液体-有机溶剂进行萃取也可应用于二肽和三肽的纯化,可实现更为出色的分离性能。

## 7.2.3 蛋白质的合成

蛋白质是生命活动的执行者,解释和研究活性蛋白质分子的结构和功能之间的关系对于探究生物体的各种生命活动具有重大意义。但是天然蛋白质数目有限,其结构和功能都无法满足实际科学研究的需要。依据生物化学合成方法,科学家可以根据实际需求自行设计合成蛋白质结构。目前,人工方法合成蛋白质方法主要有四种:基因工程法、表达蛋白连接法、化学合成法、蛋白质选择性修饰法[45-48]。

### 7.2.3.1 基因工程法

基因工程法由三位诺贝尔化学奖获得者 H. Boyer、S. Cohen 和 P. Berg 提出,使用重组 DNA(rDNA)技术来改变生物体基因组成的过程,又称为"重组 DNA 技术"。它的基本原理是通过人工方法将各种各样的脱氧核糖核酸进行组合,得到一个新的 DNA 分子,然后注入合适的宿主细胞中复制增殖,该方法能够快速得到大量天然蛋白质[49]。

基因工程法主要分为以下三个过程:(1)获取重组 DNA 分子;(2)将重组 DNA 分子导入宿主细胞;(3)目的基因的检测与鉴定。其步骤如图 7-21 所示[50]。

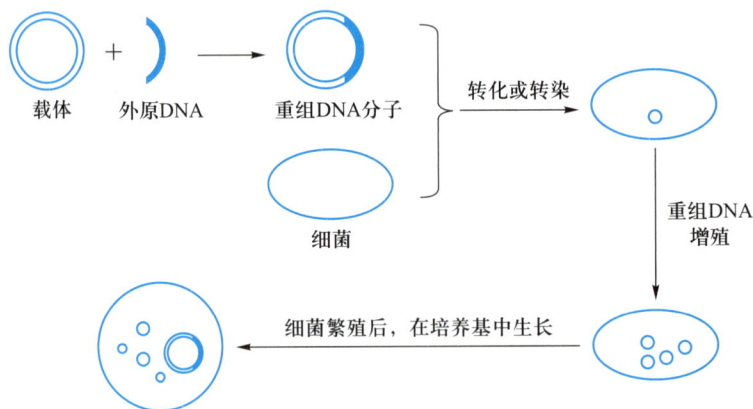

**图 7-21 基因工程法步骤示意图**

1. 获取重组 DNA 分子

获取重组 DNA 分子是指在体外,将外源 DNA 分子用 DNA 连接酶连接到适当的载体上。获取重组 DNA 需要三个条件:目的基因、载体和工具酶。目的基因是指人们需要转移或改造的基因,可以从基因组 DNA、互补脱氧核糖核酸、人工合成的 DNA 片段或通过

PCR 扩增得到的 DNA 片段中获取。载体也是一种 DNA 分子,能将重组的 DNA 分子导入宿主细胞,从而在宿主细胞中增殖复制。质粒 DNA、病毒 DNA、柯斯质粒是最常用的三种载体。工具酶的作用是切割和连接目的基因和载体,主要有限制性核酸内切酶和 DNA 连接酶,其他还有末端转移酶、单链核酸酶和反转录酶等。

2. 将重组 DNA 分子导入宿主细胞

重组 DNA 分子导入宿主细胞的方法有基因枪法、显微注射法和钙离子处理法等,植物细胞、动物细胞及微生物细胞等都可以选为宿主细胞。

3. 目的基因的检测与鉴定

根据宿主细胞的特性,在宿主细胞群里筛选出成功导入重组 DNA 分子的细胞。可通过 DNA 分子杂交技术、分子杂交技术及抗原-抗体检验等方法检测与鉴定目的基因是否成功导入宿主细胞。然后,将这些细胞大量复制增殖,即可获得大量目的基因表达产物。

科学家利用基因工程法已经合成出很多有价值的蛋白质,在各个相关领域均取得了突破性进展。但是基因工程法也存在着一些问题,如难以分离纯化、修饰改性困难、密码子数量有限、不适用于制备一些毒性蛋白质等。

### 7.2.3.2　多肽片段连接法

1963 年,固相多肽合成法的出现使得合成肽可以广泛应用于化学、生物学、医学和材料科学等多个领域。该法出现仅 6 年后就被应用于生产一种由 124 个氨基酸组成的酶活性核糖核酸酶 a 酶。然而,由于逐步固相多肽合成法的固有局限性,无法获得高产量的大均质肽(>50 个氨基酸),也无法一次性合成目标蛋白质,因此发展基于肽段组装的蛋白质合成方法迫在眉睫。通常获得大的蛋白质需要组装三个及三个以上的多肽片段,科学家们通过固相多肽合成技术得到这些肽段,再通过高效且选择性高的化学反应将肽段按照一定的顺序连接起来形成完整的长肽链,长肽链再经过一定的空间折叠形成蛋白质,如图 7-22 所示,这就是多肽片段连接方法[51]。多肽片段连接技术主要包括 Staudinger 连接法和巯基捕获连接法,其中巯基捕获连接法包括了应用最广泛的自然化学连接法。下面,将对 Staudinger 连接法和巯基捕获连接法分别进行介绍。

1. Staudinger 连接法

Staudinger 连接法是著名的人名反应,是一种使用 Staudinger 反应的生物偶联方法,它可以非常有效地连接生物相关成分[51-53]。目前,它被广泛应用于如肽或蛋白质合成、

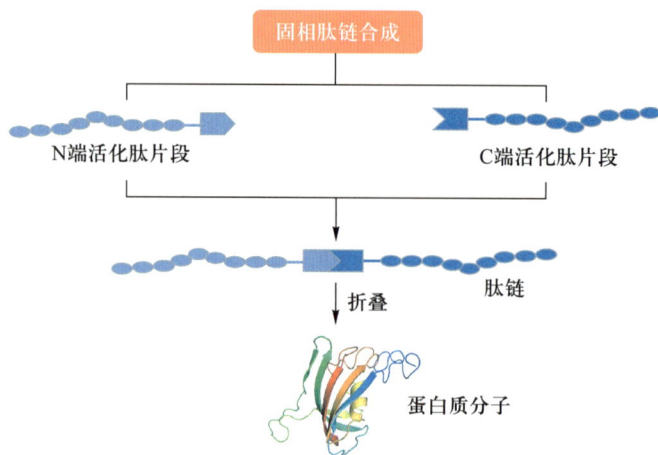

图 7-22  蛋白质的片段连接法[51]

翻译修饰、细胞表面工程、染料标记、玻璃表面标记、放射化学/放射性药物标记和微阵列涂层等领域。Staudinger 反应结合了生物正交性和选择性的优点,同时具有高速性和高收益性,被认为是目前最重要的生物偶联技术之一。许多其他同类型连接相较于 Staudinger 连接,如 Diels-Alder 反应,在关键的化学选择性连接反应及其在化学生物学中的应用方面都受到了限制。

关于 Staudinger 连接有两个主要的类型:(1)非无痕的 Staudinger 连接;(2)无痕的 Staudinger 连接(见图 7-23)。

2. 巯基捕获连接法

1986 年,D. S. Kemp 将含有巯基(—SH)的官能团用于修饰多肽片段 C 端的羧基,修饰肽链中的巯基被另一条肽链 N 端半胱氨酸中的巯基以二硫键形式捕获,形成长链多肽,随后经过一个十二元环的中间体进行分子内氧氮的酰基迁移形成酰胺键,完成了多肽片段的连接,这就是巯基捕获连接法(见图 7-24)。该方法已经成功应用在多种肽链间的无消旋连接上,且首次应用邻位效应促进分子内的酰基迁移,从而实现了完全未保护肽链间的高效反应。这种策略对肽片段连接的概念和方法学的发展起到了重要的促进作用。但是巯基捕获连接法也存在一些缺点,如十二环中间体位阻较大,会影响酰基迁移速率致使反应效率低,限制了该方法的实际应用。另外一种基于巯基捕获的多肽片段连接法就是自然化学连接法,该方法基本过程是 C 端羧基硫酯化修饰的多肽片段与另一条肽链中 N 端半胱氨酸中的巯基通过硫-硫交换形成新的长链多肽硫酯,该多肽经分子内 S—N 酰基迁移形成酰胺键从而实现多肽片段的连接。

(a) Staudinger连接原理

$R^1$ = 外部探针
　　　(如荧光团、生物素、FLAG 等)
$R^2$ = 内部样品
　　　(如蛋白质、肽、脂等)

(b) 非无痕的Staudinger连接

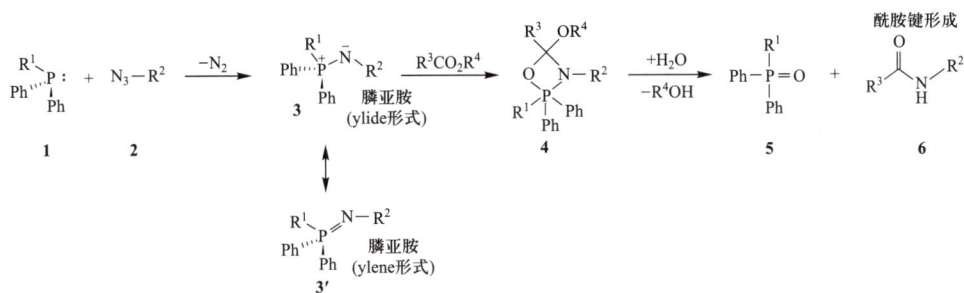

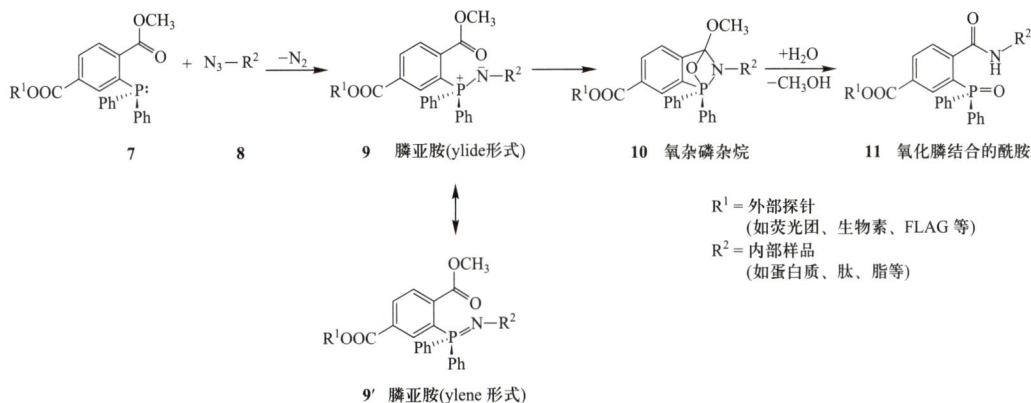

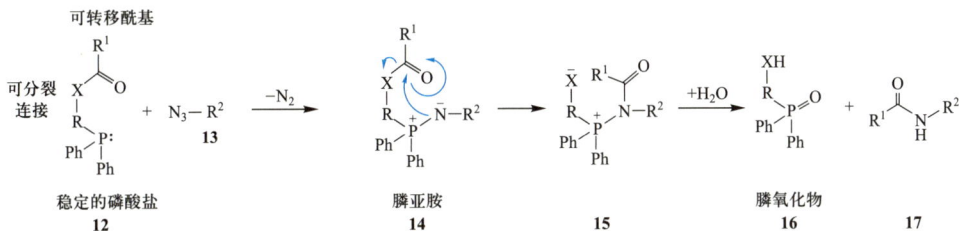

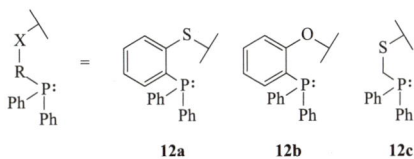

$R^1$ = 肽、蛋白质、脂肪酸、荧光团、生物素、FLAG、放射核素等
$R^2$ = 蛋白质、肽、脂类等

(c) 无痕的Staudinger连接

图 7-23　施陶丁格连接法[53]

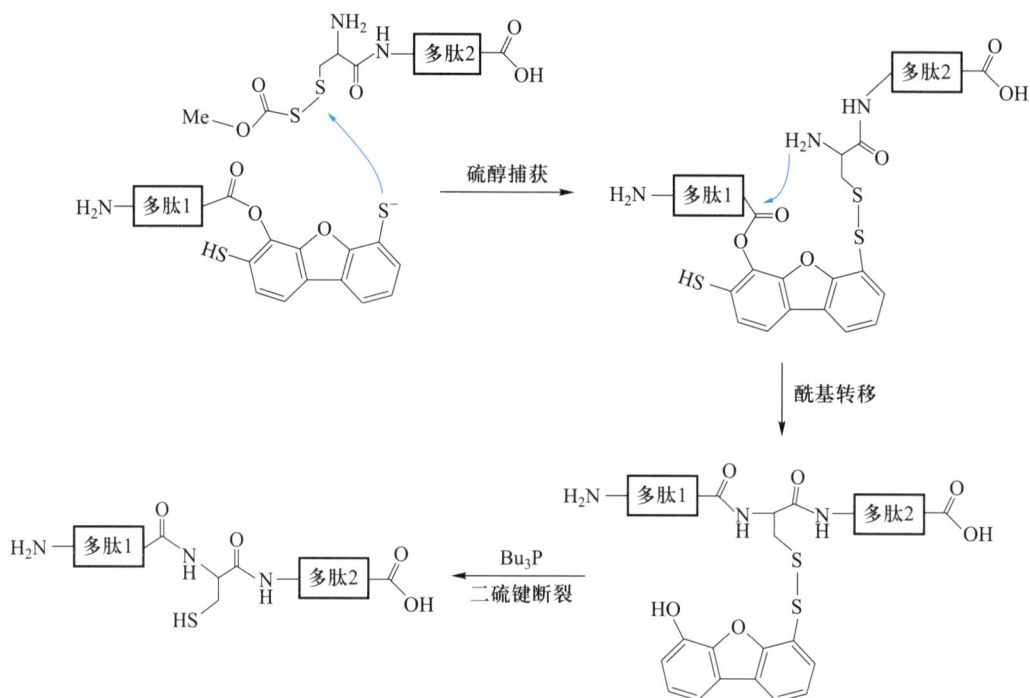

**图 7-24 巯基捕获连接法**

### 7.2.3.3 自然化学连接法

1. 自然化学连接法的出现

自然化学连接法(native chemical ligation,NCL)是目前蛋白质化学合成中最高效和常用的方法之一。1953 年,Theodor Wieland 教授通过缬氨酸硫酚酯与半胱氨酸在水溶液中快速形成酰胺键得到二肽,发现了该反应的化学原理。1990 年,Stephen B. Kent 教授将这种反应机理应用于连接多肽片段,开创了自然化学连接法(见图 7-25)。其反应过程是在溶液相中,C 端羧基硫酯化修饰的肽片段与 N 端含半胱氨酸的肽链发生化学选择性反应形成酰胺键连接的长链多肽。反应通过硫醇-硫酯交换在捕获步骤中形成硫酯连接中间体,经过五元环过渡态后自发地从硫迁移到氮,最后生成热力学稳定的共价连接产物。

通过自然化学连接法连接未受保护的多肽片段合成全蛋白质的方式改变了科学家们今后关于全化学合成靶向大生物分子的思考方向。虽然表达蛋白连接法无疑是获取大型、未经修饰蛋白质的重要手段,但这些方法缺乏精确性和广泛性,如无法在蛋白序列中引入非天然氨基酸,对蛋白质进行定点改造、修饰与标记等。值得一提的是,自然化学连

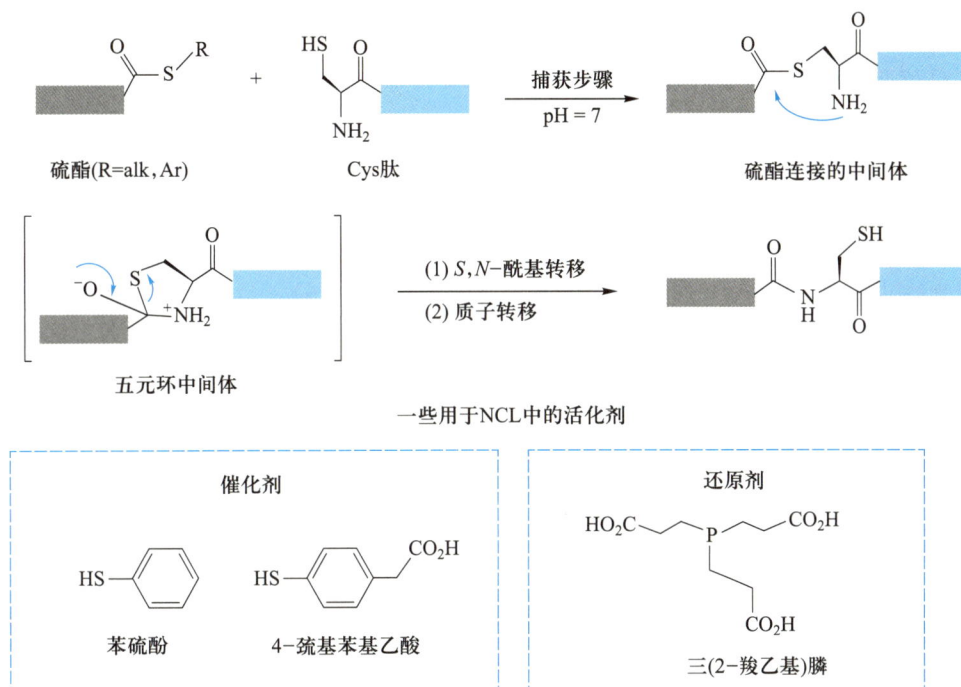

图 7-25 自然化学连接法

接法的出现也为许多其他连接方法的开发带来了灵感,包括 α-酮酸-羟胺(α-ketoacid-hydroxylamine,KAHA)、丝氨酸/苏氨酸和糖辅助连接等[54-55]。自该法首次报道以来,自然化学连接法已被用于数百个蛋白质靶点的合成,这些靶点不仅促进了对结构和功能的批判性理解,还推动了蛋白质科学领域的创新。

2. 自然化学连接法中硫醇-硫酯的交换和硫醇添加剂的催化作用

自然化学连接法中捕获步骤的发生依赖于硫酯与硫醇-硫酯交换中的 Cys 硫醇反应的能力。对于碱性攻击硫醇,如半胱氨酸硫醇($pK_a = 9.2$),硫醇-硫酯交换速率与脱离的硫醇的 $pK_a$ 之间存在线性关系。与从碱性硫醇(通常是烷基硫酯)中衍生的硫酯相比,从弱酸性硫醇(如芳基硫醇)中衍生得到硫酯,其硫醇-硫酯交换反应进行得更快。

然而,肽烷基硫酯由于易于制备,经常被用作蛋白质合成的起始构建材料。为了解决肽烷基硫酯在自然化学连接过程中的反应性低的问题,可以使用过量的弱酸性硫醇,如硫酚($pK_a = 6.6$)或 4-羧甲基硫酚($pK_a = 6.6$),与硫酯发生交换反应原位生成芳基硫酯。芳基硫酯与 Cys 肽迅速反应,因此不会在连接混合物中积累。换而言之,肽烷基硫酯在芳基硫醇催化剂作用下发生的硫醇-硫酯交换反应是自然化学连接与 Cys 肽反应的限速步骤。自然化学连接法的反应速率快慢与硫酯段 C 端残基的体积大小有关。事实上，大的氨基酸侧链（Val，Ile，Thr）通过攻击硫基硫醇，阻碍了硫酯碳基的接近。而脯氨酸是一个例外，因为形成 Pro-Cys 结的难点不是来自侧链空间效应，而是由于前面的 $N^a$ 羰基氧与硫酯碳基的相互作用。使用肽脯氨酸硒酯代替肽脯氨酸硫酯，可有效解决这一难题。

除了用肽烷基硫酯催化自然化学连接法外，芳基硫醇还可以通过硫醇-硫酯与内部半胱氨酸残基的交换来逆转非生产性硫酯的形成（见图 7-26）。最后，当连接混合物中存在强还原剂三（2-羧乙基）膦时，芳基硫醇将使半胱氨酸硫醇维持在还原形式并防止半胱氨酸脱硫[54-56]。

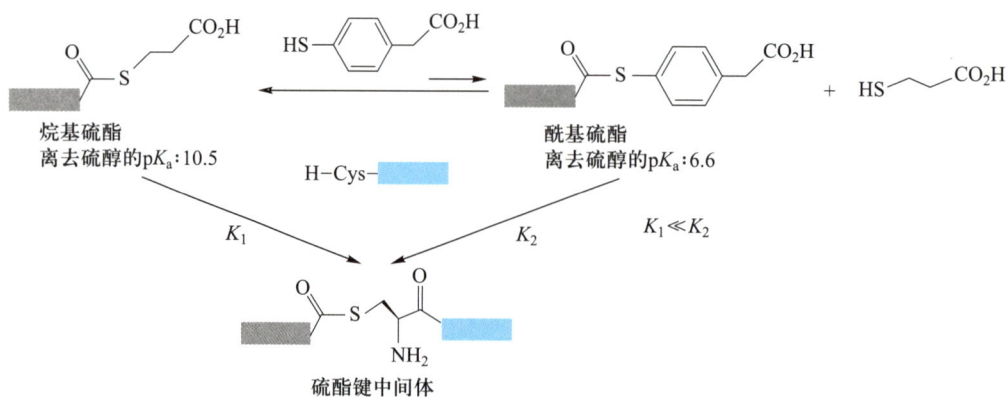

图 7-26　自然化学连接法中硫醇-硫酯交换的重要性[55]

### 3. 自然化学连接法和扩展方法

自然化学连接法也可以很好地处理由蛋白氨基酸衍生的各种 $\beta$-氨基硫醇，要么用硫醇辅助剂修饰 $\alpha$-氨基，要么将巯基合并到氨基酸侧链中。当自然化学连接法扩展到大量的 $\beta$-氨基硫醇或硒烯醇时，可以形成除 X-Cys 连接以外的天然肽键。肽硫酯与 N 端硒半胱氨酸残基之间的 NCL 也是一个有用的反应。同样，肽硫酯和 $\gamma$-氨基硫醇（如同型半胱氨酸）之间的 NCL 也是可行的，$N,S$-酰基的位移可以通过六元环中间体进行，这是一个非常具有研究前景的领域。蛋白质作为执行细胞功能的基本单元，对其进行不同程度的修饰，使其功能更加完善，可以促使机体更有序、高效地运行。在生物医学方面，一些药物蛋白经过化学修饰可以增加其稳定性、降低其毒性；在生物技术领域，蛋白质经过化学修饰后能够表现出特异的催化性能；另外，利用化学标记或修饰的蛋白，可在细胞中对蛋白质定位，从而更详细地解释蛋白质与细胞内其他组分相互作用或蛋白质生物代谢过程的机理。因此，蛋白质的选择性修饰对生物体有着十分重要的作用，本书详细介绍了蛋白质的修饰方法，见第二章第二节。

## 7.2.4 合成蛋白质应用

蛋白质工程寻求设计或发现具有科技或医疗应用价值的蛋白质,根据需要设计、创造具有新结构、新功能的蛋白质和蛋白质复合物。与蛋白质功能相关的特性,如表达水平和催化活性,都取决于其氨基酸序列。非天然蛋白质序列的设计,本质上是对氨基酸序列空间的探索。

### 7.2.4.1 疫苗设计

疫苗设计是一种很有前途的应用,更具体地说,是通过模拟蛋白外病毒表位的蛋白质的设计,在体内诱导特异性的病毒中和抗体(neutralizing antibody,nAbs)。迄今为止,接种疫苗已成为控制和减少传染病的最有效策略之一。疫苗开发的许多最新进展是由抗体结构及其靶点推动的,这些结构往往很复杂,可为设计免疫原来激发预期反应的方法提供信息。随着针对蛋白质的计算建模和设计方法的不断发展强大,对蛋白质工程中高度复杂的问题可采取计算建模的方法来尝试解决。早在 1997 年,即有研究报告了第一种通过全自动设计和实验验证(采用基于物理化学势函数和立体化学约束的计算设计计算法筛选组合库与设计目标相容的可能的氨基酸序列)创建的 de novo 蛋白质,全序列设计-1(FSD-1)。

David Baker 等开发了一个识别低自由能序列结构的一般程序,该程序重新设计了序列优化和结构预测功能,可用于任何所需的目标结构的设计。其利用罗塞塔 de novo 结构(Rosetta de novo structure)预测方法设计了一种在自然界中尚未观察到的 93-residue α/β 蛋白质,被命名为 Top7。同时,基于一套与蛋白质三级图案相关的二级结构模式规则,可实现对漏斗形(funnel-shaped)蛋白质折叠能量的设计,从而进入目标折叠状态。在这些规则的指导下,设计了由 α 螺旋、β 链和最小环组成的理想蛋白质结构的序列。为未来的蛋白质治疗和分子机器的人工设计提供了思路。

Bruno E. Correia 等人提出了一个策略,通过基因融合,抗原和自组装支架的无缝集成——一种独特的自组装蛋白脚手架的方法——有助于免疫原的产生(见图 7-27),提出了一种名为 TopoBuilder 的蛋白质设计计算法,利用该算法设计了表位聚焦免疫原,开发了一种免疫原三价疫苗鸡尾酒,即包含多种免疫原混合物,呈现呼吸道同步病毒(respiratory synchronous virus,RSV)融合蛋白(respiratory syncytial virus fusion protein,RSVF)的三个主要抗原位点,旨在通过精确定义的表位诱导病毒中和抗体。在小鼠和非人类灵长类动物中,三种新设计的免疫原的鸡尾酒会诱导对呼吸道同步病毒产生强力的中和反应。总的来说,这一设计方法提供了针对特定表位的可能性,将适用于显示复杂功能图案的疫苗设计,并用于疫苗和治疗抗体的开发[57]。

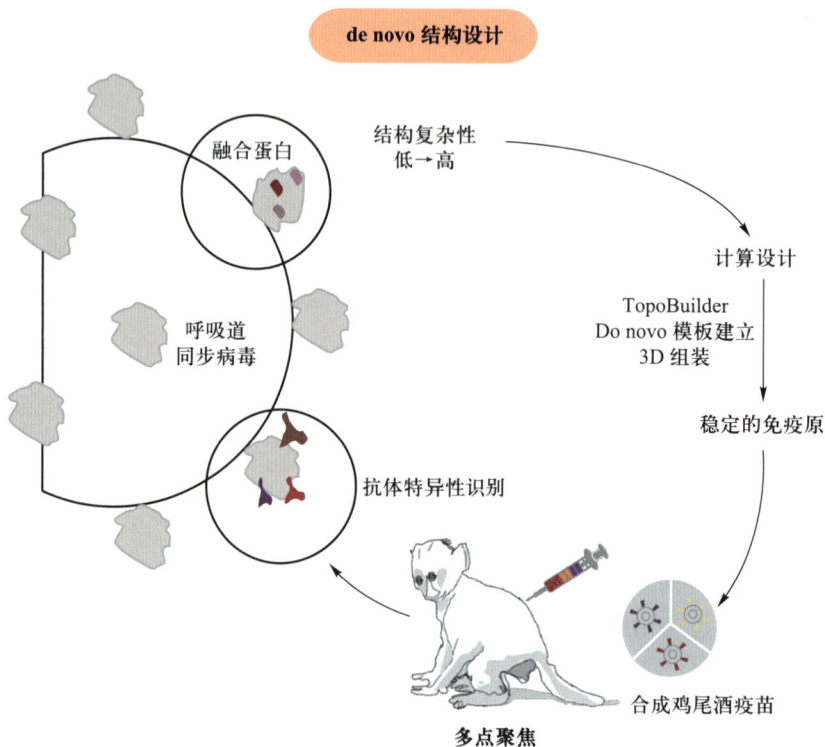

**图 7-27 三价疫苗鸡尾酒的从头设计[57]**

## 7.2.4.2 分子机器

蛋白质内在紊乱定义了功能性蛋白质机器的组件组装、相互移动及识别、适应和响应外部调节器的能力。功能性蛋白质复合物的蛋白质组分具有两种不同类型:用于内部使用(组装和运动)和用于外部应用(与调节器的相互作用)。2006 年,我国丘小庆教授成功研制出一种新型多肽–蛋白质分子机器。这种"蛋白质分子机器"杀菌效力比现有的青霉素、头孢菌素等要强数百倍至数千倍。

在生物体中,核孔复合体(nuclear pore complexes,NPCs)是一种蛋白质机器,具有一种镶嵌在内外核膜上的篮状复合体结构,主要由胞质环、核质环、核篮等结构组成。核孔复合体可以看作一种特殊的跨膜运输蛋白复合体,是一个双功能、双向性的亲水性核质交换通道,控制物质进出细胞核。尽管核孔复合体可渗透小于 40 kDa 的小分子(如水和离子），但尺寸大于 5 nm 的大分子通常被抑制。只有可溶性转运受体（即 Karyopherins 或 Kaps，输入蛋白和输出蛋白）。例如，97 kDa 的输入受体核转运蛋白 β1（Kapβ1 或 importinβ），可通过核孔复合体进行快速和排他性通过。在此基础上，核质转运（nucleocytoplasmic transport，NCT）可由 Kaps 精心编制，通过核孔复合体，在复杂的生物环境（有时使用 Kapα/importin-α 作为适配器）中实现识别和结合［称为核定位/输出信号（即 NLS/NES）的氨基酸序列］。虽然导入蛋白和导出蛋白的易位是双向的，但物质传递的方向性受 GTPase Ran 的调节，其 GTP 和 GDP 结合形式分别位于细胞核和细胞质。在细胞核中，RanGTP（Ran GTPase-activating protein）结合触发从输入蛋白中释放输入物质，而在细胞质中，RanGAP（Ran GTPase-activating protein）触发 RanGTP 水解为 RanGDP，后者再释放输出物质的同时与其各自的核转运蛋白受体解离。在此之后，RanGDP 被其特定的载体 NTF2（Nuclear transport factor 2）回收到细胞核。在没有 Kaps 的情况下，即使是比整个 Kap-cargo 复合体更小的实体的特定信号物质也会被拒绝，因此该核孔复合物具有精细的选择性。以这种方式，一旦交换物质从其目的地隔间中的受体分离，就不太可能通过核孔复合物返回。RanGDP 由 NTF2（Nuclear transport factor 2）输入到核中，并由 RanGEF（Guanine nucleotide exchange factor）再充入 RanGTP。以这种方式，交换物质可实现逆浓度梯度积累，如图 7-28 所示[58]。

### 7.2.4.3 蛋白质分子开关和逻辑门

从头设计的蛋白质（de novo-designed proteins）可作为生物合成电路的构建基石，具有巨大的前景。"锁矫形器-笼关键蛋白质"（latching orthogonal cage-key protein，LOCKR）是一种开关，其通过基因编码的肽来降解体内的蛋白质。Hana El-Samad 等利用即插即用型的 DegronLOCKR 对内源信号通路和合成基因电路实施反馈控制。首先通过将 DegronLOCKR 与内源性信号分子融合，在与酵母的交配通路中产生负反馈和正反馈。DegronLOCKR 蛋白质的设计，可通过简单的修改调整合成回路和交配通路中的反馈行为。其中，大肠杆菌中表达的五螺旋（笼）和六螺旋（笼加闩锁）设计，实现可切换系统，使笼子和钥匙的相互作用在广泛的动态范围内得以调整。一个带有单一界面的静态五螺旋"笼"，可以与末端"闩锁"螺旋进行分子内相互作用，也可以与肽"键"进行分子间相互作用。这样一种笼-闩锁框架命名为"开关"，并将开关-键对命名为"闩锁正交笼-键蛋白"。编码在闩锁上的是用于结合、降解或核输出的功能基序，只有当钥匙从闩锁上移开时才起作用。这种系统的行为由单个子反应的结合平衡常数控制：$K_{open}$，闩锁与笼子的分

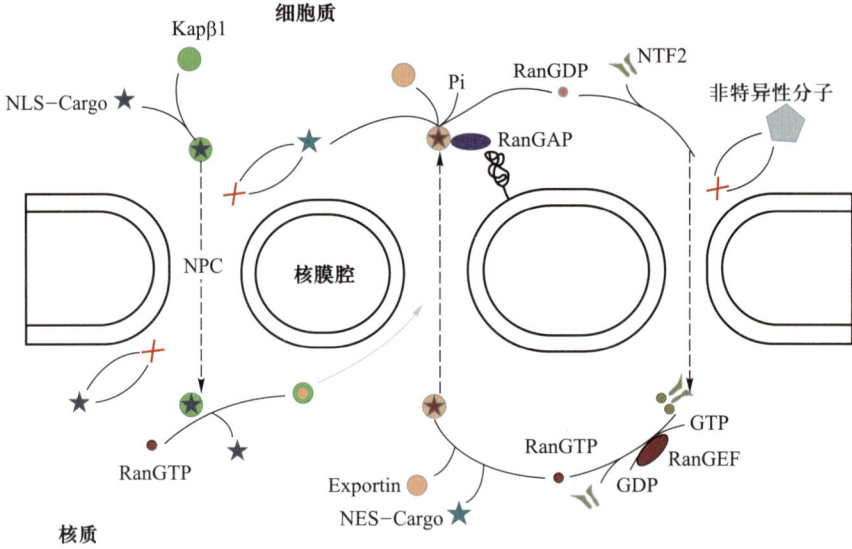

**图 7-28　通过核孔复合体进行核质转运的机制**

[Importins（Kapβ1）识别 NLS cargo（含有交换物质）并将其从细胞质运送到细胞核。Kapβ1-Cargo 复合物在细胞核中被 RanGTP 分解，并与 Kapβ1 一起返回细胞质。NES-cargo 需要 RanGTP 和 exportin 才能通过核孔复合体导出。RanGAP 在胞质溶胶中触发 RanGTP 水解为 RanGDP，从而释放 Kaps 和所携带的交换物质。RanGDP 由 NTF2 输入核中，并由 RanGEF 再充入 RanGTP。在没有 Kaps 的情况下，特定货物和大型非特定物质都无法进入核孔复合体[58]]

离;$K_{LT}$,闩锁与靶标的结合;$K_{CK}$,钥匙与笼子的结合。闩锁（紫色）包含功能图案（橙色），该图案可以在笼子（蓝色）与钥匙（绿色）结合后，因为笼子被阻挡而与靶标（黄色）结合。其中钥匙（绿色）与笼子（蓝色）结合比闩锁（紫色）更紧密、更具竞争（颜色是指图 7-29 中的元素）。de novo 蛋白质设计的一个里程碑是通过诱导的构象变化控制，得到可切换蛋白质功能的能力，这为合成生物学和细胞工程开辟了新的途径[59]。

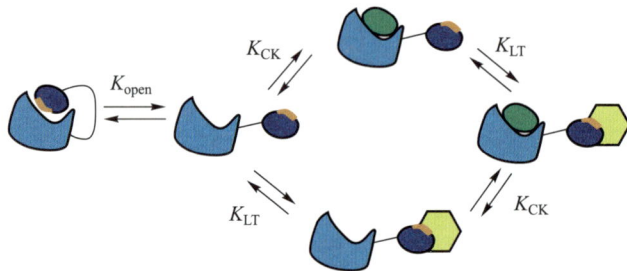

**图 7-29　开关示意图**

[该开关由一个笼子（蓝色）和带有功能图案（橙色）的闩锁（紫色）组成处于关闭状态（左）和能够与钥匙（绿色）结合的打开状态之间的热力学平衡,靶标（黄色）干扰物]

蛋白质-蛋白质相互作用在细胞中无处不在,控制这种相互作用在合成生物学中将变得越来越重要。蛋白质相互作用是自然生物回路的核心,研究人员正在努力实现 DNA 水平、转录或 RNA 水平的控制。最近,通过重新布线原生信号通路产生了基于蛋白质的电路。逻辑门(见图 7-30)由蛋白质制成,这些蛋白质的结构相似,但其中一个模块可以设计成与另一个模块进行专门交互。使用单体和共价连接单体作为输入,并通过设计氢键网络编码特异性,设计双输入或三输入逻辑门。模块化控制元件用于调节转录机械和分离酶在体外和酵母细胞中的元素关联。模块化蛋白逻辑的设计对合成生物学提出了挑战。David Baker 团队根据 de novo 设计蛋白质构建双输入 AND、OR、NAND、NOR、XNOR 和 NOT 逻辑门的设计。这些逻辑门在体外、酵母和人原代 T 细胞中调节了分裂酶到转录的任意蛋白质单元关联。在人类原代 T 细胞中,这些逻辑门能够控制与 T 细胞衰竭有关的 TIM3 基因的表达并可以轻松地扩展到三输入:OR、AND 及析取范式门,从而实现基于大量生物学功能的复杂翻译后控制逻辑设计[60]。

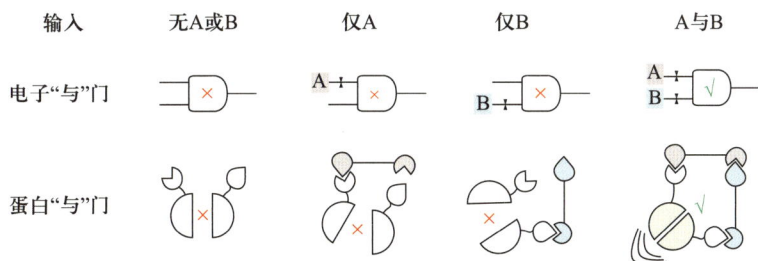

图 7-30 蛋白质逻辑门[60]

## 延伸阅读
### ——新型蛋白质问世

在互联网上搜索"de novo protein design"(蛋白质从头设计),你几乎一定能看到 David Baker 这个名字。David Baker 是美国华盛顿大学蛋白质设计研究所的所长,他与他的同事们一起创造了一个由各种各样全新且有趣的蛋白质组成的新世界。2020 年 9 月,David Baker 获得 2021 年科学突破奖·生命科学奖。

蛋白质是生命活动的直接执行者,其结构与功能由氨基酸一级序列所决定。由 David Baker 研究组开发的 Rosetta 软件包可以对蛋白质结构进行计算预测与设计。能够从零开始设计蛋白质的结构和功能,意味着人们可以创造出具有各种功能的全新的生命活动执行者,并将其应用于生物医学研究的方方面面。

当 David Baker 在哈佛大学学习哲学时,他上了一堂生物学课,教他所谓的"蛋白质折叠问题"。这一年是 1983 年,科学家们仍在努力理解 20 世纪 60 年代早期生物化学家 Christian Boehmer Anfinsen 进行的一项实验,这项实验揭示了地球上所有生命的基本组成部分比任何人想象的都要复杂。David Baker 对蛋白质折叠和其他未解的生物学之谜非常感兴趣,因此申请了转专业。David Baker 决定追随他的直觉,当他在华盛顿大学获得第一次教员任命时,他负责研究蛋白质折叠问题。

十多年来,每年夏天,几十名蛋白质折叠专家都会聚集在美国华盛顿卡斯卡特山脉(Cascade Mountains)的一个度假胜地,进行为期四天的讲座。议程上唯一的议题是:如何推进被称为 Rosetta 的软件平台。Rosetta 一直是理解蛋白质折叠方式和基于这一知识设计新蛋白质的最重要工具。David Baker 团队在蛋白质设计合成领域为人类实现了巨大突破。

# _7.3_
# 天然活性产物

天然产物一般指分子量小于 2000 Da 的小分子代谢物,其数量非常大,广泛存在于各种动物、植物、微生物中。据估计,仅植物中的天然产物就多达上百万种,主要为次生代谢物。天然产物也是微生物世界沟通和调节物种内部和物种之间相互作用的主要手段。化学家们将天然产物视作大自然赠送的礼物,其结构的多样性、复杂性及生物学特性令人惊叹。这些新陈代谢的化学产物塑造了丰富多样的生命,同时,其介导的相互作用可以通过直接对抗、生态位防御和信号传递来发挥生态功能、保护环境。除了生态功能外,天然产物还可用于治疗癌症和其他人类疾病,是临床上用于对抗传染病的抗菌剂的主要成分,而且绝大多数准许用于临床的药物要么来自天然产品,要么受到天然产品研究的启发,如源自细菌的抗生素。事实上,天然产物还可作为食品添加剂、作物保护剂等发挥作用,在现代社会中进一步发挥其重要地位。另外,合成化学领域的研究进展对天然产物的合成作出了很大的贡献。这些合成的天然产物广泛应用于人们的衣食住行和医药,再到能源、国防,甚至艺术等领域。分子合成策略的进步使人们不但能够发现并大量复制自然中的物质,甚至能够基于自然产生新的化学实体,以进一步满足我们更高、更多的需求。因此,天然产物的化学合成是现代科学研究中最活跃的领域之一,并将根据当前人类所需持续不断地提供药物、材料和商品。

然而,由于许多天然产物只能从天然来源中分离出非常少量的物质,研究人员不得不转换思路,重新制定实施高效、低成本的方案,以达到在实验室中实现这些分子的规模化制备,其中合成生物学就是一个非常有潜力的方案。

当前的天然产物合成生物学概念可划分为三个主要领域:

(1)研究青蒿素这类已知物质,其中对于目标化合物的化学成分及其生物合成途径的研究已是较为成熟的,那么针对此类物质的主要研究任务就是提高产量,而通常人们会选择在比天然宿主更易调控的宿主中来完成该研究任务。

(2)通过已知途径研究未知物质,这些化合物的存在很容易从细菌基因组分析中推断出来,但尚未被检测到,在这些情况下,合成生物学的贡献主要体现在可推测未知代谢物生物的合成途径,并利用构建"已知物质"的方法实现该未知物质的足量合成。

(3)筛选出未知物质,即推测出大量有趣的仍未被发现的生物分子,这类分子属于当前基于基因组探究方法仍未涵盖的新化学类别。

随着新活性化合物和相关生物合成酶活性的不断发现,合成生物学方法也日新月异。下面将按照天然产物的三大类来源(植物、微生物、动物)展开介绍其相关的生物合成进展。

## 7.3.1 天然产物的植物提取

植物提取物就是指天然植物经提取而得的含有效成分的物质,是植物药制剂的主要原料。植物提取物包括黄酮、多酚、萜类等几百种,其相对分子质量较低,从几百到几千;具有一定的极性,可溶于许多有机溶剂中。由于植物提取物安全性高,效果好,从20世纪

90 年代末开始,植物提取物渐渐受到医药界、食品界的关注,已成为医药、食品及饲料的重要来源。

### 7.3.1.1 浸渍提取

浸渍是一种传统、简单的提取方法,它使用不同的溶剂来提取植物原料中的成分,即将粉碎的天然原材料在容器内加溶剂浸泡,经过一段时间后倒出溶剂再加入新的溶剂浸泡,如此反复几次至所需成分基本可完全提取。浸渍提取使用的溶剂量相对较大,但是这一方法非常适合用于热不稳定组分的提取。

### 7.3.1.2 超声辅助提取

超声辅助提取技术利用超声波产生的强烈空化效应、机械振动、高的加速度、乳化、扩散、击碎和搅拌作用,增大物质分子运动频率和速度,增加溶剂穿透力,从而促进药物有效成分进入溶剂,加速提取过程。超声辅助提取技术适用于对天然产物,特别是对传统中草药有效成分的提取。与常规的煎煮法、水蒸馏法、溶剂浸提法相比,超声辅助提取技术具有如下特点。

(1)提取温度低,避免了常规的煎煮法和回流法中长时间加热对中药有效成分的不良影响,产物生物活性高,适用于热敏性物质的提取。(2)适用性广,超声辅助提取效率与目标提取物的性质(如极性)关系不大,绝大多数中药材的各类成分均可用超声提取。(3)降低能耗,由于超声辅助提取无须加热或加热温度低,提取时间短,因此能大大降低能耗,提高经济效益。(4)超声波还具有一定的杀菌作用,能减少萃取液变质的概率。

### 7.3.1.3 微波辅助萃取

微波辅助萃取技术是利用微波能来提高萃取效率的一种新技术。微波指频率在 $300\sim3\times10^5$ MHz 的电磁波。在微波场中的介质分子会发生极化,将其在电磁场中所吸收的能量转化为热能。介质中不同组分的介电常数、比热、含水量不同,吸收微波能的程度不同,由此产生的热量和传递给周围环境的热量也不相同。微波辅助萃取技术的原理,就是利用不同组分吸收微波能力的差异,使基体物质的某些区域或萃取体系中的某些组分被选择性加热,从而使得被萃取物质从基体或体系中分离,进入介电常数较小、微波吸收能力相对较差的萃取剂中,并达到较高的产率。在微波萃取过程中,溶剂的极性对萃取效率有很大的影响。

在天然产物有效成分提取中,微波萃取技术的优势有:选择性好;加热效率高、节时、节能;仪器设备简单、低廉、适应面广;试剂用量少、萃取率高、污染小。在微波辅助萃取技术中,存在两个问题,一是溶剂水和细胞内水分同时吸收微波导致的细胞损伤,二是微波辅助设备的工业放大问题。解决此问题可以采用破壁-浸取联合工艺,先用微波处理润湿干药材,再用有机溶剂浸提。微波萃取法以其快速的萃取速度和较好的萃取效率,成为天然植物有效成分提取的有力工具,但其萃取机理还需进一步研究,尤其是在国内,微波萃取技术用于中草药提取这方面的研究报道还比较少,其研究和开发的空间及价值极大。

#### 7.3.1.4 加速溶剂萃取

加速溶剂萃取是一种现代萃取技术,是利用高温高压回收含溶剂生物活性物质的萃取方法,也称为加压流体萃取、强化溶剂萃取或高压溶剂萃取,这种萃取方法需要不同的溶剂,最常用的是甲醇、乙醇或其他溶剂的混合物。在高温条件下,待测物从基体上的解吸和溶解动力学过程加快,可大大缩短提取时间。同时,由于加热的溶剂具有较强的溶解能力,因此可减少溶剂的用量,在萃取的过程中保持一定的压力可提高溶剂的沸点,使其保持液体状态,从而保证萃取过程的安全性。尽管快速溶剂萃取是近两年才发展的新技术,但由于其突出的优点,已受到分析化学界的极大关注。加速溶剂萃取已在环境、药物、食品和聚合物工业等领域得到广泛应用。

#### 7.3.1.5 超临界流体萃取

超临界流体萃取技术是一种高效、环保的萃取技术,可用于提取多种生物活性物质,具有快速、选择性好、节省溶剂等优点。当流体的温度和压力升高到临界点以上时,就会出现超临界状态。$CO_2$是超临界流体萃取中最常用的溶剂,对脂肪、脂质和其他非极性化合物的提取非常有效。为了萃取极性物质,有必要在超临界流体中加入一种称为共溶剂的极性改性剂(如甲醇、乙醇、乙腈、丙酮、水、乙醚或二氯甲烷)以增加对待提取物质的溶解度。

#### 7.3.1.6 生物酶解技术提取

天然植物的细胞壁由纤维素构成,其中的有效成分往往被包裹在细胞壁内。生物酶解技术提取就是利用纤维素酶、果胶酶、蛋白酶等(主要是纤维素酶),破坏植物的细胞壁,使得有效成分最大限度溶出。该技术可以较温和地将植物组织分解,从而大幅度提高其提取效率。

### 1. 黄酮类化合物

黄酮类化合物是一类广泛存在于被子植物中的黄色或淡黄色化合物,其中大部分含有羰基。黄酮类化合物以 2-苯基色酮为基本母核,现在一般是指由两个苯环(A 环和 B 环)通过三个碳原子连接而成的一类化合物。在结构上,酚羟基、甲氧基、甲基、异戊二烯等官能团经常相连。天然黄酮类化合物主要以糖苷形式存在,也有一些处于游离态。黄酮苷一般溶于水、乙醇、甲醇等极性较强的溶剂,不溶于或微溶于苯、氯仿等非极性/弱极性有机溶剂。黄酮类化合物具有很强的抗氧化性,能有效清除生物体内的氧自由基,还能改善血液循环,降低胆固醇。以芦丁为例,它作为活性成分存在于许多草药中,包括茯苓、柽柳、国槐等。芦丁可根据其酸度和极性使用不同的溶剂萃取工艺进行萃取。然而,传统方法的缺点,如产率低和耗时,限制了其进一步应用。研究人员基于超声波和微波辅助提取开发了一种使用溴的乙基咪唑盐离子液体,从叶子中提取芦丁的新方法,其芦丁得率优于传统方法。

### 2. 生物碱类化合物

生物碱类化合物一般是指植物界中的一类含氮有机化合物,大多具有复杂的环状结构和类似碱的性质,并能与酸结合形成盐。它大多具有较强的医疗作用,如吗啡有止痛的作用、麻黄碱有治疗哮喘的作用。生物碱在植物界分布广泛,主要存在于双子叶植物中。在植物中,只有少数弱碱性的生物碱以游离态存在,大部分以有机酸的形式存在。离子液体浓度、料液比、提取时间和温度是影响生物碱得率的四个关键因素。

### 3. 萜类化合物

萜类化合物广泛存在于自然界中,目前已发现超过 5 万种萜类化合物,其中大部分是药用植物中的有效成分。抗疟疾药物青蒿素、抗癌药物紫杉醇、保健药物人参皂苷及作为抗氧化剂的类胡萝卜素类化合物均属于萜类化合物。

萜类化合物是一个通式为 $(C_5H_8)_n$ 的大家族,包括单萜、倍半萜、二萜、七萜类、三萜类等。紫杉醇是一种存在于红豆杉属植物中的二萜类化合物,是临床上常见的抗肿瘤药物。从原植物中提取紫杉醇通常有两种方法。一种是用 95% 乙醇-水在室温下浸泡 16 h,另一种是用甲醇回流。这两种方法都需要较长的提取时间。

### 4. 苯丙素类化合物

一般用有机溶剂或水提取,因简单苯丙素类化合物多具挥发性,是挥发油芳香族化合物的主要组成部分,可用水蒸气蒸馏法提取。一般用硅胶柱色谱、高效液相色谱等进行分离。苯丙素是天然存在的一类苯环与三个直链碳连接构成的化合物,如花青素、白藜芦醇和咖啡酸等。它们主要在抗氧化作用、心血管保健、抗病毒和凝血等方面有显著药理活性。

5. 醌类化合物

醌类化合物是一类具有全共轭环二酮结构的化合物,通常由四种骨架组成:苯醌型、萘醌型、菲醌型和蒽醌型。在最近的研究结果中,研究者用离子液体已经提取出 18 种醌类化合物。

由于我国在植物提取物行业有着独特的基础理论优势,植物提取物产业化发展是未来中药现代化和中药技术创新的重要环节,也是中药进入国际市场的一种有效方式。植物提取物在我国仅有 10 多年的历史,但真正受到关注的时间并不长。植物提取物行业已成为国内发展最快的行业之。每年增长率都在 15% 以上,同时也是国内主要出口行业之一。因此,要加强这些新技术在工业生产方面的应用研究,相信随着这些新技术在植物提取物有效成分提取领域应用的进一步完善,有希望将该学科建设提高到一个新的层次。

# 7.3.2　天然产物的微生物提取

天然产物的化学结构复杂,经化学合成是相当困难的。从植物中直接提取天然产物的手段也存在缺陷,因为大多数天然产物都是次生代谢物,含量非常低,导致其产量也非常低,而且,在提取过程中也会因发生其他反应而进一步损失,如产生立体异构体、中间代谢物等杂质,同时还会受到天气和反应条件的影响。相比之下,从微生物中提取天然产物具有许多优势,有代替植物提取的潜在可能。

## 7.3.2.1　全合成

全合成诞生于 19 世纪,其原料通常是容易从自然界中取得的化学物质,如微生物、糖类等,全合成的目标分子通常是具有特定药效的天然产物,或在理论上有意义的分子。1828 年,Woehler 通过加热无机物质氰酸铵,在生命系统外从头合成了尿素。1845 年,Kolbe 用元素碳合成了乙酸,是全合成史上的第二大成就。1869 年,德国科学家 K. Liebermann 和 K. Graebe 对茜素进行了全合成,1878 年,Baeyer 完成了对靛蓝的全合成,以及 1890 年,Fischer 完成了对 D-(+)-葡萄糖的全合成,均为 19 世纪全合成史上具有里程碑意义的成就。从那时起,化学家们合成了无数具有重要意义和实用价值的生物活性天然产物。复杂天然产物的全合成仍然是最令人兴奋和最具活力的研究领域。这种复杂分子全合成策略的进步,在现代文明的发展中发挥着至关重要的作用。

杂萜(meroterpenoids)在生源上是由异戊二烯途径与其他生源途径偶联重组生成的一类天然产物,广泛分布于动植物、细菌和真菌中。近年来,以 3,5-二甲基苔色酸(3,5-dimethylorsellinicacid,DMOA)为关键前体来源的 DMOA-衍生真菌杂萜,具有数目庞大(>100个)、结构复杂多样及生物活性显著等特点,吸引了众多药物化学家和药理学家的持续关注。其中,这类家族分子共有的多环、连续多手性中心、高氧化态等结构特征使得其全合成工作极具挑战性。利用天然产物结构中高氧化态 D 环的潜对称性(hidden symmetry),可以发展出一条新颖的汇聚式合成路线。在 2021 年,人们从商业易得原料出发,经过 12~15 步的长线性步骤,首次完成了 DMOA-衍生真菌杂萜(-)-Berkeleyone A 和 5 个 (-)-Preaustinoids 家族分子(A,A1,B,B1,B2)的首次不对称全合成。该汇聚式合成策略有望广泛应用于 DMOA-衍生真菌杂萜家族其他分子的全合成中。

### 7.3.2.2　代谢工程策略

近年来包括基因组测序和控制微生物的遗传和分子生物学技术在内的多个领域持续发展,正在改变人们探究高质量天然产物生物合成的方式。而微生物基因工程和代谢工程的发展使得按照设计修改和优化宿主微生物逐渐成为可能。天然产物的基础菌株可以通过移植或采用异源合成途径构建。随后可执行复杂的代谢工程合成目标天然产物[61]。大肠杆菌是一种革兰氏阴性兼性厌氧细菌,最初由德国细菌学家 Theodor Escherich 于 1885 年在人类结肠中发现。在各种微生物宿主菌株中,大肠杆菌已成为合成多种天然产物的重要"制造工厂"。作为微生物细胞工厂,大肠杆菌的研究体系较为成熟,它具备几大优势:(1)高生长率;(2)可用于基因和基因组工程;(3)适应于高细胞密度培养技术;(4)已构建用于各种系统代谢工程策略,包括基因组的代谢模型(genome-scale metabolic models,GEMs)[62,63]。因此,大肠杆菌作为合成天然产品最受欢迎的微生物宿主之一,被广泛应用于学术界和工业界。

由大肠杆菌合成的萜类化合物广泛用于天然调味化合物、香料、治疗剂、代谢调节剂等,一些萜类化合物也可用作生物燃料,如喷气燃料。尽管用途广泛,但许多有价值的萜类化合物由于在自然资源中含量较少而难于大规模提取或生产。例如,目前紫杉醇的天然提取量已无法满足临床医学对其持续增长的需求,人们正迫切等待新的生产技术出现。此外,这些萜类化合物复杂的结构也使它们难以通过化学合成。因此,人们为实现萜类化合物大规模的合成作出了许多努力,其中最有发展前景的一种策略就是使用快速生长且具成本经济的微生物,从简单的碳源中足量合成目标分子,并通过代谢工程策略来优化产量[61]。人们采用1-脱氧-D-木酮糖5-磷酸(1-deoxy-D-xylulose-5-phosphate,DXP)途径在大肠杆菌中合成萜类化合物。DXP途径由7个酶促步骤组成,需要烟酰胺腺嘌呤二核苷酸磷酸(NADPH)和三磷酸腺苷(ATP)作为还原剂。过程中,丙酮酸和甘油3-磷酸(Glycerol-3-phosphate,G3P)可以缩合成DXP,从而促使萜类化合物单元的合成。事实上,由于天然DXP途径具有许多复杂的调节单元,且过程不易调控,在大肠杆菌中合成萜类化合物的过程中引入异源甲羟戊酸(mevalonic acid,MEV)途径通常有利于化合物产量的改善。MEV途径包含6个酶促步骤,需要2个NADPH和3个ATP分子。而该途径是从两个乙酰辅酶A(acetyl CoA)分子的缩合开始。

此外,在大肠杆菌异源合成手段中,酶工程是增加目标天然产物代谢通量的最重要策略之一[63]。

### 1. 基于酶结构的突变

基于结构的酶工程可以用来改善酶活性、突破活性瓶颈、改变其底物特异性和产物选择性。一个典型的例子是杂合酶NphB的工程,它可以使各种芳香底物异戊二烯基化[64]。大肠杆菌法尼基二磷酸合酶(farnesyl diphosphate synthase,FDPS)是一种混杂酶,可与二甲基烯丙基二磷酸(dimethyl allyl diphosphate,DMAPP)和香叶基二磷酸(geranyl diphosphate,GPP)反应。由于IspA将DMAPP转化为GPP,也可将GPP转化为法尼基焦磷酸盐(Farnesyl pyrophosphate,FPP),导致实现GPP的增加及单萜烯产量的提高一直是个难题。因此,构建对GPP亲和力较弱的IspA突变体,可提高目标产物单萜烯的产量[65]。

### 2. 随机筛选突变体酶,以选择高性能突变体

面对结构尚未解析的酶,基于结构的工程是不可行的。但天然产物的定向进化可以通过随机突变目标酶,然后进行高通量筛选来实现。例如,随机突变并筛选4-香豆酸:辅酶A连接酶(4-coumaric acid:coenzyme A ligase,4CL)(合成苯丙烷途径中的一种关键酶)。为了通过筛选4CL随机突变体库找到高活性的酶突变体,可响应白藜芦醇的转录阻遏蛋白(transcriptional regulator,TtgR)调节系统被开发出来作为白藜芦醇生物传感器[66]。同时选择具有较高活性的4CL突变体可以提高白藜芦醇和柚皮素的产量。

### 3. 消除反馈抑制

严重阻碍天然产物产量提高的问题是一些中间代谢物会对天然产物生物合成途径中的酶产生反馈抑制。这可以通过突变关键酶使其抵抗反馈抑制来解决。在一项研究中，谷氨酸反馈策略被用来合成碳青霉烯。其中作为关键酶的谷氨酸 5-激酶负责将谷氨酸转化为谷氨酰 5-磷酸。然而，在生物合成途径中，碳青霉烯-脯氨酸是一种重要的中间产物。因此，为了抵抗反馈抑制，谷氨酸 5-激酶的脯氨酸结合位点发生了突变，即谷氨酸和脯氨酸的结合位点发生重叠，导致大肠杆菌谷氨酸底物对抑制剂的表观亲和力大大降低，从而促使大肠杆菌中碳青霉烯的产量明显增加[63,67]。

### 4. 改造膜相关酶以提高其活性

天然产物生物合成所需的酶往往与细胞膜存在着一定的关联性。在大肠杆菌中合成天然产物时，异源膜相关酶的功能性表达常常是一个挑战。通过改造异源膜相关酶的 N 端疏水区，可以提高膜相关酶的活性。例如，由于在莱氏衣藻（Chlamydomonas reinhardtii）生物合成虾青素的过程中，胡萝卜素酮化酶基因（BKT）蛋白碳端延伸的情况在其他藻类 BKT 中不存在，导致无法合成虾青素。而将来自大肠杆菌的信号肽与来自微藻的端间截短 $\beta$-胡萝卜素酮酶结合，可实现虾青素的合成[68]。

### 5. 分子伴侣共表达以促进酶的溶解性

由于在大肠杆菌中合成天然产物涉及异源酶，因此相应异源基因的功能性表达至关重要。然而，在大肠杆菌中的异源蛋白质常发生聚集或错误折叠，导致酶失活。在某些情况下，异源蛋白质的正确折叠可以通过伴侣基因的共表达实现。例如，在埃博霉素[69]和红霉素[70]的合成中，GroEL（分子伴侣）和 GroES（辅分子伴侣）就被用于阻止大量的聚酮合成酶（polyketidesynthase，PKS）蛋白质内含物的形成，提高酶效率，从而提高产物产量。

总体而言，大肠杆菌是已被普遍应用的微生物宿主，可以异源合成天然产物。在过去的二十年里，各种代谢工程策略已经被开发出来，从而在大肠杆菌中合成多种天然产物。然而，当前趋势表明，人们应探究出更精确高效的筛选方法来提高产量，以实现对具备所需特性的菌株的识别准确性和识别速度的提升。代谢工程将对构建高效大肠杆菌菌株继续发挥重要作用，并实现天然产品的工业化合成。

### 7.3.2.3 基因编辑系统

放线菌[71]是一类具有丝状分枝细胞的原核微生物。它的细胞构造、细胞壁的化学成分及对噬菌体的敏感性与细菌相同，但在菌丝形成和以外生孢子繁殖等方面则类似于丝状真菌,因其菌落呈放射状而得名。放线菌及其衍生物是临床药物的重要来源,其相关天然产物已被大规模开发并应用于临床,目前研究的主要方向是有关放线菌的生物合成基因簇,这需要利用先进的生物技术对其进行合理的工程设计。如前文所介绍,CRISPR/Cas是一些细菌和古菌在长期的自然进化过程中为抵御外来遗传物质的入侵而发展起来的一种适应性免疫系统。CRISPR/Cas9 系统是一种多功能、高效率、操作简便的基因编辑工具,目前已经广泛应用于以获取放线菌天然产物为目标的菌种改造工作中。由于放线菌的染色体同源重组效率相对较低,而基因组碱基 GC 含量高,以 NGG 为原间隔相邻基序的 Cas9 蛋白在放线菌体系内所造成的 DNA 双链断裂,不仅毒性较大,而且容易发生脱靶效应。因此,CRISPR/Cas9 在放线菌当中的应用仍有很多的不足和阻碍。这些问题可以通过使用生物信息学工具进行精确设计,使人工优化 Cas9 蛋白降低脱靶的问题得到解决。总之,由于 CRISPR/Cas9 系统的灵活性及其在较短的时间内产生无缝和无标记突变的能力,基于 CRISPR/Cas9 的基因编辑方法有望超越传统放线菌体系中的常规遗传改造方法,不仅广泛应用于天然产物的发现和开发,还可应用于分子生物学、微生物遗传学、合成生物学等学科的深度发展。通过不断完善放线菌体系中的 CRISPR/Cas9 基因编辑系统,将极大地推进 CRISPR/Cas9 在基因簇抓取、编辑与重构、基因组原位同源重组及代谢调控等领域的应用。

## 7.3.3 生物大分子的动物合成

生物大分子是指存在于生物体内的蛋白质、核酸、多糖等大分子,其分子量往往为几万甚至几百万,同时具有极其复杂的结构。生物大分子是生物体重要的组成成分,是生命活动的主要承担者。生物大分子具有简单但数量众多的基本结构单元,如蛋白质分子由不同的氨基酸分子连接而成。同时,生物大分子往往具有复杂的三维结构,在生物体内往往需要多种酶来辅助其合成,这使得人工合成生物大分子极其困难。对于一些有药用价值的生物大分子,如何实现其大规模制备成了一个难题。

在动物体内,尤其是哺乳动物体内,有许多生物大分子合成所需的酶。相比于微生物和植物,生物大分子在动物体内可以完成复杂的翻译后修饰的过程,所以一些复杂的生物大分子在动物体内合成会更有优势。此外,利用动物生产生物大分子,如何经济高效地生产和收集也是一个关键的问题,因为动物的饲养和宰杀往往具有较高的成本。而利用哺乳动物的乳腺作为"反应器",产物可以随乳汁排出体外,易于收集,继而可以以较低的成本获得更高的产量。结合后续的分离和提纯的工序,可以大量经济地制备目的生物大分子。

人组织型纤溶酶原激活剂(human tissue-type plasminogen activator,tPA)是一种丝氨酸蛋白酶,是纤溶酶的一个关键的激酶,可以将纤溶酶原转化为活性丝氨酸蛋白酶纤溶酶。在人体内,tPA 具有血块降解、血管重塑等功能,在溶解人体纤维蛋白凝块继而促进溶栓的过程中有着重要的作用。与野生型人纤溶酶原激活剂相比,重组人纤溶酶原激活剂(recombinant human plasminogen activator,rhPA)具有更好的溶栓能力及更长的半衰期。而利用转基因兔的乳腺作为生物"反应器"生产重组人纤溶酶原激活剂,产物可随乳汁排出。转基因兔与其他动物相比更容易喂养与繁殖,更接近人类的体内环境,具有较高的产奶量,继而成为生产重组蛋白比较适合的动物。它们乳汁中的 rhPA 含量在 15.2~630 μg/mL,其溶栓活性可达阿替普酶(Alteplase)的 360 倍[72]。

褪黑素是一种由脑松果体产生的激素,在中枢和外周组织中调节与节律有关基因的表达,对调节人体昼夜节律有着重要的作用。褪黑素不仅能有效改善睡眠质量,也是一种有效的自由基清除剂,具有重要的营养和药用功效。利用 CRISPR/Cas9 系统,结合显微注射技术,将相应的基因注射到胚胎细胞的细胞质中,然后通过输卵管移植将胚胎细胞植入母羊体内发育成小羊[73]。所得到转基因羊作为生物"反应器"用于生产褪黑素,可生产富含褪黑素的羊奶。

干扰素(Interferon,IFN)是宿主受到病原体的感染后免疫系统所产生的一种糖蛋白。多种干扰素已被认为是多种疾病潜在的治疗药物,如恶性肿瘤、肾细胞癌、黑色素瘤等。1986 年,干扰素被美国 FDA 批准用于治疗一种白血病。因此,重组干扰素具有重要的临床应用价值。由于原核生物缺乏相应的翻译后修饰机制,其生产重组蛋白的效率低于使用转基因动物,所以使用动物生产重组干扰素是最佳的选择。利用转基因技术将牛的乳腺作为生物反应器制备干扰素,可以在其乳汁中得到干扰素[74]。

📖 **延伸阅读**
—— 吗啡:第一种被分离出来的天然产物

纵观历史,罂粟既是人类文明的朋友,也是人类文明的敌人。罂粟在新石器时代就被投入使用,其汁液含有各种生物碱,包括吗啡和可待因,它能缓解疼痛、咳嗽，又能使人感觉兴奋、嗜睡和成瘾。古希腊人将其用于癫痫、毒虫咬伤、发烧、忧郁症及各种瘟疫治疗中。在我国唐朝时期，罂粟作为贡品被引入。基于罂粟类药物的镇痛药一直是用于缓解严重疼痛和保守治疗最有效益的治疗方法之一。但是，由于其成瘾性，开处方药时要斟酌用量以避免被滥用。

1806 年，德国药剂师 Friedrich Sertürner 从鸦片中分离出第一种天然产物——吗啡，他为之起名为 morphine，意思是 Morpheus（古希腊的神话中的梦神）。这是因为鸦片作为当时一种常用的止痛药，其效果通常是通过让人昏昏入睡来实现的。鸦片就是未成熟的罂粟果实浆汁的干燥物。虽然早在 1806 年，人们已经分离出了吗啡，但五十年后，化学家才推定了其分子式。而这还远远不够，和吗啡具有相同分子式的化学分子可能有上百万种。1881 年，科学家终于利用锌粉蒸馏吗啡，确定了它含有一个菲的骨架。到了 1926 年，化学家 RobinSon 推测出了吗啡的结构式。最终在 1952 年，Gates 利用推测的结构，完成了吗啡的全合成，确定了其结构。关于吗啡结构的鉴定过程，可以算得上是一部漫长的研究史。从吗啡的发现到其结构确定，历时 150 年，可见在没有先进技术的近代进行复杂的科学研究是多么困难。如今，吗啡及其衍生物已经成为临床解除剧烈疼痛的主要药物，是全世界使用量最大的强效镇痛剂。

# 本章参考文献

# 习 题

1. 非天然核酸在生物体内作为遗传物质的挑战性是如何随着核酸修饰程度增加而增加的?

2. 硫代磷酸酯键在非天然核酸中的作用是什么?

3. 蛋白质为什么被称为"生命的基础"?

4. 蛋白质的制备过程中需要注意哪些方面?

5. 蛋白质的提取方法有哪几种?

6. 多肽的合成有哪些方法?

7. 人工合成蛋白质的方法有哪些?

8. 非天然蛋白质序列的设计包括哪些内容?

9. 目前,有哪些技术能制备胰岛素?

## 郑重声明

高等教育出版社依法对本书享有专有出版权。任何未经许可的复制、销售行为均违反《中华人民共和国著作权法》，其行为人将承担相应的民事责任和行政责任；构成犯罪的，将被依法追究刑事责任。为了维护市场秩序，保护读者的合法权益，避免读者误用盗版书造成不良后果，我社将配合行政执法部门和司法机关对违法犯罪的单位和个人进行严厉打击。社会各界人士如发现上述侵权行为，希望及时举报，我社将奖励举报有功人员。

反盗版举报电话　（010）58581999　58582371

反盗版举报邮箱　dd@hep.com.cn

通信地址　北京市西城区德外大街 4 号
　　　　　高等教育出版社法律事务部

邮政编码　100120

读者意见反馈

为收集对教材的意见建议，进一步完善教材编写并做好服务工作，读者可将对本教材的意见建议通过如下渠道反馈至我社。

咨询电话　400-810-0598

反馈邮箱　hepsci@pub.hep.cn

通信地址　北京市朝阳区惠新东街 4 号富盛大厦 1 座
　　　　　高等教育出版社理科事业部

邮政编码　100029